# 频率测度论

田传俊 著

科学出版社

北 京

# 内 容 简 介

本书是系统研究数列伪随机性的一门基础理论，它与概率论既有密切联系，又有明显区别。全书共分为 14 章，所有内容可分为两大部分：一部分是与概率论相平行的内容，包括伪随机事件，全频率公式和频率 Bayes 公式，频率分布，频率密度，二项分布和正态分布，边际分布和独立性，期望和方差，协方差、相关系数、条件期望、线性回归和矩，频率熵和互信息，频率大数定律和中心极限定理等；另一部分是与概率论不平行的内容，包括频率收敛性和频率振动性，数列的积分，分布混沌性，自相关数列和互相关数列，随机模拟等。

本书内容精练，语言朴实，主要内容参照了概率论的研究内容和方法，是数列伪随机性应用领域的基础理论。本书适合具有基本的微积分、概率论和差分方程知识的本科生、研究生、理工科教师和各类科研工作者阅读。

**图书在版编目 (CIP) 数据**

频率测度论/田传俊 著. —北京：科学出版社，2010
ISBN 978-7-03-028791-5

Ⅰ. 频⋯　Ⅱ. 田⋯　Ⅲ. 频率-数学方法-研究　Ⅳ. O45

中国版本图书馆 CIP 数据核字 (2010) 第 166762 号

责任编辑：余　丁 / 责任校对：桂伟利
责任印制：赵　博 / 封面设计：耕　者

**科 学 出 版 社** 出版
北京东黄城根北街 16 号
邮政编码：100717
http://www.sciencep.com

**新 蕾 印 刷 厂** 印刷
科学出版社发行　各地新华书店经销

*

2010 年 9 月第　一　版　　　开本：B5 (720×1000)
2010 年 9 月第一次印刷　　　印张：14 3/4
印数：1—2 500　　　　　　　字数：282 000

定价：**60.00 元**
（如有印装质量问题，我社负责调换）

# 序　言

我们学习概率论通常都是从"频率"这个概念开始的。频率指的是在相同条件下重复若干次实验,某事件发生的次数与实验的总次数之比值。频率在相当程度上反映了一个随机事件发生的可能性的大小。但是,频率本身是随机的,在实验之前无法确定,人们不能用它来严格准确地刻画事件发生的可能性的大小,因此只能在相同条件下大量地重复同样的实验,希望能得出一个非随机的常数,用以刻画该事件发生的可能性的大小。这样,从理论上来说,如果这个在相同条件下不断重复的实验给出一系列收敛到同一个常数的频率序列的话,这个极限常数值就可以用来作为这个事件出现的"概率"。在应用科学领域中,频率和概率现在都是用来作为研究随机事件发生的可能性大小的常用的特征量。在历史上,概率论作为一门严格的数学学科是 1933 年开始由著名的俄罗斯数学家 A. N. Kolmogorov 采用频率的概念通过 Lebesgue 积分而建立在现代数学测度论的基础之上的。

不妨设想一下,在上面提到的相同条件下的重复实验之中,假定实验的总次数可以有无穷多,然后每次实验观察到的次数可以用一个自然数来表示,那么我们就得到一个由一些自然数构成的集合在整个自然数集中所占的比例问题。

由深圳大学田传俊教授编著的这本《频率测度论》所依赖的一个基本概念是"频率测度",它就是为了研究由一些自然数构成的集合在整个自然数集中所占的比例问题而引入的一个数学概念。事实上,这个概念在数学文献中曾被称为"渐近密度"或"自然密度",后来更普遍地被称为"频率测度"。注意到这种频率测度具有有限可加性,而概率测度具有无限可加性,它们之间自然就有着很多本质上的区别,因此频率测度就需要专门地加以讨论和研究,从而该书就应运而生了。

据我所知,该书是现今国内也是世界上第一本关于频率测度的专著,是为相关领域的科技工作者、特别是年轻科研人员和研究生们编写的一本很有价值的参考书,其中包括了不少作者本人在这个领域的科研成果。

该书首先利用频率测度和概率测度之间的一些共同特性,建立了与概率论相平行的一些基本概念和方法,包括伪随机事件的概念与性质、全频率公式和频率 Bayes 公式、数列的频率分布、离散数列和连续数列、二项分布和正态分布、数列的期望和方差、数列间的边际分布和独立性、数列间的协方差和相关系数以及条件期望和最小二乘法、数列的频率熵和互信息、数列的特征函数和母函数、频率大数定律和中心极限定理,等等。

　　同时,根据频率测度自身的特点,该书还建立了一些独特的内容,包括数列的频率收敛性和频率振动性的概念和性质以及判定准则、数列的积分、随机分布的模拟、离散系统的分布混沌性、数列的自相关和互相关、数列的单向独立性、数列的相关性与独立性检验,等等。

　　该书仅仅要求读者具有基本的微积分、概率论和差分方程等数学知识背景,因而适合于理工科的研究生和高年级本科生、理工科教师和相关领域的科研工作者阅读和参考。从现在数理学科的演化和应用科技的发展情况来看,频率测度论作为一门新的理论将有可能在需要数列分析方法的一些应用科技领域中逐步发挥重要的作用,特别是其中的离散和连续数列的相关知识将有可能成为频率测度论应用于实际之中的一个重要理论基础和分析方法。

　　特别值得提及的是,该书作者引入了与频率测度相关的离散系统的分布混沌性的内容。这是一个相当新的研究方向,可以帮助读者进一步拓广知识领域和研究视野,对分布离散类的随机性理论有更广泛和更深入的思考,并且有可能引导读者把频率测度知识应用到混沌类随机性研究之中,为将来的一些实际应用(例如信息隐藏和数据加密)铺设一条全新的可行途径。

　　总而言之,该书的面世实属难能可贵,可喜可贺。希望能够看到作者本人和其他同行在这个起点之后的不久将来,有更多、更广、更深的后续研究工作,在理论和应用两方面都有更丰硕的成果,在学术研究过程中更上一层楼。

香港城市大学

2010 年 7 月

# 前　　言

数学是现代科学的基础之一,在各门学科中都有着重要应用。自然数是数学的最基本概念之一,对它的研究有着悠久的历史,直到今天仍然充满着活力。本书所利用的一个基本概念是频率测度,它是为研究由一些自然数构成的集合在整个自然数集中所占的比例问题时引入的一个概念。根据现有的一些文献,大约在 19 世纪末至 20 世纪初,它曾被应用于研究随机分布的模拟问题之中,在 20 世纪 30 年代的文献中,正式被称为渐近密度、自然密度和密度等,并在 20 世纪末的一些文献中又被称为频率测度。由于频率测度所具有的有限可加性与概率测度具有的无限可加性有着本质的区别,因此,利用频率测度建立起来的基础理论与用概率测度建立起来的理论就有一些本质区别。同时,频率测度和概率测度又具有许多共同性质,因此,自然地可参照由概率测度建立起来的概率论等来研究频率测度理论的相关内容。

数列是定义在自然数集上的函数,可分为确定数列和随机数列。确定数列常常可用离散系统来产生,随机数列通常可由随机抽样产生。因此,频率测度应是研究数列或离散系统的一个基础工具,数列或离散系统可作为频率测度理论的一个主要研究对象。在建立频率测度论的过程中,本书主要参照了概率论的研究方法和内容。特别指出:在本书建立的频率测度论和概率论之间存在着两个明显的对应关系:频率(测度)与概率(测度)相对应,数列与随机变量相对应。这导致了许多其他概念之间的对应关系,如数列的分布函数与随机变量的分布函数相对应,等等。

全书共分为 14 章,所有内容可大致分成如下两大部分:一是能与概率论相对应的内容;二是难以与概率论相对应的内容。下面分别概述如下。

利用频率测度和概率测度之间的共同特性,本书建立了与概率论相平行的一些概念和方法,包括伪随机事件的概念与性质,全频率公式和频率 Bayes 公式,数列的频率分布,离散数列和连续数列,二项分布和正态分布,数列的期望和方差,数列间的边际分布和独立性,数列间的协方差、相关系数、条件期望、回归与最小二乘法和矩,数列的频率熵和互信息,数列的特征函数和母函数,频率大数定律和中心极限定理,等等。为了方便,本书将这些能与概率论相对应和相关的性质简称为"伪随机性"。

同时,根据频率测度自身的特点,本书还建立了一些独特内容,包括数列的频率收敛性和频率振动性的概念、性质和判定准则,数列的积分,随机分布的模拟和离散系统的分布混沌性,数列的自相关数列和互相关数列,数列的单向独立性,数列的相关性与独立性检验,等等。

还要指出:在频率测度论和概率论中,有些对应的概念和性质之间也有一些差异。例如,数列分布函数的定义比随机变量的分布函数定义所要求的条件更多;概率论中依概率 1 收敛性具有重要作用,但频率测度论中依频率 1 收敛的意义不大;数列的期望或均值共有三种不同的定义方式,而随机变量的期望只有一种定义形式,等等。另外,本书还包含小部分不可测数列伪随机性的相关内容。例如,一列数列依上频率收敛的概念和数列间的单向频率独立性,等等。

众所周知,概率论是一门研究完全随机性的基础理论,在多门学科中都有重要应用。与此相应,频率测度论是一门研究数列伪随机性的基础理论,并且利用本书的内容和方法,将有可能统一现有许多数列的常见分析方法。因此,频率测度论将有可能在数列分析方法的各种应用领域中发挥重要作用,特别是离散和连续数列的相关知识将可能成为频率测度论应用于实际之中的重要理论基础。

另外指出,在计算机科学技术已向各个领域渗透的今天,计算机计算作为科学研究的辅助手段得到了广泛的应用。特别是在随机信号的理论和应用基础研究中,科学工作者为了直观检验理论分析的效果,往往会利用计算机来模拟随机信号分析的效果。参照本书的内容和方法,在随机信号的大量应用研究中,可能只需要针对"伪随机信号"来设计"随机信号系统"就行了,因为根据大数定律和随机模拟理论,由伪随机信号设计好的确定系统基本上将以接近于 1 的概率适用于随机系统。

本书有不少内容是十几年来作者与多位合作者的共同研究成果,包括频率测度的概念和性质,频率振动性和频率收敛性,以及离散混沌等方面的研究成果。这些成果本身就构成了本书的部分重要内容,也无疑为本书其他内容的研究奠定了坚实基础。同时,在与他们的长期合作交流过程中,作者学到了许多新知识和新方法,得到过许多有益的启示,研究能力得以培养和加强,知识不断地丰富,还明白了不少做学问的道理。在此,作者要对他们表示衷心感谢! 这些合作者包括谢胜利、张炳根、郑穗生和陈关荣教授。他们对本书内容的贡献和在写作过程中提供的帮助是不可磨灭的。

首先,感谢谢胜利教授在十多年前将作者引入到了差分方程的研究领域,指导作者学习了差分方程振动性的基础知识,从而帮助作者开辟了差分方程研究的新方向。当时,在他的倡导下,初步形成了部分数学教师对差分方程振动性的讨论小组。在学习和讨论过程中,逐渐激发出了作者对差分方程振动性的研究兴趣和潜力,对最初利用"均匀密度"概念来研究差分方程"均匀振动性"的思想给予了充分肯定和积极讨论。另外,他与作者等随后合作的多篇频率振动性论文中的不少成果也是本书的重要内容之一。同时,还要感谢他在作者学习过程中的几个重要关口所给予的帮助和引导,才使作者进入到了新的研究领域,学到了更多的新知识,增强了科研能力。在此也对以前曾和作者一起讨论过差分方程论文的同事一并致谢。

第二,感谢张炳根教授曾给予作者的帮助和指导。在"频率振动性"的起草写作之初,他曾给作者提供过一篇重要参考文献,这对顺利完成"振动数列的测度"一文的初稿起到了重要作用。正是他在差分方程振动性方面的开创性研究成果,才使作者对差分方程振动性研究重要性的认识有所加强。同时,在差分方程的振动和稳定等研究方面,他与作者也曾取得了一些合作研究成果,这些拓广了作者对差分方程的认识和研究范围,也构成了本书的部分重要内容。

第三,感谢郑穗生教授曾给予的帮助和指导。我们所发表的频率测度应用上的第一篇合作论文即由他定稿完成。该文及相关的几篇后继合作文构成了本书的部分重要内容。而且,在合作过程中,他丰富的论文组织经验、深刻的数学洞察力、规范的英语写作功力、熟练的文献检索能力等对提高作者的学术修养起到了潜移默化的促进作用。

最后,感谢陈关荣教授曾给予的帮助和指导。感谢他将作者引入到了离散系统的混沌研究领域,指导作者学习了离散混沌的相关知识,使作者顺利走上了离散混沌的研究道路,极大地扩展了作者的研究视野,也使作者对离散类随机性有了更广泛和更深入的思考,并逐渐发现了频率测度知识在混沌类随机性研究之中可能的应用前景,为随之而来的进行频率测度在数列伪随机性中的系统理论研究奠定了基础。而且,在他给作者提供的研究条件中,作者意外地获得了随机模拟理论的一本重要参考文献。该书对作者产生统一混沌类随机性和随机模拟方法的研究思路有很大的启发作用,也使得本书中的随机模拟内容顺利地完成了。同时,他所提供的分布混沌方面的文献也激发了作者利用频率测度知识研究分布混沌的兴趣。

总之,上述四位教授对作者完成本书稿都有过直接的重要帮助和贡献,并非是寥寥数语所能表达清楚的。在与他们亦师亦友的交流和交往过程中,作者在冥冥之中如有神助,超乎寻常地发挥出了自己的潜能,使自己都难以置信地完成了近乎不可能完成的工作。在此,再一次对他们表示由衷的谢意! 同时,也对国家自然科学基金项目(No. 60374017 和 61070252)和广东省自然科学基金项目(No. 5010496)给予的相关资助一并致谢。

最后指出,由于作者的知识水平和研究能力有限,本书内容存在不足之处在所难免。这并非是作者的谦逊之词,而是作者在频率测度方面的研究过程中总结出的结论。1998 年作者及合作者最初提出了频率测度的概念,并将它应用于差分方程的振动性研究之中。但是,当时在与谢胜利和郑穗生合作发表的第 1 篇"振动数列的测度"论文中,将频率测度误当成了一个新概念来使用,因此论文中就没有引用早已有的概念。后来经过努力查询,在多年以后与郑穗生合作的另一文献中才指出频率测度其实是 70 年以前就有的渐近密度或自然密度概念。这件事情给作者留下了深刻印象,令作者感到在浩如烟海的数学知识面前突显出了自己的孤陋寡闻、知识面非常狭窄。更何况在过去的一百余年中,已发表过基于渐近密度的海量研究文献,但作者并未全部学习,且限于篇幅,也不能一一尽列于书中。因此,本书的内容有可能存在许多不当之处,敬请广大读者批评指正。

# 目　　录

# 第1章 频率测度与数列

频率测度是为了研究自然数集(或整数集或有限维格点集等)子集的元素"个数"在自然数集(或整数集或有限维格点集等)中所占的比例而引入的一个概念,可分为一维或多维频率测度[1]。从早期的一些数学文献[2~4]来看,一维频率测度也被称为"渐近密度"、"自然密度"等,它可用于研究数列或离散系统的性质,并可应用于随机变量模拟等问题之中[5]。

设自然数集为 $\mathbf{N}=\{1,2,\cdots\}$,整数集为 $\mathbf{Z}=\{\cdots,-1,0,1,\cdots\}$,实数集为 $\mathbf{R}=(-\infty,\infty)$。对任意整数 $m,n\in\mathbf{Z},m<n$,记 $Z[m,n]=\{m,m+1,\cdots,n\}$,$Z[m,\infty)=\{m,m+1,\cdots\}$,$Z(\infty,n]=\{\cdots,n-1,n\}$。此外,为方便起见,记 $Z[m,\infty]=\{m,m+1,\cdots\}\bigcup\{\infty\}$。

对任意两个集合 $A$ 和 $B$,将 $A$ 与 $B$ 的并、交、差集分别记为 $A+B$(或 $A\bigcup B$)、$A\bigcap B$(或 $A\cdot B$ 或 $AB$)、$A\backslash B$(或 $A-B$)。此外,本书将用 $\theta$ 表示空集合。

本章将介绍频率测度的基本概念及其性质、几种离散系统和模1均匀分布的概念,为后面各章的内容奠定基础。

## 1.1 频率测度的定义

本书只介绍自然数集(或整数集)和平面格点集上的频率测度的定义,可分为一维频率测度和二维频率测度。

### 1.1.1 一维频率测度

设 $\Omega$ 为 $\mathbf{N}$(或 $\mathbf{Z}$)的一个子集,$|\Omega|$ 表示集合 $\Omega$ 中元素的个数。对任意 $n\in\mathbf{N}$ 和 $m\in\mathbf{Z}$,记

$$\Omega^{(n)}=\{i\in\Omega\mid i\leqslant n\}=\Omega\bigcap Z(-\infty,n],\ E^m(\Omega)=\{x+m\mid x\in\Omega\},$$

$$\sigma_m^k(\Omega)=E^m(\Omega)+E^{m+1}(\Omega)+\cdots+E^k(\Omega)=\sum_{i=m}^k E^i(\Omega),\ m\leqslant k,$$

其中,$\sigma_m^k(\Omega)$ 称为(从 $m$ 到 $k$)由 $\Omega$ 导出的集合。容易证明:$j\in E^m(\Omega)$ 当且仅当 $j-m\in\Omega$。因此

$$j\in\mathbf{Z}\backslash\sigma_m^k(\Omega)\Leftrightarrow j\in\prod_{i=m}^k(\mathbf{Z}\backslash E^i(\Omega))\Leftrightarrow j-i\in\mathbf{Z}\backslash\Omega,\ m\leqslant i\leqslant k, \tag{1-1}$$

其中,$\Leftrightarrow$ 表示"当且仅当",$\Pi$ 表示集合的交集,$\Sigma$ 表示集合的并集。

### 1. 一维频率测度的定义

在研究自然数集 **N** 的子集时,不难发现如下问题:**N** 的不同子集在 **N** 中所占的比例是不相同的。例如,设 $A=\{1,3,5,\cdots\}$,$B=\{5,10,15,\cdots\}$,$C=\{2,2^2,2^3,\cdots,2^n,\cdots\}$,则不难看出集合 $A$ 的所有元素的"个数"与 **N** 的所有元素"个数"之比为 $0.5$,$B$ 在 **N** 中所占的比例为 $0.2$,$C$ 在 **N** 中所占的比例为 $0$。由现有的不少文献可以看出,描述 **N** 的子集在 **N** 中占有"多大"比例在许多学科分支中都是有意义的[1~4,6~8]。因此,有必要引入概念来描述这种比例关系。

现已有不少文献研究了这个问题,可以看出不同的文献在给出数学定义时,在定义形式和使用的名词术语上略有不同。下面的定义取自于文献[2]~[4]。

**定义 1.1**　对于一个正整数数列 $A=\{a_n\}_{n=1}^{\infty}$,满足 $a_1<a_2<\cdots$,将极限

$$\underline{\delta}(A)=\liminf_{n\to\infty}\frac{n}{a_n},\quad \overline{\delta}(A)=\limsup_{n\to\infty}\frac{n}{a_n}$$

分别称为该数列 $A$ 的下渐近密度和上渐近密度。特别地,若 $\underline{\delta}(A)=\overline{\delta}(A)=\delta(A)$,则称 $\delta(A)$ 为该正整数数列的自然密度(natural density)

**注 1.1**　在有些文献中,下渐近密度也被简称为渐近密度(asymptotic density)或极限密度(limit density)或密度(density)。

另外,文献[1]在研究离散系统的振动性时给出了如下另一种形式的定义。

**定义 1.2**　设 $\Omega$ 是自然数集 **N**(或 $Z[-k,\infty)$,$k\in\mathbf{Z}$)的一个子集,如果

$$\mu_*(\Omega)=\liminf_{n\to\infty}\frac{|\Omega^{(n)}|}{n},\quad \mu^*(\Omega)=\limsup_{n\to\infty}\frac{|\Omega^{(n)}|}{n}$$

存在,则 $\mu_*(\Omega)$ 和 $\mu^*(\Omega)$ 分别称为集合 $\Omega$ 的下频率测度和上频率测度,简称下频度和上频度,或下频率和上频率,或下测度和上测度。特别地,若 $\mu_*(\Omega)=\mu^*(\Omega)=\mu(\Omega)$,则称 $\mu(\Omega)$ 为 $\Omega$ 的频率测度或频度或频率或测度,也称 $\Omega$ 是(频度或频率)可测的。若 $\Omega$ 不是可测的,则称 $\Omega$ 不可测。

直观上看,$\Omega$ 的频率能表示集合 $\Omega$ 的元素个数在 **N** 中所占的"比例"的大小。

显然,设正整数集合为 $\Omega=\{a_1,a_2,\cdots\}$,其中 $a_1<a_2<\cdots$,则有

$$\mu_*(\Omega)=\liminf_{n\to\infty}\frac{|\Omega^{(n)}|}{n}=\liminf_{n\to\infty}\frac{n}{a_n}=\underline{\delta}(\Omega),\quad \mu^*(\Omega)=\overline{\delta}(\Omega)。$$

因此,对于无限正整数集 $\Omega$,$\Omega$ 的上(下)渐近密度与上(下)频率测度是一样的,$\Omega$ 的自然密度和频率测度是一样的。由此可知,在自然数集上的频率测度和自然密度是等价的。

**注 1.2**　在本书中,由于需要定义很多新术语,为了术语命名的方便和习惯,并避免混淆,本书将采用名词"频率测度"或"频度"或"频率"或"测度"来表示自然数子集在 **N** 中的"比例"。

**2. 频率测度的性质**

下面介绍频率测度的一些例子和性质,可参见文献[1]、[9]～[11]。

**例 1.1**　对任意 $\Omega \subseteq \mathbf{N}$,$\mu_*(\Omega)$ 和 $\mu^*(\Omega)$ 都存在,且 $0 \leqslant \mu_*(\Omega) \leqslant \mu^*(\Omega) \leqslant 1$。当 $\Omega$ 是有限集合时,$\mu(\Omega)=0$。$\mu(\mathbf{N})=1$,$\mu(\theta)=0$,其中,$\theta$ 表示空集合。设 $\Omega = \{1,3,5,\cdots\}$ 和 $\Gamma = \{2,2^2,2^3,\cdots\}$,则 $\mu(\Omega)=0.5$ 和 $\mu(\Gamma)=0$。

**例 1.2**　对任意 $m \in \mathbf{Z}$ 和 $\Omega \subseteq \mathbf{N}$,都有 $\mu_*(E^m(\Omega))=\mu_*(\Omega)$ 和 $\mu^*(E^m(\Omega))=\mu^*(\Omega)$。该性质称为频度的平移不变性。

**例 1.3**　若 $\Omega_1,\cdots,\Omega_m$ 是 $\mathbf{N}$ 的子集,$\mu(\Omega_i)=0,1 \leqslant i \leqslant m < \infty$,则 $\mu(\Omega_1+\cdots+\Omega_m)=0$。

**例 1.4**　下面构造一个不可测的集合 $\Omega \subseteq \mathbf{N}$,使得 $\mu_*(\Omega) \neq \mu^*(\Omega)$。设

$$a_m = 2 + 2^{2 \times 2} + 3^{2 \times 3} + \cdots + (m-1)^{2(m-1)},\ m = 3,4,5,\cdots,$$

$$A_1 = \{1\},\ A_2 = \{2,3,\cdots,a_3-1\},\ A_3 = \{a_3,a_3+1,\cdots,a_4-1\},$$

$$A_n = \{a_n,a_n+1,\cdots,a_{n+1}-1\},\ n = 3,4,\cdots, \tag{1-2}$$

那么,对一切整数 $m \geqslant 1$,有 $|A_m| = m^{2m}$。再设

$$\Omega = A_1 + A_3 + \cdots + A_{2m-1} + \cdots, \tag{1-3}$$

则 $\mu_*(\Omega)=0$ 和 $\mu^*(\Omega)=1$,即 $\Omega$ 不可测。事实上,令

$$b_k = 1 + 2^4 + \cdots + k^{2k},\ k = 2,4,\cdots,$$

则

$$|\Omega^{(b_k)}| = 1 + 3^6 + \cdots + (k-1)^{2(k-1)}.$$

故

$$0 \leqslant \liminf_{n \to \infty} \frac{|\Omega^{(b_k)}|}{b_k} \leqslant \liminf_{n \to \infty} \frac{k(k-1)^{2(k-1)}}{k^{2k}} \leqslant \liminf_{n \to \infty} \frac{1}{k} = 0,$$

即 $\mu_*(\Omega)=0$。另外,令

$$c_k = 1 + 2^4 + 3^6 + \cdots + (k+1)^{2(k+1)},\ k = 1,2,3,\cdots,$$

则

$$|\Omega^{(c_k)}| = 1 + 3^6 + 5^{10} + \cdots + (k+1)^{2(k+1)}.$$

故

$$1 \geqslant \liminf_{n \to \infty} \frac{|\Omega^{(c_k)}|}{c_k} \geqslant \limsup_{k \to \infty} \frac{(k+1)^{2(k+1)}}{k \times k^{2k} + (k+1)^{2(k+1)}}$$

$$\geqslant \limsup_{k \to \infty} \left(1 + \frac{1}{k}\left(\frac{k}{k+1}\right)^{2(k+1)}\right)^{-1} = 1,$$

即 $\mu^*(\Omega)=1$。因此,$\Omega$ 不可测。

下面的频率测度性质称为单调性。

**性质 1.1**　对任意集合 $\Omega,\Gamma \subseteq \mathbf{N}$,如果 $\Omega \subseteq \Gamma$,那么 $\mu_*(\Omega) \leqslant \mu_*(\Gamma)$ 和 $\mu^*(\Omega) \leqslant$

$\mu^*(\Gamma)$。

证明:因为 $\Omega\subseteq\Gamma$,所以对一切 $n\in\mathbf{N}$,都有 $\Omega^{(n)}\subseteq\Gamma^{(n)}$。因此

$$\mu_*(\Omega)=\liminf_{n\to\infty}\frac{|\Omega^{(n)}|}{n}\leqslant\liminf_{n\to\infty}\frac{|\Gamma^{(n)}|}{n}=\mu_*(\Gamma),$$

$$\mu^*(\Omega)=\limsup_{n\to\infty}\frac{|\Omega^{(n)}|}{n}\leqslant\limsup_{n\to\infty}\frac{|\Gamma^{(n)}|}{n}=\mu^*(\Gamma)。$$

因此,频率测度具有单调性。证毕!

**性质 1.2**(有限次可加性)　对任意集合 $\Omega,\Gamma\subseteq\mathbf{N}$,都有

$$\mu^*(\Omega+\Gamma)\leqslant\mu^*(\Omega)+\mu^*(\Gamma)。$$

此外,如果 $\Omega$ 和 $\Gamma$ 互不相交,则

$$\mu_*(\Omega)+\mu_*(\Gamma)\leqslant\mu_*(\Omega+\Gamma)\leqslant\mu_*(\Omega)+\mu^*(\Gamma)$$
$$\leqslant\mu^*(\Omega+\Gamma)\leqslant\mu^*(\Omega)+\mu^*(\Gamma)。$$

证明:显然对任意 $n\in\mathbf{N}$,都有 $|(\Omega+\Gamma)^{(n)}|\leqslant|\Omega^{(n)}|+|\Gamma^{(n)}|$,故 $\mu^*(\Omega+\Gamma)\leqslant$ $\mu^*(\Omega)+\mu^*(\Gamma)$。

如果 $\Omega$ 和 $\Gamma$ 不相交,则对任意 $n\in\mathbf{N}$,都有 $|(\Omega+\Gamma)^{(n)}|=|\Omega^{(n)}|+|\Gamma^{(n)}|$,故

$$\mu^*(\Omega+\Gamma)=\limsup_{n\to\infty}\frac{|\Omega^{(n)}+\Gamma^{(n)}|}{n}\geqslant\liminf_{n\to\infty}\frac{|\Omega^{(n)}|}{n}+\limsup_{n\to\infty}\frac{|\Gamma^{(n)}|}{n}$$
$$=\mu_*(\Omega)+\mu^*(\Gamma)。$$

其他的不等式可类似证明。证毕!

**性质 1.3**　对任意集合 $\Omega\subseteq\mathbf{N}$,都有 $\mu_*(\Omega)+\mu^*(\mathbf{N}\backslash\Omega)=1$。

证明:因 $\mathbf{N}=\Omega+\mathbf{N}\backslash\Omega$,故由性质 1.2,有

$$1=\mu_*(\mathbf{N})\leqslant\mu_*(\Omega)+\mu^*(\mathbf{N}\backslash\Omega)\leqslant\mu^*(\mathbf{N})=1。$$

**性质 1.4**　设 $\Omega$ 和 $\Gamma$ 是自然数集 $\mathbf{N}$ 的两个子集。如果 $\Omega\subseteq\Gamma$,则

$$\mu^*(\Gamma)-\mu^*(\Omega)\leqslant\mu^*(\Gamma\backslash\Omega)\leqslant\mu^*(\Gamma)-\mu_*(\Omega),$$
$$\mu_*(\Gamma)-\mu^*(\Omega)\leqslant\mu_*(\Gamma\backslash\Omega)\leqslant\mu_*(\Gamma)-\mu_*(\Omega)。$$

证明:因为 $\Gamma=\Omega+(\Gamma\backslash\Omega)$,故由性质 1.2,得

$$\mu^*(\Gamma\backslash\Omega)\geqslant\mu^*(\Gamma)-\mu^*(\Omega),\quad\mu^*(\Gamma\backslash\Omega)\leqslant\mu^*(\Gamma)-\mu_*(\Omega)。$$

类似可证明另一个结论。证毕!

类似于上述几条性质的证明,可得到如下的性质。

**性质 1.5**　对于自然数集 $\mathbf{N}$ 的任意两个子集 $\Omega$ 和 $\Gamma$,都有

$$\mu_*(\Omega)+\mu^*(\Gamma)-\mu^*(\Omega\cdot\Gamma)\leqslant\mu^*(\Omega+\Gamma)\leqslant\mu^*(\Omega)+\mu^*(\Gamma)-\mu_*(\Omega\cdot\Gamma),$$
$$\mu_*(\Omega)+\mu_*(\Gamma)-\mu^*(\Omega\cdot\Gamma)\leqslant\mu_*(\Omega+\Gamma)\leqslant\mu_*(\Omega)+\mu^*(\Gamma)-\mu_*(\Omega\cdot\Gamma)。$$

**性质 1.6**　对任意集合 $\Omega\subseteq\mathbf{N}$,如果 $\mu^*(\Omega)>0$,则 $\Omega$ 是无限集;如果 $\mu_*(\Omega)<$ $1$,则 $\mathbf{N}\backslash\Omega$ 是无限集。

**性质 1.7**　设 $\Omega$ 和 $\Gamma$ 是 $\mathbf{N}$ 的两个子集。如果 $\mu^*(\Omega)+\mu_*(\Gamma)>1$,则 $\Omega\cdot\Gamma$ 是无限集。

证明:反证法。假设 $\Omega \cdot \Gamma$ 是有限集,则 $\mu(\Omega \cdot \Gamma) = 0$。因为 $\Omega \subseteq (\mathbf{N} \setminus \Gamma) + \Omega \cdot \Gamma$,故

$$\mu^*(\Omega) \leqslant \mu^*(\mathbf{N} \setminus \Gamma) + \mu^*(\Omega \cdot \Gamma) = \mu^*(\mathbf{N} \setminus \Gamma)。$$

由性质 1.2 和 1.3 及已知条件,得

$$1 < \mu^*(\Omega) + \mu_*(\Gamma) \leqslant \mu^*(\mathbf{N} \setminus \Gamma) + \mu_*(\Gamma) = 1,$$

矛盾! 因此,$\Omega \cdot \Gamma$ 是无限集。证毕!

**性质 1.8** 对 $\mathbf{N}$ 的任意子集 $\Omega$ 和 $\alpha, \beta \in \mathbf{Z}$,且 $\alpha < \beta$,都有

$$\mu^*(\sigma_\alpha^\beta(\Omega)) \leqslant (\beta - \alpha + 1)\mu^*(\Omega),$$

$$\mu_*(\sigma_\alpha^\beta(\Omega)) \leqslant (\beta - \alpha + 1)\mu_*(\Omega)。$$

证明:第一个不等式可由例 1.2 和性质 1.2 推出。由于

$$|(\sigma_\alpha^\beta(\Omega))^{(n)}| \leqslant (\beta - \alpha + 1)|\Omega^{(n)}| + |\alpha|(\beta - \alpha + 1),$$

因此

$$\mu_*(\sigma_\alpha^\beta(\Omega)) \leqslant \liminf_{n \to \infty} \frac{(\beta - \alpha + 1)|\Omega^{(n)}| + |\alpha|(\beta - \alpha + 1)}{n} = (\beta - \alpha + 1)\mu_*(\Omega)。$$

### 1.1.2 二维频率测度

不难将一维空间整数集合的频率测度概念推广到二维(或有限维)空间整数格点集合上,从后面介绍的内容看,这种推广是必要的。

设 $\mathbf{N}^2 = \mathbf{N} \times \mathbf{N}$ 和 $\mathbf{Z}^2 = \mathbf{Z} \times \mathbf{Z}$。为了方便,$\mathbf{Z}^2$(或 $\mathbf{Z}^m, m \in Z[2, \infty)$)的每个元素称为格点。

设 $\Omega$ 是 $\mathbf{Z}^2$ 的一个子集和 $\Omega^{(m,n)} = \{(i,j) \mid i \leqslant m, j \leqslant n\}$。对任意整数 $m, n \in \mathbf{Z}$,定义平移算子 $X^m$ 和 $Y^n$ 如下:

$$X^m(\Omega) = \{(i+m, j) \in \mathbf{Z}^2 \mid (i,j) \in \Omega\},$$

$$Y^n(\Omega) = \{(i, j+n) \in \mathbf{Z}^2 \mid (i,j) \in \Omega\}。$$

因此,$X^m Y^n(\Omega) = \{(i+m, j+n) \in \mathbf{Z}^2 \mid (i,j) \in \Omega\}$。设 $\alpha, \beta, \gamma, \eta \in \mathbf{Z}$,且满足 $\alpha \leqslant \beta$ 和 $\gamma \leqslant \eta$,则

$$\sum_{i=\alpha}^{\beta} \sum_{j=\gamma}^{\eta} X^i Y^j(\Omega)$$

称为 $\Omega$(关于参数 $\alpha, \beta, \gamma, \eta$)的导集。容易证明

$$(s,t) \in \mathbf{Z}^2 \setminus \sum_{i=\alpha}^{\beta} \sum_{j=\gamma}^{\eta} X^i Y^j(\Omega) \Longleftrightarrow (s-k, t-l) \in \mathbf{Z}^2 \setminus \Omega, \ \alpha \leqslant k \leqslant \beta, \ \gamma \leqslant l \leqslant \eta。 \quad (1\text{-}4)$$

**定义 1.3** 设 $\Omega \subseteq \mathbf{N}^2$(或 $\Omega \subseteq Z[k, \infty) \times Z[l, \infty)$),$k, l \in \mathbf{Z}$。如果极限

$$\lim_{m,n \to \infty} \sup \frac{|\Omega^{(m,n)}|}{mn}$$

存在,则称该极限为 $\Omega$ 的上频率测度(或上频度),记为 $\mu^*(\Omega)$。类似地可定义下频率测度(或下频度)$\mu_*(\Omega)$。如果 $\mu^*(\Omega) = \mu_*(\Omega) = \mu(\Omega)$,则称 $\mu(\Omega)$ 为 $\Omega$ 的频

率测度(或频度或频率或测度),称 $\Omega$ 是(频率)可测的。

显然,对任意有限集 $\Omega\subseteq\mathbf{N}^2$,有 $\mu(\Omega)=0$。

类似于一维频率测度的性质及其证明,可得到如下的二维频率测度的性质,参见文献[1]、[9]～[11]。

**性质 1.9** $\mu(\theta)=0,\mu(\mathbf{N}^2)=1$。对任意 $\Omega\subseteq\mathbf{N}^2$,有 $0\leqslant\mu_*(\Omega)\leqslant\mu^*(\Omega)\leqslant1$。设 $\Omega,\Gamma\subseteq\mathbf{Z}^2$,若 $\Omega$ 和 $\Gamma$ 相差有限个元素,则 $\mu_*(\Omega)=\mu_*(\Gamma)$ 和 $\mu^*(\Omega)=\mu^*(\Gamma)$。

**性质 1.10(平移不变性)** 设 $\Omega$ 是 $\mathbf{N}^2$ 的子集,对任意 $m,n\in\mathbf{Z}$,都有

$$\mu_*(X^mY^n(\Omega))=\mu_*(\Omega),\quad\mu^*(X^mY^n(\Omega))=\mu^*(\Omega)。$$

**性质 1.11** 设 $\Omega,\Gamma\subseteq\mathbf{Z}^2$,则 $\mu^*(\Omega+\Gamma)\leqslant\mu^*(\Omega)+\mu^*(\Gamma)$,

$$\mu_*(\Omega)+\mu^*(\Gamma)-\mu^*(\Omega\cdot\Gamma)\leqslant\mu^*(\Omega+\Gamma)\leqslant\mu^*(\Omega)+\mu^*(\Gamma)-\mu_*(\Omega\cdot\Gamma),$$

$$\mu_*(\Omega)+\mu_*(\Gamma)-\mu^*(\Omega\cdot\Gamma)\leqslant\mu_*(\Omega+\Gamma)\leqslant\mu_*(\Omega)+\mu^*(\Gamma)-\mu_*(\Omega\cdot\Gamma)。$$

特别地,若 $\Omega$ 和 $\Gamma$ 不相交,则

$$\mu_*(\Omega)+\mu_*(\Gamma)\leqslant\mu_*(\Omega+\Gamma)\leqslant\mu_*(\Omega)+\mu^*(\Gamma)$$
$$\leqslant\mu^*(\Omega+\Gamma)\leqslant\mu^*(\Omega)+\mu^*(\Gamma)。$$

**性质 1.12** 对任意集合 $\Omega\subseteq\mathbf{N}^2$,都有 $\mu_*(\Omega)+\mu^*(\mathbf{N}\backslash\Omega)=1$。

**性质 1.13** 设 $\Omega$ 和 $\Gamma$ 是 $\mathbf{N}^2$ 的两个子集。如果 $\Omega\subseteq\Gamma$,则

$$\mu^*(\Gamma)-\mu^*(\Omega)\leqslant\mu^*(\Gamma\backslash\Omega)\leqslant\mu^*(\Gamma)-\mu_*(\Omega),$$

$$\mu_*(\Gamma)-\mu^*(\Omega)\leqslant\mu_*(\Gamma\backslash\Omega)\leqslant\mu_*(\Gamma)-\mu_*(\Omega)。$$

**性质 1.14** 设 $\Omega$ 和 $\Gamma$ 是 $\mathbf{N}^2$ 的两个子集。如果 $\mu^*(\Omega)+\mu_*(\Gamma)>1$,则 $\Omega\cdot\Gamma$ 是无限集。

**性质 1.15** 设 $\Omega\subseteq\mathbf{N}^2,\alpha,\beta,\gamma,\eta\in\mathbf{Z}$,满足 $\alpha\leqslant\beta$ 和 $\gamma\leqslant\eta$,则

$$\mu_*\Big(\sum_{i=\alpha}^{\beta}\sum_{j=\gamma}^{\eta}X^iY^j(\Omega)\Big)\leqslant(\beta-\alpha+1)(\eta-\gamma+1)\mu_*(\Omega),$$

$$\mu^*\Big(\sum_{i=\alpha}^{\beta}\sum_{j=\gamma}^{\eta}X^iY^j(\Omega)\Big)\leqslant(\beta-\alpha+1)(\eta-\gamma+1)\mu^*(\Omega)。$$

**性质 1.16** 设 $A$ 和 $B$ 是 $\mathbf{N}$ 的两个子集。如果 $\mu^*(A)>0$ 和 $\mu^*(B)>0$,则 $\mu^*(A\times B)>0$,其中,$A\times B=\{(m,n)\mid m\in A,n\in B\}$。

证明:因为 $\mu^*(A)>0$ 和 $\mu^*(B)>0$,故存在 $\mathbf{N}$ 的两个子数列 $\{n_k\}_{k=1}^{\infty}$ 和 $\{m_k\}_{k=1}^{\infty}$,满足

$$n_1<n_2<\cdots,\quad m_1<m_2<\cdots,$$

使得对任意 $i,j\in\mathbf{N}$,有

$$\frac{|A^{(n_i)}|}{n_i}>\frac{\mu^*(A)}{2}>0,\quad\frac{|B^{(m_j)}|}{m_j}>\frac{\mu^*(B)}{2}>0。$$

因为 $|(A\times B)^{(n_i,m_j)}|=|A^{(n_i)}|\times|B^{(m_j)}|$,故

$$\frac{|(A\times B)^{(n_i,m_j)}|}{n_i\times m_j}>\frac{\mu^*(A)\times\mu^*(B)}{4}>0。$$

因此,$\mu^*(A \times B) > 0$。证毕!

**性质 1.17** 设 $A$ 和 $B$ 是 $\mathbf{N}$ 的两个子集。如果 $\mu(A) = 1$ 和 $\mu(B) = 1$,则 $\mu(A \times B) = 1$。

证明:由已知条件,对任意 $\varepsilon > 0$,存在整数 $M > 0$,使得对任意 $m, n > M$,有

$$1 \geqslant \frac{|A^{(m)}|}{m} > 1 - \varepsilon, \quad 1 \geqslant \frac{|B^{(n)}|}{n} > 1 - \varepsilon。$$

因此,对任意 $m, n > M$,有

$$|(A \times B)^{(m,n)}| = |A^{(m)}| \times |B^{(n)}| \geqslant m \times n \times (1 - \varepsilon)^2。$$

于是

$$\mu(A \times B) = \lim_{m,n \to \infty} \frac{|(A \times B)^{(m,n)}|}{mn} = 1。$$

## 1.2 频率测度与勒贝格测度

为了更多地了解频率测度的性质,下面对频率测度与勒贝格(Lebesgue)测度或概率测度作如下的对比。

频率测度是在研究自然数的子集(或确定性数列或离散系统)时提出的一种测度,而勒贝格测度或概率测度是在研究空间点集(如区间或区域等)的长度(或面积等)或随机现象(或随机事件)的统计性质时提出的一种测度。它们的性质具有明显的不同。

首先谈谈频率测度与勒贝格测度性质的几点显著不同。只以一维测度为例加以说明。

① 勒贝格上测度具有无限次可加性,而频率上测度只具有有限次可加性。同时,勒贝格测度具有无限可加性,而频率测度只具有有限可加性。

② 对任意勒贝格可测的集合 $A, B \subseteq \mathbf{R}$,$AB$,$A \cup B$ 和 $A - B$ 都是勒贝格可测的。但是,对任意两个频率可测的集合 $A, B \subseteq \mathbf{N}$,$A \cup B$,$AB$,$A - B$ 不一定是可测的。

事实上,设 $\Omega$ 由式(1-3)定义,$\Gamma = \{2, 4, 6, \cdots\}$,定义

$$A = (\Omega \cap \Gamma) \cup (\overline{\Omega} \cap \overline{\Gamma}), \quad B = \Gamma, \overline{\Omega} = \mathbf{N} - \Omega, \overline{\Gamma} = \mathbf{N} - \Gamma,$$

则 $A$ 和 $B$ 是频率可测的,但是,$AB = \Omega \cap \Gamma$,$A + B$ 和 $A - B$ 都是不可测的。

③ 对于集合 $A \subseteq \mathbf{R}$,$A$ 是勒贝格可测的充分必要条件是对任意 $T \subseteq \mathbf{R}$,有

$$m^*(T) = m^*(T \cap A) + m^*(T \cap \overline{A}), \quad \overline{A} = \mathbf{R} - A,$$

其中,$m^*(B)$ 表示 $B \subseteq \mathbf{R}$ 的勒贝格上测度。但是,对集合 $\Omega \subseteq \mathbf{N}$,$\Omega$ 频率可测的充分必要条件不是对任意 $H \subseteq \mathbf{N}$,

$$\mu^*(H) = \mu^*(H \cap \Omega) + \mu^*(H \cap \overline{\Omega}), \quad \overline{\Omega} = \mathbf{N} - \Omega。 \tag{1-5}$$

证明:反证法。如果 $\Omega$ 频率可测当且仅当对任意 $H \subseteq \mathbf{N}$,式(1-5)成立,则对任

意频率可测集 $\Omega, \Gamma \subseteq \mathbf{N}$,可得对任意 $H \subseteq \mathbf{N}$,有

$$\mu^*(H) = \mu^*(H \cap \Omega) + \mu^*(H \cap \bar{\Omega}),$$
$$\mu^*(H) = \mu^*(H \cap \Gamma) + \mu^*(H \cap \bar{\Gamma}), \bar{\Gamma} = \mathbf{N} - \Gamma.$$

因此,

$$\mu^*(H \cap \Omega) = \mu^*\{(H \cap \Omega) \cap \Gamma\} + \mu^*\{(H \cap \Omega) \cap \bar{\Gamma}\}$$
$$= \mu^*\{H \cap (\Omega \cap \Gamma)\} + \mu^*\{H \cap (\Omega \cap \bar{\Gamma})\},$$
$$\mu^*(H \cap \overline{(\Omega \cap \Gamma)}) = \mu^*\{(H \cap \overline{(\Omega \cap \Gamma)}) \cap \Omega\} + \mu^*\{(H \cap \overline{(\Omega \cap \Gamma)}) \cap \bar{\Omega}\}$$
$$= \mu^*\{H \cap \Omega \cap \bar{\Gamma}\} + \mu^*\{(H \cap \bar{\Omega}\}.$$

于是

$$\mu^*(H) = \mu^*(H \cap \Omega) + \mu^*(H \cap \bar{\Omega})$$
$$= \mu^*[H \cap (\Omega \cap \Gamma)] + \mu^*[H \cap \Omega \cap \bar{\Gamma}] + \mu^*(H \cap \bar{\Omega})$$
$$= \mu^*[H \cap (\Omega \cap \Gamma)] + \mu^*[H \cap \overline{(\Omega \cap \Gamma)}].$$

故 $\Omega \cap \Gamma$ 是频率可测的。但是,该结论与上面的结论②相矛盾! 证毕!

类似地,频率测度与概率测度的性质也有以上的结论①和②。根据它们在可加性上的不同,还可以得到如下性质上的一点重要差异。

在研究随机现象时,需要引入随机变量 $\xi$,其统计特性可利用分布函数 $F(x)$ 来描述。概率分布 $F(x)$ 具有的最基本性质包含:

① 单调性:对任意 $a, b \in \mathbf{R}$,且 $a < b$,则 $F(a) \leqslant F(b)$。
② 规范性:$\lim\limits_{x \to -\infty} F(x) = 0$ 和 $\lim\limits_{x \to +\infty} F(x) = 1$。
③ 左连续性:$F(x-0) = \lim\limits_{y \to 0-} F(y) = F(x)$,对任意 $x \in \mathbf{R}$。

类似地,在研究确定性数列时,可引入频率分布函数 $G(x)$ 来描述数列的类随机特性。根据第 5 章的内容可知,除定义方式有所不同外,频率分布和概率分布的基本性质也有所不同。频率分布只具有单调性和规范性,不具有左连续性,这是由于概率的左连续性是利用无限可加性证明的,而频率测度不具有无限可加性。因此,频率分布和概率分布有本质差异。

## 1.3　数列与离散系统

在本书中,数列可分为单下标数列和双下标数列。单下标数列也称为一维数列,双下标数列也称为时空数列。此外还有多维数列,其元素是由多个数组成的一个向量。

设 $x_1, x_2, \cdots \in \mathbf{R}$,将(单边)数列 $x_1, x_2, \cdots$ 记为 $X = \{x_n\}_{n=1}^{\infty}$ 或 $X = (x_1, x_2, \cdots)$。类似地,将双边数列记为 $X = \{x_n\}_{n=-\infty}^{\infty}$ 或 $X = (\cdots, x_{-2}, x_{-1}, x_0, x_1, x_2, \cdots)$,其中 $x_i \in \mathbf{R}, i \in \mathbf{Z}$。对于任意 $a \in \mathbf{R}$,记 $X + a = \{x_n + a\}_{n=1}^{\infty}, (X < a) = (x_n < a) = \{n$

$\in \mathbf{N} \mid x_n < a\}$，$\{X \geqslant a\} = \{n \in \mathbf{N} \mid x_n \geqslant a\}$。可类似定义 $aX$、$(X=a)$、$(X \leqslant a)$ 等等。例如，设

$$X = (1,1,1,0,1,1,1,0,\cdots), \ Y = (1,0,1,0,\cdots),$$

则 $(X<0.5) = \{4,8,\cdots\}$ 和 $(Y>0.5) = \{1,3,\cdots\}$。因此，$\mu(X<0.5) = 0.25$ 和 $\mu(Y>0.5) = 0.5$。

另外，对任意 $m,n \in \mathbf{N}$ 和 $x_{m,n} \in \mathbf{R}$，将时空数列 $x_{1,1}, x_{1,2}, x_{2,1}, x_{1,3}, x_{2,2}, x_{3,1}$，$\cdots$ 记为 $X = \{x_{m,n}\}_{m,n=1}^{\infty}$ 或 $X = \{x_{m,n} \mid m,n \in \mathbf{N}\}$。设 $X = \{x_n\}_{n=1}^{\infty}$ 和 $Y = \{y_n\}_{n=1}^{\infty}$ 是两个一维数列，则 $(X,Y) = \{(x_n,y_n)\}_{n=1}^{\infty}$ 是一个二维数列。

数列是数学领域中的一个重要概念，在理论研究和实际应用中，会碰到各种各样的数列，例如，斐波那契数列、线性反馈移位寄存器数列、从随机总体中抽样得到的样本数列，等等。随着计算机科学和技术的发展，人们逐渐认识到由迭代系统（或离散（动力）系统）产生的（解）数列在理论研究和实际应用中的重要性，这是导致近几十年来对离散系统持续研究热潮的一个重要原因。

离散系统又称为差分方程，可分一维离散系统、有限维离散系统、无穷维离散系统和离散时空系统等；又可分为时变（或非自治）系统和时不变（或自治）系统；同时，还可分为有时滞或无时滞的离散系统，等等。一般地，满足离散系统的数列称为该系统的解（数列）。解数列为单下标的离散系统也称为常差分方程，解数列为双下标的离散系统也称为偏差分方程或离散时空系统。

下面介绍几种常见的离散系统或差分方程，包括常差分方程和偏差分方程。

常见的一维（无时滞）离散系统为

$$x_{n+1} = f(x_n), \ x_0 \in I \subseteq \mathbf{R}, \ n = 0,1,2,\cdots, \qquad (1\text{-}6)$$

其中，$I$ 是 $\mathbf{R}$ 的一个子集，$f:I \to I$ 是一个函数，$x_0$ 称为初值。显然，给定一个初值 $x_0 \in I$，由式 (1-6) 可计算出一个解数列 $X = \{x_n\}_{n=1}^{\infty}$ 或 $O(x_0) = (x_0,x_1,x_2,\cdots)$，称 $O(x_0)$ 为 $f$（从 $x_0$ 出发）的一条（单边）轨道。

显然，系统 (1-6) 包含常见的 Logistic 系统：

$$x_{n+1} = \lambda x_n(1-x_n), \ x_0 \in I = [0,1], \ n = 0,1,2,\cdots, \qquad (1\text{-}7)$$

其中，$\lambda$ 是一个正参数。

容易看出，系统 (1-6) 等价于如下离散系统：

$$x_{n+1} = F_n(x_0) = f(f(\cdots f(x_0)\cdots)), \ n = 0,1,2,\cdots, \qquad (1\text{-}8)$$

其中，$F_n$ 表示 $n+1$ 个 $f$ 的复合函数。

下面是一种常见的含时滞离散系统：

$$x_{n+1} = f(x_n,x_{n-1},\cdots,x_{n-k}), \ n = 0,1,2,\cdots, \qquad (1\text{-}9)$$

特别地

$$x_{n+1} = x_n + x_{n-1}, \ n = 1,2,\cdots, \qquad (1\text{-}10)$$

其中，正整数 $k$ 是（最大）时延，$f$ 是一个多元函数。系统 (1-10) 称为斐波那契 (Fibonacci)系统。

目前,时变离散系统也得到了广泛的研究,常见的(无时滞)时变离散系统为

$$x_{n+1} = f(n, x_n), \ x_0 \in I \subseteq \mathbf{R}, \ n = 0, 1, 2, \cdots, \quad (1\text{-}11)$$

其中,$f: Z[0, \infty) \times I \to I$ 是一个实函数。显然,时不变系统(1-6)是系统(1-11)的特例。

又如,离散系统

$$x_{n+1} - x_n + p_n x_{n-k} = 0, \ n = 0, 1, 2, \cdots, \quad (1\text{-}12)$$

是一个含时滞时变系统,其中,$\{p_n\}_{n=0}^{\infty}$ 是一实数列。

显然,时变离散系统(1-11)等价于一列定义在 $I$ 上的函数 $f_0, f_1, \cdots$,对任意初始值 $x_0 \in I \subseteq \mathbf{R}$,由"迭代"计算产生如下系统:

$$x_{n+1} = f_n(x_n) = f_n(f_{n-1}(\cdots(f_0(x_0)))) = F_n(x_0), \ n = 0, 1, 2, \cdots, \quad (1\text{-}13)$$

其中,对一切 $i = 0, 1, \cdots, f_i: I \to I$ 是一函数,满足 $f_i(x) = f(i, x), x \in I$。

特别指出:在有些情况下,系统(1-8)或(1-13)的系统函数 $F_n$ 的表达式更容易确定。例如

$$x_{n+1} = \langle n\alpha \rangle, x_0 = \alpha \in \mathbf{R}, \ n = 0, 1, 2, \cdots, \quad (1\text{-}14)$$

$$x_{n+1} = \langle \alpha^n \rangle, x_0 = \alpha \in \mathbf{R}, n = 0, 1, 2, \cdots, \quad (1\text{-}15)$$

其中,$\langle a \rangle$ 表示实数 $a$ 的小数部分。本书中,系统(1-14)称为 Weyl 系统,系统(1-15)称为 Franklin 系统。易见,系统(1-14)和(1-15)相应于系统(1-6)或(1-11)的系统函数 $f$ 难以准确而简洁地表达出来。

离散时空系统又被称为偏差分方程,包含离散时间和空间两个变量,例如,无时滞离散时空系统

$$x_{m+1,n} = f(x_{m,n}, x_{m,n+1}), \ x_{m,n} \in I \subseteq \mathbf{R}, \ m, n = 0, 1, 2, \cdots, \quad (1\text{-}16)$$

和含时滞时变离散时空系统

$$x_{m+1,n} + x_{m,n+1} - x_{m,n} + p_{m,n} x_{m-k,n-l} = 0, \ m, n = 0, 1, 2, \cdots, \quad (1\text{-}17)$$

其中,$m$ 为离散时间变量,$n$ 为离散空间变量,$I \subseteq \mathbf{R}, f: I \times I \to I$ 是一个二元函数,$\{p_{m,n}\}_{m,n=0}^{\infty}$ 是一个时空数列。

此外,还有高维离散系统,甚至无穷维离散系统。例如,如下的系统就是二维离散系统:

$$\begin{cases} x_{n+1} = f(x_n, y_n) \\ y_{n+1} = g(x_n, y_n) \end{cases}, \ x_n, y_n \in I \subseteq \mathbf{R}, \ n = 0, 1, 2, \cdots, \quad (1\text{-}18)$$

其中,$f: I \times I \to I$ 和 $g: I \times I \to I$ 是两个二元函数。

# 1.4 模1均匀分布数列

从现有的文献看,渐近密度或自然密度的"名词术语"大约产生于 20 世

30～40年代,在更早的一些文献中,尽管没有利用"渐近密度"或(一维甚至二维)"自然密度"术语,但是,一些研究本质上就已经包含了这个概念,并取得了一些重要的研究成果。比如,在 20 世纪初前后,不少学者就已提出了"模 1 均匀分布数列"的概念[6~8],这一概念隐含了自然密度的概念。下面的定义直接取自于 Weyl 的文献[6]～[8]。

**定义 1.4**　设 $X=\{x_n\}_{n=1}^{\infty}$ 是一个实数列。如果对任意实数 $0\leqslant a<b\leqslant 1$,都有

$$\lim_{n\to\infty}\frac{|\{k\mid\langle x_k\rangle\in[a,b)\}^{(n)}|}{n}=\lim_{n\to\infty}\frac{|\{k\mid\langle x_k\rangle\in[a,b),k\leqslant n\}|}{n}=b-a,$$

其中,$\langle x\rangle$ 表示 $x$ 的小数,则称 $X$ 为模 1 均匀分布数列(或模 1 一致分布数列)。

根据计算机随机模拟方法,可以知道在计算机中模拟区间$[0,1)$上的均匀分布是模拟其他"概率分布"的基础。因此,这一概念是有应用背景的。

下面的结果取自于文献[6]～[8]。

**引理 1.1**　对"几乎所有"的实数 $\alpha\in[0,1)$(包含$[0,1)$中的所有无理数),系统(1-14)以 $\alpha$ 为初值的解 $X=\{x_n=\langle n\alpha\rangle\}_{n=1}^{\infty}$ 是模 1 均匀分布数列。

该引理的证明过程将在第 13 章中介绍。

下面的结果取自于文献[12]。

**引理 1.2**　对"几乎所有"的实数 $\alpha>1$,系统(1-15)以 $\alpha$ 为初值的解 $X=\{x_n=\langle\alpha^n\rangle\}_{n=1}^{\infty}$ 是模 1 均匀分布数列。

此外,还有一些文献研究了模 1 均匀分布数列。例如,文献[13]研究了满足特殊性质的模 1 均匀分布数列,并给出了构造方法。从它的证明过程可以看出,证明中利用了概率论的一些记号和叙述方式,这容易引起混淆,并令人感到有些不太自然,因为该数列毕竟是确定性数列,而非随机数列。不过,若利用本书中的概念和叙述方式,则证明过程的表述将是自然的。

# 第 2 章　数列的频率收敛性

在经典的微积分理论中,数列的极限是最基本的概念之一,其定义如下:设 $X=\{x_n\}_{n=1}^{\infty}$ 是一个实数列,$a$ 是一常数。如果对任意 $\varepsilon>0$,存在整数 $M=M(\varepsilon)>0$,当 $n>M$ 时,有 $|x_n-a|<\varepsilon$,则称数列 $X=\{x_n\}_{n=1}^{\infty}$ 收敛于 $a$,称 $a$ 为数列 $X$ 的极限,记为 $\lim\limits_{n\to\infty}x_n=a$。

在微积分理论中,柯西(Cauchy)收敛准则是关于数列收敛性非常重要的一个结论,介绍如下。

**引理 2.1**(柯西收敛准则)　数列 $X=\{x_n\}_{n=1}^{\infty}$ 收敛的充分必要条件是对任意 $\varepsilon>0$,存在整数 $M>0$,使得对一切 $m,n>M$,都有 $|x_m-x_n|<\varepsilon$。

数列的收敛性具有许多重要的应用。例如,在计算圆周率时,可以采用计算圆内接正多边形周长的方法逐步逼近计算出圆周率 $\pi$ 的近似值。像这样的例子还有许多。但是,在理论研究和实际应用中,除了收敛性外,还要用到数列的其他性质。为此,数学分析中引入了数列的有界性、上下极限、聚点等一些概念。利用频率测度,可以把这些概念加以推广。本章将重点介绍文献[9]中的一个类似柯西收敛准则的结论,称之为频率柯西收敛准则。

## 2.1　几个定义和结果

根据现有的文献可知,利用渐近密度的概念,一些学者早在 1950 年前后就提出了数列的一种广义收敛性的概念,称为统计收敛性。下面的定义取自于文献 [14]～[19]。

**定义 2.1**　实数列 $X=\{x_n\}_{n=1}^{\infty}$ 被称为统计收敛于实数 $a$,如果对任意 $\varepsilon>0$,集合 $\{|X-a|\geqslant\varepsilon\}$ 具有 0 自然密度,即 $\delta\{|X-a|\geqslant\varepsilon\}=\mu\{n\in\mathbf{N}\mid|x_n-a|\geqslant\varepsilon\}=0$。

显然,数列 $X=\{x_n\}_{n=1}^{\infty}$ 收敛于 $a$,则 $X$ 一定统计收敛于 $a$。但是,反之不然。因此,数列的统计收敛性比收敛性更广。

考虑到柯西收敛准则在微积分知识中的重要地位,有不少文献研究了统计收敛性的类似柯西收敛准则的条件。下面给出几个相关定义[14～19]。

**定义 2.2**　一个数列 $X=\{x_n\}_{n=1}^{\infty}$ 被称为统计预柯西(Pre-Cauchy)数列,如果对任意 $\varepsilon>0$,则

$$\lim_{n\to\infty}\frac{|\{(i,j)\in\mathbf{N}^2\mid|x_i-x_j|\geqslant\varepsilon\}^{(n,n)}|}{n^2}=0。 \tag{2-1}$$

另外，$X=\{x_n\}_{n=1}^{\infty}$ 被称为统计柯西数列，如果对任意 $\varepsilon>0$，存在整数 $M=M(\varepsilon)>0$，使得

$$\lim_{n\to\infty}\frac{|\{k\in\mathbf{N}\mid |x_k-x_{M(\varepsilon)}|\geqslant\varepsilon\}^{(n)}|}{n}=0。 \tag{2-2}$$

下面的几个结果取自于文献[16]～[18]，在此省略它们的证明。

**定理 2.1**　对于任一数列 $X=\{x_n\}_{n=1}^{\infty}$，下面的三个条件相互等价：

① $X$ 是统计收敛的。

② $X$ 是统计柯西数列。

③ 存在一个收敛的数列 $Y=\{y_n\}_{n=1}^{\infty}$，使得 $\mu(X=Y)=1$。

**定理 2.2**　设 $X=\{x_n\}_{n=1}^{\infty}$ 是一个有界数列。$X$ 是统计预柯西数列的充分必要条件是

$$\lim_{n\to\infty}\frac{1}{n^2}\sum_{j=1}^{n}\sum_{k=1}^{n}|x_k-x_j|=0。$$

此外，有界数列 $X=\{x_n\}_{n=1}^{\infty}$ 统计收敛于 $a\in\mathbf{R}$ 的充分必要条件是

$$\lim_{n\to\infty}\frac{1}{n}\sum_{k=1}^{n}|x_k-a|=0。$$

## 2.2　频率收敛性的定义与性质

对照引理 2.1，不难看出，定义 2.2、定理 2.1 和 2.2 给出的 $X$ 为统计（预）柯西数列的充分或必要条件都存在这样或那样的"不足"。例如，需要假设数列有界或找到另外一个数列 $Y$，满足 $\mu(X-Y)=1$ 等，才能断定 $X$ 是否为统计（预）柯西数列。参照引理 2.1，应该去寻找能直接从数列 $X$ 的所有项中所包含的"信息"来建立 $X$ 为统计柯西数列的充分必要条件才与柯西收敛准则的形式相一致。对该问题，目前已获得了比较完美的结果，介绍如下。

参照文献[9]，给出如下的定义。

**定义 2.3**　称数列 $X=\{x_n\}_{n=1}^{\infty}$ 为频率（或频度）柯西数列，如果对任意 $\varepsilon>0$，有

$$\mu\{(m,n)\in\mathbf{N}^2\mid |x_m-x_n|<\varepsilon\}=1\quad\text{或}$$
$$\mu\{(m,n)\in\mathbf{N}^2\mid |x_m-x_n|\geqslant\varepsilon\}=0。$$

由定义 2.2 和 2.3 及二维频率测度的定义可知，频率柯西数列一定是统计预柯西数列。但是，很难直接断定统计预柯西数列是频率柯西数列。

一个明显的问题：如上定义的频度柯西数列是否是统计收敛的？这个问题的答案是肯定的，下面将证明这个结论，称之为频率柯西收敛准则。首先给出如下定义（见文献[9]），该定义包含了统计收敛性的定义。

**定义 2.4**　设 $X=\{x_n\}_{n=1}^{\infty}$ 是一实数列，$a$ 是一常数。如果对任意 $\varepsilon>0$，存在

一个常数 $\omega \in [0,1]$,使得 $\mu^*(|X-a| \geqslant \varepsilon) \leqslant \omega$(或 $\mu_*(|X-a| < \varepsilon) > 1-\omega$),则称 $X$ 是(至多)$\omega$ 度上频率(或上频度)收敛于实数 $a$,$a$ 称为 $X$ 的(至多)$\omega$ 度上频率(或上频度)极限。(至多)下频率极限和频率极限的概念可类似定义。

此外,如果存在 $\varepsilon_0 > 0$,使得对任意 $\varepsilon \in (0, \varepsilon_0)$,都有 $\mu_*(|X-a| \geqslant \varepsilon) = \mu^*(|X-a| \geqslant \varepsilon) = \omega$,则称 $X$ 是 $\omega$ 度频率(或频度)收敛于 $a$,$a$ 称为 $X$ 的 $\omega$ 度频率极限。特别地,如果 $X$ 是 $0$ 度频率(或频度)收敛于一实数 $a$,即对任意 $\varepsilon > 0$,$\mu\{|X-a| \geqslant \varepsilon\} = 0$,则称 $X$ 是频率(或频度)收敛于 $a$,$a$ 称为 $X$ 的频率极限。

由定义 2.4,直观上看,若 $X$ 是至多 $\omega$ 度上频率收敛于实数 $a$,则 $\omega$ 越接近于 $0$,$X$ 的项就越集中在 $a$ 的"附近"。

由定义 2.1 和 2.4,不难发现数列是频率收敛的充分必要条件是它为统计收敛的,即频率收敛与统计收敛是等价的。

**例 2.1**　设 $X = \{x_n\}_{n=1}^\infty$ 是一实数列,满足 $x_{2n} = 0$ 和 $x_{2n-1} = 1$,对任意 $n \in \mathbf{N}$,则 $0$ 和 $1$ 都是 $X$ 的 $0.5$ 度频率极限。因此,一个数列的 $\omega$ 度频率极限可能不唯一,$\omega \in [0,1]$。

尽管数列 $X = \{x_n\}_{n=1}^\infty$ 的 $\omega$($\omega \geqslant 0.5$)度的频率极限可能是不唯一的,但是,如果 $a$ 是 $X$ 的 $\omega$ 度上频率极限,且 $\omega < 0.5$,则 $a$ 是唯一的。事实上,设 $a$ 是 $X$ 的 $\omega_1$ 度上频率极限,$b$ 是 $X$ 的 $\omega_2$ 度上频率极限,且 $a \neq b$,$\omega_1 < 0.5$ 和 $\omega_2 < 0.5$,不妨设 $a < b$。对任一 $\varepsilon \in (0, (b-a)/2)$,有

$$\mu^*(A) = \mu^*(|x_n - a| \geqslant \varepsilon) \leqslant \omega_1 < 0.5,$$
$$\mu^*(B) = \mu^*(|x_n - b| \geqslant \varepsilon) \leqslant \omega_2 < 0.5。$$

于是

$$\mu_*(\overline{A}) = \mu_*(\mathbf{N} \backslash A) = \mu_*(|x_n - a| < \varepsilon) = 1 - \mu^*(|x_n - a| \geqslant \varepsilon) > 0.5,$$
$$\mu_*(\overline{B}) = \mu_*(\mathbf{N} \backslash B) = \mu_*(|x_n - b| < \varepsilon) = 1 - \mu^*(|x_n - b| \geqslant \varepsilon) > 0.5。$$

因此,由性质 1.5 和 1.7,可得 $\mu^*(\overline{A} \cap \overline{B}) \geqslant \mu_*(\overline{A}) + \mu_*(\overline{B}) - \mu_*(\overline{A} \cup \overline{B}) > 0$,即 $\overline{A} \cap \overline{B}$ 是一个无限集,这与 $\overline{A} \cap \overline{B} = \theta$ 相矛盾。

特别地,如果数列 $X = \{x_n\}_{n=1}^\infty$ 频率收敛,则它的频率极限 $a$ 是唯一的,并记为 $f\lim_{n \to \infty} x_n = a$ 或 $f\lim_{n \in \mathbf{N}} x_n = a$ 或 $f\lim X = a$。

**定义 2.5**　如果对任意 $M > 0$,有 $\mu_*(X > M) = 1$(或 $\mu^*(X \leqslant M) = 0$),则称数列 $X = \{x_n\}_{n=1}^\infty$ 是频率收敛于 $+\infty$,记作 $f\lim_{n \to \infty} x_n = +\infty$。类似地,可定义数列频率收敛于 $-\infty$ 或 $\infty$。

**定义 2.6**　如果存在一个数 $M > 0$,使得 $\mu(|X| > M) = 0$,则称数列 $X = \{x_n\}_{n=1}^\infty$ 是频率有界的,$M$ 称为 $X$ 的频率界。类似地,也可定义数列的频率上界和频率下界。

显然,如果数列是有界的,则它一定是频率有界的。但是,反过来不一定成立。

例如,设 $x_n=n$,对一切 $n\in A=\{2,2^2,\cdots\}$,且 $x_n=1$,对一切 $n\notin A$,则 $X$ 是频率有界的,且 $f\lim x_n=1$。但是,$X$ 是无界的。

**定义 2.7** 对于实数列 $X=\{x_n\}_{n=1}^{\infty}$,如果存在常数 $c$,使得对任意 $\varepsilon>0$,都有 $\mu^*(X>c+\varepsilon)=0$,且 $\mu^*(X>c-\varepsilon)>0$,则称 $c$ 为 $X$ 的频率上极限,记为 $f\limsup\limits_{n\to\infty}x_n=c$ 或 $f\limsup\limits_{n\in N}x_n=c$。类似地,可定义数列的频率下极限 $f\liminf x_n$。

由定义 2.4 和 2.7,不难得到下面的结果。

**性质 2.1** $f\lim\limits_{n\to\infty}x_n=a$ 当且仅当 $f\limsup\limits_{n\to\infty}x_n=f\liminf\limits_{n\to\infty}x_n=a$。

频率极限还具有如下几条基本性质。

**性质 2.2** 如果 $f\lim\limits_{n\to\infty}x_n=a>b=f\lim\limits_{n\to\infty}y_n$,则存在 $\varepsilon_0>0$,使得 $\mu(X>Y+\varepsilon_0)=1$。

证明:取 $\varepsilon_0=(a-b)/4$。由于 $f\lim\limits_{n\to\infty}x_n=a$ 和 $f\lim\limits_{n\to\infty}y_n=b$,故 $\mu(|X-a|<\varepsilon_0)=1$ 和 $\mu(|Y-b|<\varepsilon_0)=1$。因此

$$1\geqslant\mu\{(|X-a|<\varepsilon_0)+(|Y-b|<\varepsilon_0)\}\geqslant\mu(|X-a|<\varepsilon_0)=1.$$

和

$$1\geqslant\mu\{(|X-a|<\varepsilon_0)\bigcap(|Y-b|<\varepsilon_0)\}\geqslant\mu(A)+\mu(B)-\mu\{A+B\}=1,$$

其中,$A=(|X-a|<\varepsilon_0)$ 和 $B=(|Y-b|<\varepsilon_0)$。显然,对一切 $n\in A\bigcap B$,有

$$x_n>a-\varepsilon_0\geqslant\frac{a+b}{2}=b+2\varepsilon_0>y_n+\varepsilon_0。$$

因此,$1\geqslant\mu(X>Y+\varepsilon_0)\geqslant\mu(A\bigcap B)=1$。证毕!

类似于数列的"两边夹法则",可以得到如下结论。

**性质 2.3** 设 $X=\{x_n\}_{n=1}^{\infty}$,$Y=\{y_n\}_{n=1}^{\infty}$,$W=\{w_n\}_{n=1}^{\infty}$,$f\lim\limits_{n\to\infty}x_n=f\lim\limits_{n\to\infty}y_n=a$。如果 $\mu(X\leqslant W\leqslant Y)=1$,则 $f\lim\limits_{n\to\infty}w_n=a$。

证明:根据已知条件可知,对任意 $\varepsilon>0$,都有 $\mu(|X-a|<\varepsilon)=1$ 和 $\mu(|Y-a|<\varepsilon)=1$。因此,$\mu(A)=\mu\{(|X-a|<\varepsilon)\bigcap(|Y-a|<\varepsilon)\}=1$。设 $B=(X\leqslant W\leqslant Y)$,则 $\mu(B)=1$ 和 $\mu(A\bigcup B)=1$。故 $\mu(AB)=\mu(A)+\mu(B)-\mu(A\bigcup B)=1$。显然,对任意 $n\in AB$,$a-\varepsilon<x_n\leqslant w_n\leqslant y_n<a+\varepsilon$,即 $AB\subseteq(|W-a|<\varepsilon)$。因此,$1\geqslant\mu(|W-a|<\varepsilon)\geqslant\mu(AB)=1$。证毕!

类似于上面的证明,可得到如下几个结论。

**性质 2.4** 若 $f\lim\limits_{n\to\infty}x_n=a$,则数列 $X=\{x_n\}_{n=1}^{\infty}$ 是频率有界的。

**性质 2.5** 如果 $f\lim\limits_{n\to\infty}x_n=a$ 和 $f\lim\limits_{n\to\infty}y_n=b$,那么

$$f\lim\limits_{n\to\infty}(x_n\pm y_n)=a\pm b,\quad f\lim\limits_{n\to\infty}(x_ny_n)=ab。$$

**性质 2.6** 如果 $f\lim\limits_{n\to\infty}x_n=a$ 和 $f\lim\limits_{n\to\infty}y_n=b\neq0$,那么数列 $\{x_n/y_n\}$ 是频率收敛的,且

$$f \lim_{n \to \infty}(x_n/y_n) = a/b。$$

## 2.3　频率柯西收敛准则

为了证明频率柯西收敛准则,先证明如下的一个结果。

**定理 2.3**　如果 $X = \{x_n\}_{n=1}^{\infty}$ 是频率有界数列,那么 $X$ 的频率上极限和频率下极限都存在。

证明:下面将只证明 $X$ 的频率上极限存在,频率下极限的存在性可类似证明。

因为 $X$ 是频率有界的,故存在两个实数 $L < M$,使得 $\mu(L \leqslant X \leqslant M) = 1$。将区间 $[L, M]$ 二等分,得到两个子区间 $\bar{I} = [L, a_1]$ 和 $\tilde{I} = [a_1, M]$,其中 $a_1 = (L + M)/2$,则在 $\bar{I}$ 和 $\tilde{I}$ 中一定有一个子区间,记为 $I_1 = [L_1, M_1]$,使得 $\mu^*(X \in I_1) > 0$,且 $\mu(X > M_1) = 0$。显然,$I_1 \subseteq I = [L, M]$。

再将 $I_1 = [L_1, M_1]$ 二等分,得到两个子区间 $\bar{I}_1 = [L_1, a_2]$ 和 $\tilde{I}_1 = [a_2, M_1]$,$a_2 = (L_1 + M_1)/2$。则在 $\bar{I}_1$ 和 $\tilde{I}_1$ 中一定存在一个子区间,记为 $I_2 = [L_2, M_2]$,使得 $\mu^*(X \in I_2) > 0$,且 $\mu(X > M_2) = 0$。显然,$I_2 \subseteq I_1 = [L_1, M_1]$。

一般地,重复以上步骤,可以得到一列区间:$I = [L, M] \supseteq I_1 = [L_1, M_1] \supseteq I_2 = [L_2, M_2] \supseteq \cdots$,满足 $|I_k| = (M - L)/2^k \to 0, k \to \infty$,且 $\mu^*(X \in I_k) > 0$ 和 $\mu(X > M_k) = 0$,其中 $|I_k|$ 表示区间长度,$k = 1, 2, \cdots$。

根据实数理论中的"区间套定理",存在唯一的实数 $c$,使得 $c \in I_k$,对一切 $k = 1, 2, \cdots$。下面证明 $f \limsup\limits_{n \to \infty} x_n = c$。

对任意 $\varepsilon > 0$,存在整数 $m > 0$,使得对一切 $k \geqslant m$,都有 $I_k \subseteq (c - \varepsilon, c + \varepsilon)$。根据 $I_k$ 满足的性质,有 $\mu^*(X \in I_k) > 0$ 和 $\mu(X > M_k) = 0$。因此,$\mu^*(X > c - \varepsilon) > \mu^*(X \in I_k) > 0$,且

$$0 = \mu^*(X > M_k) \geqslant \mu^*(X > c + \varepsilon) \geqslant 0。$$

根据定义 2.7,有 $f \limsup\limits_{n \to \infty} x_n = c$。证毕!

**定理 2.4(频率柯西收敛准则)**　数列 $X = \{x_n\}_{n=1}^{\infty}$ 频率收敛的充分必要条件是对一切 $\varepsilon > 0$,都有

$$\mu\{(m, n) \in \mathbf{N}^2 \mid |x_m - x_n| < \varepsilon\} = 1。$$

证明:必要性。设 $f \lim\limits_{n \to \infty} x_n = c$,则对任意充分小的 $\varepsilon > 0$,都有

$$\mu\{n \in \mathbf{N} \mid |x_n - c| < \varepsilon/2\} = 1, \quad \mu\{m \in \mathbf{N} \mid |x_m - c| < \varepsilon/2\} = 1。$$

因此,由性质 1.17,得

$$\mu\{\{m \in \mathbf{N} \mid |x_m - c| < \varepsilon/2\} \times \{n \in \mathbf{N} \mid |x_n - c| < \varepsilon/2\}\} = 1。$$

由不等式 $|x_m - x_n| \leqslant |x_n - c| + |x_m - c|$,得

$$\{m \in \mathbf{N} \mid |x_m - c| < \varepsilon/2\} \times \{n \in \mathbf{N} \mid |x_n - c| < \varepsilon/2\}$$

$\subseteq \{(m,n) \in \mathbf{N}^2 \mid |x_m - x_n| < \varepsilon\}$。

因此,对任意 $\varepsilon > 0$,都有 $\mu\{(m,n) \in \mathbf{N}^2 \mid |x_m - x_n| < \varepsilon\} = 1$。必要性得证。

充分性。首先证明 $X$ 是频率有界的。只需证明 $X$ 有频率上界,有频率下界可类似证明。

假设 $X$ 不存在频率上界,根据定义 2.6,对任意充分大的数 $M > 0$,都有 $\mu^*(X > M) > 0$。因此,下列两种情形中至少有一个成立:

① 对任意 $M > 0$,$\mu(X > M) = 1$。

② 存在一个数 $\widetilde{M} > 0$,使得 $\mu_*(X > \widetilde{M}) < 1$ 和 $\mu^*(X > \widetilde{M} + h) > 0$,对一切 $h > 0$。

如果情形 ① 成立,则 $\mu(X \leqslant M) = 0$,对一切 $M > 0$。由定义 2.5,得 $f\lim\limits_{n \to \infty} x_n = +\infty$。设 $\Omega_m = \{n \in \mathbf{N} \mid |x_m - x_n| < 0.5\}$,$m = 1,2,\cdots$,则 $\mu(\Omega_m) = 0$,对一切 $m = 1,2,\cdots$。因此,对任意固定的 $m \in \mathbf{N}$,都存在一个整数 $n_m \in \mathbf{N}$,使得当 $n \geqslant n_m$ 时,有 $|\Omega_m^{(n)}|/n < 0.5$。不妨设 $n_1 < n_2 < \cdots$。令 $\Gamma = \{(m,n) \in \mathbf{N}^2 \mid |x_m - x_n| < 0.5\}$,那么对一切 $m \in \mathbf{N}$,都有 $|\Gamma^{(m,n_m)}|/m n_m < 0.5$。因此,$\mu_*(\Gamma) \leqslant 0.5$,这与已知条件:对任意 $\varepsilon > 0$,$\mu\{(m,n) \in \mathbf{N}^2 \mid |x_m - x_n| < \varepsilon\} = 1$ 相矛盾。

如果情形 ② 成立,则 $\mu^*(X \leqslant \widetilde{M}) > 0$。设 $A = (X \leqslant \widetilde{M})$ 和 $B = (X > \widetilde{M} + 1)$,则 $\mu^*(A) > 0$ 和 $\mu^*(B) > 0$。由性质 1.16,得 $\mu^*(A \times B) > 0$。显然,$\{(m,n) \in \mathbf{N}^2 \mid |x_m - x_n| \geqslant 1\} \supseteq A \times B$,因此,$\mu^*\{(m,n) \in \mathbf{N}^2 \mid |x_m - x_n| \geqslant 1\} > 0$,且

$\mu_*\{(m,n) \in \mathbf{N}^2 \mid |x_m - x_n| < 1\} = 1 - \mu^*\{(m,n) \in \mathbf{N}^2 \mid |x_m - x_n| \geqslant 1\} < 1$,

这与已知条件相矛盾。故 $X$ 具有频率上界。

同样可证 $X$ 存在频率下界,故 $X$ 是频率有界的。由定理 2.3,$X$ 的频率上极限和频率下极限都存在,设为 $f\limsup\limits_{n \to \infty} x_n = a$ 和 $f\liminf\limits_{n \to \infty} x_n = b$,且 $a \geqslant b$。假设 $a > b$,令

$$\widetilde{A} = \{x_n \in (a - (a-b)/3, a \mid (a-b)/3)\},$$
$$\widetilde{B} = \{x_n \in (b - (a-b)/3, b + (a-b)/3)\},$$

则 $\widetilde{A} \cap \widetilde{B} = \theta$,$\mu^*(X \in \widetilde{A}) = c > 0$ 和 $\mu^*(X \in \widetilde{B}) = d > 0$。显然,对任意 $m \in \widetilde{A}$ 和 $n \in \widetilde{B}$,都有 $|x_m - x_n| > (a-b)/3$。因此,$\{(m,n) \in \mathbf{N}^2 \mid |x_m - x_n| \geqslant (a-b)/3\} \supseteq \widetilde{A} \times \widetilde{B}$。由性质 1.16,可得 $\mu^*(\widetilde{A} \times \widetilde{B}) > 0$。于是,$\mu^*\{(m,n) \in \mathbf{N}^2 \mid |x_m - x_n| \geqslant (a-b)/3\} \geqslant \mu^*\{\widetilde{A} \times \widetilde{B}\} > 0$,这与已知条件相矛盾。故 $a = b$,即 $f\limsup\limits_{n \to \infty} x_n = f\liminf\limits_{n \to \infty} x_n$。由性质 2.1,可知 $f\lim\limits_{n \to \infty} x_n$ 存在。证毕!

**注 2.1** 比较引理 2.1、定理 2.1 和 2.2、定理 2.4,不难看出:定理 2.4 与引理 2.1 在形式上最为"接近"。因此,将定理 2.4 称为频率柯西收敛准则是比较"贴切"的。

由定理 2.1 和 2.4,可得到如下结论。

**推论 2.1**　对于任一数列 $X = \{x_n\}_{n=1}^{\infty}$，下面的四个条件相互等价：

① $X$ 是统计收敛的。

② $X$ 是统计柯西数列。

③ 存在一个收敛的数列 $Y = \{y_n\}_{n=1}^{\infty}$，使得 $\mu(X = Y) = 1$。

④ $X$ 是频率柯西数列。

对于有界数列，还可得到如下另外一种形式的频率收敛的充分必要条件。

**定理 2.5**　设 $X = \{x_n\}_{n=1}^{\infty}$ 是一个有界数列。$X$ 是频率收敛的充分必要条件是

$$\lim_{m,n \to \infty} \frac{1}{mn} \sum_{i=1}^{m} \sum_{j=1}^{n} |x_i - x_j| = 0。 \tag{2-3}$$

证明：充分性。如果式(2-3)成立，则对任意 $\varepsilon > 0$，都有 $\mu\{(m,n) \in \mathbf{N}^2 \mid |x_m - x_n| \geqslant \varepsilon\} = 0$。否则，存在一常数 $\varepsilon_0 > 0$，使得 $\mu^*\{(m,n) \in \mathbf{N}^2 \mid |x_m - x_n| \geqslant \varepsilon_0\} > 0$。因此，存在一个正数 $\alpha > 0$ 和两个正整数列：$L_1 < L_2 < L_3 < \cdots$ 和 $M_1 < M_2 < M_3 < \cdots$，满足 $\lim\limits_{i \to \infty} L_i = \lim\limits_{i \to \infty} M_i = +\infty$，有

$$\mu^*\{(m,n) \in \mathbf{N}^2 \mid |x_m - x_n| \geqslant \varepsilon_0\} = \lim_{i,j \to \infty} \frac{|\{(m,n) \mid |x_m - x_n| \geqslant \varepsilon_0\}^{(L_i, M_j)}|}{L_i \times M_j} = \alpha$$

和

$$\frac{|\{(m,n) \mid |x_m - x_n| \geqslant \varepsilon_0\}^{(L_i, M_j)}|}{L_i \times M_j} \geqslant \frac{\alpha}{2} > 0, \quad i,j = 1,2,\cdots。$$

因此

$$\lim_{i,j \to \infty} \frac{1}{L_i M_j} \sum_{s=1}^{L_i} \sum_{t=1}^{M_j} |x_s - x_t| \geqslant \frac{\alpha \varepsilon_0}{2} > 0,$$

这与式(2-3)相矛盾！充分性得证。

必要性。如果 $X$ 是频率收敛的，则由定理 2.4 知，$X$ 是频率柯西数列。因此，对任意 $\eta > 0$，都有 $\mu\{(m,n) \in \mathbf{N}^2 \mid |x_m - x_n| \geqslant \eta\} = 0$。由给定的条件知，$X$ 有界。因此，存在 $B > 0$，使得对一切 $n = 1,2,\cdots$，都有 $|x_n| < B$。故对任意 $\varepsilon > 0$，存在两个整数 $L, M > 0$，使得对所有 $m > L$ 和 $n > M$，有

$$\frac{|\{(i,j) \in \mathbf{N}^2 \mid |x_i - x_j| \geqslant \varepsilon\}^{(m,n)}|}{mn} < \frac{\varepsilon}{2B}。$$

因此，当 $m > L$ 和 $n > M$ 时，对 $\varepsilon > 0$，有

$$0 \leqslant \frac{1}{mn} \sum_{i=1}^{m} \sum_{j=1}^{n} |x_i - x_j| = \frac{1}{mn} \Big[ \sum_{\{(i,j) \mid |x_i - x_j| < \varepsilon\}^{(m,n)}} + \sum_{\{(i,j) \mid |x_i - x_j| \geqslant \varepsilon\}^{(m,n)}} \Big] |x_i - x_j| \leqslant 2\varepsilon,$$

即式(2-3)成立。证毕！

对于任意数列 $X = \{x_n\}_{n=1}^{\infty}$ 和两个实数 $a < b$，定义

$$x_a^b(n) = \begin{cases} b, & x_n \geqslant b \\ x_n, & a < x_n < b \\ a, & x_n \leqslant a, \end{cases} \tag{2-4}$$

称数列 $\{x_a^b(n)\}_{n=1}^\infty$ 为 $X$(在 $a$ 和 $b$ 处)的截断数列。

由定理 2.5,可得到如下任意数列频率收敛的充分必要条件。

**推论 2.2** 对任意数列 $X=\{x_n\}_{n=1}^\infty$,$X$ 是频率收敛的充分必要条件是对任意两个实数 $a<b$,

$$\lim_{m,n\to\infty}\frac{1}{mn}\sum_{i=1}^m\sum_{j=1}^n \mid x_a^b(i)-x_a^b(j)\mid=0,$$

其中,$\{x_a^b(n)\}_{n=1}^\infty$ 为 $X$(在 $a$ 和 $b$ 处)的截断数列。

**引理 2.2** 设 $A\subseteq\mathbf{N}$ 和 $B\subseteq\mathbf{N}$。如果 $\mu(A)=0$,则 $\mu(A\times B)=\mu(B\times A)=0$。

证明:由于 $\mu(A)=0$,故对任意 $\varepsilon>0$,存在整数 $M>0$,当 $n>M$ 时,有 $\mid A^{(n)}\mid/n<\varepsilon$。因此,当 $n>M$ 时,

$$\frac{\mid(A\times B)^{(n,m)}\mid}{mn}\leqslant\frac{\mid A^{(n)}\mid\times m}{nm}<\varepsilon。$$

于是,$\mu(A\times B)=0$。同样可证 $\mu(B\times A)=0$。证毕!

下面举一个例子说明上述定理 2.5 的应用。

**例 2.2** 设 $L$ 是一个正常数,$A\subseteq\mathbf{N}$,且 $\mu(A)=0$,实数列 $X=\{x_n\}_{n=1}^\infty$ 满足如下两个条件:

① $\mid x_i-x_j\mid<L\left(\dfrac{1}{i}+\dfrac{1}{j}\right)$,对任意 $i,j\notin A$。

② $\mid x_i-x_j\mid<L$,对任意 $i\in A$ 或 $j\in A$。

则数列 $X$ 是频率收敛的。

显然,$X$ 是有界数列,且满足条件①和②的数列是存在的。例如,$A=\{2,2^2,\cdots\}$,$x_n=0$,对任意 $n\in A$,$x_n=1$,对任意 $n\notin A$,则数列 $X=\{x_n\}_{n=1}^\infty$ 满足条件①和②。

下面将证明 $X$ 是频率收敛的。

首先,设 $\gamma$ 是欧拉(Euler)常数,即

$$\lim_{k\to\infty}\left(1+\frac{1}{2}+\frac{1}{3}+\cdots+\frac{1}{k}-\ln(k)\right)=\gamma。$$

易知,存在整数 $M>0$ 和常数 $c>0$,使得对任意 $k>M$,都有

$$1+\frac{1}{2}+\frac{1}{3}+\cdots+\frac{1}{k}\leqslant\ln(k)+c。$$

于是,对任意 $m,n>M$,有

$$\frac{1}{mn}\sum_{i=1}^m\sum_{j=1}^n\mid x_i-x_j\mid=\frac{1}{mn}\Big[\sum_{(i,j)\in(\overline{A}\times\overline{A})^{(m,n)}}+\sum_{i\in A^{(m)}\text{或}j\in A^{(n)}}\Big]\mid x_i-x_j\mid,\ \overline{A}=\mathbf{N}-A。$$

显然

$$\frac{1}{mn}\sum_{i\in A^{(m)}\text{或}j\in A^{(n)}}\mid x_i-x_j\mid\leqslant\frac{L\big[\mid(A\times\mathbf{N})^{(m,n)}\mid+\mid(\mathbf{N}\times A)^{(m,n)}\mid\big]}{mn}$$

和

$$\frac{1}{mn} \sum_{(i,j)\in (\overline{A}\times\overline{A})^{(m,n)}} |x_i - x_j| \leqslant \frac{1}{mn} \sum_{i=1}^{m} \sum_{j=1}^{n} \left(\frac{L}{i} + \frac{L}{j}\right) \leqslant \frac{L(\ln(m)+c)}{m} + \frac{L(\ln(n)+c)}{n}。$$

因此,由引理 2.2,得

$$\lim_{m,n\to\infty} \frac{1}{mn} \sum_{i=1}^{m} \sum_{j=1}^{n} |x_i - x_j| = 0。$$

由定理 2.5 知,$X$ 是频率收敛的。

**注 2.2**　根据现有的研究文献,关于利用频率测度去研究数列的统计收敛性、频率上下极限或极限点等问题,除了文献[9]、[14]～[19]、[20]～[22]外,实际上还有不少其他的文献,本书就不一一列出了。

# 第3章　差分方程的频率振动性

差分方程也称为离散系统,现已有不少文献研究了它们的振动、稳定、混沌等性质(可参见文献[23]~[25]等)。根据现有的文献[1]、[10],利用频率测度可定义差分方程的一种加强的振动性,称之为频率振动性。本章将介绍频率振动性的几个研究成果,分为(常)差分方程和偏差分方程两个部分。

## 3.1　差分方程的频率振动性

考虑如下形式的含时滞差分方程:
$$\Delta x_n + p_n x_{n-k} = x_{n+1} - x_n + p_n x_{n-k} = 0, \quad n = 0,1,2,\cdots, \tag{3-1}$$
其中,时滞 $k$ 是一个正整数,$\{p_n\}_{n=0}^{\infty}$ 是一个实数列,$\Delta x_n = x_{n+1} - x_n$。

设 $\Phi = \{-k, -k+1, \cdots, 0\}$。利用递推法,不难证明:给定任意 $\phi_{-k}, \phi_{-k+1}, \cdots,$ $\phi_0 \in \mathbf{R}$,都存在一个数列 $X = \{x_n\}_{n=-k}^{\infty}$ 满足式(3-1),且 $x_n = \phi_n$,对任意 $n \in \Phi$。称该数列 $X = \{x_n\}_{n=-k}^{\infty}$ 或 $X = \{x_n\}_{n=1}^{\infty}$ 为式(3-1)初值为 $\phi = \{\phi_i\}_{i=-k}^{0}$ 的一个解。

差分方程振动性的定义如下[23,24]。

**定义 3.1**　设 $X = \{x_n\}_{n=-k}^{\infty}$ 是式(3-1)的一个解。如果存在整数 $M > 0$,使得对任意 $n > M$,都有 $x_n > 0$,则称 $X$ 为式(3-1)的一个最终正解。类似地可定义式(3-1)的最终负解。如果式(3-1)的每个解既不是最终正的,也不是最终负的,则称式(3-1)是振动的。

显然,式(3-1)的解 $X = \{x_n\}_{n=-k}^{\infty}$ 是振动的当且仅当对任意 $M \in \mathbf{N}$,存在整数 $n > M$,使得 $x_n x_{n+1} \leqslant 0$。

下面的引理是式(3-1)振动的一个基本结果,取自于文献[24]。

**引理 3.1**　如果存在常数 $\delta > 0$,使得
$$\liminf_{n \to \infty} p_n = \delta, \quad \limsup_{n \to \infty} p_n > 1 - \delta,$$
则式(3-1)是振动的。

由定义 3.1 不难看出,式(3-1)振动只是表明它的每个解具有无限多个非正项和非负项,但并没有更细致地描述出解的非正项和非负项占多大的"比例"或其频率测度的大小。因此,文献[1]引入了如下频率振动性的概念。

**定义 3.2**　设 $X = \{x_n\}_{n=-k}^{\infty}$ 是式(3-1)的一个解。如果 $\mu(X \leqslant 0) = 0$(即 $\mu(X > 0) = 1$),则称 $X$ 是频率正的。如果 $\mu(X \geqslant 0) = 0$(即 $\mu(X < 0) = 1$),则称 $X$ 是频率负的。如果式(3-1)的每个解既不是频率正的,也不是频率负的,则称式

(3-1)是频率振动的。

由定义 3.2 和频率测度的性质,频率振动解数列的非正项和非负项的上频率测度都大于 0。因此,频率振动解一定是振动解,但反过来不一定成立。

**定义 3.3**　设 $X=\{x_n\}_{n=-k}^{\infty}$ 是式(3-1)的一个解,$\omega\in[0,1]$ 是一个常数。如果 $\mu^*(X\leqslant 0)\leqslant\omega$,则称 $X$ 是上 $\omega$ 度频率正的。如果 $\mu^*(X\geqslant 0)\leqslant\omega$,则称 $X$ 是上 $\omega$ 度频率负的。如果式(3-1)的每个解既不是上 $\omega$ 度频率正的,也不是上 $\omega$ 度频率负的,则称式(3-1)是(至少)上 $\omega$ 度频率振动的。

由定义 3.3 和频率测度的性质,上 $\omega$ 度频率振动解数列的非正项和非负项的上频率测度都大于 $\omega$。因此,上 $\omega$ 度频率振动的解数列一定是(频率)振动的,$\omega\in[0,1]$。

类似地,可定义如下的(至少)下 $\omega$ 度频率振动解的概念。

**定义 3.4**　设 $X=\{x_n\}_{n=-k}^{\infty}$ 是式(3-1)的一个解,$\omega\in[0,1]$ 是一个常数。如果 $\mu_*(X\leqslant 0)\leqslant\omega$,则称 $X$ 是下 $\omega$ 度频率正的。如果 $\mu_*(X\geqslant 0)\leqslant\omega$,则称 $X$ 是下 $\omega$ 度频率负的。如果式(3-1)的每个解既不是下 $\omega$ 度频率正的,也不是下 $\omega$ 度频率负的,则称式(3-1)是(至少)下 $\omega$ 度频率振动的。

由定义 3.1~3.4 不难发现:下 $\omega$ 度频率振动解一定是上 $\omega$ 度频率振动解,上 $\omega$ 度频率振动解一定是频率振动解,频率振动解一定是振动解。因此,频率振动性比振动性要强。

下面建立几个频率振动的判定准则[1]。如下的结果推广了引理 3.1。

**定理 3.1**　如果存在常数 $c>0$ 和 $\omega\in[0,1]$,使得

$$\mu^*(p_n<c)=a\geqslant 0,\quad \mu_*(p_n>1-c)>(2k+3)(a+\omega),$$

则式(3-1)是上(或下)$\omega$ 度频率振动的(因而是(频率)振动的)。

证明:假设式(3-1)存在一个上 $\omega$ 度频率正解 $X=\{x_n\}_{n=-k}^{\infty}$,即 $\mu^*(X\leqslant 0)\leqslant\omega$,那么由性质 1.2 和 1.3 和性质 1.8,得

$$1\leqslant\mu^*(\mathbf{N}\backslash\sigma_{-2}^{2k}((p_n<c)\bigcup(x_n\leqslant 0)))+\mu_*(\sigma_{-2}^{2k}((p_n<c)\bigcup(x_n\leqslant 0)))$$
$$\leqslant\mu^*(\mathbf{N}\backslash\sigma_{-2}^{2k}((p_n<c)\bigcup(x_n\leqslant 0)))+(2k+3)(a+\omega)$$
$$<\mu^*(\mathbf{N}\backslash\sigma_{-2}^{2k}((p_n<c)\bigcup(x_n\leqslant 0)))+\mu_*(p_n>1-c)。$$

因此,由性质 1.7 和式(1-1)可知,$(\mathbf{N}\backslash\sigma_{-2}^{2k}\{(p_n<c)\bigcup x_n\leqslant 0)\})\bigcap(p_n>1-c)$ 是无限集,即存在整数 $n\geqslant 2k+1$,使得

$$p_n>1-c,\quad p_i\geqslant c,\quad x_i>0,\quad \text{对一切 } n-2k\leqslant i\leqslant n+2。$$

由式(3-1)可得,对一切 $n-k\leqslant i\leqslant n+2$,有 $\Delta x_i\leqslant 0$。于是,$x_{n-k}\geqslant x_{n-k+1}\geqslant\cdots\geqslant x_n$ 和

$$0=x_{n+1}-x_n+p_n x_{n-k}\geqslant x_{n+1}-x_n+p_n x_n=x_{n+1}+(p_n-1)x_n,$$
$$x_{n+1}=x_{n+2}+p_{n+1}x_{n+1-k}\geqslant p_{n+1}x_{n+1-k}\geqslant cx_{n+1-k}\geqslant cx_n。$$

因此,$0\geqslant(c+p_n-1)x_n$,矛盾! 故式(3-1)没有上 $\omega$ 度频率正解。同样地可证明式

(3-1)没有上 $\omega$ 度频率负解。故式(3-1)是上 $\omega$ 度频率振动的。

另外,如果式(3-1)存在一个下 $\omega$ 度频率正解 $X=\{x_n\}_{n=-k}^{\infty}$,即 $\mu_*(X\leqslant 0)\leqslant \omega$,那么由性质 1.2 和 1.8,得

$$\mu_*(\sigma_{-2}^{2k}\{(p_n<c)\bigcup(x_n\leqslant 0)\})\leqslant (2k+3)\mu_*((p_n<c)\bigcup(x_n\leqslant 0))$$
$$\leqslant (2k+3)\mu^*(p_n<c)+(2k+3)\mu_*(x_n\leqslant 0)$$
$$\leqslant (2k+3)(a+\omega)\text{。}$$

于是,由性质 1.3,得

$$\mu^*(\mathbf{N}\backslash\sigma_{-2}^{2k}((p_n<c)\bigcup(x_n\leqslant 0)))$$
$$=1-\mu_*(\sigma_{-2}^{2k}((p_n<c)\bigcup(x_n\leqslant 0)))$$
$$\geqslant 1-(2k+3)(a+\omega)>1-\mu_*(p_n>1-c)\text{。}$$

由性质 1.7 知,$(\mathbf{N}\backslash\sigma_{-2}^{2k}\{(p_n<c)\bigcup x_n\leqslant 0)\})\bigcap(p_n>1-c)$ 是无限集。类似于上面的证明可知,式(3-1)是下 $\omega$ 度频率振动的。证毕!

与定理 3.1 的证明相似,还可得到如下几个结果。

**定理 3.2**　如果存在常数 $c>0$ 和 $\omega\geqslant 0$,使得

$$\mu_*(p_n<c)=a\geqslant 0,\ \mu_*(p_n>1-c)>(2k+3)(a+\omega),$$

则式(3-1)是上 $\omega$ 度频率振动的。

**定理 3.3**　如果存在常数 $c>0$ 和 $\omega\geqslant 0$,使得

$$\mu^*(p_n<c)=a\geqslant 0,\ \mu^*(p_n>1-c)>(2k+3)(a+\omega),$$

则式(3-1)是上 $\omega$ 度频率振动的。

**例 3.1**　如果在式(3-1)中,$k=1$ 和序列 $P=\{p_n\}_{n=0}^{\infty}$ 定义如下:

$$p_n=\begin{cases}-1,&n=18m\\1,&n\neq 18m\end{cases}\ m\in\mathbf{N},$$

则式(3-1)是下 $\omega$ 度频率振动的,其中 $\omega$ 是常数,满足 $0\leqslant\omega<2/15$。

事实上,取 $c=1/8$,则 $\mu(p_n<1/8)=1/18$ 和

$$\mu_*(p_n>7/8)=17/18>(2k+3)(\omega+1/18)=5(\omega+1/18)\text{。}$$

因此,由定理 3.1,式(3-1)是下 $\omega$ 度频率振动的。

**例 3.2**　如果在式(3-1)中,$k=1$ 和数列 $P=\{p_n\}_{n=0}^{\infty}$ 定义如下:

$$p_n=\begin{cases}1/8,&n\in A=\{2,2^2,\cdots,2^m,\cdots\}\\3/4,&n\notin A\end{cases},$$

则式(3-1)是下 $\omega$ 度频率振动的,其中 $\omega$ 是常数,满足 $0\leqslant\omega<1/5$。

事实上,取 $c=1/3$,则 $\mu(p_n<1/3)=0$ 和 $\mu_*(p_n>2/3)=1>5\omega$。因此,由定理 3.1,式(3-1)是下 $\omega$ 度频率振动的,因而是振动的。但是,由引理 3.1,甚至不能断定式(3-1)是振动的。

下面再给出几个频率振动的结果。

**定理 3.4**　如果存在常数 $c>0$,使得

$$\mu^*(p_n < c) = a \geqslant 0, \quad \mu_*(p_n \leqslant 1-c) = b \geqslant 0,$$

$$\mu_*((p_n < c) \bigcap (p_n \leqslant 1-c)) > a + b - \frac{1}{2k+3},$$

则式(3-1)的每个解是频率振动的。

证明：假设 $X = \{x_n\}_{n=-k}^{\infty}$ 是式(3-1)的一个频率正解，即 $\mu^*(X \leqslant 0) = 0$，那么由性质 1.2 和 1.3，1.5 和 1.8，得

$$\mu^*(\mathbf{N} \backslash \sigma_{-2}^{2k}((p_n < c) \bigcup (p_n \leqslant 1-c) \bigcup (x_n \leqslant 0)))$$

$$= 1 - \mu_*(\sigma_{-2}^{2k}((p_n < c) \bigcup (p_n \leqslant 1-c) \bigcup (x_n \leqslant 0)))$$

$$\geqslant 1 - (2k+3)\mu_*((p_n < c) \bigcup (p_n \leqslant 1-c) \bigcup (x_n \leqslant 0))$$

$$\geqslant 1 - (2k+3)[\mu_*((p_n < c) \bigcup (p_n \leqslant 1-c)) + \mu^*(x_n \leqslant 0)]$$

$$\geqslant 1 - (2k+3)[\mu^*(p_n < c) + \mu_*(p_n \leqslant 1-c) - \mu_*((p_n < c) \bigcap (p_n \leqslant 1-c))]$$

$$> 1 - (2k+3)\left(a + b - \left(a + b - \frac{1}{2k+3}\right)\right) = 0。$$

因此，$(\mathbf{N} \backslash \sigma_{-2}^{2k}((p_n < c) \bigcup (p_n \leqslant 1-c) \bigcup (x_n \leqslant 0)))$ 是无限集，即存在整数 $n \geqslant 2k+1$，使得

$$p_i > 1-c, \ p_i \geqslant c, \ x_i > 0, \ \text{对一切} \ n-2k \leqslant i \leqslant n+2。$$

由式(3-1)可得，对一切 $n-k \leqslant i \leqslant n+2$，有 $\Delta x_i \leqslant 0$。于是，$x_{n-k} \geqslant x_{n-k+1} \geqslant \cdots \geqslant x_n \geqslant x_{n+1}$ 和

$$0 = x_{n+1} - x_n + p_n x_{n-k} \geqslant x_{n+1} - x_n + p_n x_n = x_{n+1} + (p_n - 1)x_n,$$

$$x_{n+1} = x_{n+2} + p_{n+1} x_{n+1-k} \geqslant p_{n+1} x_{n+1-k} \geqslant c x_{n+1-k} \geqslant c x_n。$$

因此，$0 \geqslant (c + p_n - 1)x_n$，矛盾！故式(3-1)没有频率正解。同样地，式(3-1)也没有频率负解。故式(3-1)是频率振动的。证毕！

类似于定理 3.4 的证明，可得到如下结果。

**定理 3.5**　如果存在常数 $c > 0$，使得

$$\mu_*(p_n < c) = a \geqslant 0, \quad \mu^*(p_n \leqslant 1-c) = b \geqslant 0,$$

$$\mu_*((p_n < c) \bigcap (p_n \leqslant 1-c)) > a + b - \frac{1}{2k+3},$$

则式(3-1)的每个解是频率振动的。

**例 3.3**　如果在式(3-1)中，$k = 1$ 和数列 $P = \{p_n\}_{n=0}^{\infty}$ 定义如下：

$$p_n = \begin{cases} -1/3, & n = 6m \\ 2/3, & n \neq 6m \end{cases}, \ m \in \mathbf{N},$$

则式(3-1)是频率振动的。

事实上，取 $c = 1/2$，则 $\mu(p_n < 1/2) = \mu(p_n \leqslant 1/2) = \mu\{(p_n < 1/2) \bigcup (p_n \leqslant 1/2)\} = 1/6$。因此，由定理 3.4，式(3-1)是频率振动的。但是，由引理 3.1，难以断定式(3-1)是振动的。

## 3.2　偏差分方程的频率振动性

考虑如下的含时滞偏差分方程：
$$x_{m+1,n} + x_{m,n+1} - a_{m,n}x_{m,n} + p_{m,n}x_{m-k,n-l} = 0, m,n = 0,1,2,\cdots, \quad (3\text{-}2)$$
其中，$k$ 和 $l$ 是两个正整数，$\{a_{m,n}\}_{m,n=0}^{\infty}$ 和 $\{p_{m,n}\}_{m,n=0}^{\infty}$ 是两个时空数列。

设 $\Phi = \{-k,-k+1,\cdots,0\} \times \{-l,-l+1,\cdots\} \bigcup \{0,1,\cdots\} \times \{-l,-l+1,\cdots,0\}$。利用递推法，不难证明：任给一个定义在 $\Phi$ 上的数列 $\phi = \{\phi_{i,j}\}_{(i,j)\in\Phi}$，存在数列 $X = \{x_{m,n} \mid m \geqslant -k, n \geqslant -l\}$ 满足式(3-2)，且 $x_{m,n} = \phi_{m,n}$，对任意 $(m,n) \in \Phi$。称该数列 $X$ 为式(3-2)初值为 $\phi = \{\phi_{i,j}\}_{(i,j)\in\Phi}$ 的一个解。

如下的偏差分方程振动性的定义取自于文献[23]、[26]。

**定义 3.5**　设 $X = \{x_{m,n} \mid m \geqslant -k, n \geqslant -l\}$ 是式(3-2)的一个解。如果存在整数 $M > 0$，使得对任意 $m,n > M$，都有 $x_{m,n} > 0$，则称 $X$ 为式(3-2)的最终正解。类似地，可定义式(3-2)的最终负解。如果式(3-2)的每个解既不是最终正的，也不是最终负的，则称式(3-2)是振动的。

文献[1]、[10]中给出了如下偏差分方程频率振动性的定义。

**定义 3.6**　设 $X = \{x_{m,n} \mid m \geqslant -k, n \geqslant -l\}$ 是式(3-2)的一个解，$\omega \in [0,1]$ 是一个常数。如果 $\mu^*(X \leqslant 0) \leqslant \omega$，则称 $X$ 是上 $\omega$ 度频率正的。如果 $\mu^*(X \geqslant 0) \leqslant \omega$，则称 $X$ 是上 $\omega$ 度频率负的。如果式(3-2)的每个解既不是上 $\omega$ 度频率正的，也不是上 $\omega$ 度频率负的，则称式(3-2)是(至少)上 $\omega$ 度频率振动的。类似地，可定义频率振动性和(至少)下 $\omega$ 度频率振动性等。

根据现有的文献[23]，偏差分方程振动性的研究成果是非常多的，但是，本书将不会介绍偏差分方程振动性的结果。下面只介绍偏差分方程频率振动性的几个结果，可参见文献[1]、[10]。

**引理 3.2**　设 $X = \{x_{i,j} \mid i \geqslant -k, j \geqslant -l\}$ 是式(3-2)的一个解。如果存在三个整数 $m \geqslant 2k, n \geqslant 2l$ 和 $\tau \geqslant 2$，使得 $x_{i,j} > 0$，对一切 $i \in \{m-2k,\cdots,m+\tau\}$ 和 $j \in \{n-2l,\cdots,n+\tau\}$，
$$p_{i,j} \geqslant p > 0, \ 0 < a_{i,j} \leqslant a, \ i \in \{m-k,\cdots,m+\tau\}, \ j \in \{n-l,\cdots,n+\tau\},$$
则
$$a^{\tau+1}x_{m,n} \geqslant \sum_{i=0}^{\tau+1} C_{\tau+1}^i x_{m+\tau+1-i,n+i} + (\tau+1)p \sum_{j=0}^{\tau} C_{\tau}^j x_{m+\tau-k,j,n+j-l},$$
其中，$C_i^j = i! / j! (i-j)!, i,j \in \mathbf{N}, i \geqslant j$。

证明：由式(3-2)和已知条件，对任意 $i \in \{m-k,\cdots,m+\tau\}$ 和 $j \in \{n-l,\cdots,n+\tau\}$，有
$$x_{i+1,j} + x_{i,j+1} + px_{i-k,j-l} \leqslant x_{i+1,j} + x_{i,j+1} + p_{i,j}x_{i-k,j-l} = a_{i,j}x_{i,j} \leqslant ax_{i,j}.$$

因此

$$x_{m+1,n} + x_{m,n+1} + p_{m,n}x_{m-k,n-l} = a_{m,n}x_{m,n} \leqslant ax_{m,n},$$

$$x_{m+2,n} + x_{m+1,n+1} + p_{m+1,n}x_{m+1-k,n-l} = a_{m+1,n}x_{m+1,n} \leqslant ax_{m+1,n},$$

$$x_{m+1,n+1} + x_{m,n+2} + p_{m,n+1}x_{m-k,n+1-l} = a_{m,n+1}x_{m,n+1} \leqslant ax_{m,n+1},$$

$$x_{m+1-k,n-l} + x_{m-k,n+1-l} + p_{m-k,n-l}x_{m-2k,n-2l} = a_{m-k,n-l}x_{m-k,n-l} \leqslant ax_{m-k,n-l}.$$

由上面四个不等式,可得

$$a^2 x_{m,n} \geqslant \sum_{i=0}^{2} C_2^i x_{m+2-i,n+i} + 2p \sum_{j=0}^{1} C_1^j x_{m+1-k-j,n+j-l}.$$

一般地,假设已证明

$$a^\tau x_{m,n} \geqslant \sum_{i=0}^{\tau} C_\tau^i x_{m+\tau-i,n+i} + \tau p \sum_{j=0}^{\tau-1} C_{\tau-1}^j x_{m+\tau-1-k-j,n+j-l},$$

则由式(3-2)和已知条件,对任意 $i \in \{0,1,\cdots,\tau\}$ 和 $j \in \{0,1,\cdots,\tau-1\}$,有

$$x_{m+\tau+1-i,n+i} + x_{m+\tau-i,n+1+i} + px_{m+\tau-k-i,n+i-l} \leqslant ax_{m+\tau-i,n+i},$$

$$x_{m+\tau-k-j,n+j-l} + x_{m+\tau-1-k-j,n+1+j-l} + px_{m+\tau-1-2k-j,n+j-2l} \leqslant ax_{m+\tau-1-k-j,n+j-l}.$$

因此

$$\begin{aligned}
a^{\tau+1} x_{m,n} &\geqslant \sum_{i=0}^{\tau} C_\tau^i (x_{m+\tau+1-i,n+i} + x_{m+\tau-i,n+1+i} + px_{m+\tau-k-i,n+i-l}) \\
&\quad + \tau p \sum_{j=0}^{\tau-1} C_{\tau-1}^j (x_{m+\tau-k-j,n+j-l} + x_{m+\tau-1-k-j,n+1+j-l} + px_{m+\tau-1-2k-j,n+j-2l}) \\
&\geqslant x_{m+\tau+1,n} + \sum_{i=1}^{\tau} (C_\tau^i + C_\tau^{i-1}) x_{m+\tau+1-i,n+i} + x_{m,n+\tau+1} + p\sum_{i=0}^{\tau} C_\tau^i x_{m+\tau-k-i,n+i-l} \\
&\quad + \tau p\left(x_{m+\tau-k,n-l} + \sum_{j=1}^{\tau-1} (C_{\tau-1}^j + C_{\tau-1}^{j-1}) x_{m+\tau-k-j,n+j-l} + x_{m-k,n+\tau-l}\right) \\
&\geqslant \sum_{i=0}^{\tau+1} C_{\tau+1}^i x_{m+\tau+1-i,n+i} + (\tau+1) p \sum_{j=0}^{\tau} C_\tau^j x_{m+\tau-k-j,n+j-l}.
\end{aligned}$$

由归纳法可知,该引理结论成立。证毕!

由引理 3.2,可以得到如下几个推论。

**推论 3.1** 设 $X = \{x_{i,j} \mid i \geqslant -k, j \geqslant -l\}$ 是式(3-2)的一个解。如果存在整数 $m \geqslant 3k$ 和 $n \geqslant 3l$,使得

$$x_{i,j} > 0, \ i \in \{m-3k,\cdots,m+l\}, \ j \in \{n-3l,\cdots,n+k\},$$

$$p_{i,j} \geqslant 0, \ 0 < a_{i,j} \leqslant a, \ i \in \{m-2k,\cdots,m+l-1\}, \ j \in \{n-2l,\cdots,n+k-1\},$$

那么

$$C_{k+l}^l x_{m,n} \leqslant a^{k+l} x_{m-k,n-l}.$$

**推论 3.2** 设 $X = \{x_{i,j} \mid i \geqslant -k, j \geqslant -l\}$ 是式(3-2)的一个解。如果存在整数 $m,n \geqslant 2(k+l)$,使得

$$x_{i,j} > 0, \text{对一切} \ i \in \{m-2k-l,\cdots,m+2k+l+1\},$$

$$j \in \{n-2l-k, \cdots, n+k+2l+1\},$$

$$p_{i,j} \geqslant p > 0, \ 0 < a_{i,j} \leqslant a, \ i \in \{m-k-l, \cdots, m+2k+l\},$$

$$j \in \{n-k-l, \cdots, n+k+2l\},$$

那么,对任意整数 $h \in \{-k, -k+1, \cdots, l-1, l\}$,有

$$(k+l+1) p C_{k+l}^{l-h} x_{m,n} \leqslant a^{k+l+1} x_{m-h, n+h} \text{。}$$

下面介绍偏差分方程频率振动性的几个判断准则,可参见文献[10]。

**定理 3.6**　设 $p$ 和 $a$ 是两个正数,$\omega \in [0,1]$ 是一常数。如果

$$\mu^* \{ (a_{m,n} > a) \bigcup (a_{m,n} \leqslant 0) \} = \alpha, \ \mu^* (p_{m,n} < p) = \beta, \ \frac{p(k+l+1)!}{k! l! a^{k+l+1}} \geqslant 1$$

和

$$(2k+l+1)(2l+k+1)(\alpha+\beta) + (3k+l+2)(3l+k+2)\omega < 1,$$

那么式(3-2)是下 $\omega$ 度频率振动的。

证明:假设式(3-2)有一个下 $\omega$ 频率正解 $A = \{x_{m,n} | m \geqslant -k, n \geqslant l\}$,即 $\mu_* (x_{m,n} \leqslant 0) \leqslant \omega$。由性质 1.11 和 1.12 和性质 1.15,有

$$\mu_* \left( \mathbf{N}^2 \backslash \sum_{i=-k-l}^{k} \sum_{j=-k-l}^{l} X^i Y^j [(a_{m,n} > a) \bigcup (a_{m,n} \leqslant 0) \bigcup (p_{m,n} < p)] \right)$$

$$+ \mu^* \left( \mathbf{N}^2 \backslash \sum_{i=-k-l-1}^{2k} \sum_{j=-k-l-1}^{2l} X^i Y^j (x_{m,n} \leqslant 0) \right)$$

$$= 2 - \mu^* \left( \sum_{i=-k-l}^{k} \sum_{j=-k-l}^{l} X^i Y^j ((a_{m,n} > a) \bigcup (a_{m,n} \leqslant 0) \bigcup (p_{m,n} < p)) \right)$$

$$- \mu_* \left( \sum_{i=-k-l-1}^{2k} \sum_{j=-k-l-1}^{2l} X^i Y^j (x_{m,n} \leqslant 0) \right)$$

$$\geqslant 2 - (2k+l+1)(2l+k+1) \mu^* ((a_{m,n} > a) \bigcup (a_{m,n} \leqslant 0) \bigcup (p_{m,n} < p))$$

$$- (3k+l+2)(3l+k+2) \mu_* (x_{m,n} \leqslant 0)$$

$$\geqslant 2 - (2k+l+1)(2l+k+1)(\alpha+\beta) - (3k+l+2)(3l+k+2)\omega > 1,$$

其中,$X^i Y^j$ 是第 1 章中定义的平移算子。因此,由性质 1.14,可知

$$\left( \mathbf{N}^2 \backslash \sum_{i=-k-l}^{k} \sum_{j=-k-l}^{l} X^i Y^j ((a_{m,n} > a) \bigcup (a_{m,n} \leqslant 0) \bigcup (p_{m,n} < p)) \right)$$

$$\bigcap \left( \mathbf{N}^2 \backslash \sum_{i=-k-l-1}^{2k} \sum_{j=-k-l-1}^{2l} X^i Y^j (x_{m,n} \leqslant 0) \right)$$

是 $\mathbf{N}^2$ 的一个无限子集。由式(1-4),存在一个格点 $(m,n) \in \mathbf{N}^2$,使得

$$x_{i,j} > 0, \text{对一切} \ i \in \{m-2k, \cdots, m+k+l+1\}, \ j \in \{n-2l, \cdots, n+k+l+1\},$$

$$p_{i,j} \geqslant p, \ 0 < a_{i,j} \leqslant a, \ i \in \{m-k, \cdots, m+l+k\}, \ j \in \{n-l, \cdots, n+k+l\}\text{。}$$

由引理 3.2,可得 $a^{k+l+1} x_{m,n} > (k+l+1) p C_{k+l}^{l} x_{m,n}$,即

$$\frac{p(k+l+1)!}{k! l! a^{k+l+1}} < 1,$$

这与已知条件相矛盾！同样可证式(3-2)没有下 $\omega$ 频率负解,因而该定理结论成立。证毕！

**定理 3.7** 设 $p$ 和 $a$ 是两个正数,$\omega \in [0,1]$ 是一常数。如果 $p(k+l+1)\sqrt{C_{2k+2l}^{2l}} \geq a^{k+l+1}$,

$$\mu^*\{(a_{m,n} > a) \bigcup (a_{m,n} \leq 0)\} = \alpha, \; \mu^*(p_{m,n} < p) = \beta,$$

$$(3k+2l+1)(3l+2k+1)(\alpha+\beta)+(4k+2l+2)(4l+2k+2)\omega < 1,$$

那么式(3-2)是下 $\omega$ 度频率振动的。

证明:不失一般性,设 $\min(k,l)=l$。假设式(3-2)有一个下 $\omega$ 频率正解 $A = \{x_{m,n}\}$,即 $\mu_*(x_{m,n} \leq 0) \leq \omega$。由性质 1.11 和 1.12 和性质 1.15,有

$$\mu_* \left( \mathbf{N}^2 \backslash \sum_{i=-2k-l}^{k+l} \sum_{j=-k-2l}^{k+l} X^i Y^j ((a_{m,n} > a) \bigcup (a_{m,n} \leq 0) \bigcup (p_{m,n} < p)) \right)$$

$$+ \mu^* \left( \mathbf{N}^2 \backslash \sum_{i=-2k-l-1}^{2k+l} \sum_{j=-k-2l-1}^{2l+k} X^i Y^j (x_{m,n} \leq 0) \right)$$

$$= 2 - \mu^* \left( \sum_{i=-2k-l}^{k+l} \sum_{j=-k-2l}^{k+l} X^i Y^j ((a_{m,n} > a) \bigcup (a_{m,n} \leq 0) \bigcup (p_{m,n} < p)) \right)$$

$$- \mu_* \left( \sum_{i=-2k-l-1}^{2k+l} \sum_{j=-k-2l-1}^{2l+k} X^i Y^j (x_{m,n} \leq 0) \right)$$

$$\geq 2 - (3k+2l+1)(2k+3l+1)\mu^*((a_{m,n} > a) \bigcup (a_{m,n} \leq 0) \bigcup (p_{m,n} < p))$$

$$- (4k+2l+2)(2k+4l+2)\mu_*(x_{m,n} \leq 0)$$

$$\geq 2 - (3k+2l+1)(2k+3l+1)(\alpha+\beta) - (4k+2l+2)(2k+4l+2)\omega > 1.$$

因此,由性质 1.14,可知

$$\left( \mathbf{N}^2 \backslash \sum_{i=-2k-l}^{k+l} \sum_{j=-k-2l}^{k+l} X^i Y^j ((a_{m,n} > a) \bigcup (a_{m,n} \leq 0) \bigcup (p_{m,n} < p)) \right)$$

$$\bigcap \left( \mathbf{N}^2 \backslash \sum_{i=-2k-l-1}^{2k+l} \sum_{j=-k-2l-1}^{k+2l} X^i Y^j (x_{m,n} \leq 0) \right)$$

是 $\mathbf{N}^2$ 的一个无限子集。由式(1-4),存在格点 $(m,n) \in \mathbf{N}^2$,使得

$$x_{i,j} > 0, \text{对一切 } i \in \{m-2k-l, \cdots, m+2k+l+1\},$$

$$j \in \{n-2l-k, \cdots, n+k+2l+1\},$$

$$p_{i,j} \geq p, 0 < a_{i,j} \leq a, i \in \{m-k-l, \cdots, m+2k+l\},$$

$$j \in \{n-k-l, \cdots, n+k+2l\}.$$

由引理 3.2 和推论 3.2,可得

$$a^{k+l+1} x_{m,n} \geq (k+l+1)p \sum_{j=0}^{k+l} C_{k+l}^j x_{m+l-j,n+j-l} \geq \frac{p^2(k+l+1)^2}{a^{k+l+1}} \sum_{j=0}^{2l} C_{k+l}^j C_{k+l}^{2l-j} x_{m,n}.$$

结合等式 $\sum_{j=0}^{2l} C_{k+l}^j C_{k+l}^{2l-j} = C_{2k+2l}^{2l}$,可得

$$a^{k+l+1} > p(k+l+1)\sqrt{C_{2k+2l}^{2l}},$$

这与已知条件相矛盾！同样可证式(3-2)没有下 $\omega$ 频率负解，因而该定理结论成立。证毕！

下面的两个例子取自于文献[10]。

**例 3.4**　考虑偏差分方程

$$x_{m+1,n} + x_{m,n+1} - 2x_{m,n} + p_{m,n}x_{m-1,n-1} = 0, \tag{3-3}$$

其中，$a_{m,n}=2$,

$$p_{m,n} = \begin{cases} -1, & m=8s,\, n=8t,\, s,t \in \mathbf{N} \\ 4/3, & m \neq 8s \text{ 或 } n \neq 8t,\, (m,n) \in Z[0,\infty)^2 . \end{cases}$$

取 $0 \leqslant \omega < 1/48$,因

$$\mu\{(a_{m,n} > 2)\bigcup(a_{m,n} \leqslant 0)\} = 0,\ \mu\left(p_{m,n} < \frac{4}{3}\right) = \frac{1}{64},$$

$$16 \times \frac{1}{64} + 36\omega < 1,\ \frac{4}{3} \times \frac{3!}{2^3} = 1,$$

故由定理 3.6,式(3-3)是下 $\omega$ 度频率振动的,因而振动。

**例 3.5**　考虑偏差分方程

$$x_{m+1,n} + x_{m,n+1} - x_{m,n} + p_{m,n}x_{m-1,n-2} = 0, \tag{3-4}$$

其中，$a_{m,n}=1$,

$$p_{m,n} = \begin{cases} 0, & m=9s,\, n=9t,\, s,t \in \mathbf{N} \\ 1/12, & m \neq 9s \text{ 或 } n \neq 9t,\, (m,n) \in Z[0,\infty)^2 . \end{cases}$$

取 $0 \leqslant \omega < 1/1080$,因

$$\mu\{(a_{m,n} > 1)\bigcup(u_{m,n} \leqslant 0)\} - 0,\ \mu\left(p_{m,n} < \frac{1}{12}\right) = \frac{1}{81},$$

$$72 \times \frac{1}{81} + 120\omega < 1,\ \frac{1}{12} \times 4 \times \sqrt{C_6^2} > 1,$$

故由定理 3.7,式(3-4)是下 $\omega$ 度频率振动的,因而振动。但是,由定理 3.6,无法得到相同结果。

**注 3.1**　本章重点介绍了文献[1]、[10]中的(偏)差分方程频率振动性的几个结果。实际上,还有其他现有文献[9]、[10]、[23]、[24]、[26]～[29]研究了(偏)差分方程的振动、频率振动和频率稳定等性质,本书将不再介绍更多的研究结果了。

# 第4章 伪随机事件及其独立性

第1章曾给出了如下(一维)频率可测集合的概念:设 $\Omega$ 是自然数集 $\mathbf{N}$(或 $Z[-k,\infty)$)的子集,如果 $\mu^{\square}(\Omega)=\mu_{\square}(\Omega)$,则称 $\Omega$ 是(频率)可测的。由于本书后面各章基本上只利用了一维可测集,因此,本章将只讨论一维可测集的一些问题,而不研究二维及以上可测集的相关问题。

## 4.1 频率可测集合族

### 4.1.1 伪随机事件及性质

设 $\widetilde{M}$ 表示 $\mathbf{N}$ 的所有可测子集组成的集合族,即

$$\widetilde{M}=\{A\subseteq\mathbf{N}\mid\mu^*(A)=\mu_*(A)\}。 \tag{4-1}$$

对任意 $A\in\widetilde{M}$,也称 $A$ 为伪随机事件或伪事件。

显然,由频率测度的性质,在 $\widetilde{M}$ 中,如下的几条性质成立。

**性质 4.1** 对任意 $A\in\widetilde{M}$,都有 $\overline{A}=\mathbf{N}-A\in\widetilde{M}$。

**性质 4.2** 如果 $A,B\in\widetilde{M}$,且 $A\bigcap B$ 是空集,则 $A+B\in\widetilde{M}$ 和 $\mu(A+B)=\mu(A)+\mu(B)$。一般地,如果对某一整数 $m>1,A_1,A_2,\cdots,A_m\in\widetilde{M}$ 是两两互不相容的,即对任意 $i,j=1,2,\cdots,m$ 和 $i\neq j$,有 $A_iA_j=\theta$,那么 $A_1+A_2+\cdots+A_m\in\widetilde{M}$,且

$$\mu(A_1+A_2+\cdots+A_m)=\mu(A_1)+\mu(A_2)+\cdots+\mu(A_m)。$$

**性质 4.3** 如果 $A,B\in\widetilde{M}$ 和 $B\subseteq A$,则 $A-B\in\widetilde{M}$ 和 $\mu(A-B)=\mu(A)-\mu(B)$。

**性质 4.4** 如果 $A,B\in\widetilde{M}$,则 $A+B,AB,A-B$ 不一定是可测的。

**引理 4.1** 对任意 $A,B\in\widetilde{M}$,$A\bigcap B\in\widetilde{M}$ 当且仅当 $A-B\in\widetilde{M}$,当且仅当 $A+B\in\widetilde{M}$,且

$$\mu(A+B)=\mu(A)+\mu(B)-\mu(AB)。$$

证明:显然,$A+B=A+(B-AB)$,$AB\subseteq B$ 和 $A(B-AB)=\theta$。若 $AB\in\widetilde{M}$,则由性质 4.3,$B-AB\in\widetilde{M}$。因此,由性质 4.2,$A+B=A+(B-AB)\in\widetilde{M}$,且

$$\mu(A+B)=\mu(A)+\mu(B-AB)=\mu(A)+\mu(B)-\mu(AB)。$$

反之,若 $A+B\in\widetilde{M}$,则由性质 4.2,$B-AB=(A\bigcup B)-A\in\widetilde{M}$,故 $AB=B-(B-AB)\in\widetilde{M}$。

此外,由 $A-B=A-AB$,若 $AB\in\widetilde{M}$,则 $A-B\in\widetilde{M}$。反之,若 $A-B\in\widetilde{M}$,则 $A-AB\in\widetilde{M}$,故 $AB=A-(A-AB)\in\widetilde{M}$。证毕!

**引理 4.2**(加法公式)　对任意的 $A,B \in \tilde{M}$,都有
$$\mu^*(A+B) = \mu(A) + \mu(B) - \mu_*(AB),$$
$$\mu_*(A+B) = \mu(A) + \mu(B) - \mu^*(AB)。$$
特别地,如果 $AB \in \tilde{M}$,则 $\mu(A+B) = \mu(A) + \mu(B) - \mu(AB)$。

证明:因为 $A+B = A + (B - AB)$ 和 $A \cap (B - AB) = \theta$,故由性质 1.2,得
$$\mu_*(A) + \mu^*(B - AB) \leqslant \mu^*(A+B) \leqslant \mu^*(A) + \mu^*(B - AB),$$
即 $\mu^*(A+B) = \mu(A) + \mu^*(B-AB)$。另一方面,由性质 1.2,有
$$\mu(B) = \mu_*(B) \leqslant \mu_*(AB) + \mu^*(B - AB)$$
$$\leqslant \mu^*(AB + B - AB) \leqslant \mu^*(B) = \mu(B)。$$
因此,$\mu^*(A+B) = \mu(A) + \mu^*(B-AB) = \mu(A) + \mu(B) - \mu_*(AB)$。另一等式可类似证明。证毕!

利用引理 4.2,可得到如下结论。

**引理 4.3**　对任意的 $A,B,C \in \tilde{M}$,如果 $AB,AC,BC \in \tilde{M}$,则
$$\mu^*(A+B+C) = \mu(A) + \mu(B) + \mu(C) - \mu(AB) - \mu(AC) - \mu(BC) + \mu^*(ABC),$$
$$\mu_*(A+B+C) = \mu(A) + \mu(B) + \mu(C) - \mu(AB) - \mu(AC) - \mu(BC) + \mu_*(ABC)。$$

为了方便,不妨将三元组 $(\mathbf{N}, \tilde{M}, \mu)$ 称为"频率空间"。由上面的几条性质,容易知道:该频率空间中的运算"性质"不太好,它(关于并和交)不具有运算"封闭性"。因此,严格来讲称之为"空间"不太适合。但是,不难找到一些该"空间"中具有封闭性的子空间 $(\mathbf{N}, \tilde{\Gamma}, \mu)$,其中,$\tilde{\Gamma} \subseteq \tilde{M}$。

**定义 4.1**　对任意 $A,B \in \tilde{M}$,如果 $AB \in \tilde{M}$,则称伪事件 $A$ 和 $B$ 是相合的,记为 $A \bowtie B$。

显然,对任意 $A,B \in \tilde{M}$,下面几条性质成立:

① 自反性:$A \bowtie A$;

② 对称性:如果 $A \bowtie B$,则 $B \bowtie A$;

③ 如果 $A \bowtie B$,则由 $A\bar{B} = A - AB$ 和 $\bar{A}B = B - AB$ 等,容易证明,$A \bowtie B$,$A \bowtie \bar{B}$ 和 $\bar{A} \bowtie \bar{B}$。

但是,如果 $A \bowtie B$ 和 $B \bowtie C$,则 $A$ 和 $C$ 不一定是相合的,即相合不具有传递性,因而 $\bowtie$ 不是一个等价关系。

由引理 4.1~4.3,容易得到如下结果。

**推论 4.1**　设 $A,B,C \in \tilde{M}$,$A \bowtie B$,$A \bowtie C$ 和 $B \bowtie C$。$A+B+C \in \tilde{M}$ 当且仅当 $ABC \in \tilde{M}$ 或 $A+B \bowtie C$ 或 $A-B \bowtie C$。

**例 4.1**　设 $\Omega$ 是式(1-3)定义的不可测集,$A = \{2,4,\cdots,2n,\cdots\}$,$B = \mathbf{N}$,$C = \{c_n\}_{n=1}^{\infty}$ 是 $\mathbf{N}$ 的一个子集合,定义为
$$c_n = \begin{cases} 2n & ,2n \notin \Omega \\ 2n+1 & ,2n \in \Omega \end{cases}, \tag{4-2}$$

则 $A \bowtie B$ 和 $B \bowtie C$。但是,因 $AC \not\subseteq \widetilde{M}$,故 $A$ 和 $C$ 是不相合的。

**例 4.2** 设 $A=\{6,12,\cdots,6n,\cdots\}$ 和 $B=\{5,10,\cdots,5n,\cdots\}$,则 $AB=\{30,\cdots,30n,\cdots\}$ 和 $A \bowtie B$。一般地,设 $A=\{m,2m,\cdots,km,\cdots\}$ 和 $B=\{n,2n,\cdots,kn,\cdots\}$,且 $r$ 为 $m$ 和 $n$ 的最小公倍数,$m,n \in \mathbf{N}$ 则 $AB=\{r,2r,\cdots\}$ 和 $A \bowtie B$。

设 $\widetilde{K}=\{A_k | A_k=\{k,2k,3k,\cdots\},k \in \mathbf{N}\}$,则不难验证 $(\mathbf{N},\widetilde{K},\mu)$ 关于并和交运算具有"封闭性"。

### 4.1.2 有限 σ-代数和有限 Borel 集

在概率论中,为了定义随机变量及其分布函数,在实数域内引入了(无限)σ-代数的概念。类似地,下面将介绍有限 σ-代数的定义。

**定义 4.2** 设 $\Theta$ 是一个集合,$\Gamma^*$ 是由 $\Theta$ 的子集构成的集合族。如果 $\Gamma^*$ 满足如下条件:

① $\Theta \in \Gamma^*$。

② 如果 $A \in \Gamma^*$,则 $\overline{A}=\Theta-A \in \Gamma^*$。

③ 对任意 $A,B \in \Gamma^*$,都有 $A+B \in \Gamma^*$。

则将 $\Gamma^*$ 称为(Θ 上的)有限 σ-代数或有限 σ-域。

显然,对任意有限 σ-域 $\Gamma^*$,若 $A,B \in \Gamma^*$,则 $AB \in \Gamma^*$ 和 $A-B \in \Gamma^*$。

对于任意给定的集合 $\Theta$,用 $\widetilde{P}(\Theta)$ 表示 $\Theta$ 的幂集,即 $\widetilde{P}(\Theta)$ 是 $\Theta$ 所有的子集构成的集合族。对 $\Theta$ 上的任一有限 σ-代数 $\Gamma^*$,显然 $\Gamma^* \subseteq \widetilde{P}(\Theta)$。为了方便,下面用"$\overline{A}$"表示集合 $A$ 的补运算,"$\cup$"或"$+$"表示并运算。显然,补、并运算是幂集 $\widetilde{P}(\Theta)$ 中的两种不同运算,且这两种运算是封闭的。

设 $m \in Z[1,\infty)$ 和 $A_1,A_2,\cdots,A_m \subseteq \Theta$。显然,有限次反复利用"并运算"和"补运算",可以由这有限个集合 $\{A_1,A_2,\cdots,A_m\}$ 产生一个 $\Theta$ 上的有限 σ-域 $\Gamma$,称之为由 $\{A_1,A_2,\cdots,A_m\}$ 生成的有限 σ-域 $\Gamma$,记为 $\Gamma(A_1,A_2,\cdots,A_m)$。一般地,给定一个指标集 $\Lambda$ 和 $\Theta$ 的子集族 $\Delta=\{A_\lambda \subseteq \Theta | \lambda \in \Lambda\}$,有限次利用"并运算"和"补运算",由 $\Delta$ 生成的一个有限 σ-域 $\Gamma$ 记为 $\Gamma(\Delta)$。

容易证明:对 $\Theta$ 上的任意有限 σ-域 $\Gamma^*$,若 $\{A_1,A_2,\cdots,A_m\} \subseteq \Gamma^*$,则 $\Gamma(A_1,A_2,\cdots,A_m) \subseteq \Gamma^*$。因此,$\Gamma(A_1,A_2,\cdots,A_m)$ 是包含 $\{A_1,A_2,\cdots,A_m\}$ 最小的有限 σ-域。

设 $m \in Z[1,\infty]$ 和 $m$ 个可测集 $A_1,A_2,\cdots,A_m \in \widetilde{M}$。如果对任意有限整数 $n_i$,$i,k \in \{1,2,\cdots,m\}$,都有 $A_{n_1}A_{n_2}\cdots A_{n_k} \in \widetilde{M}$,即 $\{A_1,A_2,\cdots,A_m\}$ 中任意有限个集合的交集都是可测的,则称 $A_1,A_2,\cdots,A_m$ 是完全相合的或 $m$-相合的。

参照引理 4.2 和 4.3,并结合归纳法,容易证明:如果 $A_1,A_2,\cdots,A_m$ 是完全相合的,则 $\{A_1,A_2,\cdots,A_m\}$ 中任意有限个元素的有限次并、交、补运算的结果还是可测集,即对任意 $k \in \mathbf{N}$,$A_{n_1}+A_{n_2}+\cdots+A_{n_k}$,$A_{n_1}A_{n_2}\cdots A_{n_k}$,$(A_1\overline{A_2})+(\overline{A_3}A_4)$ 等都是可测的,其中,$n_1,n_2,\cdots,n_k \in \mathbf{N} \cap \{1,2,\cdots,m\}$ 和 $m \in Z[1,\infty]$。

设 $m\in Z[1,\infty]$，如果 $A_1,A_2,\cdots,A_m\in\widetilde{M}$ 是完全相合的，则由 $A_1,A_2,\cdots,A_m$ 可生成自然数集 $\mathbf{N}$ 上的一个有限 $\sigma$-域 $\Gamma(A_1,A_2,\cdots,A_m)$。显然，$\theta,\mathbf{N}\in\Gamma(A_1,A_2,\cdots,A_m)$。

由归纳法，不难得到下面的结果。

**引理 4.4**　设 $m\in Z[1,\infty]$，$A_1,\cdots,A_m\in\widetilde{M}$ 是完全相合的，则对任意 $A,B\in\Gamma(A_1,A_2,\cdots,A_m)$，都有 $A\in\widetilde{M}$，$A\bowtie B$，且 $AB,A+B,A-B\in\Gamma(A_1,A_2,\cdots,A_m)$。

**定义 4.3**　设 $W$ 是由一些频率可测集构成的一个集族。如果对任意有限个 $A_1,A_2,\cdots,A_m\in W$，$A_1,A_2,\cdots,A_m$ 都是 $m$-相合的，则称 $W$ 是完美的。

设
$$G_{m,n}=\{m+n,2m+n,\cdots,km+n,\cdots\},\quad m=1,2,\cdots,n=0,1,\cdots,m-1,$$
则 $G_{m,n}\in\widetilde{M}$，对任意 $m=1,2,\cdots$ 和 $n=0,1,\cdots,m-1$。容易验证：$G_{1,0},G_{2,0},G_{2,1},\cdots$ 是一个完全相合的集族。因此，$\{G_{1,0},G_{2,0},G_{2,1},\cdots\}$ 是完美集族。为了方便，称有限 $\sigma$-域 $\Gamma(G_{1,0},G_{2,0},G_{2,1},\cdots)$ 为自然数集 $\mathbf{N}$ 的规则集族，$G_{m,n}$ 称为 $\mathbf{N}$ 的基本规则集。

设 $a,b\in\mathbf{R},a\leqslant b$，为了方便，将 $[a,b]=\{x\in\mathbf{R}\mid a\leqslant x\leqslant b\}$（特别地 $[a,a]=\{a\}$），$(-\infty,a)$，$[b,\infty)$ 和 $(-\infty,\infty)$ 统称为（广义）闭区间。令 $\widetilde{\mathbf{R}}$ 是实数集 $\mathbf{R}$ 的所有闭区间组成的集族，即
$$\widetilde{\mathbf{R}}=\{[a,b]\mid\forall a,b\in\mathbf{R},a\leqslant b\}$$
$$\bigcup\{(-\infty,a)\mid\forall a\in\mathbf{R}\}\bigcup\{[b,\infty)\mid\forall b\in\mathbf{R}\}\bigcup\{(-\infty,\infty)\},$$
称 $\widetilde{\mathbf{R}}$ 为实数集 $\mathbf{R}$ 的基本集。

**定义 4.4**　将基本集 $\widetilde{\mathbf{R}}$ 生成的有限 $\sigma$-域 $\Gamma(\widetilde{\mathbf{R}})$ 称为（一维）（有限）Borel 集，记为 $\widetilde{B}_1=\Gamma(\widetilde{\mathbf{R}})$。

显然，一维有限 Borel 集是包含基本集的最小有限 $\sigma$-域。

**引理 4.5**　对任意 $A\in\widetilde{B}_1$，都存在整数 $m>0$ 和有限个互不相交的集合 $I_1,I_2,\cdots,I_m\subseteq\mathbf{R}$，使得 $A=I_1+I_2+\cdots+I_m$，满足这一性质记为 $A\sim\pmb{\Delta}_1$，其中，对任意 $i=1,2,\cdots,m,I_i$ 为如下 11 种集合之一，记为 $I_i\sim\mathbf{V}_1$：

① 单点集 $\{a_i\}$。

② 开区间 $(-\infty,a_i)$。

③ 闭区间 $(-\infty,a_i]$。

④ 闭区间 $(-\infty,\infty)$。

⑤ 开区间 $(a_i,b_i)$。

⑥ 半闭区间 $[a_i,b_i)$。

⑦ 半开区间 $(a_i,b_i]$。

⑧ 闭区间 $[a_i,b_i]$。

⑨ 开区间 $(b_i,\infty)$。

⑩ 闭区间 $[b_i, \infty)$。

⑪ 空集合 $\theta$。

其中，$a_i, b_i$ 是实数，$a_i < b_i$，对任意 $i = 1, 2, \cdots, m$。

证明：显然，对任意 $A \in \widetilde{\mathbf{R}}$，有 $A \sim \boldsymbol{\Delta}_1$。此外，对任意 $A \sim \mathbf{V}_1$，都有 $A \in \widetilde{B}_1 = \Gamma(\widetilde{\mathbf{R}})$。

下面利用归纳法证明上述结论。

令 $k = 1$，对任意 $A, B \in \widetilde{\mathbf{R}}$，将 $A$ 或 $A, B$ 利用一次"补运算"或"并运算"所得的集合记为 $O(A)$ 或 $O(A, B)$，则有 $O(A) = \mathbf{R} - A \sim \boldsymbol{\Delta}_1$，$O(A, B) = A + B \sim \boldsymbol{\Delta}_1$。事实上，当 $A = [a, b]$ 和 $B = [c, d]$ 时，如果 $a \leqslant b < c \leqslant d$，则 $O(A) = (-\infty, a) + (b, \infty) \sim \boldsymbol{\Delta}_1$，$O(A, B) = [a, b] + [c, d] \sim \boldsymbol{\Delta}_1$。对其他的情况，类似地讨论仍然有 $O(A) \sim \boldsymbol{\Delta}_1$，$O(A, B) \sim \Delta_1$。

将 $\widetilde{\mathbf{R}}$ 中的集合利用一次"并运算"或"补运算"所得的所有集合组成的集族记为 $O(\widetilde{\mathbf{R}})$。一般地，对任意 $k \in \mathbf{N}$，将 $\widetilde{\mathbf{R}}$ 中的集合利用不超过 $k$ 次"并运算"或"补运算"所得的集族记为 $O^k(\widetilde{\mathbf{R}})$。

假设当 $k \in \mathbf{N}$ 时，对任意 $A \in O^k(\widetilde{\mathbf{R}})$，都有 $A \sim \boldsymbol{\Delta}_1$。因此，对任意 $A, B \in O^k(\widetilde{\mathbf{R}})$，存在整数 $m, n > 0$ 和 $I_1, I_2, \cdots, I_m, J_1, J_2, \cdots, J_n \sim \mathbf{V}_1$，使得 $A = I_1 + I_2 + \cdots + I_m$ 和 $B = J_1 + J_2 + \cdots + J_n$。根据集合 $I_i$ 和 $J_j$ 的特点，容易证明：$O(A) = \mathbf{R} - A \sim \boldsymbol{\Delta}_1$ 和 $O(A, B) = A + B \sim \boldsymbol{\Delta}_1$。于是，由归纳法和集合族 $\widetilde{B}_1$ 的定义，对任意 $A \in \widetilde{B}_1$，都有 $A \sim \boldsymbol{\Delta}_1$。证毕！

为了方便，当 $I \sim \mathbf{V}_1$ 时，将 $I$ 称为广义区间。显然，在广义区间中，下面的三种广义区间是最基本的：单点集；开区间 $(-\infty, a)$；实数集 $\mathbf{R} = (-\infty, \infty)$。其他类型的广义区间都可由这三种区间经过有限次的"并"或"补"运算得到。例如，$[a, \infty) = \mathbf{R} - (-\infty, a)$，

$$[a, b] = \{b\} + (-\infty, b) - (a, \infty) = \{b\} + \mathbf{R} - \{[b, \infty) + (-\infty, a)\},$$

等等，其中，$a < b$。

此外，对任意两个广义区间 $I$ 和 $J$，将 $I \times J \subseteq \mathbf{R}^2$ 称为广义矩形。例如，对任意 $a, b, c, d \in \mathbf{R}$，且 $a \leqslant b$ 和 $c \leqslant d$，$[a, b] \times [c, d]$，$(-\infty, a) \times [b, \infty)$ 等都是广义矩形。

**定义 4.5**　设 $\widetilde{\mathbf{R}}$ 是 $\mathbf{R}$ 的基本集。将 $\widetilde{\mathbf{R}}^2 = \widetilde{\mathbf{R}} \times \widetilde{\mathbf{R}}$ 称为 $\mathbf{R}^2$ 的（二维）基本集。设 $\widetilde{B}_2$ 是由 $\widetilde{\mathbf{R}}^2$ 生成的有限 $\sigma$-域，即

$$\widetilde{B}_2 = \Gamma(\widetilde{\mathbf{R}}^2), \tag{4-3}$$

将 $\widetilde{B}_2$ 称为（二维）（有限）Borel 集。一般地，对任意整数 $m > 0$，类似地可以定义 $\mathbf{R}^m$ 的基本集 $\widetilde{\mathbf{R}}^m$ 和 $m$ 维有限 Borel 集 $\widetilde{B}_m = \Gamma(\widetilde{\mathbf{R}}^m)$。

显然，对任意 $A, B \in \widetilde{B}_m$，都有 $AB, A + B, A - B \in \widetilde{B}_m$。

类似于引理 4.5 的证明，可以得到如下结果。

**引理 4.6**　对任意 $A \in \widetilde{B}_2$，都存在整数 $m > 0$ 和有限个互不相交的集合 $I_1$，

$I_2, \cdots, I_m \subseteq \mathbf{R}^2$，使得 $A = I_1 + I_2 + \cdots + I_m$，满足这一性质记为 $A \sim \boldsymbol{\Delta}_2$，其中，对任意 $i = 1, 2, \cdots, m, I_i$ 为如下几种集合之一（即 $I_i$ 为广义矩形），记为 $I_i \sim \mathbf{V}_2$：

① 单点集 $\{(c, d)\} = \{c\} \times \{d\}$。

② $I \times \{a\}$ 或 $\{a\} \times I$，其中 $I = (-\infty, a)$ 或 $(-\infty, a]$ 或 $\mathbf{R}$ 或 $(b, \infty)$ 或 $[b, \infty)$ 或 $(a, b)$ 或 $[a, b)$ 或 $(a, b]$ 或 $[a, b]$。

③ $I \times J$，其中 $I, J = (-\infty, a)$ 或 $(-\infty, a]$ 或 $\mathbf{R}$ 或 $(b, \infty)$ 或 $[b, \infty)$ 或 $(a, b)$ 或 $[a, b)$ 或 $(a, b]$ 或 $[a, b]$。

④ 空集合 $\theta$。

其中，$a, b, c, d$ 是实数，且 $a < b$。

## 4.2　条件频率测度和独立性

### 4.2.1　条件频率测度

参照概率论的知识，给出如下的概念。

**定义 4.6**　设 $A \subseteq \mathbf{N}$ 和 $B \in \widetilde{M}$。如果 $\mu(B) > 0$，则称 $\mu^*(AB)/\mu(B)$ 为 $A$ 关于 $B$（或在伪事件 $B$ 发生的条件下 $A$）的条件上频率（测度）或上频度，记为 $\mu^*(A \mid B)$ 或 $\mu_B^*(A)$；称 $\mu_*(AB)/\mu(B)$ 为 $A$ 关于 $B$（或在伪事件 $B$ 发生的条件下 $A$）的条件下频率（测度）或下频度，记为 $\mu_*(A \mid B)$ 或 $\mu_{*B}(A)$。特别地，如果 $\mu^*(A \mid B) = \mu_*(A \mid B) = \mu(A \mid B)$，则称 $\mu(A \mid B)$ 为 $A$ 关于 $B$（或在伪事件 $B$ 发生的条件下 $A$）的条件频率（测度）或频度或测度，也记为 $\mu_B(A)$。

显然，对任意 $A \subseteq \mathbf{N}$ 和 $\mu(B) > 0$，都有 $\mu^*(A \mid B), \mu_*(A \mid B) \in [0, 1]$ 和 $\mu_*(A \mid B) \leqslant \mu^*(A \mid B)$。

**例 4.3**　设 $\Omega$ 是由式（1-3）定义的不可测集，$A = \{2, 4, 6, \cdots\}, B = \{4, 8, 12, \cdots\}, C = \{c_n\}_{n=1}^{\infty}$ 是由式（4-2）定义的数列，则 $\mu(AB) = \mu(B) = 0.25, \mu_*(AC) = 0$ 和 $\mu^*(AC) = \mu(A) = \mu(C) = 0.5$。因此，由定义 4.6，得

$$\mu(B \mid A) = \mu(AB)/\mu(A) = 0.5, \ \mu(A \mid B) = \mu(AB)/\mu(B) = 1,$$

$$\mu_*(C \mid A) = \mu_*(AC)/\mu(A) = 0, \ \mu^*(C \mid A) = \mu^*(AC)/\mu(A) = 1,$$

$$\mu_*(A \mid C) = \mu_*(AC)/\mu(C) = 0, \ \mu^*(A \mid C) = \mu^*(AC)/\mu(C) = 1。$$

显然，由定义 4.6，$\mu^*(A \mid \Omega)$ 或 $\mu_*(A \mid \Omega)$ 等无意义。

由定义 4.6 可知，对任意 $A \subseteq \mathbf{N}, B \in \widetilde{M}$ 和 $\mu(B) > 0$，都有

$$\mu^*(AB) = \mu(B)\mu^*(A \mid B), \ \mu_*(AB) = \mu(B)\mu_*(A \mid B)。 \tag{4-4}$$

特别地，如果 $A \bowtie B, \mu(A) > 0$ 和 $\mu(B) > 0$，则

$$\mu(AB) = \mu(A)\mu(B \mid A) = \mu(B)\mu(A \mid B)。 \tag{4-5}$$

式（4-4）和式（4-5）被称为乘法定理。一般地，将

$$\mu(A_1 A_2 \cdots A_m) = \mu(A_1)\mu(A_2 \mid A_1)\mu(A_3 \mid A_1 A_2)\cdots\mu(A_m \mid A_1 \cdots A_{m-1}) \qquad (4\text{-}6)$$

称为乘法定理。

显然,如果 $A_1, A_2, \cdots, A_m$ 是 $m$-相合的,且 $\mu(A_1 A_2 \cdots A_{m-1}) > 0$,则式(4-6)成立。

**例 4.4** 设 $X = \{x_n = (-1)^n\}_{n=1}^{\infty}, Y = \{y_n\}_{n=1}^{\infty}$ 和 $W = \{w_n\}_{n=1}^{\infty}$ 定义为

$$y_n = \begin{cases} 1, n = 3k \\ -1, n \neq 3k \end{cases}, \quad w_n = \begin{cases} 1, n = 5k \\ -1, n \neq 5k \end{cases}, k = 1, 2, \cdots,$$

记 $A = (X = -1), B = (Y = 1)$ 和 $C = (W = 1)$,则

$$A = \{1, 3, 5, \cdots\}, \quad B = \{3, 6, 9, \cdots\},$$

$$C = \{5, 10, 15, \cdots\}, \quad D = AB = \{3, 9, 15, \cdots\},$$

$$\mu(A) = 0.5, \quad \mu(B) = 1/3, \quad \mu(C) = 0.2,$$

$$\mu(AB) = 1/6, \quad \mu(AC) = 0.1, \quad \mu(BC) = 1/15,$$

$$\mu(B \mid A) = \frac{\mu(AB)}{\mu(A)} = \frac{1}{3},$$

$$\mu(C \mid AB) = \mu(C \mid D) = \frac{\mu(CD)}{\mu(D)} = \frac{\mu\{15, 45, \cdots\}}{\mu(D)} = \frac{1}{5}.$$

因此

$$\mu(ABC) = \mu\{15, 45, \cdots\} = \frac{1}{30} = \mu(A)\mu(B \mid A)\mu(C \mid AB).$$

由定义 4.6 和频率测度的性质,容易证明如下的结果。

**引理 4.7** 对任意整数 $m > 0$ 和可测集 $A, A_1, A_2, \cdots, A_m, B \in \widetilde{M}$,如果 $\mu(B) > 0, A_i \bowtie B, A_i \cap A_j = \theta$,对任意 $i, j \in \{1, 2, \cdots, m\}$ 和 $i \neq j$,即 $A_1, A_2, \cdots, A_m$ 两两互不相容,则:

① $1 \geqslant \mu^*(A|B) \geqslant \mu_*(A|B) \geqslant 0, \mu^*(A|B) = 1 - \mu_*(\bar{A}|B), \mu_*(A|B) = 1 - \mu^*(\bar{A}|B), \mu^*(A|\mathbf{N}) = \mu^*(A), \mu_*(A|\mathbf{N}) = \mu_*(A)$,其中 $\bar{A} = \mathbf{N} - A$。

② $\mu(\mathbf{N}|B) = 1, \mu(\theta|B) = 0$。

③ $\mu(A_1 + A_2 + \cdots + A_m | B) = \mu(A_1|B) + \mu(A_2|B) + \cdots + \mu(A_m|B)$。

另外,如果 $A \bowtie B$ 和 $B \bowtie C$,那么

$$\mu^*(A \cup C \mid B) = \mu(A \mid B) + \mu(C \mid B) - \mu_*(AC \mid B),$$

$$\mu_*(A \cup C \mid B) = \mu(A \mid B) + \mu(C \mid B) - \mu^*(AC \mid B).$$

特别地,如果 $A, B, C$ 是 3-相合的,则

$$\mu(A \cup C \mid B) = \mu(A \mid B) + \mu(C \mid B) - \mu(AC \mid B).$$

### 4.2.2 独立性

类似于随机事件的独立性定义,可以给出伪随机事件相互独立的概念。

**定义 4.7** 如果对可测集 $A, B \in \widetilde{M}$,有

$$\mu(AB) = \mu(A)\mu(B), \tag{4-7}$$

则称伪事件 $A$ 和 $B$ 是(频率)相互独立的,或称 $A$ 与 $B$ 独立。否则,称 $A$ 与 $B$ 不独立。

显然,由定义 4.7 可知,空集 $\theta$(或自然数集 **N**)与任何伪事件是相互独立的。

**例 4.5**　设 $A=\{4,8,\cdots,4n,\cdots\}$, $B=\{6,12,\cdots,6n,\cdots\}$,则

$$\mu(A) = \frac{1}{4},\ \mu(B) = \frac{1}{6},\ \mu(AB) = \mu\{12,24,\cdots\} = \frac{1}{12} \neq \mu(A)\mu(B)。$$

因此,$A$ 与 $B$ 不独立。

**例 4.6**　设 $A=\{5,10,\cdots,5n,\cdots\}$, $B=\{8,16,\cdots,8n,\cdots\}$,则

$$\mu(A) = \frac{1}{5},\ \mu(B) = \frac{1}{8},\ \mu(AB) = \mu\{40,80,\cdots\} = \frac{1}{40} = \mu(A)\mu(B)。$$

因此,$A$ 与 $B$ 独立。

一般地,不难证明:设 $A=\{m,2m,\cdots,km,\cdots\}$, $B=\{n,2n,\cdots,kn,\cdots\}$。$A$ 与 $B$ 独立的充分必要条件是正整数 $m$ 和 $n$ 是互素的。

事实上,$AB=\{mn,2mn,\cdots\}$ 当且仅当 $m$ 和 $n$ 互素,即 $\mu(AB)=1/mn=\mu(A)\mu(B)$ 当且仅当 $m$ 和 $n$ 互素。

由定义 4.7,下面的结果显然成立。

**引理 4.8**　设 $A,B\in\widetilde{M}$ 和 $\mu(B)>0$。$A$ 与 $B$ 独立的充分必要条件是 $\mu(A|B)=\mu(A)$。

**引理 4.9**　如果 $A$ 与 $B$ 独立,则 $\overline{A}$ 与 $B$, $A$ 与 $\overline{B}$, $\overline{A}$ 与 $\overline{B}$ 都相互独立,其中 $\overline{A}=$ **N** $-A$。

证明:由于 $A$ 与 $B$ 独立,故 $AB\in\widetilde{M}$。又

$$\mu(A\overline{B}) = \mu(A-AB) = \mu(A)-\mu(AB) = \mu(A)-\mu(A)\mu(B) = \mu(A)\mu(\overline{B}),$$

因此,$A$ 与 $\overline{B}$ 相互独立。其他情况可类似证明。证毕!

参照概率论的知识,可以给出有限个伪随机事件相互独立的概念。

**定义 4.8**　对于 $A,B,C\in\widetilde{M}$,如果:

① $\mu(AB)=\mu(A)\mu(B)$。

② $\mu(AC)=\mu(A)\mu(C)$。

③ $\mu(BC)=\mu(B)\mu(C)$。

④ $\mu(ABC)=\mu(A)\mu(B)\mu(C)$。

则 $A,B$ 和 $C$(或 $\{A,B,C\}$)被称为相互独立。

一般地,对任意 $n$ 个伪事件 $A_1,A_2,\cdots,A_n\in\widetilde{M}$,如果对任意整数 $1\leqslant i<j<k<\cdots\leqslant n$,都有

① $\mu(A_iA_j)=\mu(A_i)\mu(A_j)$。

② $\mu(A_iA_jA_k)=\mu(A_i)\mu(A_j)\mu(A_k);\cdots$。

③ $\mu(A_1 A_2 \cdots A_n) = \mu(A_1)\mu(A_2)\cdots\mu(A_n)$。

则称 $A_1, A_2, \cdots, A_n$ 是相互独立的。

下面给出例子说明定义 4.8 中的条件④不能由条件①～③代替,反之亦然。

**例 4.7** 设 $A = \{5, 10, 15, \cdots\}, B = \{4, 8, 12, \cdots\}, C = \{c_n\}_{n=1}^{\infty}$ 定义为

$$c_n = \begin{cases} 6n - 1, & n = 10k \\ 6n, & n \neq 10k \end{cases}, k = 1, 3, 5, \cdots。$$

容易得到

$$\mu(A) = \frac{1}{5}, \ \mu(B) = \frac{1}{4}, \ \mu(C) = \frac{1}{6},$$

$$\mu(ABC) = \mu\{120, 240, 360, \cdots\} = \frac{1}{120} = \mu(A)\mu(B)\mu(C)。$$

但是

$$\mu(BC) = \mu(\{12, 24, 36, \cdots\} - \{60, 180, 300, \cdots\}) = \frac{3}{40} \neq \frac{1}{24} = \mu(B)\mu(C)。$$

因此,由条件④推导不出条件①～③。

**例 4.8** 设 $A = \{2, 4, 6, \cdots\}, B = \{1, 4, 5, 8, 9, 12, 13, \cdots\}, C = \{1, 2, 5, 6, 9, 10, \cdots\}$,则

$$\mu(A) = \mu(B) = \mu(C) = 0.5, \ ABC = \theta,$$

$$AB = \{4, 8, 12, \cdots\}, \ AC = \{2, 6, 10, \cdots\}, \ BC = \{1, 5, 9, \cdots\}$$

和

$$\mu(AB) = \mu(BC) = \mu(BC) = \frac{1}{4} = \mu(A)\mu(B) = \mu(A)\mu(C) = \mu(B)\mu(C)。$$

但是,$\mu(ABC) = 0 \neq \mu(A)\mu(B)\mu(C)$。因此,由条件①～③也推导不出条件④。

### 4.2.3 直接定义法

关于自然数集子集间的条件频率测度和独立性,根据频率测度概念的特点,还可从另一个角度给出一些有趣的概念。

**定义 4.9** 设 $A, B \subseteq \mathbf{N}$,且 $A \neq \theta$,如果上极限

$$\limsup_{n \to \infty} \frac{|(AB)^{(n)}|}{|A^{(n)}|} = \limsup_{n \to \infty} \frac{|(AB)^{(n)}|/n}{|A^{(n)}|/n}$$

存在,则将该上极限称为 $B$ 关于 $A$(或当 $A$ 发生时 $B$)的条件上频率测度,记为 $\hat{\mu}^*(B|A)$(或不混淆时,记为 $\mu^*(B|A)$)。类似地,如果下极限

$$\liminf_{n \to \infty} \frac{|(AB)^{(n)}|}{|A^{(n)}|} = \liminf_{n \to \infty} \frac{|(AB)^{(n)}|/n}{|A^{(n)}|/n}$$

存在,则将该下极限称为 $B$ 关于 $A$(或当 $A$ 发生时 $B$)的条件下频率测度,记为 $\hat{\mu}_*(B|A)$(或不混淆时,记为 $\mu_*(B|A)$)。特别地,如果 $\hat{\mu}_*(B|A) = \hat{\mu}^*(B|A) =$

$\hat{\mu}(B|A)$，则称 $\hat{\mu}(B|A)$ 为 $B$ 关于 $A$（或当 $A$ 发生时 $B$）的条件频率测度（或条件频度）（不混淆时也记为 $\mu(B|A)$ 或 $\mu_A(B)$）。

**定义 4.10**　设 $A,B\subseteq\mathbf{N}$，且 $A\neq\theta$，如果

$$\limsup_{n\to\infty}\frac{|(AB)^{(n)}|}{|A^{(n)}|}=\limsup_{n\to\infty}\frac{B^{(n)}}{n}=\mu^*(B),$$

则将 $A$ 与 $B$ 称为上（频率）单向独立的（或称 $B$ 关于 $A$ 是上单向独立的）。类似地，可定义 $A$ 与 $B$ 是下（频率）单向独立的（或 $B$ 关于 $A$ 是下单向独立的）。特别地，如果 $B\in\widetilde{M}$，且

$$\limsup_{n\to\infty}\frac{|(AB)^{(n)}|}{|A^{(n)}|}=\liminf_{n\to\infty}\frac{|(AB)^{(n)}|}{|A^{(n)}|}=\mu(B),$$

则称 $A$ 与 $B$（频率）单向独立（或称 $B$ 关于 $A$ 是单向独立的）。并规定：空集与 $\mathbf{N}$ 的任意子集是相互单向独立的。

直观上看，$A$ 与 $B$ 单向独立意味着 $A$ 发生与否不会影响到 $B$ 的频率数值。但是，反过来，$B$ 发生与否可能会影响 $A$ 发生的频率。

显然，由定义 4.9，对任意 $A,B\subseteq\mathbf{N}$ 和 $A\neq\theta$，$\hat{\mu}_*(B|A)$ 和 $\hat{\mu}^*(B|A)$ 总存在，且

$$0\leqslant\hat{\mu}_*(B|A)\leqslant\hat{\mu}^*(B|A)\leqslant1.$$

如果 $A\bowtie B$，且 $\mu(B)>0$，则 $\hat{\mu}(A|B)=\mu(A|B)$。另外，即使 $A,B\notin\widetilde{M}$ 或 $\mu(A)=0$，$\hat{\mu}(B|A)$ 也可能存在，这点可从下例看出。

**例 4.9**　设 $A=\Omega$ 是由式(1-3)定义的不可测集，$B=\{2,4,\cdots\}$，$C=\{2,2^2,\cdots\}$ 和 $D=\{2^2,2^4,\cdots\}$，则 $\mu(C)=0$，$\mu(B)=0.5$，

$$\hat{\mu}(B|A)=\liminf_{n\to\infty}\frac{|(AB)^{(n)}|}{|A^{(n)}|}=\limsup_{n\to\infty}\frac{|(AB)^{(n)}|}{|A^{(n)}|}=\frac{1}{2}=\mu(B),$$

$$\hat{\mu}_*(A|B)=\liminf_{n\to\infty}\frac{|(AB)^{(n)}|}{|B^{(n)}|}=0=\mu_*(A)\neq\mu^*(A)$$

$$=1=\limsup_{n\to\infty}\frac{|(AB)^{(n)}|}{|B^{(n)}|}=\hat{\mu}^*(A|B),$$

$$\hat{\mu}(D|C)=\liminf_{n\to\infty}\frac{|(CD)^{(n)}|}{|C^{(n)}|}=\limsup_{n\to\infty}\frac{|(CD)^{(n)}|}{|C^{(n)}|}=\frac{1}{2}.$$

因此，$B$ 关于 $A$ 是频率单向独立的，且 $A$ 关于 $B$ 既是上单向独立的，也是下单向独立的。但是，$A$ 关于 $B$ 不是频率单向独立的。

由定义 4.6 和 4.9 可知，对任意 $A\in\widetilde{M}$，$B\subseteq\mathbf{N}$ 和 $\mu(A)>0$，有

$$\mu_*(B|A)=\hat{\mu}_*(B|A)\leqslant\hat{\mu}^*(B|A)=\mu^*(B|A)。$$

**引理 4.10**　对任意 $A,B\in\widetilde{M}$，如果 $A$ 与 $B$ 是单向独立的，或 $B$ 与 $A$ 是单向独立的，则 $A$ 与 $B$ 相互独立。此外，如果 $\mu(A)>0$ 和 $\mu(B)>0$，且 $A$ 与 $B$ 相互独立，则 $A$ 与 $B$ 是相互单向独立的。

证明：先证前一部分结论。如果 $\mu(A)=0$ 或 $\mu(B)=0$，则结论显然成立。当

$\mu(A)>0$ 和 $\mu(B)>0$ 时,不妨设 $A$ 与 $B$ 单向独立,则

$$\limsup_{n\to\infty}\frac{|(AB)^{(n)}|}{|A^{(n)}|}=\frac{\limsup\limits_{n\to\infty}|(AB)^{(n)}|/n}{\mu(A)}=\frac{\liminf\limits_{n\to\infty}|(AB)^{(n)}|/n}{\mu(A)}=\mu(B)。$$

因此,$AB$ 是可测的,且 $\mu(AB)=\mu(A)\mu(B)$,即 $A$ 与 $B$ 相互独立。

下面再证后一部分结论。因 $\mu(A)>0$ 和 $\mu(B)>0$,且 $A$ 与 $B$ 相互独立,故 $\mu(AB)=\mu(A)\mu(B)$ 存在。因此

$$\limsup_{n\to\infty}\frac{|(AB)^{(n)}|}{|A^{(n)}|}=\liminf_{n\to\infty}\frac{|(AB)^{(n)}|}{|A^{(n)}|}=\frac{\lim\limits_{n\to\infty}|(AB)^{(n)}|/n}{\mu(A)}=\mu(B),$$

即 $A$ 与 $B$ 单向独立。同样可证 $B$ 与 $A$ 单向独立,故 $A$ 与 $B$ 相互单向独立。证毕!

由引理 4.10 的证明可以看出,当 $A$ 与 $B$ 相互独立时,如果 $\mu(A)>0$(或 $\mu(B)>0$),则 $B$ 关于 $A$(或 $A$ 关于 $B$)是单向独立的。

类似于引理 4.7,如下的结论成立。

**引理 4.11**　对任意整数 $m>0$ 和 $A,A_1,A_2,\cdots,A_m,B\subseteq\mathbf{N},B\neq\theta$,都有:

① $1\geqslant\hat{\mu}^*(A|B)\geqslant\hat{\mu}_*(A|B)\geqslant0,\hat{\mu}^*(A|B)=1-\hat{\mu}_*(\overline{A}|B),\hat{\mu}_*(A|B)=1-\hat{\mu}^*(\overline{A}|B)$,特别地,$\hat{\mu}^*(A|\mathbf{N})=\hat{\mu}^*(A),\hat{\mu}_*(A|\mathbf{N})=\hat{\mu}_*(A)$。因此,$\hat{\mu}(A|B)$ 存在的充分必要条件是 $\hat{\mu}(\overline{A}|B)$ 存在,其中 $\overline{A}=\mathbf{N}-A$。

② $\hat{\mu}(\mathbf{N}|B)=1,\hat{\mu}(\theta|B)=0$。

③ 如果 $A_i\bowtie B$ 和 $A_i\bigcap A_j=\theta$,对任意 $i,j=1,2,\cdots,m,i\neq j$ 和 $m\in\mathbf{N}$,则

$$\hat{\mu}(A_1+A_2+\cdots+A_m|B)=\hat{\mu}(A_1|B)+\hat{\mu}(A_2|B)+\cdots+\hat{\mu}(A_m|B)。$$

此外,如果 $\hat{\mu}(A|B)$ 和 $\hat{\mu}(C|B)$ 存在,那么

$$\hat{\mu}^*(A\bigcup C|B)=\hat{\mu}(A|B)+\hat{\mu}(C|B)-\hat{\mu}_*(AC|B),$$

$$\hat{\mu}_*(A\bigcup C|B)=\hat{\mu}(A|B)+\hat{\mu}(C|B)-\hat{\mu}^*(AC|B)。$$

特别地,如果 $\hat{\mu}(A|B)$ 和 $\hat{\mu}(C|B)$ 存在,则 $\hat{\mu}(AC|B)$ 存在的充分必要条件是 $\hat{\mu}(A\bigcup C|B)$ 存在,且

$$\hat{\mu}(A\bigcup C|B)=\hat{\mu}(A|B)+\hat{\mu}(C|B)-\hat{\mu}(AC|B)。$$

由① 可知,如果 $A$ 关于 $B$ 是单向独立的,则 $\overline{A}$ 关于 $B$ 也是单向独立的,其中,$\overline{A}=\mathbf{N}-A$。

关于独立性,还可以给出如下的定义。

**定义 4.11**　如果对任意 $A,B\subseteq\mathbf{N}$,都有

$$n|(AB)^{(n)}|=|A^{(n)}||B^{(n)}|+o(n^2),\qquad(4\text{-}8)$$

那么称 $A$ 和 $B$(相互)(渐近)独立,其中 $o(n^2)$ 表示 $\lim\limits_{n\to\infty}[o(n^2)/n^2]=0$。

显然,由式(4-8)可知,空集与任何子集独立。此外,对任意 $A,B\in\widetilde{M}$,式(4-8)成立的充分必要条件是 $\mu(AB)=\mu(A)\mu(B)$。

不难看出,式(4-8)成立当且仅当对任意 $\varepsilon>0$,存在整数 $L>0$,使得对任意

$n > L$ 时,有

$$\left| \frac{\mid (AB)^{(n)} \mid}{n} - \frac{\mid A^{(n)} \mid}{n} \times \frac{\mid B^{(n)} \mid}{n} \right| < \varepsilon, \text{即}$$

$$\lim_{n \to \infty} \left[ \frac{\mid (AB)^{(n)} \mid}{n} - \frac{\mid A^{(n)} \mid}{n} \times \frac{\mid B^{(n)} \mid}{n} \right] = 0 \text{。} \tag{4-9}$$

**注 4.1**　在渐近独立的等价式(4-9)中,并没有假设极限

$$\lim_{n \to \infty} \frac{\mid (AB)^{(n)} \mid}{n}, \lim_{n \to \infty} \frac{\mid A^{(n)} \mid}{n}, \lim_{n \to \infty} \frac{\mid B^{(n)} \mid}{n}$$

存在。显然,如果这些极限存在,即 $A, B, AB \in \widetilde{M}$,则式(4-9)成立一定可推导出 $\mu(AB) = \mu(A)\mu(B)$。因此,定义 4.11 比定义 4.7 更广。

**引理 4.12**　如果 $A$ 和 $B$ 渐近独立,则 $\overline{A}$ 和 $B$,$A$ 和 $\overline{B}$,$\overline{A}$ 和 $\overline{B}$ 都渐近独立。

证明:因为

$$n \mid (A\overline{B})^{(n)} \mid = n( \mid A^{(n)} \mid - \mid (AB)^{(n)} \mid) = n \mid A^{(n)} \mid - \mid A^{(n)} \mid \mid B^{(n)} \mid + o(n^2)$$
$$= \mid A^{(n)} \mid \mid \overline{B}^{(n)} \mid + o(n^2),$$

因此 $A$ 和 $\overline{B}$ 渐近独立。同样可证:$\overline{A}$ 和 $B$,$\overline{A}$ 和 $\overline{B}$ 都渐近独立。证毕!

**例 4.10**　设 $A = \Omega$ 是由式(1-3)定义的不可测集,$B = \{2, 4, 6, \cdots\}$,则对任意充分大的整数 $n > 0$,都有

$$\mid (AB)^{(n)} \mid = \frac{1}{2} \mid A^{(n)} \mid + o(n), \mu(B) = 0.5 \text{。}$$

因此

$$n \mid (AB)^{(n)} \mid = \mid A^{(n)} \mid \mid B^{(n)} \mid + o(n^2) \text{。}$$

于是,$A$ 和 $B$ 相互渐近独立。

类似于定义 4.11,还可以给出自然数集 $\mathbf{N}$ 的三个(或三个以上)子集相互渐近独立的概念。

**定义 4.12**　如果对任意 $A, B, C \subseteq \mathbf{N}$,都有:

① $n \mid (AB)^{(n)} \mid = \mid A^{(n)} \mid \mid B^{(n)} \mid + o(n^2)$。

② $n \mid (AC)^{(n)} \mid = \mid A^{(n)} \mid \mid C^{(n)} \mid + o(n^2)$。

③ $n \mid (BC)^{(n)} \mid = \mid B^{(n)} \mid \mid C^{(n)} \mid + o(n^2)$。

④ $n^2 \mid (ABC)^{(n)} \mid = \mid A^{(n)} \mid \mid B^{(n)} \mid \mid C^{(n)} \mid + o(n^3)$。

那么称 $A, B$ 和 $C$(相互)(渐近)独立,其中 $o(n^3)$ 表示 $\lim_{n \to \infty}[o(n^3)/n^3] = 0$。

**注 4.2**　虽然上面给出了几种不同形式的独立性定义,但是,在应用上重点只需关注频率可测集间的独立性问题。显然,对于(相合)可测集,定义 4.7 所给的独立性概念是最基本的。因此,在本书中,若无特殊说明,下面将采用定义 4.7 给出的独立性定义。

## 4.3　全频率测度公式和频率贝叶斯公式

**定义 4.13**　对任意整数 $m>0$ 和 $A_1,A_2,\cdots,A_m\in\widetilde{M}$,如果:

① $A_i\bigcap A_j=\theta$,对任意 $i,j\in\{1,2,\cdots,m\}$ 和 $i\neq j$。

② $A_1+A_2+\cdots+A_m=\mathbf{N}$。

那么,$A_1,A_2,\cdots,A_m$ 被称为是自然数集 $\mathbf{N}$ 的一个划分。

在定义 4.13 中,要求 $\mathbf{N}$ 的一个划分中包含的集合个数是有限的,这个要求有利于下面的讨论。例如,设 $A_n=\{n\}$,对任意 $n\in\mathbf{N}$,则 $A_1+A_2+\cdots=\mathbf{N}$,且 $A_1$,$A_2,\cdots$两两互不相容。如果将 $A_1,A_2,\cdots$当成 $\mathbf{N}$ 的一个划分,则后面的全频率测度公式不成立。

**定义 4.14**　设 $m\in Z[1,\infty]$,$A_1,\cdots,A_m\in\widetilde{M}$,如果 $A_1,\cdots,A_m$ 是两两互不相容的,即对任意 $i,j\in\{1,2,\cdots,m\}$ 和 $i\neq j$,$A_i\bigcap A_j=\theta$,且 $\mu(A_1)+\mu(A_2)+\cdots+\mu(A_m)=1$,那么 $A_1,A_2,\cdots,A_m$ 被称为是自然数集 $\mathbf{N}$ 的一个(频率)划分。

显然,$A_1,A_2,\cdots,A_m$ 是 $\mathbf{N}$ 的一个划分,则 $A_1,A_2,\cdots,A_m$ 是 $\mathbf{N}$ 的一个频率划分。但反之不然。

下面的结果可以认为是相应于概率论中的"全概率公式"。

**定理 4.1**(全频率测度公式)　设 $A_1,A_2,\cdots,A_m$ 是 $\mathbf{N}$ 的一个划分(或频率划分),且 $\mu(A_i)>0$,对任意 $i\in\{1,2,\cdots,m\}$ 和 $m\in\mathbf{N}$(或 $m\in Z[1,\infty]$)。对任一可测集 $B\in\widetilde{M}$,如果对任意 $i\in\{1,2,\cdots,m\}$,$A_i\bowtie B$,则

$$\mu(B)=\mu(A_1)\mu(B\mid A_1)+\mu(A_2)\mu(B\mid A_2)+\cdots+\mu(A_m)\mu(B\mid A_m)。$$

证明:因为 $m\in\mathbf{N}$ 和 $A_1,A_2,\cdots,A_m$ 是 $\mathbf{N}$ 的一个划分,故有

$$B=B\mathbf{N}=BA_1+BA_2+\cdots+BA_m,\ BA_i\bigcap BA_j=\theta,\ i,j=1,2,\cdots,m,i\neq j。$$

因此,由定义 4.6 和性质 4.2,有

$$\mu(B)=\mu(BA_1)+\mu(BA_2)+\cdots+\mu(BA_m)=\sum_{i=1}^{m}\mu(A_i)\mu(B\mid A_i)。$$

此外,如果 $A_1,A_2,\cdots,A_m$ 是 $\mathbf{N}$ 的一个频率划分,不妨设 $m=\infty$ 和 $C=\mathbf{N}-(A_1+A_2+\cdots)$,则

$$B=B\mathbf{N}=BC+BA_1+BA_2+\cdots,\mu(BC)=0,$$
$$BA_i\bigcap BA_j=\theta,\ i,j=1,2,\cdots,i\neq j。$$

由给定的条件,容易证明:对任意 $\varepsilon>0$,存在整数 $S>0$,使得

$$\mu(A_1)+\cdots+\mu(A_S)>1-\varepsilon,\ \mu(BC)+\mu^*(A_{S+1}+A_{S+2}+\cdots)<\varepsilon。$$

显然,对任意 $n\geqslant S$,都有

$$BA_1+BA_2+\cdots+BA_n\subseteq B\subseteq BA_1+BA_2+\cdots$$
$$+BA_n+(BC+BA_{n+1}+BA_{n+2}+\cdots)。$$

因此

$$\sum_{i=1}^{n} \mu(A_i)\mu(B \mid A_i) = \sum_{i=1}^{n}\mu(BA_i) \leqslant \mu(B) < \sum_{i=1}^{n}\mu(BA_i) + \varepsilon$$

$$= \sum_{i=1}^{n}\mu(A_i)\mu(B \mid A_i) + \varepsilon,$$

即

$$\left| \mu(B) - \sum_{i=1}^{n}\mu(A_i)\mu(B \mid A_i) \right| < \varepsilon。$$

于是

$$\mu(B) = \lim_{n \to \infty}\sum_{i=1}^{n}\mu(A_i)\mu(B \mid A_i) = \mu(A_1)\mu(B \mid A_1) + \mu(A_2)\mu(B \mid A_2) + \cdots。$$

类似于定理 4.1 的证明，可得到如下的结果，它可看成对应于概率论中的贝叶斯公式。

**定理 4.2**（频度贝叶斯公式）　设 $A_1, A_2, \cdots, A_m$ 是 $\mathbf{N}$ 的一个（频率）划分，且 $\mu(A_i) > 0$，对任意 $i \in \{1, 2, \cdots, m\}$ 和 $m \in \mathbf{N}$（或 $m \in Z[1, \infty]$）。对任意 $B \in \widetilde{M}$，如果对任意 $i \in \{1, 2, \cdots, m\}$，$A_i \bowtie B$，则对任意 $k \in \{1, 2, \cdots, m\}$，

$$\mu(A_k \mid B) = \frac{\mu(A_k)\mu(B \mid A_k)}{\mu(A_1)\mu(B \mid A_1) + \mu(A_2)\mu(B \mid A_2) + \cdots + \mu(A_m)\mu(B \mid A_m)}。$$

参照概率论，不妨将 $\mu(A_k)$ 称为先验频率或频度，将条件频度 $\mu(A_k \mid B)$ 称为后验频率或频度。它们的直观意义可参见概率论的相应解释。

**例 4.11**　设 $A_1 = \{4, 8, \cdots, 4n, \cdots\}$，$A_2 = \{3, 7, \cdots, 4n-1, \cdots\}$，$A_3 = \{2, 6, \cdots, 4n-2, \cdots\}$，$A_4 = \{1, 5, \cdots, 4n-3, \cdots\}$，$B = \{1, 4, 7, \cdots, 3n-2, \cdots\}$，

则

$$A_1B = \{4, 16, \cdots, 12n-8, \cdots\}, \quad A_2B = \{7, 19, \cdots, 12n-5, \cdots\},$$

$$A_3B = \{10, 22, \cdots, 12n-2, \cdots\}, \quad A_4B = \{1, 13, \cdots, 12n-11, \cdots\},$$

$$\mu(A_i) = \frac{1}{4}, \quad \mu(A_iB) = \frac{1}{12}, \quad i = 1, 2, 3, 4$$

和

$$\mu(B \mid A_1) = \frac{\mu(A_1B)}{\mu(A_1)} = \frac{1}{3} = \mu(B \mid A_2) = \mu(B \mid A_3) = \mu(B \mid A_4),$$

$$\mu(B) = \sum_{i=1}^{4}\mu(A_i)\mu(B \mid A_i) = \mu(BA_1) + \mu(BA_2) + \mu(BA_3) + \mu(BA_4) = \frac{1}{3},$$

$$\mu(A_1 \mid B) = \frac{\mu(A_1)\mu(B \mid A_1)}{\mu(B)} = \frac{1}{4} = \mu(A_2 \mid B) = \mu(A_3 \mid B) = \mu(A_4 \mid B)。$$

# 第5章 数列的频率分布

众所周知,随机变量的概率分布是概率论的一个基本概念,在研究随机变量的统计性质时起着非常重要的作用。为了研究数列的性质,本章将引入数列的频率分布概念,它在研究数列或离散系统的伪随机性质时也将起到重要作用。

## 5.1 可测数列及其频率分布

设 $\mathbf{R}^\infty$ 表示所有实数列组成的集合,即

$$\mathbf{R}^\infty = \{X = \{x_n\}_{n=1}^\infty = (x_1, x_2, \cdots) \mid x_n \in \mathbf{R}, n \in \mathbf{N}\}.$$

对任意 $X = \{x_n\}_{n=1}^\infty \in \mathbf{R}^\infty$,如果存在整数 $M > 0$,使得 $x_{i+M} = x_i$,对任意 $i \in \mathbf{N}$,则称 $X$ 是周期的,$M$ 称为 $X$ 的周期。用 $P^\infty$ 表示所有的周期实数列组成的集合。

显然,$P^\infty \subseteq \mathbf{R}^\infty$。对任意 $X = \{x_n\}_{n=1}^\infty, Y = \{y_n\}_{n=1}^\infty \in P^\infty$,都有 $aX + bY \in P^\infty$,$XY \in P^\infty$,$X/Y \in P^\infty$(若对任意 $n \in \mathbf{N}, y_n \neq 0$),$h(X) = \{h(x_n)\}_{n=1}^\infty \in P^\infty$,其中,$a$,$b \in \mathbf{R}, h: \mathbf{R} \to \mathbf{R}$ 是任一实函数。

在本书中,如无特殊说明,大写的英文字母(如 $X, Y$ 等)表示数列,小写英文字母(如 $x, y$ 等)表示实数。

### 5.1.1 弱频率分布

**定义 5.1** 设 $X = \{x_n\}_{n=1}^\infty \in \mathbf{R}^\infty$。对任意 $x \in \mathbf{R}$,函数 $F^*(x) = \mu^*(X < x)$ 被称为 $X$ 的上频率测度分布(或上频率分布或上频度分布)。可类似定义下频率测度分布(或下频率分布或下频度分布)$F_\square(x) = \mu_\square(X < x)$。特别地,如果对任意 $x \in \mathbf{R}$,都有 $F^*(x) = F_*(x) = F(x)$,则将 $F(x)$ 称为 $X$ 的(弱)频率测度分布(或频率分布或频度分布),数列 $X$ 被称为弱(频率)可测的。

显然,根据频率测度的性质,任意数列的上和下频率测度分布都存在,且 $F_*(x) \leqslant F^*(x)$,对一切 $x \in \mathbf{R}$。但是,$F^*(x)$ 和 $F_*(x)$ 可以不相等。

**例 5.1** 设 $\Omega$ 是由式(1-3)定义的不可测集,数列 $X = \{x_n\}_{n=1}^\infty$ 和 $Y = \{y_n\}_{n=1}^\infty$ 定义为

$$x_n = \begin{cases} 1 - 1/n, & n \in \Omega \\ 2, & n \notin \Omega \end{cases}, \quad y_n = \begin{cases} 1 + 1/n, & n \in \Omega \\ 1, & n \notin \Omega \end{cases}.$$

则 $F_X^*(x) = 1 \neq 0 = F_{*X}(x)$,对任意 $1 \leqslant x < 2$。因此,$X$ 的弱频率分布 $F_X(x)$ 不存在。另外,不难计算出,$Y$ 的弱频率分布 $F_Y(x)$ 是存在的。但是,$(Y = 1)$ 和 $(Y \in$

$(-\infty,1])$都是不可测集。

## 5.1.2　频率分布

根据频率测度的性质,如果 $X$ 是弱频率可测的,则对任意 $a<b$,$(X\in[a,b])$ 是可测的,且 $\mu(X\in[a,b])=F(b)-F(a)$。但是,$(X\in(a,b))$,$(X\in(a,b])$ 和 $(X\in[a,b])$ 都可能是不可测的,可参见例 5.1。因此,有必要给出如下更强的定义。

**定义 5.2**　设 $X=\{x_n\}_{n=1}^{\infty}\in\mathbf{R}^{\infty}$。如果对任意 $x\in\mathbf{R}$,函数 $(X<x)$ 和 $(X=x)$ 都是频率可测的,则 $X$ 被称为(强)可测,$X$ 的弱频率分布 $F(x)=\mu(X<x)$ 被称为 $X$ 的(强)频率(测度)分布(或频度分布)(函数),简称分布。

本书中,若无特殊说明,$X$ 可测一般是指 $X$ 是强可测的。

显然,对任意 $X=\{x_n\}_{n=1}^{\infty}\in P^{\infty}$,$X$ 是可测的。另外,对任意整数 $k>0$,$X=\{x_n\}_{n=1}^{\infty}$ 可测当且仅当 $Y=\{x_n\}_{n=-k}^{\infty}=(x_{-k},x_{-k+1},\cdots,x_0,x_1,x_2,\cdots)$ 也可测,其中 $x_{-k},x_{-k+1},\cdots,x_0$ 是任意实数。同时,由引理 4.5 和定义 5.2 可知,如果 $X$ 是强可测的,则对任意 $A\in\widetilde{B}_1$,$\{X\in A\}$ 是可测的。

设 $X=\{x_n\}_{n=1}^{\infty}$ 是强可测数列,其分布为 $F(x)$,则对任意 $x\in\mathbf{R}$,集合 $(X>x)$ 可测,且对任意 $a<b$,$\mathrm{abs}(X)=|X|=\{|x_n|\}_{n=1}^{\infty}$ 和 $aX=\{ax_n\}$ 都是可测数列,以及

$$\mu(X\in[a,b))=F(b)-F(a),$$
$$\mu(X\in(a,b))=F(b)-F(a)-\mu(X=a),$$
$$\mu(X\in(a,b])=F(b)-F(a)-\mu(X=a)+\mu(X=b),$$
$$\mu(X\in[a,b])=F(b)-F(a)+\mu(X=b)。$$

但是,对任意两个强可测数列 $X=\{x_n\}_{n=1}^{\infty}$ 和 $Y=\{y_n\}_{n=1}^{\infty}$,$X\pm Y=\{x_n\pm y_n\}_{n=1}^{\infty}$,$XY=\{x_ny_n\}_{n=1}^{\infty}$ 和 $X/Y=\{x_n/y_n\}_{n=1}^{\infty}$(若对任意 $n\in\mathbf{N}$,$y_n\neq0$)不一定是可测的。

**例 5.2**　设 $\Omega$ 是由式(1-3)定义的不可测集,数列 $X=\{x_n\}_{n=1}^{\infty}$ 和 $Y=\{y_n\}_{n=1}^{\infty}$ 定义为

$$x_n=\begin{cases}1-1/n,&n\in\Omega\\1-2/n,&n\notin\Omega\end{cases},\quad y_n=\frac{1}{n},\ n\in\mathbf{N}。\qquad(5\text{-}1)$$

尽管 $X$ 和 $Y$ 都是有界强可测的,且 $X$ 和 $Y$ 都是频率收敛的,但是 $X+Y$ 不可测,因为 $\{X+Y=1\}=\Omega$ 不可测。其他情况可类似举例说明。

## 5.1.3　含例外点的频率可测数列

由例 5.1 看出,频率收敛的数列不一定是可测的,因此,还可考虑将可测数列的定义 5.1 和 5.2 稍作推广。下面给出几种推广定义。

**定义 5.3**　设 $X=\{x_n\}_{n=1}^{\infty}\in\mathbf{R}^{\infty}$ 和 $\Lambda$ 是 $\mathbf{R}$ 的一个子集。如果对任意 $x\notin\Lambda$,$(X<x)$ 和 $(X=x)$ 都是可测集,则 $X$ 称为至多除去集 $\Lambda$ 外是可测的。另外,如果

$X$ 至多除去集 $\Lambda$ 外是可测的,且对任意 $x \in \Lambda$,$(X < x)$ 和 $(X = x)$ 中至少有一个不可测,则 $X$ 称为除集 $\Lambda$ 外是可测的,$\Lambda$ 称为例外集,任一 $c \in \Lambda$ 称为例外点。特别地,如果 $X$(至多)除 $\Lambda$ 外是可测的,且 $\Lambda = \{c_n\}_{n=1}^M$ 是可数的,其中 $M \in Z[1, \infty]$ 和 $c_1, c_2, \cdots, c_M$ 两两互不相同,则 $X$ 称为(至多)除可数集 $\Lambda$ 外是可测的。

**定义 5.4**　如果 $X$(至多)除可数集 $\Lambda = \{c_n\}_{n=1}^M$ 外是可测的,$M \in Z[1, \infty]$ 和 $c_1, c_2, \cdots, c_M$ 两两互不相同,存在正数列 $\{\varepsilon_n\}_{n=1}^M$,使对任意 $\bar{\varepsilon}_n \in (0, \varepsilon_n)$ 和 $n \in \{1, 2, \cdots, M\}$,$\mu\{X \in (c_n - \bar{\varepsilon}_n, c_n + \bar{\varepsilon}_n)\} = \alpha_n$ 存在,$\alpha_n$ 与 $\bar{\varepsilon}_n$ 的取值无关,且 $(c_1 - \bar{\varepsilon}_1, c_1 + \bar{\varepsilon}_1), (c_2 - \bar{\varepsilon}_2, c_2 + \bar{\varepsilon}_2), \cdots, (c_M - \bar{\varepsilon}_M, c_M + \bar{\varepsilon}_M)$ 是两两互不相交的区间,则称 $X$(至多)除不变可数集 $\Lambda$ 外是可测的,或简称 $X$ 是不变可测的,(至多)除 $\Lambda$ 外;$\Lambda$ 称为(可能的或至多)不变例外集。

显然,由定义 5.4 可知,频率收敛的数列一定是不变可测的,至多除去一个点外。

**例 5.3**　设 $\Omega$ 是由式(1-3)定义的不可测集,$\mathbf{N}$ 的一列子集 $A_0, A_1, A_2, \cdots$ 定义为

$$A_0 = \{1, 3, \cdots, 2k-1, \cdots\}, \ \mu(A_0) = 0.5,$$
$$A_m = \{2^m(2k-1) \mid k \in \mathbf{N}\}, \ \mu(A_m) = 1/2^{m+1}, \ m = 1, 2, \cdots。 \quad (5\text{-}2)$$

则 $A_0, A_1, A_2, \cdots$ 两两互不相交,且 $\mathbf{N} = A_0 + A_1 + A_2 + \cdots$。

设 $X = \{x_n\}_{n=1}^{\infty}$ 和 $Y = \{y_n\}_{n=1}^{\infty}$ 定义为

$$x_n = \begin{cases} 0 & , \ n \in A_0 \\ 1/m & , \ n \in A_m \bigcap \Omega, \ m = 1, 2, \cdots \\ (1/m) - (1/n) & , \ n \in A_m \bigcap \bar{\Omega}, \ m, n = 1, 2, \cdots \end{cases} \quad (5\text{-}3)$$

和

$$y_n = \begin{cases} 0 & , \ n \in A_0 \bigcap \Omega \\ -1/n & , \ n \in A_0 \bigcap \bar{\Omega} \\ 1/m & , \ n \in A_m \bigcap \Omega, \ m = 1, 2, \cdots \\ (1/m) - (1/n) & , \ n \in A_m \bigcap \bar{\Omega}, \ m, n = 1, 2, \cdots \end{cases} \quad 。$$

由定义 5.4 不难看出,$X$ 除可数集 $\Lambda$ 外是不变可测的,$Y$ 除可数集 $\bar{\Lambda}$ 外是可测的,但 $Y$ 不是不变可测的,除 $\bar{\Lambda}$ 外,其中 $\Lambda = \{1, 1/2, 1/3, \cdots\}$ 和 $\bar{\Lambda} = \{0, 1, 1/2, 1/3, \cdots\}$。

**定义 5.5**　设 $X = \{x_n\}_{n=1}^{\infty} \in \mathbf{R}^{\infty}$。如果对任意 $\varepsilon > 0$,存在互不相交的开区间 $I_1, I_2, \cdots, I_M$,满足 $|I_1| + |I_2| + \cdots + |I_M| < \varepsilon$ 和 $M \in Z[1, \infty]$,使得对任意 $x \notin I_1 + \cdots + I_M$,$(X = x)$ 和 $(X < x)$ 都可测,其中 $|I|$ 表示区间 $I$ 的长度,则称 $X$ 为至多除去任意小长度例外集外是可测的。

显然,由定义 5.3~5.5 可知,若 $X$(至多)除可数集外是可测的,则 $X$ 至多除去任意小长度例外集外是可测的。因此,若 $X$ 是可测的或不变可测的,则 $X$ 至多除

除任意小长度的集合外是可测的。

**注 5.1**　虽然定义 $5.3\sim5.5$ 中所给的可能含有例外点的可测数列推广了可测数列的概念,但是,在后面的章节中用得较少。因此,也就不必过多地讨论了。

### 5.1.4　正则可测数列

下面给出频率分布函数的几条基本性质。设 $X=\{x_n\}_{n=1}^{\infty}$ 的上、下频率分布或频率分布为 $F^{\square}(x)$、$F_{\square}(x)$ 或 $F(x)$,则下列性质成立:

① 单调性:对任意数列 $X=\{x_n\}_{n=1}^{\infty}$ 和 $x<y$, $F^{\square}(x)\leqslant F^{\square}(y)$, $F_{\square}(x)\leqslant F_{\square}(y)$。特别地,如果 $X$ 是(弱)可测的,其(弱)频率分布为 $F(x)$,则对任意 $x<y$,有 $F(x)\leqslant F(y)$。

② 规范性不成立:即使 $X=\{x_n\}_{n=1}^{\infty}$ 是强可测的, $\lim\limits_{x\to-\infty}F(x)=0$ 和 $\lim\limits_{x\to\infty}F(x)=1$ 不一定成立。

③ 左连续性不成立:即使 $X$ 是有界强可测的,分布函数的左连续性 $\lim\limits_{x\to x_0-}F(x)=F(x_0)$ 也不一定成立。

事实上,设 $X=\{x_n\}_{n=1}^{\infty}$ 定义如下: $x_n=n$,对任意 $n\in\{2,4,\cdots\}$, $x_n=-1/n$,对任意 $n\in\{1,3,\cdots\}$,则 $X$ 是强可测的。但是, $\lim\limits_{x\to\infty}F(x)=0.5$ 和 $\lim\limits_{x\to0-}F(x)=0\neq0.5=F(0)$。由此可知,②和③成立。

由概率论知识可知,随机变量概率分布的本质性质是单调性,规范性和左连续性。因此,以上定义的频率分布和概率分布在性质上有本质区别。为了方便参照概率知识来研究数列的类随机性质,有必要引入如下概念。

**定义 5.6**　设 $X=\{x_n\}_{n=1}^{\infty}$ 是可测数列, $F(x)$ 是 $X$ 的频率分布。如果 $F(x)$ 满足如下性质:

① 规范性: $\lim\limits_{x\to-\infty}F(x)=0$, $\lim\limits_{x\to\infty}F(x)=1$,

则 $X$ 称为半正则可测的。可类似定义半正则弱可测数列。如果 $X$ 是半正则可测的,且满足

② 左连续:对任意 $x_0\in\mathbf{R}$,有
$$\lim_{x\to x_0-}F(x)=F(x_0),$$
则 $X$ 称为正则可测的, $F(x)$ 称为($X$ 的)正则分布。可类似定义正则弱可测数列。

规定:在本书中,若无特殊说明,可测数列是指正则可测的数列。

显然,由定义 5.6,频率有界可测的数列一定是半正则可测的,但不一定是正则可测的。

**引理 5.1**　设 $X=\{x_n\}_{n=1}^{\infty}$ 是半正则弱可测的数列,其分布为 $F(x)$。如果如下 Stieltjes 积分

$$I = \int_{-\infty}^{\infty} x \mathrm{d}F(x) = \lim_{-a,b\to\infty} \int_a^b x \mathrm{d}F(x)$$

存在,则

$$\lim_{a\to-\infty} a\mu^*\{X\leqslant a\} = \lim_{a\to-\infty} a\mu\{X<a\} = \lim_{b\to\infty} b\mu^*\{X>b\} = \lim_{b\to\infty} b\mu\{X\geqslant b\} = 0_\circ$$

证明:由给定的条件,有

$$\lim_{a\to-\infty} \int_{-\infty}^a x \mathrm{d}F(x) = \lim_{b\to\infty} \int_b^\infty x \mathrm{d}F(x) = 0_\circ$$

因此,对任意 $\varepsilon>0$,存在整数 $M>0$,使得对任意 $a<-M$ 和 $b>M$,都有

$$0 \geqslant \int_{-\infty}^a x \mathrm{d}F(x) > -\frac{\varepsilon}{4},\ 0 \leqslant \int_b^\infty x \mathrm{d}F(x) < \frac{\varepsilon}{4}_\circ$$

由这两个不等式,对任意 $S>\max\{-a,b\}$,都有

$$0 \geqslant \int_{-S}^a x \mathrm{d}F(x) > -\frac{\varepsilon}{2},\ 0 \leqslant \int_b^S x \mathrm{d}F(x) < \frac{\varepsilon}{2}_\circ$$

故

$$0 \geqslant a\mu\{X\in[-S,a)\} \geqslant \int_{-S}^a x \mathrm{d}F(x) > -\frac{\varepsilon}{2},$$

$$0 \leqslant b\mu\{X\in[b,S)\} \leqslant \int_b^S x \mathrm{d}F(x) < \frac{\varepsilon}{2}_\circ$$

由给定的条件,可得

$$\lim_{x\to-\infty} \mu\{X<x\} = \lim_{x\to-\infty} \mu^*\{X=x\} = \lim_{x\to-\infty} \mu^*\{X\leqslant x\} = 0,$$

$$\lim_{x\to\infty} \mu\{X\geqslant x\} = \lim_{x\to\infty} \mu^*\{X=x\} = \lim_{x\to\infty} \mu^*\{X>x\} = 0_\circ$$

因此,对任意固定的 $a<-M$ 和 $b>M$,存在 $Q>\max\{-a,b\}$,使得对任意 $x<-Q$ 和 $y>Q$,有

$$0 \leqslant \mu\{X<x\} < \frac{\varepsilon}{2\,|\,a\,|},\quad 0 \leqslant \mu\{X\geqslant y\} < \frac{\varepsilon}{2b}_\circ$$

取 $T>Q$,可得

$$0 \geqslant a\mu\{X<a\} = a\mu\{X\in[-T,a)\} + a\mu\{X<-T\} > -\varepsilon,$$

$$0 \leqslant b\mu\{X\geqslant b\} = b\mu\{X\in[b,T)\} + b\mu\{X\geqslant T\} < \varepsilon_\circ$$

因此, $\lim\limits_{a\to-\infty} a\mu\{X<a\} = \lim\limits_{b\to\infty} b\mu\{X\geqslant b\} = 0$。类似地,容易证明引理 5.1 的其他等式成立。证毕!

### 5.1.5　函数数列的可测性

在概率论中,对随机变量作函数变换是常用的一种技巧。因此,下面将重点讨论一个可测数列经过一个函数变换所得函数数列的可测性问题。

**引理 5.2**　设 $X=\{x_n\}_{n=1}^\infty$ 是一实数列, $h:\mathbf{R}\to\mathbf{R}$ 是一个非减函数, $Y=\{y_n=h(x_n)\}_{n=1}^\infty=h(X)$。如果对任意 $y\in\mathbf{R}$,记

$$h^{-1}(y) = \inf\{x \mid h(x) \geqslant y, x \in \mathbf{R}\}, \tag{5-4}$$

其中,若对任意 $x \in h(\mathbf{R}) = \{z \mid h(u) = z, u \in \mathbf{R}\}$,有 $y < x$,则 $h^{-1}(y) = -\infty$;若对任意 $x \in h(\mathbf{R})$,有 $y > x$,则 $h^{-1}(y) = +\infty$,则对任意 $x \in \mathbf{R}$,

$$\{X < h^{-1}(y)\} \subseteq \{Y < y\} = \{h(X) < y\} \subseteq \{X \leqslant h^{-1}(y)\}, \tag{5-5}$$

而且 $\{X < h^{-1}(y)\} = \{h(X) < y\}$ 和 $\{h(X) < y\} = \{X \leqslant h^{-1}(y)\}$ 至少有一个等式成立。

此外,如果 $h: \mathbf{R} \to \mathbf{R}$ 是一个非增函数,且

$$h^{-1}(y) = \inf\{x \mid h(x) \leqslant y, x \in \mathbf{R}\}, \tag{5-6}$$

其中,若对任意 $x \in h(\mathbf{R})$,有 $y < x$,则 $h^{-1}(y) = +\infty$;若对任意 $x \in h(\mathbf{R})$,有 $y > x$,则 $h^{-1}(y) = -\infty$,则对任意 $x \in \mathbf{R}$,

$$\{X < h^{-1}(y)\} \subseteq \{h(X) > y\} \subseteq \{X \leqslant h^{-1}(y)\}, \tag{5-7}$$

而且 $\{X < h^{-1}(y)\} = \{h(X) > y\}$ 和 $\{h(X) > y\} = \{X \leqslant h^{-1}(y)\}$ 至少有一个等式成立。

证明:设 $h: \mathbf{R} \to \mathbf{R}$ 是一个非减函数。如果对某个 $y \in \mathbf{R}, h^{-1}(y) = -\infty$ 或 $h^{-1}(y) = +\infty$,则式(5-5)显然成立。

对任意 $y \in \mathbf{R}$,如果 $h^{-1}(y) \neq \pm\infty$,那么对任意整数 $n \in \{X < h^{-1}(y)\}$,有 $x_n < h^{-1}(y)$。因此,由式(5-4),得 $h(x_n) < y$,进而 $\{X < h^{-1}(y)\} \subseteq \{h(X) < y\}$。

对任意 $y \in \mathbf{R}$ 和 $n \in \{h(X) < y\}$,有 $h(x_n) < y$。因此必有 $x_n \leqslant h^{-1}(y)$,因为,若 $x_n > h^{-1}(y)$,由式(5-4),得 $h(x_n) \geqslant y$,矛盾! 于是

$$\{h(X) < y\} \subseteq \{X \leqslant h^{-1}(y)\}。$$

因此,式(5-5)成立。

若对某个 $y \in \mathbf{R}, \{X < h^{-1}(y)\} \neq \{h(X) < y\}$,则存在 $n_0 \in \{h(X) < y\}$,使 $n_0 \notin \{X < h^{-1}(y)\}$。故 $h(x_{n_0}) < y$ 和 $x_{n_0} \geqslant h^{-1}(y)$。因此,由式(5-4)可知,必有 $x_{n_0} \leqslant h^{-1}(y)$ 和 $x_{n_0} \geqslant h^{-1}(y)$。于是,$x_{n_0} = h^{-1}(y)$。显然,对任意 $n \in \{X = x_{n_0}\}$,都有 $x_n = x_{n_0}$ 和 $h(x_n) = h(x_{n_0}) < y$,即 $n \in \{h(X) < y\}$。故 $\{h(X) < y\} \supseteq \{X < h^{-1}(y)\} + \{X = h^{-1}(y)\} = \{X \leqslant h^{-1}(y)\}$。于是

$$\{h(X) < y\} = \{X \leqslant h^{-1}(y)\}。$$

因此,$\{X < h^{-1}(y)\} = \{h(X) < y\}$ 和 $\{h(X) < y\} = \{X \leqslant h^{-1}(y)\}$ 至少有一个等式成立。

如果 $h$ 是单调非增的,则令 $g(y) = -h(y)$,对任意 $y \in \mathbf{R}$。显然,$g: \mathbf{R} \to \mathbf{R}$ 是一个单调非减的函数。设 $W = g(X) = \{w_n = g(x_n)\}_{n=1}^{\infty} = -Y = \{-y_n = -h(x_n)\}_{n=1}^{\infty}$。因此,对任意 $y \in \mathbf{R}$,有

$$\{x \in \mathbf{R} \mid g(x) \geqslant y\} = \{x \in \mathbf{R} \mid h(x) \leqslant -y\}$$

和

$$g^{-1}(y) = \inf\{x \in \mathbf{R} \mid g(x) \geqslant y\} = \inf\{x \in \mathbf{R} \mid h(x) \leqslant -y\} = h^{-1}(-y)。$$

于是,由上面的证明结果,对任意 $y\in\mathbf{R}$,有 $\{X<g^{-1}(y)\}\subseteq\{g(X)<y\}\subseteq\{X\leqslant g^{-1}(y)\}$,即

$$\{X<h^{-1}(-y)\}\subseteq\{h(X)>-y\}\subseteq\{X\leqslant h^{-1}(-y)\}。$$

因此,引理 5.2 的后半部分结论也成立。证毕!

下面举一个例子说明式(5-5)中的等式可以不成立,即 $\{X<h^{-1}(y)\}$ 与 $\{X\leqslant h^{-1}(y)\}$ 可不相等。

**例 5.4**　设数列 $X=\{x_n\}_{n=1}^{\infty}$ 和函数 $h:\mathbf{R}\to\mathbf{R}$ 定义为

$$x_n=\begin{cases}0 & ,n\in A=\{1,4,7,\cdots\} \\ 0.5 & ,n\in B=\{2,5,8,\cdots\} \\ 1 & ,n\in C=\{3,6,9,\cdots\}\end{cases},h(x)=\begin{cases}-1 & ,x\leqslant 0 \\ 0 & ,x\in(0,0.5), \\ 1 & ,x\geqslant 0.5\end{cases}$$

则 $h$ 是一个单调非减的函数,且数列 $Y=h(X)=\{y_n=h(x_n)\}_{n=1}^{\infty}$ 满足:$y_n=-1$,对任意 $n\in A,y_n=1$,对任意 $n\in B+C$,且 $h^{-1}(1)=\inf\{x|h(x)\geqslant 1\}=0.5,h^{-1}(0)=\inf\{x|h(x)\geqslant 0\}=0$。因此,$\{X<h^{-1}(0)\}=\{X<0\}=\theta\neq\{h(X)<0\}=\{Y<0\}=A=\{X\leqslant h^{-1}(0)\}=\{X\leqslant 0\}$,且

$$\{X<h^{-1}(1)\}=\{X<0.5\}=A=\{h(X)<1\}$$
$$\neq\{X\leqslant h^{-1}(1)\}=\{X\leqslant 0.5\}=A+B。$$

**定理 5.1**　设 $X=\{x_n\}_{n=1}^{\infty}$ 是可测数列,$h:\mathbf{R}\to\mathbf{R}$ 是一个单调函数,$Y=h(X)=\{y_n=h(x_n)\}_{n=1}^{\infty}$,则 $Y$ 是可测的。特别地,若 $X$ 是半正则可测的,则 $Y$ 也是半正则可测的。

证明:首先证明当 $h(x)$ 是 $\mathbf{R}$ 上的非减函数时结论成立。

对任意 $y\in\mathbf{R}$,由引理 5.2 可知,$\{Y<y\}=\{X<h^{-1}(y)\}$ 或 $\{Y<y\}=\{X\leqslant h^{-1}(y)\}$ 中至少有一个等式成立。因此,对任意 $y\in\mathbf{R}$,$(Y<y)$ 是可测的。

设 $h(\mathbf{R})=\{y\in\mathbf{R}|h(x)=y,\exists x\in\mathbf{R}\}$。如果 $y\notin h(\mathbf{R})$,那么 $(Y=y)=\theta$,因而 $(Y=y)$ 是可测的。如果 $y\in h(\mathbf{R})$,则由 $h$ 的单调性,集合 $I=\{x\in\mathbf{R}|h(x)=y\}$ 一定是一个区间(可能是一个点),因而 $(Y=y)=\{n\in\mathbf{N}|x_n\in I\}$ 也是可测的。因此,对任意 $y\in\mathbf{R}$,$(Y=y)$ 总是可测的。根据定义,$Y$ 是可测数列。

特别地,如果 $X$ 是半正则可测的,则 $\lim\limits_{x\to-\infty}F_X(x)=0$ 和 $\lim\limits_{x\to\infty}F_X(x)=1$,其中 $F_X(x)$ 是 $X$ 的分布。因此,当 $h(x)$ 有界时,则 $\lim\limits_{y\to-\infty}F_Y(y)=0$ 和 $\lim\limits_{y\to\infty}F_Y(y)=1$,其中 $F_Y(x)$ 是 $Y$ 的分布。如果 $h(x)$ 无界(不妨设为上、下都无界),则由引理 5.2,有

$$0\leqslant\lim\limits_{y\to-\infty}F_Y(y)=\lim\limits_{y\to-\infty}\mu\{Y<y\}\leqslant\lim\limits_{h^{-1}(y)\to-\infty}\mu\{X\leqslant h^{-1}(y)\}=0,$$
$$1\geqslant\lim\limits_{y\to\infty}F_Y(y)=\lim\limits_{y\to\infty}\mu\{Y<y\}\geqslant\lim\limits_{h^{-1}(y)\to\infty}\mu\{X<h^{-1}(y)\}=1,$$

其中,$h^{-1}(y)$ 由式(5-4)定义。因此,$Y$ 是半正则可测的。

类似于以上证明,当 $h(x)$ 是单调非增函数时,定理 5.1 的结论也成立。证毕!

显然,由定理 5.1,对任意正则分布 $F(x)$ 和正则数列 $X=\{x_n\}_{n=1}^{\infty}$,$Y=$

$F(X)=\{y_n=F(x_n)\}_{n=1}^{\infty}$ 是半正则可测的。

**定理 5.2**　设 $X=\{x_n\}_{n=1}^{\infty}$ 是一个可测数列,其分布为 $F_X(x)$,$h:\mathbf{R}\to\mathbf{R}$ 是一个严格单调的函数,$Y=h(X)=\{y_n=h(x_n)\}_{n=1}^{\infty}$,则 $Y$ 是可测的,且对任意 $y\in h(\mathbf{R})$,其分布函数 $F_Y(y)$ 满足

$$F_Y(y)=F_X(h^{-1}(y)),\quad \text{当 } h(x) \text{ 是单调增加函数时},$$

$$F_Y(y)=1-F_X(h^{-1}(y))-\mu\{X=h^{-1}(y)\},\quad \text{当 } h(x) \text{ 是单调减少函数时},$$

其中 $h^{-1}$ 是 $h$ 的反函数。特别地,当 $X$ 是半正则可测数列时,$Y$ 也是半正则可测数列。

证明:由定理 5.1 和给定的条件,$Y$ 是可测的。如果 $h(x)$ 是严格单调增加的,则对任意 $y\in h(\mathbf{R})$,集合 $(Y=y)=(X=h^{-1}(y))$ 和 $(Y<y)=(X<h^{-1}(y))$ 都是可测的,且

$$F_Y(y)=\mu(Y<y)=\mu(X<h^{-1}(y))=F_X(h^{-1}(y))。$$

显然,由定理 5.1,若 $X$ 是半正则可测的,则 $Y$ 也是半正则可测的。其他情形可类似证明。证毕!

**推论 5.1**　设 $X=\{x_n\}_{n=1}^{\infty}$ 是一个可测数列,其分布为 $F_X(x)$,$h:\mathbf{R}\to\mathbf{R}$ 是一个严格单调连续函数,$Y=h(X)=\{y_n=h(x_n)\}_{n=1}^{\infty}$。则对任意 $y\in\mathbf{R}$,定理 5.2 的结论成立,其中,对任意 $y\notin h(\mathbf{R})$,$h^{-1}(y)=\infty$ 或 $-\infty$。特别地,当 $X$ 正则可测,且 $h$ 是严格单调增加连续时,则 $Y$ 也是正则可测的。

事实上,由定理 5.2,可知该推论的前半部分结论成立。另外,当 $X$ 正则可测,且 $h$ 严格单调增加连续时,由定理 5.1,$Y$ 是半正则可测的。由于对任意 $y_0\in h(\mathbf{R})$,有 $F_Y(y_0)=F_X(h^{-1}(y_0))$,因此

$$\lim_{y\to y_0^-}F_Y(y)=\lim_{h^{-1}(y)\to h^{-1}(y_0)^-}F_X(h^{-1}(y))=F_X(h^{-1}(y_0))=F_Y(y_0)。$$

于是,$Y$ 是正则可测的。

**定理 5.3**　设 $X=\{x_n\}_{n=1}^{\infty}$ 是一个弱可测数列,$h:\mathbf{R}\to\mathbf{R}$ 是一个严格单调增加、连续的函数,则 $Y=h(X)=\{y_n\}_{n=1}^{\infty}$ 是弱可测的。特别地,若 $X$ 是半正则弱可测的,则 $Y$ 也是半正则弱可测的。

证明:由给定的条件,$h(\mathbf{R})=\{y\in\mathbf{R}|h(x)=y,x\in\mathbf{R}\}$ 是一个区间。因此,对任意 $y\notin h(\mathbf{R})$,$(Y<y)=\theta$ 或 $\mathbf{N}$,即 $(Y<y)$ 是可测的。

对任意 $y\in h(\mathbf{R})$,$(Y<y)=(X<h^{-1}(y))$ 也是可测的。因此,$Y$ 是弱可测的。类似于定理 5.1 的证明,该定理的其他结论也成立。证毕!

如果 $h:\mathbf{R}\to\mathbf{R}$ 不是连续的,定理 5.3 的结论可能不成立。

**例 5.5**　设 $\Omega$ 是由式(1-3)定义的不可测集,数列 $X=\{x_n\}_{n=1}^{\infty}$ 定义为:$x_n=0$,对 $n\in\Omega$,$x_n=1/n$,对 $n\notin\Omega$,$h(x)=x$,对 $x\leqslant 0$,$h(x)=x+1$,对 $x>0$,则 $Y=h(X)=\{y_n\}_{n=1}^{\infty}$ 定义为 $y_n=0$,对 $n\in\Omega$,$y_n=1+1/n$,对 $n\notin\Omega$。显然,$X$ 是弱可测

的,但 $Y$ 不是弱可测的。

设 $h: \mathbf{R} \to \mathbf{R}$ 是一函数。如果存在有限个互不相交的区间 $I_1, I_2, \cdots, I_m$(这些区间可以是一个点),满足 $\mathbf{R} = I_1 + I_2 + \cdots + I_m$ 和 $m \in \mathbf{N}$,使得 $h(x)$ 在每个小区间 $I_i$ 上是(严格)单调的函数,对每个 $i = 1, 2, \cdots, m$,则称 $h$ 为有限分段(严格)单调函数。例如,$h(x) = x^2$ 是一有限分段严格单调函数。类似地可定义无限分段(严格)单调函数。例如,$h(t) = \sin t$ 是一无限分段严格单调函数。

下面的结果是定理 5.1 的推广。

**定理 5.4**　设 $X = \{x_n\}_{n=1}^{\infty}$ 是可测数列,$h: \mathbf{R} \to \mathbf{R}$ 是有限分段单调函数,则 $Y = h(X) = \{y_n\}_{n=1}^{\infty}$ 是可测的。

**注 5.2**　由于定理 5.4 的证明有点类似定理 5.1 的证明,在此省略其证明过程(可参见文献[11])。如果 $X$ 只是弱可测,而不是强可测的,则定理 5.4 的结论可能不成立。此外,即使 $X$ 是(半)正则可测的,且 $h(x)$ 是有限分段单调函数,$Y = h(X)$ 也不一定是(半)正则可测的。

**例 5.6**　设 $\Omega$ 是由式(1-3)定义的不可测集和 $X = \{x_n\}_{n=1}^{\infty}$ 定义为:$x_n = -1$,对 $n \in \Omega$,$x_n = -1 + 1/n$,对 $n \notin \Omega$,$h(x) = x^2$ 是一个有限分段单调函数。显然,$X$ 是弱可测的,但是,$Y = h(X) = \{y_n = x_n^2\}_{n=1}^{\infty}$ 不是弱可测的。

**例 5.7**　设 $\Omega$ 是由式(1-3)定义的不可测集和 $X = \{x_n = 1/n\}_{n=1}^{\infty}$,$h: \mathbf{R} \to \mathbf{R}$ 是一函数,定义为

$$h(x) = \begin{cases} 0 & , x \leqslant 0 \\ 1/x & , x > 0 \end{cases}°$$

那么 $X$ 是半正则可测的,且 $h(x)$ 是有限分段单调的。但是 $Y = h(X) = \{y_n = n\}_{n=1}^{\infty}$ 不是半正则可测的。

在定理 5.4 中,若 $h(x)$ 是无限分段单调的,则定理 5.4 的结论不一定成立。

**例 5.8**　设 $\Omega$ 由式(1-3)定义,数列 $X = \{x_n\}_{n=1}^{\infty}$ 和函数 $h: \mathbf{R} \to \mathbf{R}$ 定义为

$$x_n = \begin{cases} 2n\pi & , n \in \Omega \\ 2n\pi + \pi/2 & , n \notin \Omega \end{cases}, h(x) = \sin(x), x \in \mathbf{R},$$

则 $X$ 是可测的。但是,$Y = h(X) = \{y_n = \sin(x_n)\}_{n=1}^{\infty}$ 不是可测的。

下面再举例说明:当 $X = \{x_n\}_{n=1}^{\infty}$ 是分布函数为 $F_X(x)$ 的正则可测数列时,下列等式不一定成立:

$$\mu\{X = a\} = F_X(a+0) - F_X(a), \ \mu\{X \leqslant a\} = F_X(a+0),$$
$$\mu\{X > a\} = 1 - F_X(a+0),$$

其中,$F_X(a+0) = \lim\limits_{x \to a^+} F_X(x)$。

**例 5.9**　设数列 $X = \{x_n\}_{n=1}^{\infty}$ 定义如下:对 $k \in \mathbf{N}$,

$$x_n = \begin{cases} 1 - 1/n & , n = 3k \\ 1 & , n = 3k - 1 \\ 1 + 1/n & , n = 3k - 2 \end{cases}°$$

不难计算出 $F_X(1+0)=1, F_X(1)=1/3$, 且

$$\mu\{X=1\} = \frac{1}{3} \neq \frac{2}{3} = F_X(1+0) - F(1),$$

$$\mu\{X \leqslant 1\} = \frac{2}{3} \neq 1 = F_X(1+0)。$$

**引理 5.3**　设 $X=\{x_n\}_{n=1}^{\infty}$ 是半正则可测数列,$h:\mathbf{R}\to\mathbf{R}$ 是无限分段单调函数,其所有互不相交的单调区间为 $I_1, I_2, I_3, \cdots$(或 $\cdots, I_{-1}, I_0, I_1, \cdots$)。如果对任意 $S>0$,存在 $t\in\mathbf{N}$,使得

$$(-S, S) \subseteq I_1 + I_2 + \cdots + I_t (或(-S, S) \subseteq I_{-t} + \cdots + I_0 + \cdots + I_t),$$

则 $Y=h(X)=\{y_n=h(x_n)\}_{n=1}^{\infty}$ 是可测的数列。

证明:由给定的条件知,对任意 $\varepsilon>0$,存在实数 $S>0$ 和整数 $t>0$,使得

$$\mu\{X \in (-S, S)\} \geqslant 1-\varepsilon, \quad (-S, S) \subseteq I_1 + I_2 + \cdots + I_t。$$

不失一般性,可设所有区间 $I_1, I_2, \cdots, I_t$ 都是有界的。显然

$$\{X \in (-S, S)\} \subseteq \{X \in I_1\} + \{X \in I_2\} + \cdots + \{X \in I_t\},$$

$$\mu\{(X \in I_{t+1}) + (X \in I_{t+2}) + \cdots\} < \varepsilon。$$

对任意 $y\in\mathbf{R}$,有

$$\{Y = y\} = \{h(X) = y\} = \{h(X) = y, X \in I_1\} + \{h(X) = y, X \in I_2\} + \cdots。$$

因为 $h(x)$ 在 $I_i$ 上单调,故对任意 $i=1,2,\cdots,J_i=\{x\in\mathbf{R}|h(x)=y, x\in I_i\}$ 是空集或单点集或一个区间。因此,$\{X\in J_i\}$ 是可测的,对一切 $i=1,2,\cdots$,且 $\{X\in J_i\}\bigcap \{X\in J_j\}=\theta$,对任意 $i,j=1,2,\cdots$ 和 $i\neq j$。

因为 $J_i\subseteq I_i, i=1,2,\cdots$,且

$$\sum_{i=1}^{t} \{h(X) = y, X \in I_i\} \subseteq \{Y = y\}$$

$$\subseteq \sum_{i=1}^{t} \{h(X) = y, X \in I_i\} + \sum_{i=t+1}^{\infty} \{h(X) = y, X \in I_i\},$$

故有

$$\sum_{i=1}^{t} \mu\{X \in J_i\} \leqslant \mu_*\{Y = y\} \leqslant \mu^*\{Y = y\} \subseteq \sum_{i=1}^{t} \mu\{X \in J_i\} + \varepsilon,$$

即 $|\mu_*\{Y=y\}-\mu^*\{Y=y\}|<\varepsilon$。因此 $\{Y=y\}$ 是可测的。

类似地,可证明 $\{Y<y\}$ 是可测的。因此,$Y=h(X)$ 是可测数列。证毕!

**推论 5.2**　设 $X=\{x_n\}_{n=1}^{\infty}$ 是半正则可测数列,则 $Y=\sin X$ 和 $W=\cos X$ 都是半正则可测的。

事实上,由已知条件和引理 5.3,$Y=\sin X$ 和 $W=\cos X$ 都是可测的。再由 $\sin x$ 和 $\cos x$ 的有界性,$Y=\sin X$ 和 $W=\cos X$ 都是半正则可测的。

## 5.2　离散数列与连续数列

类似于概率论中的离散和连续随机变量的定义,本节将定义离散数列和连续数列的概念。

### 5.2.1　离散数列

根据不同情况和条件,下面将给出几种不同形式的离散数列的定义。

**1. 离散型数列**

**定义 5.7**　设 $X=\{x_n\}_{n=1}^{\infty}$,$M\in Z[1,\infty]$,且 $c_1,c_2,\cdots,c_M$ 是互不相同的实数。如果 $X$ 至多除可数集 $\Lambda=\{c_i\}_{i=1}^{M}$ 外是不变可测的,对任意 $\varepsilon>0$,存在正数 $\varepsilon_1,\cdots,\varepsilon_M$,满足 $\varepsilon_1+\cdots+\varepsilon_M\leqslant\varepsilon$,使得 $(|X-c_1|<\varepsilon_1),\cdots,(|X-c_M|<\varepsilon_M)$ 是互不相交的,对每个 $n=1,2,\cdots,M$,$(|X-c_n|<\varepsilon_n)$ 可测,且对任意 $\bar{\varepsilon}_i\in(0,\varepsilon_i),i=1,2,\cdots,M$,

$$\mu(|X-c_1|<\bar{\varepsilon}_1)+\mu(|X-c_2|<\bar{\varepsilon}_2)+\cdots+\mu(|X-c_M|<\bar{\varepsilon}_M)=1,$$

则称 $X$ 是离散型数列,$\{\alpha_1,\alpha_2,\cdots,\alpha_M\}$ 称为 $X$ 的分布律,其中,$\mu(|X-c_n|<\bar{\varepsilon}_n)=\alpha_n$,$c_n$ 称为 $X$ 的权重点,$n=1,2,\cdots,M$,$\{c_1,c_2,\cdots,c_M\}$ 称为 $X$ 的权重点集。

如果对任意充分小的 $\bar{\varepsilon}_i>0$,$(|X-c_i|<\bar{\varepsilon}_i)$ 可测,且 $\mu(|X-c_i|<\bar{\varepsilon}_i)$ 与(充分小的)$\bar{\varepsilon}_i$ 无关,$i=1,2,\cdots,M$,则将 $(|X-c_i|<\bar{\varepsilon}_i)$ 简写成 $(X\cong c_i)$。

由定义 5.3～5.5 和定义 5.7,如果 $X$ 是离散型数列,则 $X$ 至多除去一个可数集外是不变可测的;同时 $X$ 至多除去任意小长度集外也是可测的。但是,$X$ 可以是不可测的。

**例 5.10**　设 $\Omega$ 是由式(1-3)定义的不可测集,数列 $X=\{x_n\}_{n=1}^{\infty}$ 定义如下:$x_n=0,n\in\Omega,x_n=-1/n,n\notin\Omega$,则不难看出,$X$ 是离散型数列。但是,$X$ 是不可测的。

**注 5.3**　显然,应该还能够将定义 5.7 加以推广给出更一般的离散型数列的概念。但是,在本书中,由于一般的离散型数列用得很少,因此,本书就不再继续讨论该问题了。

**2. 标准离散数列**

尽管离散型数列是相当多的,但是要指出:由定义 5.7 所定义的一般离散型数列用起来不太方便。为了研究的方便,参照概率论中离散随机变量的定义,给出如下定义。

**定义 5.8**　设 $A=\{a_n\}_{n=1}^{M}$ 是由互不相同的数组成的数列,其中 $M\in Z[1,\infty]$。如果数列 $X=\{x_n\}_{n=1}^{\infty}$ 满足如下条件:

$$\mu\{X = a_1\} = \beta_1, \ \mu\{X = a_2\} = \beta_2, \cdots,$$
$$\mu\{X = a_M\} = \beta_M, \ \beta_1 + \beta_2 + \cdots + \beta_M = 1,$$

则 $X$ 称为(标准)离散数列, $\{\beta_1, \beta_2, \cdots, \beta_M\}$ 称为 $X$ 的分布律(不混淆时,简称为分布或离散分布)。特别地,当 $M \in \mathbf{N}$ 时, $X$ 称为有限离散数列;当 $M = \infty$ 时, $X$ 称为无限离散数列。

根据定义 5.8,尽管频率收敛的数列不一定是标准离散数列,但采用定义 5.8 的概念有利于参照并利用概率论中的相应知识来研究标准离散数列的性质。

在本书中,在讨论离散数列时,如无特殊说明,离散数列是指标准离散数列。

### 3. 几种常见分布的离散数列

类似于概率论中相应的概念,可以定义如下几种常见分布的离散数列。

① 设 $n \in \mathbf{N}$ 和 $p \in (0,1)$,如果离散数列 $X = \{x_n\}_{n=1}^{\infty}$ 满足

$$\mu\{X = k\} = C_n^k p^k (1-p)^{n-k}, \ k = 0,1,\cdots,n, \ C_n^k = \frac{n!}{k!(n-k)!}, \quad (5\text{-}8)$$

则 $X$ 称为伯努利(Bernoulli)数列或二项(分布)数列, $n$ 和 $p$ 为 $X$ 的参数,并记为 $X \sim B(n,p)$。

特别地,当 $n = 1$ 时,伯努利数列 $X$ 也称为服从两点分布或 $0-1$ 分布,即
$$\mu\{X = 1\} = p, \ \mu\{X = 0\} = 1 - p = q。$$

② 设 $\lambda > 0$ 是一常数。如果离散数列 $X = \{x_n\}_{n=1}^{\infty}$ 满足

$$\mu\{X = k\} = \frac{\lambda^k}{k!} e^{-\lambda}, \ k = 0,1,2,\cdots, \quad (5\text{-}9)$$

则 $X$ 称为参数为 $\lambda$ 的泊松(Poisson)数列,记为 $X \sim P(\lambda)$。

③ 设 $p \in (0,1)$,若对常数 $\lambda > 0$,离散数列 $X = \{x_n\}_{n=1}^{\infty}$ 的分布律为

$$\mu\{X = k\} = p(1-p)^{k-1}, \ k = 0,1,2,\cdots, \quad (5\text{-}10)$$

则 $X$ 称为服从参数为 $p$ 的几何分布,记为 $X \sim G(p)$。

### 4. 离散数列的性质

由上节的例 5.5～5.8 可以看出,一般可测数列 $X$ 经过函数 $h$ 的作用后所得到的数列 $Y = h(X)$ 的可测性比较复杂。但是,对于标准离散数列,经过函数作用后所得到的数列 $Y = h(X)$ 的性质却相对要简单一些。下面将讨论这个问题。

**引理 5.4**　设 $X = \{x_n\}_{n=1}^{\infty}$ 是一个标准离散数列,且对任意 $n \in \mathbf{N}$,有 $x_n \in A = \{a_1, a_2, \cdots, a_M\}$ 和 $\mu(X = a_1) + \cdots + \mu(X = a_M) = 1$,其中, $M \in Z[1, \infty]$ 和 $a_i \neq a_j$,对任意 $i, j \in \{1, 2, \cdots, M\}$ 和 $i \neq j$,则对任意子集 $B \subseteq A$, $\{X \in B\}$ 是可测的集合。

证明:如果 $B$ 是有限集合,则由频率测度的性质, $\{X \in B\}$ 是可测的。

如果 $B$ 是无限集合,则 $M = \infty$,且存在数列 $a_{i_1}, a_{i_2}, \cdots$,使得 $B = \{a_{i_1}, a_{i_2}, \cdots\}$,

其中,$a_{i_k} \in A$,对任意 $k \in \mathbf{N}$,且 $1 \leqslant i_1 < i_2 < \cdots$。显然,$i_k \geqslant k, k \in \mathbf{N}$。

设 $\mu(X = a_k) = p_k \in [0,1]$,对任意 $k \in \mathbf{N}$,则由已知条件知,级数 $p_1 + p_2 + \cdots$ 收敛于1,故级数 $p_{i_1} + p_{i_2} + \cdots$ 也收敛于一个非负实数 $b \in [0,1]$,其中 $\mu(X = a_{i_k}) = p_{i_k}$,对任意 $k \in \mathbf{N}$。因此,对任意 $\varepsilon > 0$,存在一个整数 $L > 0$,使得对任意整数 $k \geqslant L$,有

$$\mu^* \{X \in \{a_{i_k}, a_{i_{k+1}}, \cdots\}\} \leqslant \mu^* \{X \in \{a_k, a_{k+1}, \cdots\}\} < \frac{\varepsilon}{2}, \quad p_{i_k} + p_{i_{k+1}} + \cdots < \frac{\varepsilon}{2}$$

和

$$|\mu\{X \in \{a_{i_1}, a_{i_2}, \cdots, a_{i_{L-1}}\}\} - b| \leqslant |\mu\{X = a_{i_1}\} + \cdots + \mu\{X = a_{i_{L-1}}\} - b| < \frac{\varepsilon}{2}.$$

设 $D = \{n \in \mathbf{N} \mid x_n \in \{a_{i_L}, a_{i_{L+1}}, \cdots\}\}$,那么,$0 \leqslant \mu_*(D) \leqslant \mu^*(D) < \varepsilon/2$。显然,
$$\{X \in \{a_{i_1}, a_{i_2}, \cdots, a_{i_{L-1}}\}\} \subseteq \{X \in B\}$$
$$\subseteq \{X \in \{a_{i_1}, a_{i_2}, \cdots, a_{i_{L-1}}\}\} + \{X \in \{a_{i_L}, a_{i_{L+1}}, \cdots\}\}.$$
因此
$$\mu\{X \in \{a_{i_1}, a_{i_2}, \cdots, a_{i_{L-1}}\}\} \leqslant \mu_*\{X \in B\} \leqslant \mu^*\{X \in B\}$$
$$\leqslant \mu\{X \in \{a_{i_1}, a_{i_2}, \cdots, a_{i_{L-1}}\}\} + \mu^*(D).$$
于是,对任意 $\varepsilon > 0$,有
$$b - \varepsilon < \mu\{X \in \{a_{i_1}, a_{i_2}, \cdots, a_{i_{L-1}}\}\} \leqslant \mu_*\{X \in B\} \leqslant \mu^*\{X \in B\} \leqslant b + \varepsilon.$$
由 $\varepsilon$ 的任意性,得 $\mu_*\{X \in B\} = \mu^*\{X \in B\} = b$,即 $(X \in B)$ 是可测的。证毕!

显然,对任意标准离散数列 $X = \{x_n\}_{n=1}^{\infty}$ 和任意函数 $h: \mathbf{R} \to \mathbf{R}$,如果 $X$ 是有限离散数列,则 $Y = h(X) = \{y_n = h(x_n)\}_{n=1}^{\infty}$ 一定也是有限离散数列。

**引理 5.5** 设 $X = \{x_n\}_{n=1}^{\infty}$ 是标准离散数列,其分布律为 $P = \{p_k = \mu(X = a_k) \mid k = 1, 2, \cdots, M\}$,其中 $a_1 < a_2 < \cdots < a_M, M \in Z[1, \infty]$,并设 $h: \mathbf{R} \to \mathbf{R}$ 是任一实函数,则 $Y = h(X) = \{y_n = h(x_n)\}_{n=1}^{\infty}$ 也是一个标准离散数列。

证明:由已知条件,$X$ 的分布律为 $P = \{p_k = \mu(X = a_k) \mid k = 1, 2, \cdots, M\}$,其中,$M \in Z[1, \infty]$。设 $h(a_1), h(a_2), \cdots, h(a_M)$ 中互不相同的数为 $b_1, b_2, \cdots, b_L$,其中,$L \in Z[1, \infty]$,且 $b_i \neq b_j$,对任意 $i, j = 1, 2, \cdots, L$ 和 $i \neq j$,由引理 5.4,$\{Y = b_j\}$ 是可测的,对任意 $j = 1, 2, \cdots, L$。下证
$$\mu\{Y = b_1\} + \mu\{Y = b_2\} + \cdots + \mu\{Y = b_L\} = 1.$$
当 $M \in \mathbf{N}$ 时,结论显然成立。不妨设 $M = L = +\infty$。由于级数 $p_1 + p_2 + \cdots$ 收敛于 1,故对任意 $\varepsilon > 0$,存在整数 $S > 0$,使得
$$p_1 + \cdots + p_S > 1 - \varepsilon, \quad \mu^*(X \in \{a_{S+1} + a_{S+2} + \cdots\}) < \varepsilon.$$
显然,级数 $\mu\{Y = b_1\} + \mu\{Y = b_2\} + \cdots$ 是收敛的,设其极限为 $c > 0$,且存在整数 $T > 0$,使得
$$\{h(a_1), h(a_2), \cdots, h(a_S)\} \subseteq \{b_1, b_2, \cdots, b_T\}.$$

因此
$$\mu\{X \in \{a_1, a_2, \cdots, a_S\}\} \leqslant \mu\{Y \in \{b_1, b_2, \cdots, b_T\}\}。$$
于是 $\mu\{Y=b_1\}+\cdots+\mu\{Y=b_T\}>1-\varepsilon$。由 $\varepsilon$ 的任意性，$c=1$，即 $\mu\{Y=b_1\}+\mu\{Y=b_2\}+\cdots=1$。因此，$Y=h(X)$ 是一个标准离散数列。证毕！

### 5.2.2　连续数列

除了离散数列之外，下面再给出正则连续数列的定义。

1. 连续数列定义

**定义 5.9**　设 $X=\{x_n\}_{n=1}^{\infty}$ 是（弱）可测数列，其（弱）分布函数为 $F(x)$。如果 $F(x)$ 是绝对连续函数，即存在非负可积函数 $f:\mathbf{R}\to\mathbf{R}$，使得
$$F(x) = \int_{-\infty}^{x} f(t)\mathrm{d}t, x \in \mathbf{R},$$
那么 $f(x)$ 被称为 $X$ 的（频率）密度函数，简称密度，$X$ 被称为（以 $f(x)$ 为密度的）连续（型）数列。特别地，如果 $X$ 是（半）正则可测的连续（型）数列，则 $X$ 被称为（半）正则连续的。

在本书中，若无特殊说明，$X$ 是连续数列是指它是正则连续的。

显然，对任意正则连续数列 $X=\{x_n\}_{n=1}^{\infty}$，其密度函数 $f(x)$ 满足
$$f(x) \geqslant 0, \int_{-\infty}^{\infty} f(t)\mathrm{d}t = 1。$$
另外，对任意 $c\in\mathbf{R}$，都有 $\mu(X=c)=0$，且对任意 $a,b\in\mathbf{R}$，满足 $a<b$，有
$$\mu\{X \in (a,b)\} = \mu\{X \in [a,b)\} = \mu\{X \in (a,b]\}$$
$$= \mu\{X \in [a,b]\} = \int_a^b f(t)\mathrm{d}t。$$

更进一步，由引理 4.5 可知，对任意 $A\in\widetilde{B}_1, \mu(X\in A)=\int_A f(x)\mathrm{d}x$。此外，由性质 $\mu(X=c)=0$ 可知，对于连续数列，弱可测与强可测是等价的。

如果 $X=\{x_n\}_{n=1}^{\infty}$ 是半正则可测的连续数列，其分布函数为 $F(x)$，则由积分的性质，不难验证 $F(x)$ 在每点 $x\in\mathbf{R}$ 都具有左和右连续性，从而 $X=\{x_n\}_{n=1}^{\infty}$ 一定是正则可测的。因此，对于连续数列 $X$，$X$ 是半正则可测的充分必要条件是 $X$ 是正则可测的。

2. 连续数列的函数数列

由定理 5.2，不难得到如下结果。

**引理 5.6**　设 $X=\{x_n\}_{n=1}^{\infty}$ 是正则连续数列，$h:\mathbf{R}\to\mathbf{R}$ 是严格单调函数，则 $Y=h(X)$ 是半正则可测的，且对任意 $y\in\mathbf{R}$，都有

$$F_Y(y) = \begin{cases} F_X(h^{-1}(y)) & ,h(x) \text{ 是严格增加函数} \\ 1 - F_X(h^{-1}(y)) & ,h(x) \text{ 是严格减少函数} \end{cases},$$

其中 $F_X(x)$ 和 $F_Y(y)$ 分别是 $X$ 和 $Y$ 的分布函数，$h^{-1}$ 是 $h$ 的反函数。特别地，如果 $h(x)$ 是严格单调，且 $h^{-1}(x)$ 是连续可导的，则 $Y$ 是正则连续数列，且当 $y \notin h(\mathbf{R})$ 时，$f_Y(y) = 0$；当 $y \in h(\mathbf{R})$ 时，有

$$f_Y(y) = f_X(h^{-1}(y)) \mid [h^{-1}(y)]' \mid,$$

其中 $f_X(x)$ 和 $f_Y(y)$ 分别是 $X$ 和 $Y$ 的密度函数。

证明：该引理的前半部分结论可直接由定理 5.2 得出。显然，当 $h(x)$ 严格增加时，有

$$F_Y(y) = \mu(Y < y) = \mu(X < h^{-1}(y)) = F_X(h^{-1}(y)),$$

故两边求导数，得

$$f_Y(y) = F'_Y(y) = f_X(h^{-1}(y)) \times [h^{-1}(y)]'.$$

当 $h(x)$ 严格减少时，有

$$F_Y(y) = \mu(Y < y) = \mu(X > h^{-1}(y)) = 1 - F_X(h^{-1}(y)),$$

故两边求导数，得

$$f_Y(y) = F'_Y(y) = -f_X(h^{-1}(y)) \times [h^{-1}(y)]' = f_X(h^{-1}(y)) \times \mid [h^{-1}(y)]' \mid.$$

因此，该引理结论成立。证毕！

下面的定理推广了引理 5.6 的结论。

**定理 5.5** 设 $X = \{x_n\}_{n=1}^{\infty}$ 是正则连续的，其密度为 $f(x)$，$h: \mathbf{R} \to \mathbf{R}$ 是有限分段严格单调连续的函数，各个互不相交的单调区间为 $I_1, I_2, \cdots, I_m$，$I_1 + I_2 + \cdots + I_m = \mathbf{R}$ 和 $m \in \mathbf{N}$。设 $h$ 在每个严格单调区间 $I_i$ 上的限制函数为 $h_i = h\mid_{x \in I_i}: I_i \to \mathbf{R}$，$h_i(x)$ 的反函数 $g_i(y)$ 是在 $h(I_i)$ 中连续可导，且 $g'_i(y) = 0$，$y \notin h_i(I_i)$，$i = 1, 2, \cdots, m$，则 $Y = h(X) = \{y_n = h(x_n)\}_{n=1}^{\infty}$ 是正则连续数列，且其密度函数 $f_Y(y)$ 为

$$f_Y(y) = f_X(g_1(y)) \mid [g_1(y)]' \mid + f_X(g_2(y)) \mid [g_2(y)]' \mid + \cdots + f_X(g_m(y)) \mid [g_m(y)]' \mid.$$

证明：对任意 $y \in \mathbf{R}$，有

$$F_Y(y) = \mu\{Y < y\} = \mu\{h(X) < y\} = \sum_{i=1}^{m} \mu\{n \in \mathbf{N} \mid x_n \in I_i, h_i(x_n) < y\}.$$

对 $i \in \{1, 2, \cdots, m\}$，记 $E_i = E_i(y) = \{x \mid h_i(x) < y, x \in I_i\}$，则由给定的条件知，对任意 $i = 1, 2, \cdots, m$ 和 $y \in \mathbf{R}$，$E_i$ 是一个区间或空集，且 $E_1, E_2, \cdots, E_m$ 是两两互不相交的。显然，

$$\mu\{n \in \mathbf{N} \mid x_n \in I_i, h_i(x_n) < y\} = \int_{E_i(y)} f(x) \mathrm{d}x, \quad i = 1, 2, \cdots, m_\circ$$

如果对 $i \in \{1, 2, \cdots, m\}$，$h_i$ 在 $I_i$ 上是严格增加的，则 $g_i$ 在 $I_i$ 上也是严格增加的，且

$$\int_{E_i(y)} f(x)\mathrm{d}x = \int_{-\infty}^{y} f(g_i(t)) g_i'(t)\mathrm{d}t = \int_{-\infty}^{y} f(g_i(t)) \mid g_i'(t) \mid \mathrm{d}t。$$

如果对 $i \in \{1,2,\cdots,m\}$，$h_i$ 在 $I_i$ 上是严格减少的，则 $g_i$ 在 $I_i$ 上也是严格减少的，且

$$\int_{E_i(y)} f(x)\mathrm{d}x = -\int_{-\infty}^{y} f(g_i(t)) g_i'(t)\mathrm{d}t = \int_{-\infty}^{y} f(g_i(t)) \mid g_i'(t) \mid \mathrm{d}t。$$

因此，

$$F_Y(y) = \sum_{i=1}^{m} \int_{E_i(y)} f(x)\mathrm{d}x = \sum_{i=1}^{m} \int_{-\infty}^{y} f(g_i(t)) \mid g_i'(t) \mid \mathrm{d}t。$$

对上式两边求导数可知，定理 5.5 的结论成立。证毕！

**注 5.4**　参照引理 5.3，还可以考虑是否能将定理 5.5 推广到正则连续数列在无限分段严格单调连续的函数变换下的情形。在此不赘述了。

3. 几种常见分布的连续数列

参照概率论的知识，下面给出几种常见分布的连续数列。

① 设 $X = \{x_n\}_{n=1}^{\infty}$ 是连续型数列，满足 $a \leqslant x_n \leqslant b$，对一切 $n \in \mathbf{N}$，其密度函数为

$$f(x) = \begin{cases} 1/(b-a) ,& x \in I \\ 0 ,& x \notin I \end{cases}, \tag{5-11}$$

其中，$I = (a,b)$ 或 $[a,b)$ 或 $(a,b]$ 或 $[a,b]$，那么 $X$ 被称为服从均匀分布的数列，或均匀(分布)数列，并记为 $X \sim U(a,b)$ 或 $X \sim U[a,b)$ 或 $X \sim U(a,b]$ 或 $X \sim U[a,b]$。

② 设 $a \in \mathbf{R}$ 和 $\sigma > 0$ 是两个常数。如果连续数列 $X = \{x_n\}_{n=1}^{\infty}$ 的密度函数为

$$f(x) = \frac{1}{\sqrt{2\pi}\sigma} \mathrm{e}^{-\frac{(x-a)^2}{2\sigma^2}}, \tag{5-12}$$

则 $X$ 称为服从参数为 $a$ 和 $\sigma$ 的正态分布数列，简称正态(分布)数列，并记为 $X \sim N(a,\sigma^2)$。

特别地，若 $X \sim N(a,\sigma^2)$，$a=0$ 和 $\sigma=1$，即 $X \sim N(0,1)$，则称 $X$ 服从标准正态分布，其密度函数为

$$f(x) = \frac{1}{\sqrt{2\pi}} \mathrm{e}^{-\frac{x^2}{2}}。 \tag{5-13}$$

③ 设 $\lambda > 0$ 是一常数，如果数列 $X = \{x_n\}_{n=1}^{\infty}$ 的密度函数为

$$f(x) = \begin{cases} \lambda\mathrm{e}^{-\lambda x} ,& x > 0 \\ 0 ,& x \leqslant 0 \end{cases}, \tag{5-14}$$

则称 $X$ 为服从参数 $\lambda$ 的指数分布数列，记为 $X \sim S(\lambda)$ 或 $X \sim E(\lambda)$。

显然，$X \sim S(\lambda)$ 的充分必要条件是 $X$ 的分布函数为

$$F(x) = \begin{cases} 1 - \mathrm{e}^{-\lambda x} ,& x > 0 \\ 0 ,& x \leqslant 0 \end{cases}, \tag{5-15}$$

即使对两个正则连续数列 $X=\{x_n\}_{n=1}^{\infty}$ 和 $Y=\{y_n\}_{n=1}^{\infty}$，$X\pm Y$，$XY$ 和 $X/Y(Y\neq 0)$ 也不一定是可测的。下面举一反例说明它。

**例 5.11**　设 $\Omega$ 是由式(1-3)定义的不可测集合，将其元素从小到大排列为 $\Omega=\{c_1,c_2,\cdots\}$，数列 $X=\{x_n\}_{n=1}^{\infty}$ 和 $W=\{w_n\}_{n=1}^{\infty}$ 定义如下：

$$x_n=\langle n\alpha\rangle,\ w_n=\langle -n\alpha\rangle,\ n=1,2,\cdots,$$

其中，$\alpha$ 是无理数。则由引理 1.1，$X$ 和 $W$ 是两个均匀分布数列。显然有 $X+W=\{x_n+w_n=1\}_{n=1}^{\infty}$。

令 $J=[0.25,0.75]$，则存在整数列 $1\leqslant n_1<n_2<\cdots$，使得 $x_{n_j},w_{n_j}\in J$，对任意 $j=1,2,\cdots$，且 $x_n,w_n\notin J$，对任意 $n\notin\{n_1,n_2,\cdots\}$。显然，$\mu\{X\in J\}=\mu\{n_1,n_2,\cdots\}=0.5$，且 $\{X\in J\}\bigcap\Omega$ 是不可测集。再定义一个数列如下：

$$y_n=\begin{cases}w_n, & n\notin\{X\in J\}\bigcap\Omega \\ w_n-\dfrac{1}{c_n}, & n\in\{X\in J\}\bigcap\Omega'\end{cases}$$

则 $Y$ 是 $[0,1)$ 上均匀分布数列，且 $\{X+Y<1\}=\{X\in J\}\bigcap\Omega$ 不是可测的。因此，$X+Y$ 不是可测数列。其他情况可类似举出反例。

## 5.3　几种分布数列的构造

### 5.3.1　均匀分布数列及其应用

在随机模拟理论中，利用确定性的离散系统构造特定分布的解数列来模拟相应分布的随机变量是非常重要的一个问题，其中的一个关键问题是模拟"均匀分布"的随机变量。下面给出几个关于均匀分布数列的理论结果。

**定理 5.6**　设 $X=\{x_n\}_{n=1}^{\infty}$ 是正则连续数列，其分布函数为 $F(x)$，则 $Y=F(X)=\{y_n=F(x_n)\}_{n=1}^{\infty}$ 是 $I=[0,1)$ 上的均匀分布数列。

证明：由给定的条件和定理 5.1，$Y$ 是半正则可测的数列。设 $Y$ 的分布为 $F_Y(y)$，则当 $y\in(-\infty,0]$ 时，$F_Y(y)=0$；当 $y\in(1,\infty)$ 时，$F_Y(y)=1$。由引理 5.2 和给定的条件，对任意 $y\in(0,1]$，有

$$F_Y(y)=\mu(Y<y)=\mu(F(X)<y)=\mu\{X<F^{-1}(y)\}=F(F^{-1}(y)),$$

其中 $F^{-1}(y)=\inf\{x\in\mathbf{R}\mid F(x)\geqslant y\}$。下面证明 $F(F^{-1}(y))=y$，对任意 $y\in(0,1]$。只需要证明对任意给定 $y\in(0,1]$ 和任意 $\varepsilon>0$，有 $y-\varepsilon<F(F^{-1}(y))<y+\varepsilon$。

反证法：假设对某个 $\varepsilon>0$，有 $F(F^{-1}(y))\geqslant y+\varepsilon$，那么由给定的条件和 $F(x)$ 的连续性，存在实数 $\tilde{x}<F^{-1}(y)$，使得 $F(\tilde{x})\geqslant y+\varepsilon/2$，即 $\tilde{x}\in\{x\mid F(x)\geqslant y\}$。因此，$\tilde{x}\geqslant F^{-1}(y)$，矛盾！

如果对某个 $\varepsilon > 0$，有 $F(F^{-1}(y)) \leqslant y - \varepsilon$，那么由 $F^{-1}(y)$ 的定义可知，存在实数列 $\widetilde{x}_k > F^{-1}(y)$，$k = 1, 2, \cdots$，使得 $\lim\limits_{k \to \infty} \widetilde{x}_k = F^{-1}(y)$，且 $F(\widetilde{x}_k) \geqslant y$，对任意 $k \in \mathbf{N}$。这说明 $F^{-1}(y)$ 不是 $F(x)$ 的连续点，与已知条件相矛盾！

因此，$F(F^{-1}(y)) = y$，对任意 $y \in (0, 1)$，即 $Y$ 是区间 $I = [0, 1)$ 上的均匀数列。证毕！

下面的结果取自于文献[7]（也可参见引理 1.1）。

**引理 5.7**　设 $A = \{a_n\}_{n=1}^{\infty}$ 是由互不相同的整数组成的数列，则对几乎所有的实数 $x \in \mathbf{R}$，数列 $B = \langle\langle a_n x\rangle\rangle_{n=1}^{\infty}$ 在区间 $[0, 1)$ 上是均匀分布的，其中，$\langle a \rangle$ 表示数 $a$ 的小数部分。特别地，如果 $x$ 是一个无理数，则 $\{\langle nx \rangle\}_{n=1}^{\infty}$ 是 $[0, 1)$ 上的均匀分布数列。

**注 5.5**　本书将在第 13 章中给出引理 5.7 的严格证明。

下面的定义取自于文献[12]、[13]。

**定义 5.10**　设 $I = [0, 1)$，$X = \{x_n\}_{n=1}^{\infty}$ 是连续数列，如果对任意 $k \in \mathbf{N}$ 和 $a_1$，$b_1, \cdots, a_k, b_k \in I$，满足 $a_i \leqslant b_i$，$i = 1, 2, \cdots, k$，都有

$$\mu\{m \in \mathbf{N} \mid a_1 \leqslant x_{m+1} < b_1, \cdots, a_k \leqslant x_{m+k} < b_k\}$$
$$= (b_1 - a_1)(b_2 - a_2) \cdots (b_k - a_k),$$

那么 $X$ 被称为（$I$ 上）完全等分布数列。

显然，完全等分布数列一定是 $I$ 上的均匀分布数列。

下面的结果取自于文献[12]。

**引理 5.8**　设 $\alpha > 1$ 是一常数和 $X = \{x_n = \langle \alpha^n \rangle\}_{n=1}^{\infty}$。则几乎对所有的实数 $\alpha > 1$，数列 $X$ 是区间 $I = [0, 1)$ 上完全等分布数列。此外，若 $X$ 是完全等分布的，则 $\alpha$ 一定是超越数。

设 $m > 1$ 是一整数，如果数列 $X = \{x_n\}_{n=1}^{\infty}$ 满足如下条件：对一切 $n \in \mathbf{N}$，有 $x_n \in \{0, 1, \cdots, m-1\}$，则称 $X$ 是一个 $m$ 进制数列。例如，$X = \{x_n = (1 + (-1)^n)/2\}_{n=1}^{\infty}$ 是一个 2 进制数列。

下面的定义和结果取自于文献[13]。

**定义 5.11**　设 $k$ 是一正整数，$X = \{x_n\}_{n=1}^{\infty}$ 是一连续数列，满足 $x_n \in I = [0, 1)$ 或 $(0, 1)$ 或 $(0, 1]$ 或 $[0, 1]$，对一切 $n \in \mathbf{N}$。如果对任意 $0 \leqslant a_j \leqslant b_j \leqslant 1$，对 $j = 1, 2, \cdots$，$k$，有

$$\mu\{m \in \mathbf{N} \mid a_1 \leqslant x_{m+1} < b_1, \cdots, a_k \leqslant x_{m+k} < b_k\}$$
$$= (b_1 - a_1)(b_2 - a_2) \cdots (b_k - a_k),$$

则称 $X$ 是（$I$ 上的）$k$（均匀）分布数列。

另外，对于 $m$ 进制的离散数列 $X = \{x_n\}_{n=1}^{\infty}$，如果对任意 $a_1, a_2, \cdots, a_k \in \{0, 1, \cdots, m-1\}$，有

$$\mu\{n \in \mathbf{N} \mid x_{n+1} = a_1, \ x_{n+2} = a_2, \cdots, x_{n+k} = a_k\} = \frac{1}{m^k},$$

则称 $X$ 是($m$ 进制的)$k$(均匀)分布数列。特别地,当 $k=1$ 时,称 $X$ 是($m$ 进制的)均匀数列。

不难证明:对任意整数 $m>1$ 和 $k>0$,如果 $X$ 是 $m$ 进制的 $k$ 均匀分布数列,则 $X$ 的分布律为

$$\mu\{X = 0\} = \mu\{X = 1\} = \cdots = \mu\{X = m-1\} = \frac{1}{m}。$$

**引理 5.9**　设 $m \geqslant 2$ 和 $k \geqslant 1$ 是两个整数,则存在一个 $m$ 进制的周期数列 $X = \{x_n\}_{n=1}^{\infty} \in P^{\infty}$,满足对一切 $n \in \mathbf{N}$,$x_{n+m^k} = x_n$,使得 $X$ 是 $m$ 进制的 $k$(均匀)分布数列。

下面给出满足引理 5.9 条件的 $k$ 分布数列的一种构造方法(属于直接构造法),参见文献[13]。

取 $x_1 = x_2 = \cdots = x_k = 0$,然后对任意 $0 < n \leqslant m^k$,以符合如下规则的所有可能的方式选取 $x_{n+k} \in \{0, 1, \cdots, m-1\}$:$x_{n+k} = 0$ 当且仅当数组 $(x_{n+1}, \cdots, x_{n+k-1}, j)$ 在前面的数列 $x_1 x_2 \cdots x_{n+k-1}$ 中出现过,其中,$j \in \{1, 2, \cdots, m-1\}$ 和 $n \in \mathbf{N}$。

为便于理解上述规则,举一个例子进一步说明(见文献[13])。设 $m = k = 3$,3 进制、3 分布、周期为 $m^k = 27$ 的数列 $X = \{x_n\}_{n=1}^{\infty}$ 构造如下:

$$x_1 x_2 x_3 \cdots x_{27} x_1 x_2 x_3 \cdots = 000111211101221201021002220 2000 \cdots, x_{27+n} = x_n, n \in \mathbf{N}。$$

下面再引入两个记号:设 $A(m, k)$ 表示满足引理 5.9 中条件的数列前 $m^k$ 项的每一项都除以 $m$ 所得的 $m^k$ 项,并用 $A(m, k)^n = A(m, k) \circ \cdots \circ A(m, k)$ 表示将 $A(m, k)$ 重复写 $n$ 次所得的数列(或 $n$ 次连接而成的数列),其中,对任意数列 $A = \{a_1, \cdots, a_i\}$ 和 $B = \{b_1, \cdots, b_j\}$,$A \circ B = \{a_1, \cdots, a_i, b_1, \cdots, b_j\}$。

下面的结果本质上取自于文献[13]。

**引理 5.10**　如下的实数列

$$A(2,1)^{2^2} \circ A(2^2, 2)^{2 \times 2^4} \circ A(2^3, 3)^{3 \times 2^6} \circ \cdots = \{x_1, x_2, x_3, \cdots\} \tag{5-16}$$

是一个完全等分布的数列。

本书将式(5-16)所定义的数列称为 Knuth 数列。

根据随机模拟理论,利用均匀分布可以构造出其他的分布,下面给出几个特殊结果。

**引理 5.11**　设 $X = \{x_n\}_{n=1}^{\infty}$ 是区间 $[0,1)$ 上的均匀分布数列,$\lambda > 0$ 是一常数,则数列

$$Y = -\frac{\ln(1-X)}{\lambda} = \left\{ y_n = -\frac{\ln(1-x_n)}{\lambda} \right\}_{n=1}^{\infty} \sim E(\lambda),$$

即 $Y$ 服从参数为 $\lambda$ 的指数分布。

证明:设 $Y$ 的分布函数为 $F_Y(y)$。显然,对任意 $y \leqslant 0$,有

$$F_Y(y) = \mu\{Y < y\} = \mu\{\ln(1-X) > -\lambda y\} = \mu\{X < 1 - e^{-\lambda y}\} = 0.$$

对任意 $y > 0$,有

$$F_Y(y) = \mu\{Y < y\} = \mu\{\ln(1-X) > -\lambda y\} = \mu\{X < 1 - e^{-\lambda y}\} = 1 - e^{-\lambda y}.$$

因此,$Y \sim E(\lambda)$。证毕!

由引理 5.7 和引理 5.11,可以得到如下结果。

**推论 5.3**　对任意无理数 $\alpha$ 和常数 $\lambda > 0$,都有

$$Y = \left\{ y_n = -\frac{\ln(1 - \langle n\alpha \rangle)}{\lambda} \right\}_{n=1}^{\infty} \sim E(\lambda)。$$

**引理 5.12**　设 $X = \{x_n\}_{n=1}^{\infty}$ 是区间 $[0,1)$ 上的完全等分布数列,$x_n > 0$,对任意 $n \in \mathbf{N}$,则

$$Y = \{y_n = \cos(2\pi x_n)\sqrt{-2\ln x_{n+1}}\}_{n=1}^{\infty} \sim N(0,1),$$

$$W = \{w_n = \sin(2\pi x_n)\sqrt{-2\ln x_{n+1}}\}_{n=1}^{\infty} \sim N(0,1)。$$

该引理的证明要利用到数列间的独立性概念,因此,将它的证明放到第 13 章中介绍。

### 5.3.2　几类常见分布的构造

一般地,在构造特定分布数列时,主要有两种方法:一是利用数列间的关系来"模拟"构造各种分布数列;二是用直接法构造常见的分布数列。下面再举例说明利用直接法来构造一般的离散分布数列,以及利用模拟法(或间接法)去构造特定的连续分布数列。

#### 1. 离散数列分布律的构造

设 $\{a_1, a_2, \cdots, a_M\}$ 是某个离散数列的分布律,满足 $a_i \geq 0$,$i = 1, 2, \cdots, M$,且 $a_1 + \cdots + a_M = 1$,其中 $M \in Z[1, \infty]$。下面将构造出一个离散数列 $X = \{x_n\}_{n=1}^{\infty}$,使得 $X$ 的分布律为 $\{a_1, a_2, \cdots, a_M\}$。

① 当 $M$ 是一个正整数时,若分布律 $\{a_1, a_2, \cdots, a_M\}$ 中的每个数都是有理数,则存在非负的整数 $p, p_1, p_2, \cdots, p_M$,使得 $a_i = p_i/p$,$i = 1, 2, \cdots, M$,$p_1 + p_2 + \cdots + p_M = p$。

定义数列 $X = \{x_n\}_{n=1}^{\infty}$ 如下:对任意 $k = 1, 2, \cdots$,设

$$x_n = \begin{cases} 1, n \in \{(k-1)p+1, (k-1)p+2, \cdots, (k-1)p+p_1\} \\ 2, n \in \{(k-1)p+p_1+1, (k-1)p+p_1+2, \cdots, (k-1)p+p_1+p_2\} \\ \cdots \\ M, n \in \{(k-1)p+p_1+\cdots+p_{M-1}+1, \cdots, (k-1)p+p_1+\cdots+p_{M-1}+p_M = kp\} \end{cases}$$

则 $\mu(X=j) = a_j$,对任意 $j = 1, 2, \cdots, M$,即如上定义的数列 $X$ 具有分布律 $\{a_1, a_2, \cdots, a_M\}$。事实上,对任意整数 $n > 0$,存在整数 $k \geq 1$,使得 $(k-1)p \leq n < kp$。因

此,对任意 $i \in \{1,2,\cdots,M\}$,有

$$\{X=i\}^{((k-1)p)} \subseteq \{X=i\}^{(n)} \subseteq \{X=i\}^{(kp)},$$

即

$$(k-1)p_i \leqslant |\{X=i\}^{(n)}| \leqslant kp_i,\ i=1,2,\cdots,M。$$

因此

$$\mu(X=i) = \lim_{n\to\infty} \frac{|\{X=i\}^{(n)}|}{n} = \frac{p_i}{p} = a_i,\ i=1,2,\cdots,M。$$

② 下面将进一步证明:当 $M$ 是一个正整数,且 $\{a_1,a_2,\cdots,a_M\}$ 中至少有一个数是无理数时,一定存在数列 $X=\{x_n\}_{n=1}^{\infty}$,使 $X$ 的分布律为 $\{a_1,a_2,\cdots,a_M\}$。

事实上,对每个 $a_i$,存在非负数列 $\{r_{i,k}\}_{k=1}^{\infty}$,$i=1,2,\cdots,M$,使得 $r_{i,k}$ 是有理数,对任意 $k=1,2,\cdots$ 和 $i=1,2,\cdots,M$,$r_{1,k}+r_{2,k}+\cdots+r_{M,k}=1$,$\lim_{k\to\infty}r_{i,k}=a_i$。因此,存在整数 $p_{i,k}$ 和 $p_k$,对 $k=1,2,\cdots$ 和 $i=1,2,\cdots,M$,满足 $0<p_1\leqslant p_2\leqslant p_3\leqslant\cdots$,且

$$r_{i,k} = \frac{p_{i,k}}{p_k},\ p_{1,k}+p_{2,k}+\cdots+p_{M,k}=p_k,\ k\in\mathbf{N},i\in\{1,2,\cdots,M\}。$$

令 $q>1$ 是一个整数和 $c_n=q^{n^2}$,对任意 $n=1,2,\cdots$,则

$$0 \leqslant \lim_{n\to\infty} \frac{c_1+c_2+\cdots+c_n}{c_{n+1}} = \lim_{n\to\infty} \frac{q^{1^2}+q^{2^2}+\cdots+q^{n^2}}{q^{(n+1)^2}} \leqslant \lim_{n\to\infty} \frac{nc_n}{c_{n+1}} \leqslant \lim_{n\to\infty} \frac{nq^{n^2}}{q^{2n}q^{n^2}} = 0。$$

不妨设

$$\lim_{n\to\infty} \frac{p_1}{c_n} = \cdots = \lim_{n\to\infty} \frac{p_n}{c_n} = \lim_{n\to\infty} \frac{p_{n+1}}{c_n} = 0。 \tag{5-17}$$

定义数列 $X=\{x_n\}_{n=1}^{\infty}$ 如下:

(I) 对任意 $n\in\{1,2,\cdots,Mc_1p_1\}$ 和 $j=1,2,\cdots,Mc_1$,

$$x_n = \begin{cases} 1,n\in\{(j-1)p_1+1,(j-1)p_1+2,\cdots,(j-1)p_1+p_{1,1}\} \\ 2,n\in\{(j-1)p_1+p_{1,1}+1,(j-1)p_1+p_{1,1}+2,\cdots,(j-1)p_1+p_{1,1}+p_{2,1}\} \\ \cdots \\ M,n\in\{(j-1)p_1+p_{1,1}+\cdots+p_{M-1,1}+1,\cdots,(j-1)p_1+p_{1,1}+\cdots+p_{M,1}=jp_1\} \end{cases}。$$

(II) 对任意 $n\in\{Mc_1p_1+1,Mc_1p_1+2,\cdots,Mc_1p_1+Mc_2p_2\}$ 和 $j=1,2,\cdots,Mc_2$,

$$x_n = \begin{cases} 1,n\in\{Mc_1p_1+(j-1)p_2+1,Mc_1p_1+(j-1)p_2+2,\cdots,Mc_1p_1+(j-1)p_2+p_{1,2}\} \\ 2,n\in\{Mc_1p_1+(j-1)p_2+p_{1,2}+1,\cdots,Mc_1p_1+(j-1)p_2+p_{1,2}+p_{2,2}\} \\ \cdots \\ M,n\in\{Mc_1p_1+(j-1)p_2+p_{1,2}+\cdots+p_{M-1,2}+1,\cdots,Mc_1p_1+jp_2\} \end{cases}。$$

(III) 一般地,对任意 $s\in\mathbf{N}$,每个 $j=1,2,\cdots,Mc_{s+1}$ 和任意

$$n\in\{Mc_1p_1+\cdots+Mc_sp_s+1,\cdots,Mc_1p_1+\cdots+Mc_sp_s+Mc_{s+1}p_{s+1}\},$$

令

$$x_n = \begin{cases} 1, n \in \left\{ \sum\limits_{i=1}^{s} Mc_i p_i + (j-1)p_{s+1} + 1, \cdots, \sum\limits_{i=1}^{s} Mc_i p_i + (j-1)p_{s+1} + p_{1,s+1} \right\} \\ 2, n \in \left\{ \sum\limits_{i=1}^{s} Mc_i p_i + (j-1)p_{s+1} + p_{1,s+1} + 1, \cdots, \sum\limits_{i=1}^{s} Mc_i p_i + (j-1)p_{s+1} + \sum\limits_{j=1}^{2} p_{j,s+1} \right\} \\ \cdots \\ M, n \in \left\{ \sum\limits_{i=1}^{s} Mc_i p_i + (j-1)p_{s+1} + \sum\limits_{j=1}^{M-1} p_{j,s+1} + 1, \cdots, \sum\limits_{i=1}^{s} Mc_i p_i + jp_{s+1} \right\} \end{cases}。$$

下面证明:对任意 $s=1,2,\cdots,M$,有 $\mu(X=s)=a_s$。

显然,对任意充分小的 $\varepsilon>0$ 和任意充分大的整数 $n>0$,存在两个大整数 $L>H>0$,使得对任意 $k \geqslant H$,有

$$\sum_{i=1}^{L} Mc_i p_i \leqslant n < \sum_{i=1}^{L+1} Mc_i p_i, \; |a_j - r_{j,k}| < \frac{\varepsilon}{3}, \; j=1,2,\cdots,M$$

和

$$|r_{j,k} - r_{j,k+1}| = \left| \frac{p_{j,k}}{p_k} - \frac{p_{j,k+1}}{p_{k+1}} \right| < \frac{\varepsilon}{3}, \; j=1,2,\cdots,M, \; k \geqslant H。$$

因此,由式(5-17)知,存在一个整数 $t \in \{1,2,\cdots,Mc_{L+1}\}$,使得

$$\sum_{i=1}^{L} Mc_i p_i + (t-1)p_{L+1} \leqslant n < \sum_{i=1}^{L} Mc_i p_i + tp_{L+1}, \; \lim_{n \to \infty} \frac{p_{L+1}}{n} = 0,$$

进而

$$\lim_{n \to \infty} \frac{\sum\limits_{i=1}^{L} Mc_i p_i + (t-1)p_{L+1}}{n} = \lim_{n \to \infty} \frac{\sum\limits_{i=1}^{L} Mc_i p_i + tp_{L+1}}{n} = \lim_{n \to \infty} \frac{Mc_L p_L + tp_{L+1}}{n} = 1。$$

显然,对任意 $k=1,2,\cdots,M$,有

$$\{X=k\}^{\left(\sum\limits_{i=1}^{L} Mc_i p_i\right)} \subseteq \{X=k\}^{\left(\sum\limits_{i=1}^{L} Mc_i p_i + (t-1)p_{L+1}\right)}$$

$$\subseteq \{X=k\}^{(n)} \subseteq \{X=k\}^{\left(\sum\limits_{i=1}^{L} Mc_i p_i + tp_{L+1}\right)}。$$

因此,对任意 $\varepsilon>0$,有

$$\mu_*(X=k) = \liminf_{n \to \infty} \frac{|\{X=k\}^{(n)}|}{n} \geqslant \liminf_{n \to \infty} \frac{Mc_L p_{k,L} + (t-1)p_{k,L+1}}{n}$$

$$\geqslant a_k \liminf_{n \to \infty} \frac{Mc_L p_L + (t-1)p_{L+1}}{n} - \varepsilon = a_k - \varepsilon$$

和

$$\mu^*(X=k) \leqslant \limsup_{n \to \infty} \frac{\sum\limits_{j=1}^{L-1} Mc_j p_{k,j} + Mc_L p_{k,L} + tp_{k,L+1}}{n} \leqslant a_k + \varepsilon,$$

即 $\mu_*(X=k)=\mu^*(X=k)=\mu(X=k)=a_k, k=1,2,\cdots,M$。

③ 下面将证明:对任意无限非负的数列 $\{a_1,a_2,\cdots,a_k,\cdots\}$,如果 $a_1+a_2+\cdots$

$+a_k+\cdots=1$, 则存在数列 $X=\{x_n\}_{n=1}^\infty$, 使 $X$ 的分布律为 $\{a_1,a_2,\cdots\}$。

对任意 $k\in\mathbf{N}$, 存在数列 $\{r_{k,n}\}_{n=1}^\infty$, 使得 $r_{k,n}$ 是非负的有理数, 且 $r_{1,k}+r_{2,k}+\cdots+r_{k,k}=1$, 以及当 $j=1,2,\cdots,k-1$ 时, $\lim\limits_{n\to\infty}r_{j,n}=a_j$ 和 $\lim\limits_{n\to\infty}r_{k,n}=a_k+a_{k+1}+\cdots$。

设 $c_n=q^{n^2}$, $n\in\mathbf{N}$, $q>1$ 是一个整数, 并设 $p_{i,n}$ 和 $p_n$ 是非负整数, 满足 $1<p_1\leqslant p_2\leqslant p_3\leqslant\cdots$, 且 $\lim\limits_{n\to\infty}(np_{n+1})/c_n=0$, 且

$$r_{i,n}=\frac{p_{i,n}}{p_n},\quad p_{1,n}+\cdots+p_{n,n}=p_n,\ n\in\mathbf{N},\ i\in\{1,2,\cdots,n\}。$$

定义数列 $X=\{x_n\}_{n=1}^\infty$ 如下:

(I) $x_n=1$, 对任意 $n\in\{1,2,\cdots,c_1p_1\}$ 和 $j=1,2,\cdots,c_1$。

(II) 对任意 $n\in\{c_1p_1+1,c_1p_1+2,\cdots,c_1p_1+2c_2p_2\}$ 和 $j=1,2,\cdots,2c_2$,

$$x_n=\begin{cases}1, n\in\{c_1p_1+(j-1)p_2+1,\cdots,c_1p_1+(j-1)p_2+p_{1,2}\}\\2, n\in\{c_1p_1+(j-1)p_2+p_{1,2}+1,\cdots,c_1p_1+(j-1)p_2+p_{1,2}+p_{2,2}\}\end{cases}。$$

(III) 一般地, 对任意 $k\in\mathbf{N}$, 每个 $j=1,2,\cdots,kc_k$ 和任意

$$n\in\Big\{\sum_{j=1}^{k-1}jc_jp_j+1,\cdots,\sum_{j=1}^{k-1}jc_jp_j+kc_kp_k\Big\},$$

设

$$x_n=\begin{cases}1, n\in\Big\{\displaystyle\sum_{i=1}^{k-1}ic_ip_i+(j-1)p_k+1,\cdots,\sum_{i=1}^{k-1}ic_ip_i+(j-1)p_k+p_{1,k}\Big\}\\[3mm]2, n\in\Big\{\displaystyle\sum_{i=1}^{k-1}ic_ip_i+(j-1)p_k+p_{1,k}+1,\cdots,\sum_{i=1}^{k-1}ic_ip_i+(j-1)p_k+\sum_{i=1}^{2}p_{i,k}\Big\}\\[3mm]\cdots\\[2mm]k, n\in\Big\{\displaystyle\sum_{i=1}^{k-1}ic_ip_i+(j-1)p_k+\sum_{i=1}^{k-1}p_{i,k}+1,\cdots,\sum_{i=1}^{k-1}ic_ip_i+jp_k\Big\}\end{cases}。$$

类似于以上的证明, 可得对任意 $s=1,2,\cdots$, 有 $\mu(X=s)=a_s$。

### 2. 连续数列分布函数的构造

下面讨论正则连续数列 $X=\{x_n\}_{n=1}^\infty$ 分布函数的构造问题, 将利用均匀分布来构造一类常见分布的连续数列。

设正则连续数列 $X$ 的密度函数为 $f(x)$, 其定义域是一个区间 $I\subseteq\mathbf{R}$, 即 $f(x)>0$, 对 $x\in I$; $f(x)=0$, 对 $x\notin I$。下面将给出密度为 $f(x)$ 的连续数列的构造方法。

不妨设 $I=[a,b]$, $a<b$, 且 $X$ 的分布函数为

$$F(x)=\int_{-\infty}^x f(t)\mathrm{d}t,\ x\in\mathbf{R},$$

则 $F(x)$ 在 $I$ 中是严格单调增加的连续函数, 且 $F(x)=0$, 对 $x\leqslant a$, $F(x)=1$, 对 $x\geqslant b$。因此, $F(x)$ 在区间 $I=[a,b]$ 上存在反函数 $G:[0,1]\to I$。

下面将利用均匀分布数列来构造区间 $I=[a,b]$ 上的连续数列 $X=\{x_n\}_{n=1}^\infty$，使得其密度为 $f(x)$。

设 $Y=\{y_n\}_{n=1}^\infty$ 是区间 $[0,1]$ 上的均匀数列，且令 $X=G(Y)=\{x_n=G(y_n)\}_{n=1}^\infty$，则 $X$ 的分布函数为

$$F_X(x) = \mu\{X < x\} = \mu\{G(Y) < x\} = \mu\{Y < F(x)\} = F(x),\ x \in I。$$

因此，$X$ 的密度为 $f(x)$。

对任意区间上密度大于 0 的密度函数的数列可类似构造。

**注 5.6**　由以上讨论，对任意 $a\in\mathbf{R}$ 和 $\sigma>0$，存在正态数列 $X=\{x_n\}_{n=1}^\infty$，使得 $X\sim N(a,\sigma^2)$。

### 3. 正则分布函数的两个结果

最后介绍有关分布函数的两个结果。

设正则可测数列 $X$ 的分布函数为 $F(x)$，由经典的实分析理论，如下的两个结论成立：

① $F(x)$ 至多具有可数个不连续点。

② $F(x)$ 具有 Lebesgue 分解：
$$F(x) = c_1 F_1(x) + c_2 F_2(x) + c_3 F_3(x)，$$
其中，$c_1,c_2,c_3\in[0,1]$，$c_1+c_2+c_3=1$，$F_1(x)$ 是跳跃函数（只具有跳跃间断点的函数），$F_2(x)$ 是绝对连续函数，$F_3(x)$ 是奇异（分布）函数。

特别地，对任意正则分布 $F(x)$，如果 $c_1=1$ 和 $c_2=c_3=0$，则将 $X$ 称为广义离散数列；如果 $c_2=1$ 和 $c_1=c_3=0$，则 $X$ 是连续数列；如果 $c_3=1$ 和 $c_1=c_2=0$，则将 $X$ 称为奇异数列。

由于奇异分布函数在理论和应用上很少研究，这点可从概率论中看出，因此，本书主要研究具有跳跃分布和绝对连续分布的数列，特别是标准离散数列和正则连续数列。

# 第6章 数列的积分

由实分析可知,积分是研究函数性质的一个重要概念,并且积分的定义方法有多种。数列作为一种特殊的函数,也应该可以定义积分的概念。为此,参照实分析中函数积分的定义方法,本章将给出数列这种特殊函数积分的一种定义,并将简单讨论可积和可测的关系。

设 $X=\{x_n\}_{n=1}^{\infty}\in \mathbf{R}^{\infty}$ 是一实数列,定义两个数列 $X^+=\{x_n^+\}_{n=1}^{\infty}$ 和 $X^-=\{x_n^-\}_{n=1}^{\infty}$ 如下:

$$x_n^+=\begin{cases} x_n, & x_n>0 \\ 0, & x_n\leqslant 0 \end{cases}, x_n^-=\begin{cases} -x_n, & x_n<0 \\ 0, & x_n\geqslant 0 \end{cases}° \tag{6-1}$$

显然,$X^+$ 和 $X^-$ 是两个非负数列,且 $X=X^+-X^-$,即 $x_n=x_n^+-x_n^-$,$n\in \mathbf{N}$。不难证明:如果 $X$ 是频率可测的,则 $X^+$ 和 $X^-$ 也是频率可测的。

对任意实数列 $X=\{x_n\}_{n=1}^{\infty}$ 和两个数 $a,b\in \mathbf{R}$,$a<b$,定义数列 $X_a^b=\{x_a^b(n)\}_{n=1}^{\infty}$ 如下:

$$x_a^b(n)=\begin{cases} b, & x_n\geqslant b \\ x_n, & a<x_n<b \\ a, & x_n\leqslant a \end{cases}° \tag{6-2}$$

数列 $X_a^b$ 称为 $X$(在 $a,b$ 处)的截断数列。显然,如果 $X$ 是频率可测的,则 $X_a^b$ 是有界频率可测的。

## 6.1 非负数列的积分

参照实分析中函数的 Lebesgue 积分的定义方法,下面先给出非负数列的积分概念。

**定义 6.1** 设 $\lambda>0$,$X=\{x_n\}_{n=1}^{\infty}$ 是一个有界非负数列,即存在 $b>0$,使得对任意 $n\in \mathbf{N}$,有 $0\leqslant x_n\leqslant b$。对区间 $[0,b]$ 作一个划分 $P$:在 $[0,b]$ 中取一列数 $a_0,a_1,\cdots,a_t$,满足

$$0=a_0<a_1<a_2<\cdots<a_{t-1}<a_t=b,t\in \mathbf{N}, \tag{6-3}$$

将这一划分记为 $P=P[a_0,a_1,\cdots,a_t]$。对 $\lambda>0$,当 $\max\{|a_1-a_0|,\cdots,|a_t-a_{t-1}|\}\leqslant \lambda$ 时,将 $P$ 记为 $P_{\lambda}$。令 $\overline{A}_i=\{n\in \mathbf{N}\,|\,x_n=a_i\}$,$A_j=\{n\in \mathbf{N}\,|\,x_n\in(a_{j-1},a_j)\}$,$i\in\{0,1,\cdots,t\}$ 和 $j\in\{1,2,\cdots,t\}$。任取 $\xi=(\bar{\xi}_0,\xi_1,\bar{\xi}_1,\xi_2,\cdots,\xi_t,\bar{\xi}_t)$,其中 $\bar{\xi}_i=a_i$,$\xi_j\in(a_{j-1},a_j)$,对 $i\in\{0,1,\cdots,t\}$ 和 $j\in\{1,2,\cdots,t\}$,称 $\xi$ 为相应于划分 $P_{\lambda}$ 的向量。记

$$S^*(P_\lambda,\xi) = \sum_{i=0}^{t} \bar{\xi}_i \mu^*\{\overline{A}_i\} + \sum_{j=1}^{t} \xi_j \mu^*\{A_j\},$$

称之为(相应于 $P_\lambda$ 和 $\xi$ 的)有限上(频率)和,则上确界 $S^*(\lambda) = \sup\limits_{P_\lambda,\xi} S^*(P_\lambda,\xi)$ 与 $P_\lambda$ 和 $\xi$ 无关,且 $S^*(\lambda)$ 关于 $\lambda$ 是单调不减的。如果极限

$$S^* = \limsup_{\lambda \to 0+} S^*(\lambda) = \lim_{\lambda \to 0+} S^*(\lambda) = \lim_{\lambda \to 0+} \sup_{P_\lambda,\xi} S^*(P_\lambda,\xi) \tag{6-4}$$

存在,则将 $S^*$ 称为非负有界数列 $X$ 的上(频率)积分,记为 $\int_0^b x_n \mathrm{d}\mu^*$ 或 $\int_{[0,b]} x_n \mathrm{d}\mu^*$ 或 $\int_0^b x_n \mathrm{d}n^*$ 或 $\int_{[0,b]} x_n \mathrm{d}n^*$ 或 $\int_{\mathbf{N}} x_n \mathrm{d}n^*$,$X$ 称为非负有界上(频率)可积的。

另外,对非负数列 $X$,如果对所有充分大的数 $b>0$,$X_0^b$ 都是有界非负上可积的,且极限

$$\limsup_{b \to \infty} \int_0^b x_0^b(n) \mathrm{d}n^*$$

存在,其中,$X_0^b$ 由式(6-2)定义,则将该极限称为非负数列 $X$ 的上(频率)积分,记为 $\int_0^\infty x_n \mathrm{d}\mu^*$ 或 $\int_{\mathbf{R}^+} x_n \mathrm{d}n^*$ 或 $\int_{\mathbf{N}} x_n \mathrm{d}n^*$ 等。同时,$X$ 称为非负上(频率)可积的。

类似地,非负有界数列 $X = \{x_n\}_{n=1}^\infty$ 的下(频率)积分 $\int_0^b x_n \mathrm{d}\mu_*$ 或 $\int_{\mathbf{N}} x_n \mathrm{d}n_*$ 定义如下:

$$\int_0^b x_n \mathrm{d}n_* = S_* = \lim_{\lambda \to 0+} \inf S_*(\lambda) = \lim_{\lambda \to 0+} \inf_{P_\lambda,\xi} S_* P_\lambda,\xi, \tag{6-5}$$

其中,$S_*(\lambda) = \inf\limits_{P_\lambda,\xi}\{S_*(P_\lambda,\xi)\}$,且

$$S_*(P_\lambda,\xi) = \sum_{i=0}^{t} \bar{\xi}_i \mu_*\{\overline{A}_i\} + \sum_{j=1}^{t} \xi_j \mu_*\{A_j\}$$

是 $X$ 的有限下(频率)和,$S_*(\lambda) = \inf\limits_{P_\lambda,\xi} S_*(P_\lambda,\xi)$ 关于 $\lambda$ 是单调不增的。

此外,非负数列 $X = \{x_n\}_{n=1}^\infty$ 的下(频率)积分 $\int_0^\infty x_n \mathrm{d}\mu_*$ 或 $\int_{\mathbf{R}^+} x_n \mathrm{d}n_*$ 定义为

$$\int_{\mathbf{R}^+} x_n \mathrm{d}n_* = \liminf_{b \to \infty} \int_0^b x_0^b(n) \mathrm{d}n_*。$$

显然,由定义 6.1,对区间 $[0,b]$ 的任意划分 $P$ 及其相应的向量 $\xi$,总有 $S_*(P_\lambda,\xi) \leqslant S^*(P_\lambda,\xi)$。因此,对任意非负数列 $X = \{x_n\}_{n=1}^\infty$,若 $\int_{\mathbf{R}^+} x_n \mathrm{d}\mu^*$ 存在,则

$$\int_{\mathbf{R}^+} x_n \mathrm{d}n_* \leqslant \int_{\mathbf{R}^+} x_n \mathrm{d}n^*。$$

由频率测度的性质,不难知道,对任意有界非负数列 $X = \{x_n\}_{n=1}^\infty$,$X$ 的下积分总是存在的。但是,$X$ 的上积分不一定存在。下面举一个反例,分成如下三步:

① 设 $\Omega$ 由式(1-3)定义,$A_n$ 由式(1-2)所定义,$\Gamma = \mathbf{N} - \Omega$,则

$$\mathbf{N} = A_1 + A_2 + A_3 + \cdots, \Omega = A_1 + A_3 + A_5 + \cdots, \Gamma = A_2 + A_4 + A_6 + \cdots。$$

设 $B_m = A_{2m-1}, C_m = A_{2m}, m = 1, 2, \cdots$，并定义

$$\Omega_1 = \Big\{ n \in \sum_{m=1}^{\infty} B_{2m-1} \Big\}, \Omega_i = \Big\{ n \in \sum_{m=1}^{\infty} B_{2^{i-1}(2m-1)} \Big\}, i = 1, 2, \cdots$$

和

$$\Gamma_1 = \Big\{ n \in \sum_{m=1}^{\infty} C_{2m-1} \Big\}, \Gamma_i = \Big\{ n \in \sum_{m=1}^{\infty} C_{2^{i-1}(2m-1)} \Big\}, i = 1, 2, \cdots。$$

显然，$\Omega_1, \Omega_2, \cdots$ 和 $\Gamma_1, \Gamma_2, \cdots$ 两两互不相交，且

$$\Omega = \Omega_1 + \Omega_2 + \cdots, \Gamma = \Gamma_1 + \Gamma_2 + \cdots。$$

由 $\mu^*(\Omega) = 1$ 和 $\mu_*(\Omega) = 0$ 的证明，可得

$$\mu^*(\Omega_i) = \mu^*(\Gamma_i) = 1, \mu_*(\Omega_i) = \mu_*(\Gamma_i) = 0, i = 1, 2, \cdots。$$

② 设 $I_n = [1 - 2^{-n+1}, 1 - 2^{-n}), n = 1, 2, \cdots$，则 $I = [0,1) = I_1 + I_2 + \cdots$。令
$I_{n,m} = [1 - 2^{-n+1} + (m-1)2^{-n}/n, 1 - 2^{-n+1} + m2^{-n}/n), n \in \mathbf{N}, m \in \{1,2,\cdots,n\}$，
即将 $I_n$ 作 $n$ 等分得 $I_{n,m}, n \in \mathbf{N}$ 和 $m \in \{1,2,\cdots,n\}$，则 $I_n = I_{n,1} + I_{n,2} + \cdots + I_{n,n}$。对
任意 $n = 1, 2, \cdots$。将下列区间组成的序列

$$I_{1,1}, I_{2,1}, I_{2,2}, \cdots, I_{n,1}, I_{n,2}, \cdots, I_{n,n}, \cdots$$

依次记为 $l_1, l_2, l_3, \cdots$。显然，$l_1, l_2, l_3, \cdots$ 是互不相交的，且 $I = l_1 + l_2 + l_3 + \cdots$。对
任意 $m = 1, 2, \cdots$，记 $l_m = [c_{m-1}, c_m)$，则 $c_m \neq c_n$，对任意 $m \neq n$，且 $c_m \in [0.5, 1)$，对任
意 $m = 1, 2, \cdots$，以及

$$c_0 = 0, \{c_m \mid m = 1, 2, \cdots\} = \{1 - 2^{-n} + k2^{-n-1}/n \mid n \in \mathbf{N}; k = 0, 1, \cdots, n-1\}。$$

③ 数列 $X = \{x_n\}_{n=1}^{\infty}$ 定义为

$$x_n = \begin{cases} 0, & n \in \Gamma \\ c_m, & n \in \Omega_m, m = 1, 2, \cdots。 \end{cases} \tag{6-6}$$

显然，$X$ 是非负有界的数列，且 1 是它的一个上界。

**例 6.1** 证明式(6-6)所定义的非负有界数列 $X = \{x_n\}_{n=1}^{\infty}$ 的上积分不存在。

证明：设 $\lambda = 2^{-n}, n \in \mathbf{N}$，对充分大整数 $t > 0$，取一个划分 $P_\lambda = P_\lambda[0 = a_0, a_1, \cdots, a_t = 1]$，使得对任意给定的充分大的整数 $n \in \mathbf{N}$ 和某个 $i \in \{0, 1, \cdots, t\}$，有

$$a_i = 1 - 2^{-n+1}, \cdots, a_{i+m} = 1 - 2^{-n+1} + m2^{-n}/n, m = 0, 1, 2, \cdots, n。$$

显然，存在整数 $k > 0$，使得 $c_k = a_i, c_{k+1} = a_{i+1}, \cdots, c_{k+n} = a_{i+n}$。
令 $\overline{A}_i = \{X = a_i\}, i \in \{0, 1, \cdots, t\}, A_j = \{X \in (a_{j-1}, a_j)\}, j \in \{1, 2, \cdots, t\}$，则 $\overline{A}_j = \Omega_{k+j-i}$，对 $j = i, i+1, \cdots, i+n$。显然，$a_{i+m} = c_{k+m} \geqslant 0.5$ 和 $\mu^*(\overline{A}_j) = 1$，对 $m = 0, 1, 2, \cdots, n$ 和 $j \in \{0, 1, \cdots, t\}$。因此，有限上频率和

$$S^*(P_\lambda, \xi) = \sum_{s=0}^{t} \bar{\xi}_s \mu^*\{\overline{A}_s\} + \sum_{j=1}^{t} \xi_j \mu^*\{A_j\} \geqslant \sum_{j=i}^{i+n} a_j \mu^*\{\overline{A}_j\} \geqslant \frac{n+1}{2},$$

即 $\lim\limits_{\lambda \to 0+} S^*(\lambda) = \infty$。于是，$X$ 的上积分不存在。证毕！

**定义 6.2** 设 $X=\{x_n\}_{n=1}^{\infty}$ 是非负有界数列,其上界为 $b>0$。如果 $X$ 的上积分和下积分相等,即

$$\int_{[0,b]} x_n \mathrm{d}\mu^* = \int_{[0,b]} x_n \mathrm{d}\mu_*,$$

则 $X$ 称为非负有界可积,其(上或下)积分记为 $\int_{[0,b]} x_n \mathrm{d}\mu$ 或 $\int_0^b x_n \mathrm{d}\mu$ 或

$\int_{[0,b]} x_n \mathrm{d}n$ 或 $\int_{\mathbf{N}} x_n \mathrm{d}n$ 等。

此外,如果非负数列 $X=\{x_n\}_{n=1}^{\infty}$ 的上积分和下积分相等,即 $\int_{\mathbf{R}^+} x_n \mathrm{d}\mu^* = \int_{\mathbf{R}^+} x_n \mathrm{d}\mu_*$,则 $X$ 称为非负可积,其积分记为 $\int_{\mathbf{R}^+} x_n \mathrm{d}\mu$ 或 $\int_{\mathbf{R}^+} x_n \mathrm{d}n$ 等。

下面结果说明了非负有界数列的可积与可测之间存在密切的关系。

**定理 6.1** 设 $X=\{x_n\}_{n=1}^{\infty}$ 是非负有界数列,且 $\{X=0\}$ 是可测的。如果 $X$ 是非负可积的,则 $X$ 是可测的数列。

证明:设 $X$ 的一个上界为 $b>0$。下面用反证法证明该定理。

假设 $X$ 不可测,则由可测数列的定义和已知条件 $\{X=0\}$ 可测,不难证明下列两种情形中至少有一个成立:

① 存在一点 $c\in(0,b]$,使得 $\{X=c\}$ 不可测。

② 存在两点 $c,d\in[0,b]$,满足 $c<d$,使得 $\{X\in(c,d)\}$ 不可测。

进一步指出:当条件①不成立时,在条件②中,可不妨设 $c>0$,因为,如果对所有的 $0<c<d\leqslant b,\{X\in(c,d)\}$ 和 $\{X=c\}$ 都可测,则由 $(0,c)=[0,b]-\{0\}-[c,b]$,可得 $\{X\in(0,c)\}$ 可测,从而 $X$ 是可测的。矛盾!

当条件①成立时,则存在常数 $\beta>0$ 和 $c\in(0,b]$,使得 $\mu^*\{X=c\}-\mu_*\{X=c\}=\beta$。因此,对所有充分小的数 $\lambda>0$,取一个划分 $\widetilde{P}_\lambda=\widetilde{P}_\lambda[0=a_0,a_1,\cdots,a_t=b]$,满足对某个 $i\in\{0,1,\cdots,t\}$,有 $c=a_i$;再取一个相应于 $\widetilde{P}_\lambda$ 的向量 $\tilde{\xi}=(\bar{\xi}_0,\xi_1,\bar{\xi}_1,\xi_2,\cdots,\xi_t,\bar{\xi}_t)$,满足对某个 $j\in\{0,1,\cdots,t\}$,有 $c=\bar{\xi}_j$,且对任意 $s\in\{1,2,\cdots,t\}$,$\xi_s\in(a_{s-1},a_s)$,使得 $\lambda\geqslant\max\{|a_1-a_0|,\cdots,|a_t-a_{t-1}|\}$ 和

$$S_*(\lambda) = \inf_{P_\lambda,\xi}S_*(P_\lambda,\xi) \leqslant S_*(\widetilde{P}_\lambda,\tilde{\xi}) \leqslant S^*(\widetilde{P}_\lambda,\tilde{\xi}) - c\beta$$
$$\leqslant \sup_{P_\lambda,\xi}S^*(P_\lambda,\xi) - c\beta = S^*(\lambda) - c\beta.$$

因此

$$I_* = \liminf_{\lambda\to0+}S_*(\lambda) \leqslant \limsup_{\lambda\to0+}S^*(\lambda) - c\beta = I^* - c\beta,$$

这与已知条件 $I_*=I^*$ 相矛盾!因此,对所有 $c\in(0,b]$,$\{X=c\}$ 是可测的。

当条件①不成立,而条件②成立时,则存在 $\beta>0$ 和 $c,d\in(0,b]$,满足 $c<d$,使得

$$\mu^*\{X\in(c,d)\} - \mu_*\{X\in(c,d)\} = \beta.$$

因此,对充分小的 $\lambda \in (0, d-c)$,取一个划分 $\widetilde{P}_\lambda = \widetilde{P}_\lambda [0 = a_0, a_1, \cdots, a_t = b]$,满足 $c = a_m$ 和 $d = a_k$,对某两个 $m, k \in \{0, 1, \cdots, t\}$ 和 $m < k$;再取一个向量 $\tilde{\xi} = (\bar{\xi}_0, \xi_1, \bar{\xi}_1, \xi_2, \cdots, \xi_t, \bar{\xi}_t)$,满足 $\bar{\xi}_i = a_i$,对任意 $i \in \{0, 1, \cdots, t\}$,$\xi_j \in (a_{j-1}, a_j)$,对任意 $j \in \{1, 2, \cdots, t\}$,使得

$$(c, d) = (a_m, a_{m+1}) + \{a_{m+1}\} + (a_{m+1}, a_{m+2}) + \cdots + \{a_{k-1}\} + (a_{k-1}, a_k)。$$

于是

$$\mu^* \{X \in (c, d)\} \leqslant \mu^* \{X \in (a_m, a_{m+1})\} + \mu^* \{X = a_{m+1}\} + \cdots$$
$$+ \mu^* \{X \in (a_{k-1}, a_k)\},$$
$$\mu_* \{X \in (c, d)\} \geqslant \mu_* \{X \in (a_m, a_{m+1})\} + \mu_* \{X = a_{m+1}\} + \cdots$$
$$+ \mu_* \{X \in (a_{k-1}, a_k)\}。$$

因此

$$S_*(\lambda) = \inf_{P_\lambda, \xi} S_*(P_\lambda, \xi) \leqslant S_*(\widetilde{P}_\lambda, \tilde{\xi})$$

$$\leqslant S^*(\widetilde{P}_\lambda, \tilde{\xi}) - \sum_{i=m+1}^{k-1} \bar{\xi}_i [\mu^*(\overline{A}_i) - \mu_*(\overline{A}_i)] - \sum_{i=m+1}^{k} \xi_i [\mu^*(A_i) - \mu_*(A_i)]$$

$$\leqslant \sup_{P_\lambda, \xi} S^*(P_\lambda, \xi) - c\beta = S^*(\lambda) - c\beta,$$

其中 $\overline{A}_i = \{X = a_i\}$ 和 $A_i = \{X \in (a_{i-1}, a_i)\}$,这也与 $X$ 非负有界可积相矛盾!

由以上证明可知,对任意 $c, d \in [0, b]$,$\{X = c\}$ 和 $\{X \in (c, d)\}$ 都是可测的。由给定的条件,不难证明:对任意 $c \in \mathbf{R}$,$\{X = c\}$ 和 $\{X < c\}$ 都可测。因此,$X$ 是可测的。证毕!

在定理 6.1 中,条件"$\{X = 0\}$ 可测"是不能少的,这可从下面的例子看出。

**例 6.2**　设 $\Omega$ 是由式(1-3)定义的不可测集,数列 $X = \{x_n\}_{n=1}^\infty$ 定义为

$$x_n = \begin{cases} 0 & , n \in \Omega \\ 1/n & , n \notin \Omega \end{cases},$$

则 $X$ 是非负有界可积的,但它不是可测的。

由定理 6.1 和定义 6.2,可以得到如下结论。

**推论 6.1**　设 $X = \{x_n\}_{n=1}^\infty$ 是非负数列,且 $\{X = 0\}$ 是可测的。如果 $X$ 是非负可积的,则 $X$ 是可测的数列。

**定义 6.3**　设数列 $X = \{x_n\}_{n=1}^\infty$ 是有界的,即存在 $a, b \in \mathbf{R}, a < b$,使得 $a \leqslant x_n \leqslant b$,对任意 $n \in \mathbf{N}$,$X^+ = \{x_n^+\}_{n=1}^\infty$ 和 $X^- = \{x_n^-\}_{n=1}^\infty$ 是由式(6-1)定义的非负数列。如果 $X^+$ 和 $X^-$ 都是非负有界可积的,则 $X$ 称为有界可积,其积分为

$$\int_{[a,b]} x_n \mathrm{d}n = \int_{[a,b]} x_n \mathrm{d}\mu = \int_{\mathbf{R}^+} x_n^+ \mathrm{d}n - \int_{\mathbf{R}^+} x_n^- \mathrm{d}n。$$

一般地,对于任意数列 $X = \{x_n\}_{n=1}^\infty$,如果 $X^+$ 和 $X^-$ 都是非负可积的,则 $X$ 称为可积的,且其积分为

$$\int_{-\infty}^{\infty} x_n \mathrm{d}n = \int_{\mathbf{R}} x_n \mathrm{d}\mu = \int_{\mathbf{N}} x_n \mathrm{d}n = \int_{\mathbf{R}^+} x_n^+ \mathrm{d}n - \int_{\mathbf{R}^+} x_n^- \mathrm{d}n。$$

特别地,若 $X$ 是可积的,且无界,则 $X$ 称为无界可积。

由定义 6.3 容易证明:若 $X$ 可积,则其平移数列 $T^k(X) = \{y_n = x_{n+k}\}_{n=1}^{\infty}$ 也是可积的。

**定义 6.4** 对于数列 $X = \{x_n\}_{n=1}^{\infty}$,如果 $X$ 的绝对值数列 $|X| = \{|x_n|\}_{n=1}^{\infty}$ 是可积的,则将 $X$ 称为绝对可积的。

由定义 6.3 和 6.4,当 $X$ 是绝对可积的数列时,$X$ 不一定是可积的。

**例 6.3** 设 $\Omega$ 是由式(1-3)定义的不可测集,数列 $X = \{x_n\}_{n=1}^{\infty}$ 定义为

$$x_n = \begin{cases} -1, & n \in \Omega \\ 1, & n \notin \Omega \end{cases},$$

则不难证明 $X$ 是绝对可积的,但 $X$ 是不可积的。

由推论 6.1 和定义 6.3,下列结果成立。

**推论 6.2** 对于实数列 $X = \{x_n\}_{n=1}^{\infty}$,如果 $\{X>0\}$ 和 $\{X<0\}$ 都可测,且 $X$ 是可积的,那么 $X$ 是可测的。

**注 6.1** 由定理 6.1 的证明过程和推论 6.2,若 $X$ 是可积的,则 $X$ 至多除 0 点外是可测的数列。

**定义 6.5** 对任意两个数列 $X = \{x_n\}_{n=1}^{\infty}$ 和 $Y = \{y_n\}_{n=1}^{\infty}$,如果存在 $A \subseteq \mathbf{N}$,满足 $\mu(A) = 0$,且对任意 $n \in \mathbf{N} - A$,有 $x_n = y_n$,则称 $X$ 和 $Y$ 是几乎处处相等的,记为 $X = Y$a. s.。

显然,若 $X = Y$,则 $X = Y$a. s.。但是,反过来却不一定成立。

**定理 6.2** 设 $X = Y$a. s,$X$ 可积(或可测)的充分必要条件是 $Y$ 可积(或可测),且

$$\int_{-\infty}^{\infty} x_n \mathrm{d}n = \int_{-\infty}^{\infty} y_n \mathrm{d}n。$$

## 6.2 可测数列的积分

本节将重点讨论有界可测数列 $X = \{x_n\}_{n=1}^{\infty}$ 的可积性问题。

对于闭区间 $[a,b]$,设 $P = P[a = a_0, a_1, \cdots, a_t = b]$ 是 $[a,b]$ 的一个划分,$\overline{A}_i = \{n \in \mathbf{N} | x_n = a_i\}$,$A_j = \{n \in \mathbf{N} | x_n \in (a_{j-1}, a_j)\}$,对任意 $i, j = 0, 1, \cdots, t$,其中,$t \in \mathbf{N}$,$a_{-1} = a$ 和 $A_0 = \theta$。显然,对任意 $i, j = 0, 1, \cdots, t$ 和 $i \neq j$,有

$$\overline{A}_i \bigcap \overline{A}_j = \theta, \overline{A}_i \bigcap A_j = \theta, A_i \bigcap A_j = \theta。 \tag{6-7}$$

为了方便,称 $D = \{\overline{A}_0, A_1, \overline{A}_1, \cdots, A_t, \overline{A}_t\}$ 是由划分 $P$ 导出的划分集,或(相应于)$P$ 的划分集;将 $a_i$ 称为(相应于)$P$ 的一个划分点,对 $i = 0, 1, 2, \cdots, t$。

设 $P_1 = P_1[a_{1,0}, a_{1,1}, \cdots, a_{1,t_1}]$ 和 $P_2 = P_2[a_{2,0}, a_{2,1}, \cdots, a_{2,t_2}]$ 是 $[a,b]$ 上的两个划分,将所有划分点 $a_{1,0}, a_{1,1}, \cdots, a_{1,t_1}$ 和 $a_{2,0}, a_{2,1}, \cdots, a_{2,t_2}$ 按由小到大顺序排列成的数列记为 $a = a_0 < a_1 < \cdots < a_t = b$,由此得到 $[a,b]$ 上的一个新划分 $P = P[a_0, a_1, \cdots, a_t]$,称之为 $P_1$ 和 $P_2$ 的一个组合,也称 $P$ 是一个比 $P_1$ 或 $P_2$ 更"细"的划分。显然,若 $P$ 是比 $P_1$ 更细的划分,则通过在 $P_1$ 中加入有限个划分点可得到 $P$。

对 $[a,b]$ 上的任意两个划分 $P_1 = P_1[a_{1,0}, a_{1,1}, \cdots, a_{1,t_1}]$ 和 $P_2 = P_2[a_{2,0}, a_{2,1}, \cdots, a_{2,t_2}]$,设

$\overline{A}_{1,i} = \{n \in \mathbf{N} \mid x_n = a_{1,i}\}, A_{1,i} = \{n \in \mathbf{N} \mid x_n \in (a_{1,i-1}, a_{1,i})\}, i = 0, 1, \cdots, t_1,$

$\overline{A}_{2,j} = \{n \in \mathbf{N} \mid x_n = a_{2,j}\}, A_{2,j} = \{n \in \mathbf{N} \mid x_n \in (a_{2,j-1}, a_{2,j})\}, j = 0, 1, \cdots, t_2.$

显然,对一切 $i = 0, 1, \cdots, t_1$ 和 $j = 0, 1, \cdots, t_2, \overline{A}_{1,i}, A_{1,i}, \overline{A}_{2,j}, A_{2,j}$ 是可测的,且 $\overline{A}_{1,i} \cap \overline{A}_{2,j}, \overline{A}_{1,i} \cap A_{2,j}, A_{1,i} \cap \overline{A}_{2,j}$ 和 $A_{1,i} \cap A_{2,j}$ 都是可测的,因为

$$A_{1,i} \cap A_{2,j} = \{n \in \mathbf{N} \mid x_n \in (a_{1,i-1}, a_{1,i}) \cap (a_{2,j-1}, a_{2,j})\},$$

且 $(a_{1,i-1}, a_{1,i}) \cap (a_{2,j-1}, a_{2,j})$ 是一个区间或空集,等等。因此,当将 $P_1$ 和 $P_2$ 组合成一个更细的新划分 $P$ 时,如果允许任意添加有限个空集合,则 $P$ 的划分集为

$$D = \{\overline{A}_{1,i} \cap \overline{A}_{2,j}, \overline{A}_{1,i} \cap A_{2,j}, A_{1,i} \cap \overline{A}_{2,j}, A_{1,i} \cap A_{2,j} \mid$$
$$i = 0, 1, \cdots, t_1, j = 0, 1, \cdots, t_2\},$$

其中 $P_1$ 的划分集为 $D_1 = \{\overline{A}_{1,i}, A_{1,i} \mid i = 0, 1, \cdots, t_1\}, P_2$ 的划分集为 $D_2 = \{\overline{A}_{2,j}, A_{2,j} \mid j = 0, 1, \cdots, t_2\}$。$D$ 称为 $D_1$ 和 $D_2$ 的一个组合,也称 $D$ 比 $D_1$ 或 $D_2$ 更细。

下面先考虑非负有界可测数列 $X = \{x_n\}_{n=1}^{\infty}$ 的情形。

设 $b > 0$ 是 $X$ 的一个上界,即 $0 \leqslant x_n \leqslant b$,对 $n \in \mathbf{N}, [0,b]$ 的划分为 $P = P[a_0, a_1, \cdots, a_t], P$ 的划分集为 $D = \{\overline{A}_0, A_1, \overline{A}_1, \cdots, A_t, \overline{A}_t\}$,且令

$$\overline{b}_i = a_i, b_i = a_{i-1}, \overline{B}_i = B_i = a_i, i = 0, 1, \cdots, t, \tag{6-8}$$

其中 $a_{-1} = 0$。显然,$0 \leqslant a_i = \overline{b}_i = \overline{B}_i = B_i \leqslant b$ 和 $a_{i-1} = b_i \leqslant B_i = a_i$,对任意 $i = 0, 1, \cdots, t$。令

$$s_D = s_D(P) = \sum_{i=0}^{t} [\overline{b}_i \mu(\overline{A}_i) + b_i \mu(A_i)],$$

$$S_D = S_D(P) = \sum_{i=0}^{t} [\overline{B}_i \mu(\overline{A}_i) + B_i \mu(A_i)]. \tag{6-9}$$

分别将 $s_D$ 和 $S_D$ 称为非负有界可测数列 $X$ 相应于划分 $P$ 的(达布 Darboux)小和与大和。显然,对 $[0,b]$ 的任意划分 $P$,

$$0 \leqslant s_D(P) \leqslant S(P, \xi) \leqslant S_D(P) \leqslant b,$$

其中,$\xi = (\overline{\xi}_0, \xi_1, \overline{\xi}_1, \xi_2, \cdots, \xi_t, \overline{\xi}_t)$ 是相应于 $P$ 的任意一个向量。

**引理 6.1** 设 $X = \{x_n\}_{n=1}^{\infty}$ 是一个非负有界可测的数列,其上界为 $b > 0, P = P[a_0, a_1, \cdots, a_t]$ 和 $P_1 = P_1[a_{1,0}, a_{1,1}, \cdots, a_{1,t_1}]$ 是区间 $[0,b]$ 的两个划分。如果 $P$ 的划分集 $D$ 比 $P_1$ 的划分集 $D_1$ 更细,则

$$s_{D_1} \leqslant s_D \leqslant S_D \leqslant S_{D_1}。$$

证明:由给定的条件,划分 $P$ 是在划分 $P_1$ 中插入几个划分点得到的。

首先,设 $P$ 是在 $P_1$ 中增加一个划分点 $c$ 得到的,则存在 $m \in \{1, 2, \cdots, t_1\}$,使 $c \in (a_{1,m-1}, a_{1,m})$。因此,$t = t_1 + 1, a_m = c, a_j = a_{1,j}$,对 $j = 0, 1, \cdots, m-1; a_j = a_{1,j-1}$,对 $j = m+1, m+2, \cdots, t$。

设 $D = \{\overline{A}_0, A_1, \overline{A}_1, \cdots, A_t, \overline{A}_t\}$ 和 $D_1 = \{\overline{A}_{1,0}, A_{1,1}, \overline{A}_{1,1}, \cdots, A_{1,t_1}, \overline{A}_{1,t_1}\}$ 分别是相应于 $P$ 和 $P_1$ 的划分集,则 $\overline{A}_i = \{X = a_i\}, A_i = \{X \in (a_{i-1}, a_i)\}, i = 0, \cdots, t, \overline{A}_{1,j} = \{X = a_{1,j}\}, A_{1,j} = \{X \in (a_{1,j-1}, a_{1,j})\}, j = 0, 1, \cdots, t_1$,并设

$$\overline{b} = (\overline{b}_0, b_1, \overline{b}_1, \cdots, b_t, \overline{b}_t), B = (\overline{B}_0, B_1, \overline{B}_1, \cdots, B_t, \overline{B}_t)$$

和

$$\overline{b}_1 = (\overline{b}_{1,0}, b_{1,1}, \overline{b}_{1,1}, \cdots, b_{1,t_1}, \overline{b}_{1,t_1}), B_1 = (\overline{B}_{1,0}, B_{1,1}, \overline{B}_{1,1}, \cdots, B_{1,t_1}, \overline{B}_{1,t_1})$$

分别是相应于 $P$ 和 $P_1$ 由式(6-8)定义的向量,则

$$A_{1,m} = A_m + A_{m+1} + \overline{A}_m,$$
$$\mu(A_{1,m}) = \mu(A_m) + \mu(A_{m+1}) + \mu(\overline{A}_m),$$
$$\overline{A}_i = \overline{A}_{1,i}, A_i = A_{1,i}, i = 0, 1, \cdots, m-1,$$
$$\overline{A}_i = \overline{A}_{1,i-1}, i = m+1, m+2, \cdots, t,$$
$$A_i = A_{1,i-1}, i = m+2, \cdots, t。$$

因此

$$s_D = \sum_{i=0}^{t} \{\overline{b}_i \mu(\overline{A}_i) + b_i \mu(A_i)\}$$

$$= \sum_{j=0}^{t_1} \{\overline{b}_{1,j} \mu(\overline{A}_{1,j}) + b_{1,j} \mu(A_{1,j})\} + b_m \mu(A_m)$$
$$+ b_{m+1} \mu(A_{m+1}) + \overline{b}_m \mu(\overline{A}_m) - b_{1,m} \mu(A_{1,m}) \geqslant s_{D_1}$$

和

$$S_D = \sum_{j=0}^{t_1} \{\overline{B}_{1,j} \mu(\overline{A}_{1,j}) + B_{1,j} \mu(A_{1,j})\} + B_m \mu(A_m)$$
$$+ B_{m+1} \mu(A_{m+1}) + \overline{B}_m \mu(\overline{A}_m) - B_{1,m} \mu(A_{1,m}) \leqslant S_{D_1}。$$

因此,$s_{D_1} \leqslant s_D \leqslant S_D \leqslant S_{D_1}$。

利用归纳法,不难证明:当 $P$ 是由 $P_1$ 中插入有限个划分点得到时,结论同样才成立。证毕!

**推论 6.3** 设 $X = \{x_n\}_{n=1}^{\infty}$ 是一个非负有界可测的数列,其上界为 $b > 0$,则对 $[0, b]$ 上的任意两个划分集 $D_1$ 和 $D_2$,都有 $s_{D_1} \leqslant s_{D_2}$ 和 $s_{D_2} \leqslant S_{D_1}$。

证明:如果将这两个划分集 $D_1$ 和 $D_2$ 组合成一个更细的划分集 $D$,那么,由引理 6.1,可得 $s_{D_i} \leqslant s_D \leqslant S_D \leqslant S_{D_j}, i, j = 1, 2$。因此结论成立。证毕!

**引理 6.2** 设 $\varepsilon$ 是一个充分小的正数,$X = \{x_n\}_{n=1}^{\infty}$ 是一个非负有界可测的数

列,其上界为 $b>0,\lambda\in(0,\varepsilon)$,$P_\lambda=P_\lambda[0=a_0,a_1,\cdots,a_t=b]$ 是比 $P_{1,\lambda}=P_{1,\lambda}[0=a_{1,0},a_{1,1},\cdots,a_{1,t_1}=b]$ 更细的划分,则

$$S_{D_1}-\varepsilon\leqslant S_D,s_D\leqslant s_{D_1}+\varepsilon,$$

其中,$s_D,S_D$ 和 $s_{D_1},S_{D_1}$ 分别是相应于 $P_\lambda$ 和 $P_{1,\lambda}$ 的小和与大和,$D$ 和 $D_1$ 分别是 $P_\lambda$ 和 $P_{1,\lambda}$ 的划分集。

证明:由给定的条件,$P_\lambda$ 是在 $P_{1,\lambda}$ 中插入有限个划分点而得到的划分。首先,假设 $P_\lambda$ 是在 $P_{1,\lambda}$ 中插入一个划分点 $\tilde{a}$ 而得到的,则 $t=t_1+1$,对某个 $m\in\{0,1,\cdots,t_1-1\}$,$\tilde{a}\in(a_{1,m},a_{1,m+1})$,且

$$a_{m+1}=\tilde{a},a_j=a_{1,j},j=0,1,\cdots,m,a_i=a_{1,i-1},i=m+2,\cdots,t。$$

设 $D=\{\overline{A}_0,A_1,\overline{A}_1,\cdots,A_t,\overline{A}_t\}$ 和 $D_1=\{\overline{A}_{1,0},A_{1,1},\overline{A}_{1,1},\cdots,A_{1,t_1},\overline{A}_{1,t_1}\}$ 分别是 $P_\lambda$ 和 $P_{1,\lambda}$ 的划分集,且 $B=(\overline{B}_0,B_1,\overline{B}_1,\cdots,B_t,\overline{B}_t)$,$B_1=(\overline{B}_{1,0},B_{1,1},\overline{B}_{1,1},\cdots,B_{1,t_1},\overline{B}_{1,t_1})$ 分别是由式(6-8)定义的、相应于 $P_\lambda$ 和 $P_{1,\lambda}$ 的两个向量,则

$$A_{1,m+1}=A_{m+1}+A_{m+2}+\overline{A}_{m+1},$$
$$\mu(A_{1,m+1})=\mu(A_{m+1})+\mu(A_{m+2})+\mu(\overline{A}_{m+1}),$$
$$\overline{A}_i=\overline{A}_{1,i},A_i=A_{1,i},i=0,1,\cdots,m,$$
$$\overline{A}_i=\overline{A}_{1,i-1},i=m+2,\cdots,t,$$
$$A_i=A_{1,i-1},i=m+3,\cdots,t,$$
$$B_{m+1}=\overline{B}_{m+1}=a_{m+1},B_{m+2}=B_{1,m+1}=a_{m+2}=a_{1,m+1},B_{1,m+1}-B_{m+1}\leqslant\lambda\leqslant\varepsilon,$$
$$\overline{B}_i=\overline{B}_{1,i},B_i=B_{1,i},i=0,1,\cdots,m,$$
$$\overline{B}_i=\overline{B}_{1,i-1},B_i=B_{1,i-1},i=m+3,\cdots,t。$$

因此,由引理 6.1,得

$$0\leqslant S_{D_1}-S_D=\sum_{j=0}^{t_1}\{\overline{B}_{1,j}\mu(\overline{A}_{1,j})+B_{1,j}\mu(A_{1,j})\}-\sum_{i=0}^{t}\{\overline{B}_i\mu(\overline{A}_i)+B_i\mu(A_i)\}$$
$$=B_{1,m+1}\mu(A_{1,m+1})-B_{m+1}\mu(A_{m+1})-B_{m+2}\mu(A_{m+2})-\overline{B}_{m+1}\mu(\overline{A}_{m+1})$$
$$\leqslant\lambda[\mu(A_{m+1})+\mu(A_{m+1})+\mu(\overline{A}_{m+1})]\leqslant\lambda\leqslant\varepsilon。$$

利用归纳法,并考虑到 $\mu(\overline{A}_0)+\mu(A_1)+\mu(\overline{A}_1)+\cdots+\mu(A_t)+\mu(\overline{A}_t)=1$ 和 $\lambda\in(0,\varepsilon)$,当 $P_\lambda$ 是在 $P_{1,\lambda}$ 中插入有限个划分点而得到的划分时,同样有 $0\leqslant S_{D_1}-S_D\leqslant\varepsilon$。

其他的不等式也可同样证明。证毕!

**定理 6.3** 如果 $X=\{x_n\}_{n=1}^{\infty}$ 是一个非负有界可测的数列,则 $X$ 也是非负有界可积的。

证明:设 $b>0$ 是 $X$ 的一个上界,对 $\lambda>0$,$P_\lambda=P_\lambda[0=a_0,a_1,\cdots,a_t=b]$ 是一个划分,满足

$$\lambda\geqslant\max\{|a_1-a_0|,|a_2-a_1|,\cdots,|a_t-a_{t-1}|\},t\in\mathbf{N}。$$

令 $\overline{A}_i=\{X=a_i\},A_i=\{X_n\in(a_{i-1},a_i)\},i=0,\cdots,t,D=\{\overline{A}_0,A_1,\overline{A}_1,\cdots,A_t,\overline{A}_t\}$ 是

$P_\lambda$ 的划分集,则 $\overline{A}_0, A_1, \overline{A}_1, \cdots, A_t, \overline{A}_t$ 是两两互不相交的可测集,即

$$\overline{A}_i \bigcap \overline{A}_s = \overline{A}_i \bigcap A_j = A_i \bigcap \overline{A}_j = A_i \bigcap A_s = \theta, i, j, s = 0, \cdots, t \text{ 和 } i \neq s。$$

设 $\xi = (\bar{\xi}_0, \xi_1, \bar{\xi}_1, \xi_2, \cdots, \xi_t, \bar{\xi}_t)$,满足 $\bar{\xi}_i = a_i$ 和 $\xi_i \in (a_{i-1}, a_i)$,$i = 0, 1, \cdots, t$,且有限和为

$$S_*(P_\lambda, \xi) = S^*(P_\lambda, \xi) = S(P_\lambda, \xi) = \sum_{i=0}^{t} [\bar{\xi}_i \mu(\overline{A}_i) + \xi_i \mu(A_i)],$$

则 $0 \leqslant S(P_\lambda, \xi) \leqslant b$,对任意 $P_\lambda$ 和 $\xi$。因此,$\sup\limits_{P_\lambda, \xi} S(P_\lambda, \xi)$ 存在,且

$$0 \leqslant S^*(\lambda) = \sup_{P_\lambda, \xi} S(P_\lambda, \xi) \leqslant b, \lambda > 0。$$

因 $S^*(\lambda)$ 是单调非减的,故 $\lim\limits_{\lambda \to 0+} S^*(\lambda)$ 存在,即 $X$ 的上积分存在,记为 $I^* = \int_{\mathbf{R}^+} x_n \mathrm{d}n^*$。

类似地,可证明 $X$ 的下积分 $I_* = \lim\limits_{\lambda \to 0+} \inf\limits_{P_\lambda, \xi} S(P_\lambda, \xi) = \int_{\mathbf{R}^+} x_n \mathrm{d}n_*$ 也存在。显然,$I_* \leqslant I^*$。下证 $I_* = I^*$。

对任意 $\varepsilon > 0$,存在 $\lambda_0 \in (0, \varepsilon)$,使得对任意 $\lambda \in (0, \lambda_0]$,存在 $[0, b]$ 上的两个划分

$$P_{1,\lambda} = P_{1,\lambda}[0 = a_{1,0}, a_{1,1}, \cdots, a_{1,t_1} = b],$$
$$P_{2,\lambda} = P_{2,\lambda}[0 = a_{2,0}, a_{2,1}, \cdots, a_{2,t_2} = b],$$

及其两个相应向量 $\xi^{(1)} = (\bar{\xi}_0^{(1)}, \xi_1^{(1)}, \bar{\xi}_1^{(1)}, \cdots, \xi_{t_1}^{(1)}, \bar{\xi}_{t_1}^{(1)})$,$\xi^{(2)} = (\bar{\xi}_0^{(2)}, \xi_1^{(2)}, \bar{\xi}_1^{(2)}, \cdots, \xi_{t_2}^{(2)}, \bar{\xi}_{t_2}^{(2)})$,使得

$$\left| \sum_{i=0}^{t_1} \{\bar{\xi}_i^{(1)} \mu(\overline{A}_{1,i}) + \xi_i^{(1)} \mu(A_{1,i})\} - I^* \right| < \frac{\varepsilon}{2},$$

$$\left| \sum_{i=0}^{t_2} \{\bar{\xi}_i^{(2)} \mu(\overline{A}_{2,i}) + \xi_i^{(2)} \mu(A_{2,i})\} - I_* \right| < \frac{\varepsilon}{2}, \tag{6-10}$$

其中,$D_1 = \{\overline{A}_{1,0}, A_{1,1}, \overline{A}_{1,1}, \cdots, A_{1,t_1}, \overline{A}_{1,t_1}\}$ 和 $D_2 = \{\overline{A}_{2,0}, A_{2,1}, \overline{A}_{2,1}, \cdots, A_{2,t_2}, \overline{A}_{2,t_2}\}$ 分别是相应于 $P_{1,\lambda}$ 和 $P_{2,\lambda}$ 的划分集。显然

$$s_{D_1} \leqslant \sum_{i=0}^{t_1} [\bar{\xi}_i^{(1)} \mu(\overline{A}_{1,i}) + \xi_i^{(1)} \mu(A_{1,i})] \leqslant S_{D_1},$$

$$s_{D_2} \leqslant \sum_{i=0}^{t_2} [\bar{\xi}_i^{(2)} \mu(\overline{A}_{2,i}) + \xi_i^{(2)} \mu(A_{2,i})] \leqslant S_{D_2},$$

其中,$s_{D_1}, S_{D_1}$ 和 $s_{D_2}, S_{D_2}$ 分别是相应于 $P_{1,\lambda}$ 和 $P_{2,\lambda}$ 的小和与大和。

设 $P_\lambda = P_\lambda[a_0, a_1, \cdots, a_t]$ 是 $P_{1,\lambda}$ 和 $P_{2,\lambda}$ 的组合划分,其划分集为 $D = \{\overline{A}_0, A_1, \overline{A}_1, \cdots, A_t, \overline{A}_t\}$。如果允许在 $D$ 中加入有限个空集,则

$$D = \{\overline{A}_{1,i} \bigcap \overline{A}_{2,j}, \overline{A}_{1,i} \bigcap A_{2,j}, A_{1,i} \bigcap \overline{A}_{2,j}, A_{1,i} \bigcap A_{2,j} \mid$$
$$i = 0, 1, \cdots, t_1, j = 0, 1, \cdots, t_2\}。$$

由于 $a_i - a_{i-1} \leqslant \lambda < \varepsilon$,对任意 $i = 0, 1, \cdots, t$,因此,

$$S_D - s_D = \sum_{i=0}^{t} \left[ (\bar{B}_i - \bar{b}_i)\mu(\bar{A}_i) + (B_i - b_i)\mu(A_i) \right] \leqslant \lambda \sum_{i=0}^{t} \left[ \mu(\bar{A}_i) + \mu(A_i) \right] \leqslant \varepsilon.$$

由于 $P_\lambda$ 比 $P_{1,\lambda}$ 和 $P_{2,\lambda}$ 更细,因此,由引理 6.2,得

$$0 \leqslant I^* - I_* \leqslant \sum_{i=0}^{t_1} \left[ \xi_i^{(1)}\mu(\bar{A}_{1,i}) + \xi_i^{(1)}\mu(A_{1,i}) \right] - \sum_{i=0}^{t_2} \left[ \xi_i^{-(2)}\mu(\bar{A}_{2,i}) + \xi_i^{(2)}\mu(A_{2,i}) \right] + \varepsilon$$

$$\leqslant S_{D_1} - s_{D_2} + \varepsilon \leqslant S_D - s_D + 3\varepsilon \leqslant 4\varepsilon.$$

因此,$I^* = I_*$,即 $X$ 是非负有界可积的。证毕!

**推论 6.4**　如果数列 $X$ 是有界可测的,那么 $X$ 是有界可积的。

**注 6.2**　如果 $X$ 是无界可测的,则 $X$ 不一定可积。例如对数列 $X = \{x_n = n\}_{n=1}^{\infty}$。

由推论 6.2 和 6.4,可得如下结论。

**定理 6.4**　设 $X = \{x_n\}_{n=1}^{\infty}$ 是有界数列。$X$ 可测当且仅当对两个不同实数 $a$, $b$,$X-a$ 和 $X-b$ 是可积的,当且仅当对任意 $a \in \mathbf{R}$,$X-a$ 是可积的。

由柯西收敛准则、推论 6.4 和定义 6.2,可得如下结果。

**定理 6.5**　设 $X = \{x_n\}_{n=1}^{\infty}$ 是非负可测数列。$X$ 是非负可积的充分必要条件是对任意 $\varepsilon > 0$,存在 $M > 0$,使得对任意 $b_1, b_2 > M$,

$$\left| \int_{\mathbf{R}^+} x_0^{b_1}(n)\,\mathrm{d}n - \int_{\mathbf{R}^+} x_0^{b_2}(n)\,\mathrm{d}n \right| < \varepsilon.$$

**推论 6.5**　设 $X = \{x_n\}_{n=1}^{\infty}$ 是可测的。$X$ 可积的充分必要条件是对任意 $\varepsilon > 0$,存在 $M > 0$,使得对任意 $a_1, a_2, b_1, b_2 > M$,

$$\left| \int_{\mathbf{R}^+} x_0^{b_1, +}(n)\,\mathrm{d}n - \int_{\mathbf{R}^+} x_0^{b_2, +}(n)\,\mathrm{d}n \right| < \varepsilon,$$

$$\left| \int_{\mathbf{R}^+} x_0^{a_1 -}(n)\,\mathrm{d}n - \int_{\mathbf{R}^+} x_0^{a_2, -}(n)\,\mathrm{d}n \right| < \varepsilon,$$

其中,$x_0^{a, +}(n)$ 和 $x_0^{b, -}(n)$ 由式(6-1)和(6-2)定义,$a, b \in \mathbf{R}^+$。

**定理 6.6**　设 $X = \{x_n\}_{n=1}^{\infty}$ 是半正则可测的数列,其分布函数为 $F(x)$。如果 Stieltjes 积分 $\displaystyle\int_{-\infty}^{\infty} x\,\mathrm{d}F(x)$ 存在,则 $X$ 是可积的,且

$$\int_{\mathbf{R}} x_n\,\mathrm{d}n = \int_{-\infty}^{\infty} t\,\mathrm{d}F(t).$$

证明:设 $I = \displaystyle\int_{-\infty}^{\infty} x\,\mathrm{d}F(x)$。由引理 5.1 和给定的条件,可得

$$\lim_{a \to -\infty} \mu\{X \leqslant a\} = \lim_{a \to -\infty} \mu\{X \leqslant a\} = \lim_{b \to \infty} \mu\{X \geqslant b\} = \lim_{b \to \infty} \mu\{X \geqslant b\} = 0. \qquad (6\text{-}11)$$

下面将证明 $X^+ = \{x_n^+\}_{n=1}^{\infty}$ 和 $X^- = \{x_n^-\}_{n=1}^{\infty}$ 是可积的,且

$$\int_{-\infty}^{\infty} t\,\mathrm{d}F(t) = \int_0^{\infty} x_n^+\,\mathrm{d}n - \int_0^{\infty} x_n^-\,\mathrm{d}n,$$

其中 $X^+$ 和 $X^-$ 由式(6-1)定义。这只需要证明

$$I_1 = \int_0^\infty t\mathrm{d}F(t) = \int_0^\infty x_n^+ \mathrm{d}n, I_2 = \int_{-\infty}^0 t\mathrm{d}F(t) = -\int_0^\infty x_n^- \mathrm{d}n_\circ$$

由给定的条件和式(6-11),对任意 $\varepsilon > 0$,存在 $M > 0$,使得对任意给定的 $b \geqslant M$,存在 $\lambda_0 \in (0, \varepsilon)$,使得对任意划分 $P_\lambda = P_\lambda[0 = a_0, a_1, \cdots, a_t = b]$,$\lambda \in (0, \lambda_0)$ 和 $t \in \mathbf{N}$,

$$\mu(\overline{A}_t) < \frac{\varepsilon}{3b}, \left|\int_b^\infty t\mathrm{d}F(t)\right| < \frac{\varepsilon}{3}, \left|\sum_{i=1}^t a_i(F(a_i) - F(a_{i-1})) - \int_0^b t\mathrm{d}F(t)\right| < \frac{\varepsilon}{3},$$

其中,$\overline{A}_i = \{X_0^{b,+} = a_i\}$,$A_i = \{X_0^{b,+} \in (a_{i-1}, a_i)\}$,$i = 0, 1, \cdots, t$,$X_0^{b,+} = (X^+)_0^b$ 由式 (6-2)定义。显然,对任意 $b \geqslant M$,$X_0^{b,+}$ 是可积的,$\overline{A}_t = \{X_0^{b,+} = a_t\} = \{X \geqslant b\}$。因此,$\int_0^b x_0^{b,+}(n)\mathrm{d}n$ 是存在的。

设 $\xi = (\bar{\xi}_0, \xi_1, \bar{\xi}_1, \xi_2, \cdots, \xi_t, \bar{\xi}_t)$,满足 $\bar{\xi}_i = a_i$ 和 $\xi_i \in (a_{i-1}, a_i)$,$i = 0, 1, \cdots, t$,且

$$S(P_\lambda, \xi) = \sum_{i=0}^t [\bar{\xi}_i \mu(\overline{A}_i) + \xi_i \mu(A_i)],$$

则

$$\int_0^b x_0^{b,+}(n)\mathrm{d}n = \lim_{\lambda \to 0+} \sup_{P_\lambda, \xi} S(P_\lambda, \xi) = \lim_{\lambda \to 0+} \inf_{P_\lambda, \xi} S(P_\lambda, \xi)_\circ$$

由于对任意 $i = 1, 2, \cdots, t$,$F(a_i) - F(a_{i-1}) = \mu(\overline{A}_{i-1}) + \mu(A_i)$,所以

$$|I_1 - S(P_\lambda, \xi)| \leqslant \left|\sum_{i=0}^t [\bar{\xi}_i \mu(\overline{A}_i) + \xi_i \mu(A_i)] - \sum_{i=1}^t a_i[F(a_i) - F(a_{i-1})]\right|$$

$$+ \left|\sum_{i=1}^t a_i[F(a_i) - F(a_{i-1})] - \int_0^b t\mathrm{d}F(t)\right| + \left|\int_b^\infty t\mathrm{d}F(t)\right|$$

$$\leqslant \left|\sum_{i=0}^{t-1} (\bar{\xi}_i - a_{i+1})\mu(\overline{A}_i) + \sum_{i=1}^t (\xi_i - a_i)\mu(A_i) + b\mu(\overline{A}_t)\right| + \frac{2\varepsilon}{3}$$

$$\leqslant \lambda + \varepsilon_\circ$$

因此,$I_1 - 2\varepsilon \leqslant \inf_{P_\lambda, \xi} S(P_\lambda, \xi) \leqslant \sup_{P_\lambda, \xi} S(P_\lambda, \xi) \leqslant I_1 + 2\varepsilon$ 和

$$\left|\int_0^b x_0^{b,+}(n)\mathrm{d}n - I_1\right| \leqslant 2\varepsilon, b \geqslant M_\circ$$

于是

$$I_1 - 2\varepsilon \leqslant \liminf_{b \to \infty} \int_0^b x_0^{b,+}(n)\mathrm{d}n \leqslant \limsup_{b \to \infty} \int_0^b x_0^{b,+}(n)\mathrm{d}n \leqslant I_1 + 2\varepsilon,$$

即 $X^+$ 是可积的,且 $\int_0^\infty x_n^+ \mathrm{d}n = \int_0^\infty t\mathrm{d}F(t)$。类似地可证另一个等式。因此,该定理结论成立。证毕!

**推论 6.6** 设 $X = \{x_n\}_{n=1}^\infty$ 是一个半正则可测的数列,其密度函数为 $f(x)$。如果 Stieltjes 积分 $\int_{-\infty}^\infty tf(t)\mathrm{d}t$ 存在,则 $X$ 是可积的,且 $\int_{\mathbf{R}} x_n\mathrm{d}n = \int_{-\infty}^\infty tf(t)\mathrm{d}t$。

下面举一个例子说明积分的计算。

**例 6.4**　设数列 $X=\{x_n\}_{n=1}^{\infty}$ 定义为 $x_n=\langle n\sqrt{2}\rangle$,对任意 $n\in\mathbf{N}$,其中 $\langle a\rangle$ 表示 $a$ 的小数,则由引理 5.7,$X$ 是均匀分布数列,其密度函数为 $f(x)=1$,对任意 $x\in[0,1)$。因此,$X$ 是有界可测和有界可积的。

由推论 6.6,有

$$\int_{\mathbf{R}} x_n \mathrm{d}n = \int_0^1 x_n \mathrm{d}n = \int_{-\infty}^{\infty} tf(t)\mathrm{d}t = \int_0^1 tf(t)\mathrm{d}t = 0.5。$$

# 第7章 数列的数字特征和自相关数列

由概率论和数理统计学可知,特征数字如数学期望、方差、相关系数等在研究随机变量的性质时起着很重要的作用。与此相对应,本章将给出数列的几个特征数字的概念,为后面研究数列的性质奠定基础。

## 7.1 数列的均值和期望

### 7.1.1 均值和期望的定义

在数理统计学中,样本均值是一个重要概念。参照它的定义形式,可以给出如下的定义。

**定义 7.1** 设 $X = \{x_n\}_{n=1}^{\infty} \in \mathbf{R}^{\infty}$ 是一个实数列。如果极限

$$\limsup_{n\to\infty} \frac{x_1 + x_2 + \cdots + x_n}{n} = \limsup_{n\to\infty} \frac{1}{n} \sum_{i=1}^{n} x_i$$

存在,则将该极限称为 $X$ 的上算术平均值或样本上极限均值,记为 $m^*(X)$。同样地,如果极限

$$\liminf_{n\to\infty} \frac{x_1 + x_2 + \cdots + x_n}{n} = \liminf_{n\to\infty} \frac{1}{n} \sum_{i=1}^{n} x_i$$

存在,则将该极限称为 $X$ 的下算术平均值或样本下极限均值,记为 $m_*(X)$。如果 $m^*(X) = m_*(X)$,则将这个共同的极限称为 $X$ 的算术平均值或样本极限均值,记为 $m(X)$。

根据定义 7.1,数列的算术平均值满足如下性质:

① 如果 $m_*(X)$ 和 $m^*(X)$ 都存在,则 $m^*(X) \geqslant m_*(X)$。

② 如果 $X$ 是有界数列,则 $m_*(X)$ 和 $m^*(X)$ 都存在。

③ 设 $X = \{x_1, x_2, \cdots\}$ 和 $A = \{a_1, \cdots, a_k\}, k \in \mathbf{N}$。$m_*(X)$(或 $m^*(X)$)存在当且仅当 $m_*(Y)$(或 $m^*(Y)$)存在,且 $m_*(X) = m_*(Y)$(或 $m^*(X) = m^*(Y)$),其中,$Y = \{a_1, \cdots, a_k, x_1, x_2, \cdots\}$。

④ 如果 $m(X)$ 和 $m(Y)$ 存在,则对任意常数 $a, b \in \mathbf{R}, m(aX + bY)$ 也存在,且

$$m(aX + bY) = am(X) + bm(Y)。 \tag{7-1}$$

**例 7.1** 设数列 $X = \{x_n\}_{n=1}^{\infty} \in \mathbf{R}^{\infty}$ 定义如下:$x_n = 1, n \in \Omega; x_n = 0, n \notin \Omega$,其中 $\Omega$ 是由式(1-3)定义的不可测集,则不难计算出 $m_*(X) = 0, m^*(X) = 1$,故 $m(X)$

不存在。

**例 7.2**　设数列 $X=\{x_n\}_{n=1}^{\infty}\in\mathbf{R}^{\infty}$ 定义如下：$x_n=(-1)^n\log n, n\in\mathbf{N}$，则不难计算出 $m(X)=0$ 和 $\lim\limits_{n\to\infty}x_n=\infty$。

**例 7.3**　设数列 $X=\{x_n\}_{n=1}^{\infty}\in\mathbf{R}^{\infty}$ 定义如下：$x_n=n^2, n\in A=\{1,2,2^2,\cdots\}$；$x_n=0, n\notin A$。则 $\mu(A)=0, f\lim\limits_{n\to\infty}x_n=0$，但是 $m(X)$ 不存在，因为

$$\limsup_{n\to\infty}\frac{x_1+x_2+\cdots+x_n}{n}\geqslant\limsup_{k\to\infty}\frac{1}{2^k}\sum_{i=1}^{2^k}x_i\geqslant\limsup_{k\to\infty}\frac{2^{2k}}{2^k}=\infty。$$

例 7.1 说明数列的算术平均值可能不存在；例 7.2 说明了发散到无穷的数列的算术平均值也可能存在；例 7.3 说明了数列中非常稀少的一些项可能决定它的算术平均值是否存在。由例 7.3 看出，算术平均值反映不出数列所有项中占绝大多数项的"统计"特性。为了反映数列中绝大多数项的"统计"特征，有必要引入如下概念。

**定义 7.2**　设数列 $X=\{x_n\}_{n=1}^{\infty}$ 在 $a,b$ 处的截断数列为 $X_a^b$，则对任意 $a,b\in\mathbf{R}$，$m_*(X_a^b)$ 和 $m^*(X_a^b)$ 都存在。如果上极限 $\lim\limits_{-a,b\to\infty}\sup m^*(X_a^b)$ 存在，则将该极限称为 $X$ 的上频率均值，记为 $M^*(X)$ 或 $\overline{X}^*$。如果 $\lim\limits_{-a,b\to\infty}\inf m^*(X_a^b)$ 存在，则将该极限称为 $X$ 的下频率均值，记为 $M_*(X)$ 或 $\overline{X}_*$。特别地，如果 $M_*(X)=M^*(X)=M(X)$，则将 $M(X)$ 称为（频率）均值，也记为 $\overline{X}$。

显然，频率均值具有以下性质：

① 对频率有界数列 $X$，即存在 $a,b\in\mathbf{R}$，使 $\mu\{X\in[a,b]\}=1, M_*(X)$ 和 $M^*(X)$ 都存在，且 $a\leqslant M_*(X)\leqslant M^*(X)\leqslant b$。特别地，对有界数列 $X$，有 $M_*(X)=m_*(X)$ 和 $M^*(X)=m^*(X)$。此外，如果 $X$ 频率收敛，则 $M(X)$ 存在，且 $M(X)=f\lim\limits_{n\to\infty}x_n$。

② 如果 $X=Y$ a.s，则 $M(X)$ 存在当且仅当 $M(Y)$ 存在，且 $M(X)=M(Y)$。

③ $M(X)$ 存在当且仅当 $M(X+c)$ 存在，且 $M(X+c)=M(X)+c$。

④ 对任意 $a\in\mathbf{R}$，若 $M(X)$ 存在，则 $M(aX)$ 存在，且 $M(aX)=aM(X)$。

⑤ 如果 $M(X^+)$ 和 $M(X^-)$ 存在，则 $M(X)$ 存在，且 $M(X)=M(X^+)-M(X^-)$。

⑥ 对非负数列 $X$，如果 $m^*(X)$（或 $m_*(X)$）存在，则 $M^*(X)$（或 $M_*(X)$）也存在，且 $M^*(X)\leqslant m^*(X)$（或 $M_*(X)\leqslant m_*(X)$）。

⑦ 设 $X=\{x_1,x_2,\cdots\}$ 和 $A=\{a_1,\cdots,a_k\}, k\in\mathbf{N}$。$M_*(X)$ 或 $M^*(X)$ 存在当且仅当 $M_*(Y)$ 或 $M^*(Y)$ 存在，且 $M_*(X)=M_*(Y)$ 或 $M^*(X)=M^*(Y)$，其中，$Y=\{a_1,\cdots,a_k,x_1,x_2,\cdots\}$。

**例 7.4**　设数列 $X=\{x_n\}_{n=1}^{\infty}$ 定义如下：$x_n=n$，对 $n\in A=\{1,2,2^2,\cdots\}$；$x_n=0$，对 $n\notin A$。不难计算得到，$m^*(X)=2>m_*(X)=1>M^*(X)=M_*(X)=0$。

**例 7.5**　设数列 $X=\{x_n\}_{n=1}^{\infty}$ 满足：$x_n=-\sqrt{n}$，对 $n\in\{1,3,5,\cdots\}$；$x_n=\sqrt{n-1}$，对 $n\in\{2,4,6,\cdots\}$。不难计算出

$$m_n=\frac{x_1+x_2+\cdots+x_n}{n}=\begin{cases}0 & ,n\in\{2,4,6,\cdots\}\\ -\sqrt{n}/n & ,n\in\{1,3,5,\cdots\}\end{cases}。$$

因此，$m(X)=0$ 存在。但是 $M^*(X)=\infty$ 和 $M_*(X)=-\infty$，故 $M(X)$ 不存在。

例 7.4 和 7.5 说明了在一般情况下，$m(X)$ 存在与否和 $M(X)$ 存在与否没有必然的关系。

对于半正则（弱）可测数列 $X=\{x_n\}_{n=1}^{\infty}$，特别是离散和连续数列，由于 $X$ 的（弱）分布函数存在，因此，参照概率论中相应概念，可以给出如下的定义。

**定义 7.3**　设数列 $X=\{x_n\}_{n=1}^{\infty}$ 是半正则（弱）可测的，其分布函数为 $F(x)$。如果 Stieltjes 积分

$$I=\int_{-\infty}^{\infty}x\mathrm{d}F(x)=\lim_{-a,b\to\infty}\int_a^b x\,\mathrm{d}F(x)$$

是绝对可积的，则将该积分称为 $X$ 的（频率）期望，记为 $E(X)$。

显然，$X$ 的期望 $E(X)$ 存在的充分必要条件是

$$\lim_{a\to\infty}\int_{-\infty}^a x\mathrm{d}F(x)=\lim_{b\to\infty}\int_b^{\infty}x\,\mathrm{d}F(x)=0。$$

**例 7.6**　设 $\Omega$ 由式（1-3）定义的不可测集，数列 $X=\{x_n\}_{n=1}^{\infty}$ 定义如下：$x_n=1-1/n,n\in\Omega$；$x_n=1+1/n,n\notin\Omega$。则 $X$ 是频率收敛的，但不是弱可测的，因此，$M(X)$ 存在，$E(X)$ 不存在。

对于正则可测数列，$m(X)$、$M(X)$ 和 $E(X)$ 也可能不存在。

**例 7.7**　设 $A_0,A_1,\cdots,A_k,\cdots$ 由式（5-2）定义的集合，数列 $X=\{x_n\}_{n=1}^{\infty}$ 定义如下：

$$x_n=\begin{cases}0 & ,n\in A_0\\ 4^m & ,n\in A_m,m=1,2,\cdots\end{cases}。$$

则 $\mu(A_k)=1/2^{k+1},k=0,1,2,\cdots$，且 $X$ 是正则可测的。但是 $m(X),E(X)$ 和 $M(X)$ 不存在，因为，对任意 $a,b\in\mathbf{R}$，满足 $a<0$ 和 $b>0$，存在 $s=s(b)\geqslant0$，使得 $4^{s-1}<b\leqslant4^s$。因此

$$\lim_{b\to\infty}s(b)=\infty,\mu\{X\geqslant b\}\geqslant\frac{1}{2^{s+1}}+\frac{1}{2^{s+2}}+\cdots=\frac{1}{2^s}$$

和

$$m^*(X_a^b)=\limsup_{n\to\infty}\frac{x_a^b(1)+x_a^b(2)+\cdots+x_a^b(n)}{n}\geqslant b\mu\{X\geqslant b\}\geqslant2^{s-2}。$$

于是，$M^*(X)=\lim_{-a,b\to\infty}\sup m^*(X_a^b)=\infty$，即 $M(X)$ 不存在。类似地，$m(X)$ 和 $E(X)$ 也不存在。

### 7.1.2 均值和期望的性质

由柯西收敛准则,可得如下结果。

**定理 7.1** 对任意数列 $X=\{x_n\}_{n=1}^{\infty}$, $m(X)$ 存在当且仅当对任意 $\varepsilon>0$,存在整数 $S>0$,使得对任意 $k,n>S$,

$$\left|\frac{x_1+x_2+\cdots+x_k}{k}-\frac{x_1+x_2+\cdots+x_n}{n}\right|<\varepsilon。$$

**定理 7.2** 对任意数列 $X=\{x_n\}_{n=1}^{\infty}$, $M(X)$ 存在当且仅当对任意 $\varepsilon>0$,存在整数 $S,T>0$,使得对任意 $k,n>S$ 和 $-a,b,-c,d>T$,

$$\left|\frac{x_a^b(1)+x_a^b(2)+\cdots+x_a^b(k)}{k}-\frac{x_c^d(1)+x_c^d(2)+\cdots+x_c^d(n)}{n}\right|<\varepsilon, \quad (7\text{-}2)$$

其中,$X_a^b$ 是 $X$ 在 $a,b$ 处的截断数列。

证明:必要性。因为 $M(X)=\lim\limits_{-a,b\to\infty}\inf m_*(X_a^b)=\lim\limits_{-a,b\to\infty}\sup m^*(X_a^b)$ 存在,故对任意 $\varepsilon>0$,存在整数 $T>0$,使得对任意 $-a,b,-c,d>T$,

$$M(X)-\frac{\varepsilon}{4}<m_*(X_a^b)\leqslant m^*(X_a^b)<M(X)+\frac{\varepsilon}{4},$$

$$M(X)-\frac{\varepsilon}{4}<m_*(X_c^d)\leqslant m^*(X_c^d)<M(X)+\frac{\varepsilon}{4}。$$

由定义 7.1,存在整数 $S>0$,使得对任意 $k,n>S$,

$$M(X)-\frac{\varepsilon}{2}<m_*(X_a^b)-\frac{\varepsilon}{4}<\frac{1}{k}\sum_{i=1}^{k}x_a^b(i)<m^*(X_a^b)+\frac{\varepsilon}{4}<M(X)+\frac{\varepsilon}{2},$$

$$M(X)-\frac{\varepsilon}{2}<m_*(X_c^d)-\frac{\varepsilon}{4}<\frac{1}{n}\sum_{i=1}^{n}x_c^d(i)<m^*(X_c^d)+\frac{\varepsilon}{4}<M(X)+\frac{\varepsilon}{2}。$$

因此

$$\left|\frac{x_a^b(1)+x_a^b(2)+\cdots+x_a^b(k)}{k}-\frac{x_c^d(1)+x_c^d(2)+\cdots+x_c^d(n)}{n}\right|<\varepsilon。$$

充分性。显然,对任意 $a,c<0$ 和 $b,d>0$, $m_*(X_a^b)$ 和 $m^*(X_a^b)$, $m_*(X_c^d)$ 和 $m^*(X_c^d)$ 都存在。由给定的条件,对任意 $\varepsilon>0$,存在整数 $S,T>0$,使得对任意 $k$, $n>S$ 和 $-a,b,-c,d>T$,有

$$\frac{1}{n}\sum_{i=1}^{n}x_c^d(i)-\varepsilon<\frac{1}{k}\sum_{i=1}^{k}x_a^b(i)<\frac{1}{n}\sum_{i=1}^{n}x_c^d(i)+\varepsilon。$$

因此

$$m_*(X_c^d)-\varepsilon\leqslant\frac{1}{k}\sum_{i=1}^{k}x_a^b(i)\leqslant m_*(X_c^d)+\varepsilon,$$

进而

$$m_*(X_c^d)-\varepsilon\leqslant m_*(X_a^b)\leqslant m_*(X_c^d)+\varepsilon,$$

$$m_* (X_c^d) - \varepsilon \leqslant m^* (X_a^b) \leqslant m_* (X_c^d) + \varepsilon。$$

于是

$$m_* (X_c^d) - \varepsilon \leqslant M_* (X) \leqslant m_* (X_c^d) + \varepsilon,$$

$$m_* (X_c^d) - \varepsilon \leqslant M^* (X) \leqslant m_* (X_c^d) + \varepsilon,$$

故 $|M^* (X) - M_* (X)| \leqslant 2\varepsilon$, 即 $M(X)$ 存在。证毕!

**引理 7.1** 对 $X = \{x_n\}_{n=1}^{\infty}$, 如果 $M(X)$ 存在, 则

$$\limsup_{b \to \infty} \mu^* (X > b) = \limsup_{b \to \infty} \mu^* (X \geqslant b) = \lim_{a \to \infty} \sup \mu^* (X < a)$$

$$= \lim_{a \to \infty} \sup \mu^* (X \leqslant a) = 0。$$

证明:不失一般性,设 $X$ 是非负的。

反证法。假设 $\limsup_{b \to \infty} \mu^* (X \geqslant b) = \alpha > 0$, 则存在整数列 $0 < S_1 < S_2 < \cdots$ 和 $0 < T_1 < T_2 < \cdots$, 使得 $\lim_{k} S_k = \infty$ 和 $\lim_{k} T_k = \infty$, 以及

$$\lim_{m \to \infty} \left[ \lim_{k \to \infty} \frac{| \{X \geqslant T_m\}^{(S_k)} |}{S_k} \right] = \alpha, \quad \frac{| \{X \geqslant T_m\}^{(S_k)} |}{S_k} \geqslant \frac{\alpha}{2}, m, k = 1, 2, \cdots。$$

因此

$$M(X) = \limsup_{b \to \infty} m^* (X_0^b) = \limsup_{b \to \infty} \left[ \limsup_{n \to \infty} \frac{1}{n} \sum_{i=1}^{n} x_0^b(i) \right]$$

$$\geqslant \limsup_{m \to \infty} \left[ \limsup_{n \to \infty} \frac{1}{n} \sum_{i=1}^{n} x_0^{T_m}(i) \right]$$

$$\geqslant \limsup_{m \to \infty} \left[ \limsup_{k \to \infty} \frac{T_m | \{X \geqslant T_m\}^{(S_k)} |}{S_k} \right] = \infty,$$

与已知条件相矛盾! 一般情形可类似证明该引理。证毕!

下面的结果推广了引理 7.1。

**引理 7.2** 对 $X = \{x_n\}_{n=1}^{\infty}$, 如果 $M(X)$ 存在, 则

$$\limsup_{b \to \infty} b\mu^* (X > b) = \limsup_{b \to \infty} b\mu^* (X \geqslant b) = \lim_{a \to \infty} \sup a\mu^* (X < a)$$

$$= \lim_{a \to \infty} \sup a\mu^* (X \leqslant a) = 0。$$

证明:由定理 7.2 和已知条件,对任意 $\varepsilon > 0$, 存在整数 $U, V > 0$, 使得对任意 $n > U$ 和 $-a, b \geqslant V$,

$$\left| \frac{1}{n} \sum_{i=1}^{n} x_a^V(i) - \frac{1}{n} \sum_{i=1}^{n} x_a^b(i) \right| = \frac{1}{n} \left| \sum_{\{x_i \in (V, b]\}^{(n)}} (x_i - V) \right| + \frac{1}{n} \left| \sum_{\{x_i > b\}^{(n)}} (b - V) \right| < \frac{\varepsilon}{2}。$$

由引理 7.1, 存在两个整数 $S > U$ 和 $T > V$, 使得对任意 $n > S$ 和 $b > T$,

$$0 \leqslant \frac{| \{X > b\}^{(n)} |}{n} < \frac{\varepsilon}{2V}。$$

由如下不等式

$$\frac{1}{n} \sum_{\{x_i > b\}^{(n)}} b - \frac{1}{n} \sum_{\{x_i > b\}^{(n)}} V = \frac{1}{n} \left| \sum_{\{x_i > b\}^{(n)}} (b - V) \right| < \frac{\varepsilon}{2},$$

可得

$$0 \leqslant \frac{b \mid \{X > b\}^{(n)} \mid}{n} < \frac{\varepsilon}{2} + \frac{V \mid \{X > b\}^{(n)} \mid}{n} < \varepsilon.$$

因此

$$0 \leqslant b\mu^* \{X > b\} \leqslant \varepsilon, \limsup_{b \to \infty} b\mu^* \{X > b\} = 0.$$

其他等式可类似证明。证毕！

**定理 7.3** 对两个数列 $X = \{x_n\}_{n=1}^{\infty}$ 和 $Y = \{y_n\}_{n=1}^{\infty}$，如果 $M(X)$ 和 $M(Y)$ 都存在，则对任意 $\alpha, \beta \in \mathbf{R}, M(\alpha X + \beta Y)$ 也存在，且

$$M(\alpha X + \beta Y) = \alpha M(X) + \beta M(Y). \tag{7-3}$$

证明：首先证明 $M(X+Y) = M(X) + M(Y)$。

由定理 7.2，引理 7.2 和已知条件，对任意 $\varepsilon > 0$，存在两个整数 $S, T > 0$，使得对任意 $n > S$ 和 $-a, b, -c, d > T$，满足 $c \leqslant a$ 和 $b \leqslant d$，有

$$\left| M(X) - \frac{1}{n} \sum_{i=1}^{n} x_a^b(i) \right| < \varepsilon, \left| M(Y) - \frac{1}{n} \sum_{i=1}^{n} y_a^b(i) \right| < \varepsilon,$$

$$\frac{\mid a \mid \mid \{X < a\}^{(n)} \mid}{n} < \varepsilon, \frac{\mid a \mid \mid \{Y < a\}^{(n)} \mid}{n} < \varepsilon,$$

$$\frac{b \mid \{X > b\}^{(n)} \mid}{n} < \varepsilon, \frac{b \mid \{Y > b\}^{(n)} \mid}{n} < \varepsilon$$

和

$$\frac{1}{n} \left| \sum_{\{x_i \in (b,d)\}^{(n)}} (x_i - b) \right| + \frac{1}{n} \left| \sum_{\{x_i > d\}^{(n)}} (d - b) \right| < \varepsilon,$$

$$\frac{1}{n} \left| \sum_{\{x_i \in [c,a)\}^{(n)}} (x_i - a) \right| + \frac{1}{n} \left| \sum_{\{x_i < c\}^{(n)}} (c - a) \right| < \varepsilon,$$

$$\frac{1}{n} \left| \sum_{\{y_i \in (b,d)\}^{(n)}} (y_i - b) \right| + \frac{1}{n} \left| \sum_{\{y_i > d\}^{(n)}} (d - b) \right| < \varepsilon,$$

$$\frac{1}{n} \left| \sum_{\{y_i \in [c,a)\}^{(n)}} (y_i - a) \right| + \frac{1}{n} \left| \sum_{\{y_i < c\}^{(n)}} (c - a) \right| < \varepsilon.$$

因此，对任意 $-a, b > T$ 和 $n > S$，有

$$\frac{1}{n} \left| \sum_{\{x_i > b\}^{(n)}} (x_i - b) \right| \leqslant \varepsilon, \frac{1}{n} \left| \sum_{\{x_i < a\}^{(n)}} (x_i - a) \right| \leqslant \varepsilon,$$

$$\frac{1}{n} \left| \sum_{\{y_i > b\}^{(n)}} (y_i - b) \right| \leqslant \varepsilon, \frac{1}{n} \left| \sum_{\{y_i < a\}^{(n)}} (y_i - a) \right| \leqslant \varepsilon.$$

设 $W = X + Y = \{w_n = x_n + y_n\}_{n=1}^{\infty}$，则对任意 $-a, b > T$ 和 $n > S$，有

$$\left| \frac{1}{n} \sum_{i=1}^{n} w_{2a}^{2b}(i) - M(X) - M(Y) \right| \leqslant \left| M(X) - \frac{1}{n} \sum_{i=1}^{n} x_a^b(i) \right| + \left| M(Y) - \frac{1}{n} \sum_{i=1}^{n} y_a^b(i) \right|$$

$$+ \left| \frac{1}{n} \left[ \sum_{i=1}^{n} w_{2a}^{2b}(i) - \sum_{i=1}^{n} x_{a}^{b}(i) - \sum_{i=1}^{n} y_{a}^{b}(i) \right] \right|$$

$$< 2\varepsilon + \left| \frac{1}{n} \left[ \sum_{i=1}^{n} w_{2a}^{2b}(i) - \sum_{i=1}^{n} x_{a}^{b}(i) - \sum_{i=1}^{n} y_{a}^{b}(i) \right] \right|。$$

设

$$A = \{X \in [a,b], Y \in [a,b]\}, B = \{X > b, Y > b\}, C = \{X < a, Y < a\},$$
$$A_1 = \{X \in [a,b], Y < a, W < 2a\}, A_2 = \{X \in [a,b], Y < a, W \in [2a,2b]\},$$
$$B_1 = \{X \in [a,b], Y > b, W > 2b\}, B_2 = \{X \in [a,b], Y > b, W \in [2a,2b]\},$$
$$C_1 = \{Y \in [a,b], X < a, W < 2a\}, C_2 = \{Y \in [a,b], X < a, W \in [2a,2b]\},$$
$$D_1 = \{Y \in [a,b], X > b, W > 2b\}, D_2 = \{Y \in [a,b], X > b, W \in [2a,2b]\},$$
$$E_1 = \{X < a, Y > b, W < 2a\}, E_2 = \{X < a, Y > b, W \in [2a,2b]\},$$
$$E_3 = \{X < a, Y > b, W > 2b\}, F_1 = \{X > b, Y < a, W < 2a\}$$

和

$$F_2 = \{X > b, Y < a, W \in [2a,2b]\}, F_3 = \{X > b, Y < a, W > 2b\},$$

则

$$N = A + B + C + A_1 + A_2 + B_1 + B_2 + C_1 + C_2 + D_1$$
$$+ D_2 + E_1 + E_2 + E_3 + F_1 + F_2 + F_3$$

和

$$\frac{1}{n} \left[ \sum_{i=1}^{n} w_{2a}^{2b}(i) - \sum_{i=1}^{n} x_{a}^{b}(i) - \sum_{i=1}^{n} y_{a}^{b}(i) \right]$$

$$= \frac{1}{n} \sum_{\substack{i \notin A^{(n)} + B^{(n)} + C^{(n)}}}^{i \in Z[1,n]} \left[ w_{2a}^{2b}(i) - x_{a}^{b}(i) - y_{a}^{b}(i) \right]。$$

如果 $|a| \geqslant b$，那么

$$\left| \frac{1}{n} \left[ \sum_{i \in A_1^{(n)}} \left[ w_{2a}^{2b}(i) - x_{a}^{b}(i) - y_{a}^{b}(i) \right] \right] \right|$$

$$= \frac{1}{n} \left| \sum_{i \in A_1^{(n)}} (a - x_i) \right| \leqslant \frac{2|a| \{Y < a\}^{(n)}}{n} < 2\varepsilon。$$

如果 $|a| < b$，那么对任意 $-a, b > T$ 和 $n > S$，

$$\left| \frac{1}{n} \left[ \sum_{i \in A_1^{(n)}} \left[ w_{2a}^{2b}(i) - x_{a}^{b}(i) - y_{a}^{b}(i) \right] \right] \right|$$

$$= \frac{1}{n} \left| \sum_{i \in A_1^{(n)}}^{x_i \in [a,-a]} (a - x_i) \right| + \frac{1}{n} \left| \sum_{i \in A_1^{(n)}}^{x_i \in (-a,b)} \left[ 2a - (x_i + a) \right] \right|$$

$$\leqslant \frac{2\,|\,a\,|\,|\,\{Y<a\}^{(n)}\,|}{n} + \frac{2\,|\,a\,|\,|\,\{Y<a\}^{(n)}\,|}{n}$$

$$+ \frac{1}{n}\Big|\sum_{\{x_i\in(-a,b]\}^{(n)}}[x_i-(-a)]\Big| < 5\varepsilon。$$

容易知道

$$\Big|\frac{1}{n}\Big[\sum_{i\in A_2^{(n)}}[w_{2a}^{2b}(i)-x_a^b(i)-y_a^b(i)]\Big]\Big|$$

$$= \frac{1}{n}\Big|\sum_{i\in A_2^{(n)}}(y_i-a)\Big| \leqslant \frac{1}{n}\Big|\sum_{\{y_i<a\}^{(n)}}(y_i-a)\Big| \leqslant \varepsilon。$$

类似地,可以证明如下不等式:

$$\Big|\frac{1}{n}\Big[\sum_{i\in B_1^{(n)}}[w_{2a}^{2b}(i)-x_a^b(i)-y_a^b(i)]\Big]\Big| < 5\varepsilon,$$

$$\Big|\frac{1}{n}\Big[\sum_{i\in B_2^{(n)}}[w_{2a}^{2b}(i)-x_a^b(i)-y_a^b(i)]\Big]\Big| \leqslant \varepsilon,$$

$$\Big|\frac{1}{n}\Big[\sum_{i\in C_1^{(n)}}[w_{2a}^{2b}(i)-x_a^b(i)-y_a^b(i)]\Big]\Big| < 5\varepsilon,$$

$$\Big|\frac{1}{n}\Big[\sum_{i\in C_2^{(n)}}[w_{2a}^{2b}(i)-x_a^b(i)-y_a^b(i)]\Big]\Big| \leqslant \varepsilon,$$

$$\Big|\frac{1}{n}\Big[\sum_{i\in D_1^{(n)}}[w_{2a}^{2b}(i)-x_a^b(i)-y_a^b(i)]\Big]\Big| < 5\varepsilon,$$

$$\Big|\frac{1}{n}\Big[\sum_{i\in D_2^{(n)}}[w_{2a}^{2b}(i)-x_a^b(i)-y_a^b(i)]\Big]\Big| \leqslant \varepsilon。$$

此外

$$\Big|\frac{1}{n}\Big[\sum_{i\in E_1^{(n)}}[w_{2a}^{2b}(i)-x_a^b(i)-y_a^b(i)]\Big]\Big|$$

$$= \Big|\frac{1}{n}\sum_{i\in E_1^{(n)}}(a-b)\Big| \leqslant \Big|\frac{1}{n}\sum_{\{x_i<a\}^{(n)}}a\Big| + \Big|\frac{1}{n}\sum_{\{y_i>b\}^{(n)}}b\Big| \leqslant 2\varepsilon,$$

$$\Big|\frac{1}{n}\Big[\sum_{i\in E_2^{(n)}}[w_{2a}^{2b}(i)-x_a^b(i)-y_a^b(i)]\Big]\Big|$$

$$= \Big|\frac{1}{n}\Big[\sum_{i\in E_2^{(n)}}[(x_i-a)+(y_i-b)]\Big]\Big| \leqslant 2\varepsilon。$$

类似地,有

$$\left| \frac{1}{n} \left[ \sum_{i \in E_3^{(n)}} \left[ w_{2a}^{2b}(i) - x_a^b(i) - y_a^b(i) \right] \right] \right| \leqslant 2\varepsilon,$$

$$\left| \frac{1}{n} \left[ \sum_{i \in F_1^{(n)}} \left[ w_{2a}^{2b}(i) - x_a^b(i) - y_a^b(i) \right] \right] \right| \leqslant 2\varepsilon,$$

$$\left| \frac{1}{n} \left[ \sum_{i \in F_2^{(n)}} \left[ w_{2a}^{2b}(i) - x_a^b(i) - y_a^b(i) \right] \right] \right| \leqslant 2\varepsilon,$$

$$\left| \frac{1}{n} \left[ \sum_{i \in F_3^{(n)}} \left[ w_{2a}^{2b}(i) - x_a^b(i) - y_a^b(i) \right] \right] \right| \leqslant 2\varepsilon.$$

因此

$$\left| \frac{1}{n} \left[ \sum_{\substack{i \in Z[1,n] \\ i \notin A^{(n)} + B^{(n)} + C^{(n)}}} \left[ w_{2a}^{2b}(i) - x_a^b(i) - y_a^b(i) \right] \right] \right| \leqslant 36\varepsilon,$$

进而

$$\left| \frac{1}{n} \sum_{i=1}^{n} w_{2a}^{2b}(i) - M(X) - M(Y) \right| \leqslant 38\varepsilon.$$

故 $M(W)$ 存在,且 $M(W) = M(X) + M(Y)$。

此外,如果 $M(X)$ 存在,则容易证明:对任意 $\alpha \in \mathbf{R}, M(\alpha X)$ 存在,且 $M(\alpha X) = \alpha M(X)$。因此,对任意 $\alpha, \beta \in \mathbf{R}, M(\alpha X + \beta Y)$ 存在,且式(7-3)成立。证毕!

**注 7.1**　对任意两个正则可测数列 $X = \{x_n\}_{n=1}^{\infty}$ 和 $Y = \{y_n\}_{n=1}^{\infty}$,由于对任意 $a$, $b \in \mathbf{R}, aX + bY$ 不一定是可测的数列,因此,即使当 $E(X)$ 和 $E(Y)$ 都存在时,$E(aX + bY)$ 也不一定存在,从而等式 $E(aX + bY) = aE(X) + bE(Y)$ 不一定成立。不过将在后面的章节中讨论该等式成立的充分条件。

虽然对一般的(半)正则可测数列 $X = \{x_n\}_{n=1}^{\infty}, M(X)$ 不一定存在,但是,如下的结果成立。

**定理 7.4**　如果 $X = \{x_n\}_{n=1}^{\infty}$ 是频率有界可测数列,则 $M(X)$ 和 $E(X)$ 都存在,且

$$M(X) - E(X) = \int_{\mathbf{R}} x_n \mathrm{d}n.$$

证明:由已知条件和定理 6.6,$E(X)$ 和 $\int_{\mathbf{R}} x_n \mathrm{d}n$ 都存在,且 $E(X) = \int_{\mathbf{R}} x_n \mathrm{d}n$。下面将证明 $M(X)$ 存在,且 $M(X) = \int_{\mathbf{R}} x_n \mathrm{d}n$。不失一般性,可设 $X$ 是有界的。

首先,假设 $X$ 是非负有界的,且上界为 $b > 0$。由于 $X$ 是可积的,因此,对任意 $\varepsilon > 0$,存在 $\lambda_0 \in (0, \varepsilon)$,使得对任意 $\lambda \in (0, \lambda_0)$,存在 $[0, b]$ 上的划分 $P_\lambda = P_\lambda [0 = a_0,$ $a_1, \cdots, a_t = b]$ 及其相应的向量 $\xi = (\bar{\xi}_0, \xi_1, \bar{\xi}_1, \cdots, \xi_t, \bar{\xi}_t)$,使得

$$\left| I - \sum_{i=0}^{t} \left[ \bar{\xi}_i \mu(\overline{A}_i) + \xi_i \mu(A_i) \right] \right| < \varepsilon, \quad I = \int_{\mathbf{R}} x_n \mathrm{d}n, \quad A_0 = \theta,$$

$$s_D = s_D(P_\lambda) \leqslant \sum_{i=0}^{t} \left[ \bar{\xi}_i \mu(\overline{A}_i) + \xi_i \mu(A_i) \right] \leqslant S_D(P_\lambda) = S_D, \quad S_D - s_D < \varepsilon,$$

其中，$\overline{A}_i = \{X = a_i\}$ 和 $A_i = \{X \in (a_{i-1}, a_i)\}$，对任意 $i \in \{0, 1, \cdots, t\}$，$D = \{\overline{A}_0, A_1, \overline{A}_1, \cdots, A_t, \overline{A}_t\}$ 是划分 $P_\lambda$ 的划分集，$S_D$ 和 $s_D$ 是相应于 $P_\lambda$ 的大和与小和。因此

$$|s_D - I| < 2\varepsilon, \quad |S_D - I| < 2\varepsilon.$$

由于 $X$ 可测，故 $\overline{A}_i$ 和 $A_i$ 也可测，对任意 $i = 0, 1, \cdots, t$。因此，存在充分大整数 $Q = Q(P_\lambda, \varepsilon) > 0$，使得对任意 $n > Q$，有

$$\left| \frac{|(\overline{A}_i)^{(n)}|}{n} - \mu(\overline{A}_i) \right| < \frac{\varepsilon}{2(t+1)b},$$

$$\left| \frac{|(A_i)^{(n)}|}{n} - \mu(A_i) \right| < \frac{\varepsilon}{2(t+1)b}, i = 0, 1, \cdots, t.$$

设 $\bar{b}_i, b_i, \overline{B}_i, B_i$ 是相应于 $P_\lambda$、并由式(6-8)定义的一组数，则对任意 $n > Q$，有

$$\frac{1}{n} \sum_{i=1}^{n} x_i \leqslant \sum_{i=0}^{t} \overline{B}_i \frac{|(\overline{A}_i)^{(n)}|}{n} + \sum_{i=1}^{t} B_i \frac{|(A_i)^{(n)}|}{n}$$

$$\leqslant \sum_{i=0}^{t} \overline{B}_i \mu(\overline{A}_i) + \sum_{i=1}^{t} B_i \mu(A_i) + \varepsilon = S_D + \varepsilon.$$

类似可得

$$\frac{1}{n} \sum_{i=1}^{n} x_i \geqslant \sum_{i=0}^{t} \bar{b}_i \mu(\overline{A}_i) + \sum_{i=1}^{t} b_i \mu(A_i) - \varepsilon = s_D - \varepsilon.$$

因此，对所有 $n > Q$，

$$\left| \frac{x_1 + x_2 + \cdots + x_n}{n} - \int_{\mathbf{R}} x_n \mathrm{d}n \right| < 4\varepsilon.$$

于是，$M(X)$ 存在，且 $M(X) = E(X) = \int_{\mathbf{R}} x_n \mathrm{d}n$。

一般地，由于 $X$ 是有界可测的，故 $X^+$ 和 $X^-$ 都是非负有界可测的，$M(X^+)$ 和 $M(X^-)$ 都存在，且

$$M(X^+) = \int_{\mathbf{R}} x_n^+ \mathrm{d}n, M(X^-) = \int_{\mathbf{R}} x_n^- \mathrm{d}n,$$

其中，$X^+$ 和 $X^-$ 由式(6-1)定义。由等式

$$\frac{x_1 + x_2 + \cdots + x_n}{n} = \frac{x_1^+ + x_2^+ + \cdots + x_n^+}{n} - \frac{x_1^- + x_2^- + \cdots + x_n^-}{n}$$

可知，$M(X)$ 存在，且 $M(X) = E(X) = \int_{\mathbf{R}} x_n \mathrm{d}n$。证毕！

由定理 7.3 和 7.4 可知，如下结论成立。

**推论 7.1** 如果 $X = \{x_n\}_{n=1}^{\infty}$ 是有界可积数列，则频率均值 $M(X)$ 存在，且

$$M(X) = \int_{\mathbf{R}} x_n \mathrm{d}n。$$

**推论 7.2**　如果 $X = \{x_n\}_{n=1}^{\infty}$ 是有界连续数列,其密度函数为 $f(x)$,则频率均值 $M(X)$ 和期望 $E(X)$ 都存在,且 $M(X) = \int_{\mathbf{R}} x_n \mathrm{d}n = E(X) = \int_{-\infty}^{\infty} x f(x) \mathrm{d}x$。

**推论 7.3**　若 $X = \{x_n\}_{n=1}^{\infty}$ 是有界标准离散数列,其分布律为 $\{\alpha_1, \alpha_2, \cdots, \alpha_s\}$,其中,$S \in Z[1, \infty), \alpha_i = \mu(X = a_i), i = 1, 2, \cdots, S$,则频率均值 $M(X)$ 和 $E(X)$ 存在,且

$$M(X) = a_1 \alpha_1 + a_2 \alpha_2 + \cdots + a_s \alpha_s = E(X)。$$

不难看出,在一般情况下,当 $M(X)$ 存在时,$E(X)$ 不一定存在。这可从下例中看出。

**例 7.8**　设 $\Omega$ 是由式 (1-3) 定义的不可测集,数列 $X = \{x_n\}_{n=1}^{\infty}$ 定义如下:$x_n = 1 - 1/n$,对 $n \in \Omega$;$x_n = 1$,对 $n \notin \Omega$。则 $X$ 是有界的,且 $M(X) = 1$。但是,$X$ 不可测,且 $E(X)$ 不存在。

尽管 $M(X)$ 存在不等价于 $E(X)$ 存在,但是,在特殊情况下,$M(X)$ 存在等价于 $E(X)$ 存在。

**定理 7.5**　设 $X = \{x_n\}_{n=1}^{\infty}$ 是一个半正则 (弱) 可测数列,其 (弱) 分布函数为 $F(x)$。$X$ 的期望 $E(X)$ 存在的充分必要条件是 $X$ 的频率均值 $M(X)$ 存在,且 $M(X) = E(X)$。

证明:必要性。由给定的条件可知,$I = E(X) = \int_{-\infty}^{\infty} x \mathrm{d}F(x)$ 存在,且 $\lim\limits_{x \to -\infty} F(x) = 0$ 和 $\lim\limits_{x \to \infty} F(x) = 1$。由引理 5.1,有

$$\lim_{a \to -\infty} a \mu^* \{X \leqslant a\} = \lim_{a \to -\infty} a \mu \{X < a\} = \lim_{b \to \infty} b \mu \{X \geqslant b\} = \lim_{b \to \infty} b \mu^* \{X > b\} = 0。$$

由此可知,存在 $Q > 0$,使得对任意 $a \leqslant -Q$ 和 $b \geqslant Q$,都有

$$\left| a \mu \{X < a\} \right| < \frac{\varepsilon}{4}, \quad \left| a \mu^* \{X \leqslant a\} \right| < \frac{\varepsilon}{4},$$

$$\left| b \mu \{X \geqslant b\} \right| < \frac{\varepsilon}{4}, \quad \left| b \mu^* \{X > b\} \right| < \frac{\varepsilon}{4},$$

$$J_1(a) = \left| \int_{-\infty}^{a} x \mathrm{d}F(x) \right| < \frac{\varepsilon}{3},$$

$$J_2(b) = \left| \int_{b}^{\infty} x \mathrm{d}F(x) \right| < \frac{\varepsilon}{3},$$

$$J_3(a, b) = \left| \int_{a}^{b} x \mathrm{d}F(x) - E(X) \right| < \frac{\varepsilon}{3}。$$

因此,对任意给定的 $a \leqslant -Q$ 和 $b \geqslant Q$,存在常数 $\lambda_0 \in (0, \varepsilon)$,使得对任意 $\lambda \in (0, \lambda_0)$ 和区间 $[a, b]$ 上的任意划分 $P_\lambda = P_\lambda[a = a_0, a_1, \cdots, a_t = b], t \in Z[1, \infty)$,有

$$\left| \int_{a}^{b} x \mathrm{d}F(x) - \sum_{i=1}^{t} a_{i-1} [F(a_i) - F(a_{i-1})] \right| < \frac{\varepsilon}{2},$$

$$\left| \int_a^b x \mathrm{d}F(x) - \sum_{i=1}^t a_i \left[ F(a_i) - F(a_{i-1}) \right] \right| < \frac{\varepsilon}{2} \text{。}$$

设 $A_i = \{X \in [a_{i-1}, a_i)\}$，则 $A_i$ 可测，且 $\mu(A_i) = F(a_i) - F(a_{i-1})$，其中 $i = 1, 2, \cdots, t$ 和 $t \in Z[1, \infty)$。于是，存在整数 $S = S(a, b, P_\lambda) > 0$，使得对任意 $n > S$ 和 $i = 1$, $2, \cdots, t$，有

$$\frac{|a| \cdot |\{X < a\}^{(n)}|}{n} < \frac{\varepsilon}{2}, \frac{b |\{X \geqslant b\}^{(n)}|}{n} < \frac{\varepsilon}{2},$$

$$\left| \frac{|(A_i)^{(n)}|}{n} - \mu(A_i) \right| < \frac{\varepsilon}{2(t+1)c},$$

其中，$c = \max\{|a|, |b|\}$。因此，对任意 $n > S$，

$$\frac{1}{n} \sum_{i=1}^n x_a^b(i) \leqslant \sum_{i=1}^t \frac{a_i |(A_i)^{(n)}|}{n} + \frac{|a| |\{X < a\}^{(n)}|}{n} + \frac{b |\{X \geqslant b\}^{(n)}|}{n}$$

$$\leqslant \sum_{i=1}^t a_i \mu(A_i) + \frac{3\varepsilon}{2} \leqslant \int_a^b x \mathrm{d}F(x) + 2\varepsilon \text{。}$$

类似地，可以得到

$$\frac{x_a^b(1) + x_a^b(2) + \cdots + x_a^b(n)}{n} \geqslant \sum_{i=1}^t a_{i-1} \mu(A_i) - \frac{3\varepsilon}{2} \geqslant \int_a^b x \mathrm{d}F(x) - 2\varepsilon \text{。}$$

因此，对任意 $-a, b > Q$ 和任意 $n > S$，有

$$\left| \frac{x_a^b(1) + x_a^b(2) + \cdots + x_a^b(n)}{n} - \int_{-\infty}^\infty x \mathrm{d}F(x) \right| < 3\varepsilon \text{。}$$

令 $n \to \infty$，再令 $-a, b \to \infty$，有

$$\int_{-\infty}^\infty x \mathrm{d}F(x) - 3\varepsilon \leqslant M_*(X) \leqslant M^*(X) \leqslant \int_{-\infty}^\infty x \mathrm{d}F(x) + 3\varepsilon \text{。}$$

于是，$M(X)$ 存在，且 $M(X) = \int_{-\infty}^\infty x \mathrm{d}F(x) = E(X)$。

　　充分性。只需要证明：对任意 $\varepsilon > 0$，存在一个充分大的数 $T > 0$，使得对任意 $-a, -c, b, d > T$，

$$\left| \int_a^b x \mathrm{d}F(x) - \int_c^d x \mathrm{d}F(x) \right| < \varepsilon \text{。}$$

不失一般性，假设 $c < a < 0 < b < d$。只需要证明下面的不等式成立即可：

$$\left| \int_c^a x \mathrm{d}F(x) \right| < \frac{\varepsilon}{2}, \quad \left| \int_b^d x \mathrm{d}F(x) \right| < \frac{\varepsilon}{2} \text{。} \tag{7-4}$$

　　由已知条件，定理 7.2 和引理 7.2，对任意 $\varepsilon > 0$，存在 $S > 0$ 和 $T > 0$，使得对任意 $n > S, -a > T$ 和 $d > b > T$，有

$$\frac{b |\{x_i \in [b, d]\}^{(n)}|}{n} \leqslant \frac{b |\{x_i \geqslant b\}^{(n)}|}{n} < \frac{\varepsilon}{16}, \frac{|\{x_i \geqslant b\}^{(n)}|}{n} < \frac{\varepsilon}{8},$$

$$\frac{1}{n} \left| \sum_{j \in \{x_i \in [b, d]\}^{(n)}} (x_j - b) \right| \leqslant \left| \frac{x_a^b(1) + \cdots + x_a^b(n)}{n} - \frac{x_a^d(1) + \cdots + x_a^d(n)}{n} \right| < \frac{\varepsilon}{16} \text{。}$$

因此

$$\frac{1}{n}\Big|\sum_{j\in\{x_i\in[b,d]\}^{(n)}}x_j\Big|<\frac{\varepsilon}{16}+\frac{1}{n}\Big|\sum_{j\in\{x_i\in[b,d]\}^{(n)}}b\Big|<\frac{\varepsilon}{8}.$$

显然,对任意 $d>b>T$,积分 $\int_b^d x\mathrm{d}F(x)$ 总是存在的。因此,存在 $\delta\in(0,\min\{1,\varepsilon\})$,$\lambda\in(0,\delta)$,划分 $P=P_\lambda=P_\lambda[b=b_0,b_1,\cdots,b_m=d]$,使得对任意 $\xi_i\in[b_i,b_{i+1})$,$i=0,1,\cdots,m-1$,都有

$$\Big|\int_b^d x\mathrm{d}F(x)-\sum_{i=0}^{m-1}\xi_i[F(b_{i+1})-F(b_i)]\Big|<\frac{\varepsilon}{8},$$

其中,$b_0<b_1<\cdots<b_m$ 和 $\lambda=\max\{b_1-b_0,b_2-b_1,\cdots,b_m-b_{m-1}\}<\delta<\min\{1,\varepsilon\}$。

由于 $(X\in[b_i,b_{i+1}))$ 是可测的,且 $F(b_{i+1})-F(b_i)=\mu\{X\in[b_i,b_{i+1})\}$,对 $i=0,1,\cdots,m-1$,故存在整数 $W>S>0$,使得对所有 $n>W$,有

$$\Big|[F(b_{i+1})-F(b_i)]-\frac{|\{X\in[b_i,b_{i+1})\}^{(n)}|}{n}\Big|<\frac{\varepsilon}{8mb_i},i=0,1,\cdots,m-1。$$

因为

$$\Big|\sum_{i=0}^{m-1}b_i[F(b_{i+1})-F(b_i)]-\frac{1}{n}\sum_{j\in\{x_k\in[b,d]\}^{(n)}}x_j\Big|$$

$$=\Big|\sum_{i=0}^{m-1}b_i[F(b_{i+1})-F(b_i)]-\frac{1}{n}\sum_{j\in\{x_k\in[b_i,b_{i+1})\}^{(n)},i=0}^{m-1}x_j\Big|$$

$$\leqslant\Big|\sum_{i=0}^{m-1}b_i\Big[F(b_{i+1})-F(b_i)-\frac{|\{X\in[b_i,b_{i+1})\}^{(n)}|}{n}\Big]\Big|$$

$$+\Big|\sum_{i=0}^{m-1}\sup_{j\in\{x_k\in[b_i,b_{i+1})\}^{(n)}}|(b_i-x_j)|\frac{|\{X\in[b_i,b_{i+1})\}^{(n)}|}{n}\Big|$$

$$\leqslant\frac{\varepsilon}{8}+\delta\sum_{i=0}^{m-1}\frac{|\{X\in[b_i,b_{i+1})\}^{(n)}|}{n}=\frac{\varepsilon}{8}+\frac{\delta|\{X\in[b,d)\}^{(n)}|}{n}<\frac{\varepsilon}{4},$$

其中,$|(b_i-x_j)|$ 表示实数 $b_i-x_j$ 的绝对值,$|A|$ 表示集合 $A$ 的元素个数,故

$$\Big|\int_b^d x\mathrm{d}F(x)\Big|\leqslant\Big|\sum_{i=0}^{m-1}b_i[F(b_{i+1})-F(b_i)]\Big|+\frac{\varepsilon}{8}\leqslant\Big|\frac{1}{n}\sum_{j\in\{x_k\in[b,d]\}^{(n)}}x_j\Big|+\frac{3\varepsilon}{8}<\frac{\varepsilon}{2}.$$

类似地,可证 $\Big|\int_c^a x\mathrm{d}F(x)\Big|<\frac{\varepsilon}{2}$。因此,对任意 $\varepsilon>0$,存在 $T>0$,使得对任意 $-a,-c,b,d>T$,

$$\Big|\int_a^b x\mathrm{d}F(x)-\int_c^d x\mathrm{d}F(x)\Big|<\varepsilon。$$

故积分 $\int_{-\infty}^\infty x\mathrm{d}F(x)$ 存在,且绝对可积,即 $E(X)$ 存在。由必要性结论,有 $E(X)=M(X)$。证毕!

## 7.2 函数数列的期望和均值

下面讨论一个数列经过一个函数变换后所得到的函数数列的期望和均值问题。

**定理 7.6** 设 $X=\{x_n\}_{n=1}^{\infty}$ 是(频率)有界的可测数列,其分布函数为 $F(x)$,$h$:**R→R** 是连续、有限分段严格单调的函数,则 $Y=h(X)=\{y_n=h(x_n)\}_{n=1}^{\infty}$ 是(频率)有界可测的,$E(Y)$ 和 $M(Y)$ 都存在,且

$$M(Y) = E(Y) = M(h(X)) = \int_{-\infty}^{\infty} h(x)\mathrm{d}F(x)。 \tag{7-5}$$

证明:不妨只对 $X$ 是有界时的情形给出证明。由给定的条件可知,存在有限个区间 $I_1,I_2,\cdots,I_m$,使得 $I_1+I_2+\cdots+I_m=\mathbf{R}$,$h(x)$ 在每个 $I_i$ 上是严格单调连续的,$i=1,2,\cdots,m$ 和 $m\in\mathbf{N}$。

由给定的条件,不妨设 $a\leqslant x_n<b$,对任意 $n\in\mathbf{N}$,则 $Y=h(X)$ 是有界的。由定理 5.4 和 7.4,$Y$ 是有界可测的,$E(Y)$ 和 $M(Y)$ 都存在,且 $E(Y)=M(Y)$。

不妨设 $I_i=[c_i,d_i]$ 或 $[c_i,d_i)$ 或 $(c_i,d_i]$ 或 $(c_i,d_i)$,$d_{i-1}=c_i$,$i=1,2,\cdots,m$,其中,$I_1=(-\infty,d_1)$ 或 $(-\infty,d_1]$,$I_m=(c_m,\infty)$ 或 $[c_m,\infty)$。不失一般性,假设 $a\in I_1$ 和 $b\in I_m$,并设 $J_1=[a,d_1)$,$J_m=[c_m,b)$ 和 $J_i=I_i$,$i=2,3,\cdots,m-1$,那么

$$I = \int_{-\infty}^{\infty} h(x)\mathrm{d}F(x) = \int_a^b h(x)\mathrm{d}F(x) = \sum_{i=1}^{m} \int_{J_i} h(x)\mathrm{d}F(x)。$$

由已知条件,$h(x)$ 在 $[a,b]$ 上是一致连续的。因此,对任意 $\varepsilon>0$,存在 $\lambda_0\in(0,\varepsilon)$,使得对任意 $\lambda\in(0,\lambda_0)$ 和划分 $P_\lambda=P_\lambda[a=a_0,a_1,\cdots,a_t=b]$,满足 $d_1,c_2,d_2,\cdots,d_{m-1},c_m\in\{a_0,a_1,\cdots,a_t\}$,$t\in\mathbf{N}$,都有

$$|h(x)-h(y)|<\varepsilon,\text{对一切 } x,y\in[a_{j-1},a_j) \text{ 和 } j=1,2,\cdots,t,$$

且对任意向量 $\xi=(\xi_1,\xi_2,\cdots,\xi_t)$,满足 $\xi_j\in[a_{j-1},a_j)$,对 $j=1,2,\cdots,t$,有

$$\left| I - \sum_{j=1}^{t} h(\xi_j)[F(a_j)-F(a_{j-1})] \right| < \varepsilon。$$

设 $b_j=\inf\{h(x)\,|\,x\in[a_{j-1},a_j)\}$ 和 $B_j=\sup\{h(x)\,|\,x\in[a_{j-1},a_j)\}$,且

$$A_j = \{n\in\mathbf{N}\,|\,a_{j-1}\leqslant x_n<a_j\},j=1,2,\cdots,t,$$

则 $|b_j-B_j|\leqslant\varepsilon$,$j=1,2,\cdots,t$,且

$$M(Y) = \lim_{n\to\infty} \frac{h(x_1)+h(x_2)+\cdots+h(x_n)}{n}$$

$$\leqslant \lim_{n\to\infty} \sum_{j=1}^{t} B_j \frac{|(A_j)^{(n)}|}{n} \leqslant \sum_{j=1}^{t} B_j\mu(A_j)。$$

类似地,可证明 $M(Y)=M(h(X))\geqslant\sum_{j=1}^{t} b_j\mu(A_j)$。

由 $F(a_j)-F(a_{j-1})=\mu(A_j)$ 和 $h(\xi_j)\in[b_j,B_j],j=1,2,\cdots,t,$ 可得

$$\sum_{j=1}^{t}b_j\mu(A_j)\leqslant\sum_{j=1}^{t}h(\xi_j)\mu(A_j)\leqslant\sum_{j=1}^{t}B_j\mu(A_j),$$

$$0\leqslant\sum_{j=1}^{t}(B_j-b_j)\mu(A_j)\leqslant\varepsilon。$$

因此

$$\left|\sum_{j=1}^{t}h(\xi_j)\mu(A_j)-M(Y)\right|\leqslant\varepsilon,\mid I-M(Y)\mid\leqslant2\varepsilon。$$

于是，$M(Y)=M(h(X))=\int_{-\infty}^{\infty}h(x)\mathrm{d}F(x)$。证毕！

由定理 7.6 和 5.6，可得到如下结果。

**推论 7.4**　设 $X=\{x_n\}_{n=1}^{\infty}$ 是（频率）有界的正则连续数列，其密度函数为 $f(x),h:\mathbf{R}\rightarrow\mathbf{R}$ 是一个连续、有限分段严格单调的函数，则 $Y=h(X)=\{y_n=h(x_n)\}_{n=0}^{\infty}$ 是（频率）有界的连续数列，$E(Y)$ 和 $M(Y)$ 都存在，且

$$M(Y)=E(Y)=M(h(X))=\int_{-\infty}^{\infty}h(x)f(x)\mathrm{d}x。\tag{7-6}$$

**注 7.2**　显然，参照引理 5.3，还可以去研究上述定理 7.6 和推论 7.4 的结论对无界（或有界）函数经过无限分段单调函数的作用后在什么条件下成立。本书将不讨论这个问题。

## 7.3　数列的频率方差

在概率论中，方差是用来描述随机变量以期望为中心的平均"离散"或"集中"程度的一个概念。类似地，本节将定义数列的几种方差，它们都可从不同的角度描述数列所有项以均值为中心的平均分散或集中的程度。

**定义 7.4**　对实数列 $X=\{x_n\}_{n=1}^{\infty}$，如果 $m^*(X^2)$ 存在，则 $m^*(X^2)$ 称为 $X$ 的上（算术）平方均值或上样本平方极限均值。类似地可定义下平方均值 $m_*(X^2)$。如果 $m^*(X^2)=m_*(X^2)=m(X^2)$，则 $m(X^2)$ 称为 $X$ 的（算术）平方均值或样本平方极限均值。

显然，如果 $m^*(X^2)$ 存在，则 $m_*(X^2),m^*(X)$ 和 $m_*(X)$ 都存在。如果 $X$ 有界，则 $m^*(X^2)$ 和 $m_*(X^2)$ 都存在。

**定义 7.5**　设 $X=\{x_n\}_{n=1}^{\infty}$ 是一实数列。如果 $M^*(X^2)$ 存在，则 $M^*(X^2)$ 称为 $X$ 的上频率平方均值。类似地可定义下频率平方均值 $M_*(X^2)$。如果 $M^*(X^2)=M_*(X^2)=M(X^2)$，则 $M(X^2)$ 称为 $X$ 的频率平方均值。

显然，如果 $M^*(X^2)$ 存在，则 $M_*(X^2),M^*(X)$ 和 $M_*(X)$ 都存在。但反过来不一定成立。

**例 7.9**　设 $A_0, A_1, A_2, \cdots$ 是由式（5-2）定义的集合，数列 $X = \{x_n\}_{n=1}^{\infty}$ 定义如下：

$$x_n = \begin{cases} 0, n \in A_{2k+1} \\ 2^k, n \in A_{2k} \end{cases}, k = 0, 1, 2, \cdots。$$

不难知道：对任意 $b > 0$，存在整数 $m > 0$，使得 $2^{m-1} < b \leqslant 2^m$。因此

$$\mu\{X \geqslant b\} = \frac{1}{2^{2m+1}} + \frac{1}{2^{2m+3}} + \cdots = \frac{1}{3 \times 2^{2m-1}},$$

并对任意 $a < 0$，有

$$m^*(X_a^b) = \limsup_{n \to \infty} \frac{1}{n} \sum_{i=1}^{n} x_a^b(i) = \sum_{i=0}^{m-1} \frac{2^i}{2^{2i+1}} + \frac{b}{3 \times 2^{2m-1}} \leqslant 3。$$

因此，$M^*(X)$ 存在。但是，类似上面的计算可知，$M^*(X^2)$ 不存在。

**例 7.10**　设 $\Omega$ 是由式（1-3）定义的不可测集，$X = \{x_n\}_{n=1}^{\infty}$ 定义如下：$x_n = 1$，$n \in \Omega$；$x_n = -1, n \notin \Omega$。则 $M(X^2) = 1, M^*(X) = 1$ 和 $M_*(X) = -1$。因此，$M(X)$ 不存在。

**定义 7.6**　设 $X = \{x_n\}_{n=1}^{\infty}$ 是（半）正则（弱）可测数列，其（弱）分布函数为 $F(x)$。如果 $E(X^2)$ 存在，则 $E(X^2)$ 称为 $X$ 的平方期望。

参照概率论中方差的定义，结合数列均值的不同定义，下面给出数列"方差"的几种不同形式的定义。

**定义 7.7**　设 $X = \{x_n\}_{n=1}^{\infty}$ 是一实数列，$m_n = m_n(X) = (x_1 + x_2 + \cdots + x_n)/n$ 是数列 $X$ 的前 $n$ 项的算术平均值，$n \in \mathbf{N}$。如果极限

$$\limsup_{n \to \infty} \frac{(x_1 - m_n)^2 + (x_2 - m_n)^2 + \cdots + (x_n - m_n)^2}{n}$$

$$= \limsup_{n \to \infty} \left[ \frac{1}{n} \sum_{i=1}^{n} x_i^2 - (m_n)^2 \right]$$

存在，则将该极限称为 $X$ 的上样本（极限）方差，记为 $s^*(X)$。类似地，可定义下样本（极限）方差 $s_*(X)$。特别地，如果 $s^*(X) = s_*(X) = s(X)$，则将 $s(X)$ 称为 $X$ 的样本（极限）方差或算术均方差。

显然，如果 $X$ 是有界的，则 $s^*(X)$ 和 $s_*(X)$ 都存在。

容易证明：当 $m(X)$ 存在时，$s(X)$ 存在当且仅当 $m(X^2)$ 存在，且 $s(X) = m(X^2) - [m(X)]^2$。

**例 7.11**　设 $\Omega$ 是由式（1-3）定义的不可测集，$X = \{x_n\}_{n=1}^{\infty}$ 定义如下：$x_n = 1$，$n \in \Omega$；$x_n = 0, n \notin \Omega$。则 $s^*(X) = 1/4$ 和 $s_*(X) = 0$。因此，$s(X)$ 不存在。

**定义 7.8**　设 $X = \{x_n\}_{n=1}^{\infty}$ 是一实数列，则对任意 $a, b \in \mathbf{R}, a < b, s^*(X_a^b)$ 和 $s_*(X_a^b)$ 都存在。如果 $\lim\limits_{-a, b \to \infty} \sup s^*(X_a^b)$ 存在，则称该极限为 $X$ 的上频率样本方差，记为 $S^*(X)$。类似地可定义下频率样本方差 $S_*(X)$。特别地，如果 $S^*(X) =$

$S_*(X)=S(X)$，则称 $S(X)$ 为 $X$ 的频率样本方差。

不难验证，当 $M(X)$ 存在时，$S(X)$ 存在当且仅当 $M(X^2)$ 存在，且 $S(X)=$ $M(X^2)-M^2(X)$。此外，当 $X$ 有界，且 $M(X)$ 存在时，$s(X)$ 存在当且仅当 $S(X)$ 存在，且 $S(X)=s(X)$。

**注 7.3**　一个问题：当 $s(X)$ 存在时，$m(X)$ 是否一定存在？

**定义 7.9**　设 $X=\{x_n\}_{n=1}^{\infty}$ 是一实数列，且 $M(X)$ 存在。如果极限

$$\lim_{-a,b\to\infty}\sup\left[\limsup_{n\to\infty}\frac{1}{n}\sum_{i=1}^{n}\left[x_a^b(i)-M(X)\right]^2\right]$$

存在，则将该极限称为 $X$ 的上频率方差，记为 $D^*(X)$。如果极限

$$\lim_{-a,b\to\infty}\inf\left[\liminf_{n\to\infty}\frac{1}{n}\sum_{i=1}^{n}\left[x_a^b(i)-M(X)\right]^2\right]$$

存在，则将该极限称为 $X$ 的下频率方差，记为 $D_*(X)$。特别地，如果 $D^*(X)=$ $D_*(X)=D(X)$，则将 $D(X)$ 称为 $X$ 的频率方差。

显然，如果 $M(X)$ 存在，则 $D(X)$ 存在当且仅当 $M(X^2)$ 存在，且

$$D(X)=M(X^2)-M^2(X)$$

$$=\lim_{-a,b\to\infty}\sup\left[\limsup_{n\to\infty}\frac{1}{n}\sum_{i=1}^{n}\left[x_a^b(i)-M(X)\right]^2\right]。 \tag{7-7}$$

由定义 7.9，不难知道下列性质成立：对任意数列 $X=\{x_n\}_{n=1}^{\infty}$，

① $D(X)$ 存在当且仅当 $D(X+a)$ 存在，且 $D(X)=D(X+a)$，其中 $a\in\mathbf{R}$。

② $D(X)$ 存在当且仅当 $D(Y)$ 存在，且 $D(X)=D(Y)$，其中，$Y=\{a_1,\cdots,a_m,$ $x_1,x_2,\cdots\}$，$a_1,\cdots,a_m$ 是有限个实数。

③ 若 $X=Y$ a. s，则 $D(X)$ 存在当且仅当 $D(Y)$ 存在，且 $D(X)=D(Y)$。

由定义 7.8 和 7.9，不难得到如下结果。

**引理 7.3**　对任意数列 $X=\{x_n\}_{n=1}^{\infty}$，如果 $D(X)$ 存在，则 $S(X)$ 也存在，且 $D(X)=S(X)$。反之，如果 $S(X)$ 和 $M(X)$ 都存在，则 $D(X)$ 也存在，且 $D(X)$ $=S(X)$。

**定义 7.10**　设 $X=\{x_n\}_{n=1}^{\infty}$ 是半正则（弱）可测数列，其（弱）分布函数为 $F(x)$。如果 $E(X)$ 存在，且 Stieltjes 积分

$$I=\int_{-\infty}^{\infty}\left[x-E(X)\right]^2\mathrm{d}F(x)=E[X-E(X)]^2=\int_{-\infty}^{\infty}x^2\mathrm{d}F(x)-E^2(X)$$

存在，则将该积分称为 $X$ 的（期望）方差，记为 $V(X)$。

容易证明：当 $E(X)$ 存在时，$V(X)$ 存在当且仅当 $E(X^2)$ 存在，且

$$V(X)=E(X^2)-E^2(X)。$$

**注 7.4**　显然，数列方差的定义需要利用到均值的概念。由于数列的均值可以选择为：$m(X)$，$M(X)$ 和 $E(X)$，还有前 $n$ 项算术平均值等，因此，在定义数列方

差时,可能的定义方式应该不止以上定义 7.7～7.10 所给出的四种。本书中将不讨论其他形式的定义。

根据定义 7.7～7.10,数列的方差应该还具有如下几条性质:

① 如果 $X$ 有界,且 $s(X)$、$S(X)$、$D(X)$ 和 $V(X)$ 都存在,则 $s(X)=S(X)=D(X)=V(X)$。

② 如果 $X\in P^\infty$ 是周期数列,则 $s(X)$、$S(X)$、$D(X)$ 和 $V(X)$ 都存在,且相等。

③ 如果 $X$ 可测,但不是半正则的,则 $D(X)$ 和 $V(X)$ 都不存在。

④ 如果 $X$ 是频率有界可测的,则 $S(X)$、$D(X)$ 和 $V(X)$ 都存在,且 $S(X)=D(X)=V(X)$。

事实上,由定理 7.4 和给定的条件,$M(X)$ 和 $E(X)$ 都存在,且 $M(X)=E(X)$。由定理 5.4 可知,$X^2$ 也是频率有界可测的。因此,$M(X^2)$ 和 $E(X^2)$ 都存在,且 $M(X^2)=E(X^2)$。由方差的定义及其性质,$S(X)$、$D(X)$ 和 $V(X)$ 都存在,且 $S(X)=D(X)=V(X)$。证毕!

⑤ 如果 $S(X)$ 或 $D(X)$ 或 $V(X)$ 存在,则对任意常数 $a,c\in\mathbf{R}$,有

$$S(aX)=a^2S(X),S(X)<M(X-c)^2,\text{其中 }M(X)\text{ 存在},\text{且 }c\neq M(X);\quad(7\text{-}8)$$

或者

$$D(aX)=a^2D(X),D(X)<M(X-c)^2,c\neq M(X);\quad\quad\quad(7\text{-}9)$$

或者

$$V(aX)=a^2V(X),V(X)<E(X-c)^2,c\neq E(X)。\quad\quad(7\text{-}10)$$

⑥ 如果 $S(X)$ 和 $M(X)$ 都存在,且 $Y=[X-M(X)]/\sqrt{S(X)}$,则 $S(Y)$ 和 $M(Y)$ 都存在,且 $M(Y)=0$ 和 $S(Y)=1$。

⑦ 如果 $D(X)$ 存在,且 $Y=[X-M(X)]/\sqrt{D(X)}$,则 $D(Y)$ 存在,且 $M(Y)=0$ 和 $D(Y)=1$;当 $V(X)$ 存在,且 $Y=[X-M(X)]/\sqrt{V(X)}$ 时,$V(Y)$ 存在,且 $E(Y)=0$ 和 $V(Y)=1$。

在性质⑥和⑦中,将

$$Y=\frac{X-M(X)}{\sqrt{S(X)}}\text{ 或 }Y=\frac{X-M(X)}{\sqrt{D(X)}}\text{ 或 }Y=\frac{X-E(X)}{\sqrt{V(X)}}\quad(7\text{-}11)$$

统称为数列 $X$ 的标准化数列。

**定理 7.7**　设 $X$ 是半正则可测数列。$V(X)$ 存在当且仅当 $D(X)$ 存在,且 $D(X)=V(X)$。

证明:因为 $X$ 是半正则可测的,故 $X^2$ 是半正则可测的数列。

必要性。若 $V(X)$ 存在,则 $E(X)$ 和 $E(X^2)$ 都存在。由定理 7.5,$M(X)$ 和 $M(X^2)$ 都存在,且 $E(X)=M(X)$ 和 $E(X^2)=M(X^2)$。因此,$D(X)$ 存在,且 $D(X)=M(X^2)-M^2(X)=V(X)$。

充分性。若 $D(X)$ 存在,则 $M(X)$ 和 $M(X^2)$ 都存在。由定理 7.5,$E(X)$ 和 $E(X^2)$ 都存在,且 $E(X)=M(X)$ 和 $E(X^2)=M(X^2)$。因此,$V(X)$ 存在,且 $V(X)=D(X)$。证毕!

**推论 7.5** 如果 $X$ 是一个(标准)离散或(正则)连续数列,那么,$V(X)$ 存在当且仅当 $D(X)$ 存在,且 $D(X)=V(X)$。

而且,若 $X$ 是离散数列,其分布律为 $\{\alpha_i=\mu(X=a_i)|i=1,2,\cdots,m\}$,$m\in Z[1,\infty]$,则

$$D(X)=V(X)=[a_1-M(X)]^2\alpha_1+[a_2-M(X)]^2\alpha_2+\cdots+[a_m-M(X)]^2\alpha_m。$$

若 $X$ 是连续数列,其密度函数为 $f(x)$,则

$$D(X)=V(X)=\int_{-\infty}^{\infty}[x-M(X)]^2f(x)\mathrm{d}x。$$

**定理 7.8** 如果数列 $X=\{x_n\}_{n=1}^{\infty}$ 的频率方差 $D(X)$ 存在,那么,$D(X)=0$ 当且仅当 $X$ 的频率极限 $f\lim_{n\to\infty}x_n$ 存在,且 $f\lim_{n\to\infty}x_n=M(X)$。

证明:必要性。如果 $D(X)$ 存在,则 $M(X)$ 也存在。下面证明:$f\lim_{n\to\infty}x_n=M(X)$。

反证法。假设 $f\lim_{n\to\infty}x_n\neq M(X)$,则存在常数 $\varepsilon_0>0$,使得 $\mu^*(|X-M(X)|\geqslant\varepsilon_0)=\alpha>0$。因此,存在正整数数列:$1\leqslant n_1<n_2<\cdots<n_k<\cdots$,使得

$$\frac{|\{|X-M(X)|\geqslant\varepsilon_0\}^{(n_k)}|}{n_k}=\frac{|\{|X-M(X)|^2\geqslant\varepsilon_0^2\}^{(n_k)}|}{n_k}\geqslant\frac{\alpha}{2},k=1,2,\cdots。$$

因此,由式(7-7),可得

$$D(X)\geqslant\lim_{-a,b\to\infty}\sup\left[\limsup_{k\to\infty}\frac{1}{n_k}\sum_{i\in\{|X-M(X)|\geqslant f_0\}^{(n_k)}}[x_a^b(i)-M(X)]^2\right]\geqslant\frac{\alpha\varepsilon_0^2}{2},$$

这与已知条件相矛盾。

充分性显然是成立的。证毕!

类似于定理 7.8 的证明,可得到如下结果。

**定理 7.9** 如果 $M(X^2)$ 存在,那么,$M(X^2)=0$ 的充分必要条件是 $f\lim_{n\to\infty}x_n=0$。此外,如果 $m(X^2)$ 存在,且 $m(X^2)=0$,则 $f\lim_{n\to\infty}x_n=0$。

**定理 7.10** 如果 $X$ 是半正则(弱)可测数列,且其期望方差 $V(X)$ 存在,那么,$V(X)=0$ 的充分必要条件是 $f\lim_{n\to\infty}x_n$ 存在,且 $f\lim_{n\to\infty}x_n=E(X)$。

下面举一个反例,说明当 $m(X^2)=0$ 时,$\lim_{n\to\infty}x_n=0$ 不成立。

**例 7.12** 设数列 $X=\{x_n\}_{n=1}^{\infty}$ 定义如下:$x_n=\log n$,$n\in A=\{2,2^2,2^3,\cdots\}$;$x_n=0$,$n\notin A$。则不难计算出 $m(X^2)=0$。但是,极限 $\lim_{n\to\infty}x_n$ 不存在。

下面的结果似乎可看成是 Cauchy-Schwarz 不等式的特殊情况。

**定理 7.11** 设 $X=\{x_n\}_{n=1}^{\infty}$,$Y=\{y_n\}_{n=1}^{\infty}$ 和 $XY=\{x_ny_n\}_{n=1}^{\infty}$。如果 $M(X^2)$、

$M(Y^2)$ 和 $M(XY)$ 都存在,那么

$$|M(XY)| \leqslant \sqrt{M(X^2)} \times \sqrt{M(Y^2)},$$

且上述等式成立的充分必要条件是存在常数 $a \in \mathbf{R}$,使得对任意 $\varepsilon > 0$,都有 $\mu\{|X-aY| < \varepsilon\} = 1$,即 $\underset{n\to\infty}{f\lim}(x_n - ay_n) = 0$,其中,$a = M(XY)/M(Y^2) = M(X^2)/M(XY)$。

证明:由给定的条件和定理 7.3,对任意 $t \in \mathbf{R}$,可设

$$h(t) = M[(tY-X)^2] = t^2 M(Y^2) - 2tM(XY) + M(X^2),$$

则对任意 $t \in \mathbf{R}, h(t) \geqslant 0$。因此,一元二次方程 $h(t) = 0$ 的判别式非正,即

$$[M(XY)]^2 - M(X^2)M(Y^2) \leqslant 0.$$

此外,$h(t) = 0$ 有一个重根 $a \in \mathbf{R}$ 的充分必要条件是

$$[M(XY)]^2 - M(X^2)M(Y^2) = 0,$$

即 $M[(aY-X)^2] = 0$,其中,$a = M(XY)/M(Y^2)$。因此,$\underset{n\to\infty}{f\lim}(x_n - ay_n) = 0$。
证毕!

类似于定理 7.11 的证明,不难得到如下结果。

**定理 7.12** 如果 $m(X^2)$、$m(Y^2)$ 和 $m(XY)$ 都存在,则

$$|m(XY)| \leqslant \sqrt{m(X^2)} \times \sqrt{m(Y^2)},$$

且上述等式成立的必要条件是 $\underset{n\to\infty}{f\lim}(x_n - ay_n) = 0$,其中,$a = m(XY)/m(Y^2)$。

**推论 7.6** 如果 $X, Y \in P^\infty$ 是周期数列,则

$$|m(XY)| \leqslant \sqrt{m(X^2)} \times \sqrt{m(Y^2)},$$

且上述等式成立的充分必要条件是 $X = Y$。

**注 7.5** 定理 7.11 和 7.12 可看成柯西不等式

$$\left(\frac{1}{n}\sum_{i=1}^{n} x_i y_i\right)^2 \leqslant \left(\frac{1}{n}\sum_{i=1}^{n} x_i^2\right) \times \left(\frac{1}{n}\sum_{i=1}^{n} y_i^2\right) \tag{7-12}$$

的推广,其中,等号成立的充分必要条件是

$$\frac{x_1}{y_1} = \frac{x_2}{y_2} = \cdots = \frac{x_n}{y_n}, x_i y_i \in \mathbf{R}, i = 1, 2, \cdots, n。$$

在定理 7.12 中,如果 $m(XY)$ 不存在,则可得到如下的结果。

**定理 7.13** 对任意数列 $X = \{x_n\}_{n=1}^\infty$ 和 $Y = \{y_n\}_{n=1}^\infty$,如果 $m^*(X^2)$ 和 $m^*(Y^2)$ 存在,则 $m^*(|XY|)$ 也存在,且

$$m^*(|XY|) \leqslant \sqrt{m^*(X^2)} \times \sqrt{m^*(Y^2)}。$$

证明。对任意 $n \in \mathbf{N}$,由式(7-12),得

$$\left(\frac{1}{n}\sum_{i=1}^{n} |x_i| \|y_i|\right)^2 \leqslant \left(\frac{1}{n}\sum_{i=1}^{n} x_i^2\right) \times \left(\frac{1}{n}\sum_{i=1}^{n} y_i^2\right)。$$

两边取极限即可得到该定理结论。证毕!

**注 7.6** 存在如下问题:定理 7.11 和 7.12 的条件是否能减少? 这个问题将

在第 9 章中继续讨论。

## 7.4　数列的自相关数列和自协方差数列

对任一数列 $X = \{x_n\}_{n=1}^{\infty}$ 和一个整数 $k \in \mathbf{Z}$，下面规定 $x_n = 0$，对所有 $n \in Z(-\infty, 0]$。定义数列 $Y = \{y_n\}_{n=1}^{\infty}$ 如下：

$$y_n = x_{n+k}, k \in \mathbf{Z}, n \in Z[1, \infty), \tag{7-13}$$

称数列 $Y$ 为 $X$ 的($k$ 步)平移数列，记为 $Y = T^k(X), k \in \mathbf{Z}$。显然，$T^0(X) = X$。

**例 7.13**　设 $X = \{x_n\}_{n=1}^{\infty} = (x_1, x_2, \cdots)$，则

$$Y = \{y_n\}_{n=1}^{\infty} = T^{-5}(X) = (0, 0, 0, 0, 0, x_1, x_2, \cdots),$$

$$W = \{w_n\}_{n=1}^{\infty} = T^3(X) = (x_4, x_5, x_6, \cdots)。$$

关于 $X$ 的平移数列，下列几条性质显然成立。

① $M(X)$ 或 $D(X)$ 或 $V(X)$ 存在的充分必要条件是 $M(T^k(X))$ 或 $D(T^k(X))$ 或 $V(T^k(X))$ 存在，且 $M(T^k(X)) = M(X)$ 或 $D(T^k(X)) = D(X)$ 或 $V(T^k(X)) = V(X)$，其中 $k \in \mathbf{Z}$。

② 对任意两个整数 $k, m \in \mathbf{Z}$，如果 $M_*(T^k X \cdot T^m X)$ 或 $M^*(T^k X \cdot T^m X)$ 存在，则容易证明

$$r_*(k, m) = M_*(T^k X \cdot T^m X) = M_*(X \cdot T^{m-k} X) = r_*(m - k)$$

和

$$r_*(k, m) = M^*(T^k X \cdot T^m X) = M^*(X \cdot T^{m-k} X) = r^*(m - k)。 \tag{7-14}$$

下面给出一个反例说明：即使在 $X$ 正则可测时，$XT^k(X)$ 也可能不可测，$k \in \mathbf{Z}$。

**例 7.14**　设 $\Omega$ 是由式(1-3)定义的不可测集，数列 $X = \{x_n\}_{n=1}^{\infty}$ 定义如下：

$$x_n = \begin{cases} (n-1)/n & , n \in \Omega \bigcap \{2, 4, 6, \cdots\} \\ (n+2)/(n-1) & , n \in \overline{\Omega} \bigcap \{2, 4, 6, \cdots\} \\ (n+1)/n & , n \in \Omega \bigcap \{1, 3, 5, \cdots\} \\ (n+2)/n & , n \in \overline{\Omega} \bigcap \{1, 3, 5, \cdots\} \end{cases},$$

其中，$\overline{\Omega} = \mathbf{N} - \Omega$。不难计算出数列 $Y = XT^{-1}(X) = \{y_n = x_n x_{n-1}\}_{n=1}^{\infty}$ 满足：

$$y_n = 1, n \in A = (\Omega \bigcap \{2, 4, 6, \cdots\} - \{a_3, a_6, \cdots\}); y_n \neq 1, n \in A。$$

其中，$a_3, a_6, \cdots$ 由式(1-2)定义。因此，$Y = XT^{-1}(X)$ 不可测。

下面给出几个新概念。首先给出一个数列的自相关数列的定义。

**定义 7.11**　对任一数列 $X = \{x_n\}_{n=1}^{\infty}$，如果对任意 $n \in \mathbf{Z}, \gamma^*(n) = m^*(X \cdot T^n(X))$ 存在，则将(双边)数列 $\{\gamma^*(n)\}_{n=-\infty}^{\infty}$ 称为 $X$ 的(算术)上自相关数列，记为 $r^*(X)$ 或 $r_X^*$。类似地，(算术)下自相关数列定义为 $r_*(X) = \{\gamma_*(n) = m_*(XT^n$

$(X))\}_{n=-\infty}^{\infty}$。特别地,如果 $r^*(X)=r_*(X)=r(X)$,则将 $r(X)$ 称为 $X$ 的(算术)自相关数列,即 $r(X)=\{\gamma_n=m(X\cdot T^n(X))\}_{n=-\infty}^{\infty}$。

**定义 7.12**　对任意 $X=\{x_n\}_{n=1}^{\infty}$,如果对任意 $n\in\mathbf{Z}$,$r^*(n)=M^*(X\cdot T^n(X))$ 存在,则将(双边)数列 $\{r^*(n)\}_{n=-\infty}^{\infty}$ 称为 $X$ 的上(频率)自相关数列,记为 $R^*(X)$ 或 $R_X^*$。类似地,下(频率)自相关数列定义为 $R_*(X)=\{r_*(n)=M_*(XT^n(X))\}_{n=-\infty}^{\infty}$。特别地,如果 $R^*(X)=R_*(X)=R(X)$,则将 $R(X)$ 称为 $X$ 的(频率)自相关数列,即 $R(X)=\{r_n=M(X\cdot T^n(X))\}_{n=-\infty}^{\infty}$。

为了方便,将单边数列 $\{r_n=M(X\cdot T^n(X))\}_{n=0}^{\infty}$ 也称为 $X$ 的频率自相关数列,等等。

显然,若 $X$ 是有界的,则 $r^*(X)=R^*(X)$ 和 $r_*(X)=R_*(X)$ 都存在。

**例 7.15**　设 $\Omega$ 是由式(1-3)定义的不可测集,数列 $X=\{x_n\}_{n=1}^{\infty}$ 定义如下:$x_n=1,n\in\Omega;x_n=0,n\notin\Omega$。则 $R^*(X)=\{r^*(n)=1\}_{n=-\infty}^{\infty}$ 和 $R_*(X)=\{r_*(n)=0\}_{n=-\infty}^{\infty}$。因此,$R(X)$ 不存在。

类似于概率论中"中心矩"或"混合中心矩"的概念,下面再给出几个新定义。

**定义 7.13**　设 $X=\{x_n\}_{n=1}^{\infty}$ 是一实数列,$m_n=(x_1+x_2+\cdots+x_n)/n$ 是 $X$ 的前 $n$ 项的算术平均值,$\overline{m}_k(n)$ 是数列 $T^k(X)$ 的前 $n$ 项的算术平均值,$k\in\mathbf{Z}$。如果对任意 $k\in\mathbf{Z}$,极限

$$a^*(k)=\limsup_{n\to\infty}\frac{1}{n}\big[(x_1-m_n)(x_{1+k}-\overline{m}_k(n))+\cdots$$
$$+(x_n-m_n)(x_{n+k}-\overline{m}_k(n))\big]$$

存在,则双边数列 $\{a^*(k)\}_{k=-\infty}^{\infty}$ 称为 $X$ 的样本(极限)上(自)协方差数列,记为 $a^*(X)$。如果

$$a_*(k)=\liminf_{n\to\infty}\frac{1}{n}\big[(x_1-m_n)(x_{1+k}-\overline{m}_k(n))+\cdots$$
$$+(x_n-m_n)(x_{n+k}-\overline{m}_k(n))\big]$$

存在,则双边数列 $\{a_*(k)\}_{k=-\infty}^{\infty}$ 称为 $X$ 的样本(极限)下(自)协方差数列,记为 $a_*(X)$。特别地,如果 $a^*(X)=a_*(X)=a(X)$,则将 $a(X)$ 称为 $X$ 的样本(极限)(自)协方差数列。

显然,如果 $X$ 有界,则 $a_*(X)$ 和 $a^*(X)$ 都存在。

由定义 7.11 和 7.13,容易证明:如果 $m(X)$ 存在,那么,$a(X)$ 存在当且仅当 $r(X)$ 存在,且

$$a(X)=r(X)-m^2(X)。$$

**定义 7.14**　对任意数列 $X=\{x_n\}_{n=1}^{\infty}$,如果 $m(X)$ 存在,且对任意 $k\in\mathbf{Z}$,
$$\overline{c}^*(k)=m^*\{[X-m(X)][T^k(X)-m(T^k(X))]\}$$
$$=m^*\{[X-m(X)][T^k(X)-m(X)]\}$$

存在,则将 $c^*(X) = \{\bar{c}^*(k)\}_{k=-\infty}^{\infty}$ 称为 $X$ 的(算术)上(自)协方差数列。如果对任意 $k \in \mathbf{Z}$,

$$\bar{c}_*(k) = m_*\{[X - m(X)][T^*(X) - m(X)]\}$$

存在,则 $c_*(X) = \{\bar{c}_*(k)\}_{k=-\infty}^{\infty}$ 称为 $X$ 的(算术)下(自)协方差数列。特别地,如果 $c^*(X) = c_*(X)$,则称之为 $X$ 的(算术)(自)协方差数列,记为 $c(X)$。

**定义 7.15** 对任意数列 $X = \{x_n\}_{n=1}^{\infty}$,如果 $M(X)$ 存在,且对任意 $k \in \mathbf{Z}$,

$$\begin{aligned} c^*(k) &= M^*\{[X - M(X)][T^*(X) - M(T^*(X))]\} \\ &= M^*\{[X - M(X)][T^*(X) - M(X)]\} \end{aligned}$$

存在,则将 $C^*(X) = \{c^*(k)\}_{k=-\infty}^{\infty}$ 称为 $X$ 的上频率(自)协方差数列。如果对任意 $k \in \mathbf{Z}$,

$$c_*(k) = M_*\{[X - M(X)][T^*(X) - M(X)]\}$$

存在,那么,$C_*(X) = \{c_*(k)\}_{k=-\infty}^{\infty}$ 称为 $X$ 的下频率(自)协方差数列。特别地,如果

$$\begin{aligned} C(X) &= C_*(X) = C^*(X) \\ &= \{c(k) = M\{[X - M(X)][T^*(X) - M(X)]\}\}_{k=-\infty}^{\infty}, \end{aligned}$$

则将 $C(X)$ 称为 $X$ 的频率(自)协方差数列。

由定义 7.14 和 7.15,当 $X$ 有界时,显然有 $C_*(X) = c_*(X)$ 和 $C^*(X) = c^*(X)$。此外,容易证明:如果 $M(X)$ 存在,那么,$C(X)$ 存在当且仅当 $R(X)$ 存在,且

$$C(X) = R(X) - M^2(X)。$$

**定义 7.16** 设 $X = \{x_n\}_{n=1}^{\infty}$ 是半正则(弱)可测数列。如果 $E(XT^*(X))$ 存在,对任意 $k \in \mathbf{Z}$,那么,$\{r_E(k) = E(XT^*(X))\}_{k=-\infty}^{\infty}$ 称为 $X$ 的期望(自)相关数列,记为 $R_E(X)$。

**定义 7.17** 设 $X = \{x_n\}_{n=1}^{\infty}$ 是半正则(弱)可测数列,其(弱)分布函数为 $F(x)$。如果 $E(X)$ 和 $E(XT^*(X))$ 都存在,对任意 $k \in \mathbf{Z}$,那么,如下数列

$$\begin{aligned} C_E(X) &= \{c_E(k) = E[(X - E(X))(T^*(X) - E(X))]\}_{k=-\infty}^{\infty} \\ &= \{c_E(k) = E[XT^k(X)] - E^2(X)\}_{k=-\infty}^{\infty} \end{aligned}$$

称为 $X$ 的期望(自)协方差数列。

**注 7.7** 显然,还可以给出其他形式的协方差数列的概念,在此不介绍了。

由以上自相关数列和自协方差数列的定义,如下几条性质显然成立。

① 对任意 $X = \{x_n\}_{n=1}^{\infty} \in P^{\infty}$,$r(X),R(X),a(X),c(X),C(X),R_E(X)$ 和 $C_E(X)$ 都存在,且 $r(X) = R(X) = R_E(X)$ 和 $a(X) = c(X) = C(X) = C_E(X)$。

② 若 $X = \{x_n\}_{n=1}^{\infty}$ 可测,但不是半正则的,则 $r(X),R(X),c(X),C(X),R_E(X)$ 和 $C_E(X)$ 都不存在。

③ 如果 $M(X)$ 存在,且 $X$ 和 $XT^k(X)$ 是频率有界可测的,对一切 $k \in \mathbf{Z}$,那么,$R(X),R_E(X),C(X),C_E(X)$ 都存在,且 $R(X) = R_E(X)$ 和 $C(X) = C_E(X) = R(X)$

$-M^2(X)$。

④ $R^*(X) = \{r^*(n)\}_{n=-\infty}^{\infty}$，$R_*(X) = \{r_*(n)\}_{n=-\infty}^{\infty}$ 和 $C^*(X) = \{c^*(n)\}_{n=-\infty}^{\infty}$，$C_*(X) = \{c_*(n)\}_{n=-\infty}^{\infty}$ 具有对称性，即

$$r_*(n) = r_*(-n), r^*(n) = r^*(-n), n \in \mathbf{Z}$$

和

$$c_*(n) = c_*(-n), c^*(n) = c^*(-n), n \in \mathbf{Z}。$$

特别地，如果 $R(X)$，$R_E(X)$，$C(X)$ 和 $C_E(X)$ 都存在，则它们是对称数列或偶数列，即

$$r(n) = r(-n), c(n) = c(-n), \cdots, n \in \mathbf{Z}。$$

⑤ 如果 $R(X) = \{r_n\}_{n=-\infty}^{\infty}$（或 $C(X) = \{c_n\}_{n=-\infty}^{\infty}$）存在，则对任意 $k \in \mathbf{Z}$，$|r_k| \leqslant r_0$（或 $|c_k| \leqslant c_0$）。

事实上，由定理 7.11，可得

$$|r_k| = |M(XT^k(X))| \leqslant \sqrt{M(X^2)M((T^k(X))^2} = M(X^2) = r_0。$$

⑥ 若 $R(X) = \{r_n\}_{n=-\infty}^{\infty}$ 或 $C(X) = \{c_n\}_{n=-\infty}^{\infty}$ 存在，则它们是非负定的，即对任意整数 $n > 0$ 和任意实数 $z_1, z_2, \cdots, z_n$，

$$\sum_{k=1}^{n}\sum_{j=1}^{n} r_{k-j}z_k z_j \geqslant 0 \text{ 或 } \sum_{k=1}^{n}\sum_{j=1}^{n} c_{k-j}z_k z_j \geqslant 0, \tag{7-15}$$

因为由定理 7.3 可得

$$\sum_{k=1}^{n}\sum_{j=1}^{n} r_{k-j}z_k z_j = \sum_{k=1}^{n}\sum_{j=1}^{n} M(XT^{k-j}(X))z_k z_j = M\left[\left(\sum_{k=1}^{n} T^k(X)z_k\right)^2\right] \geqslant 0。$$

⑦ 对任一数列 $X = \{x_n\}_{n=1}^{\infty}$，$C(X) = \{c_n = 0\}_{n=-\infty}^{\infty}$ 的充分必要条件是 $\underset{n \to \infty}{f\lim} x_n = a$ 存在，其中，$a \in \mathbf{R}$。

**例 7.16** 考虑如下离散系统：

$$x_n = \langle a^n \rangle, n = 1, 2, 3, \cdots, \tag{7-16}$$

其中，$a \in \mathbf{R}$ 是一个常数，$I = [0, 1)$ 和 $\langle c \rangle$ 表示取实数 $c$ 的小数。

下面简单讨论系统 (7-16) 的解数列的性质。

由引理 5.8，取一个常数 $a > 1$，使得系统 (7-16) 初值为 $a$ 的解 $X = \{x_n\}_{n=1}^{\infty}$ 是一个完全等分布数列。因此，$X$ 是连续数列，且在 $I$ 上是均匀分布的，其密度函数为

$$f(x) = \begin{cases} 1, x \in I \\ 0, x \notin I \end{cases}。$$

因此，由定理 7.4 和推论 7.4，得

$$M(X) = E(X) = \int_{-\infty}^{\infty} x f(x) \mathrm{d}x = \int_{0}^{1} x \mathrm{d}x = 0.5,$$

$$M(X^2) = E(X^2) = \int_{-\infty}^{\infty} x^2 f(x) \mathrm{d}x = \int_{0}^{1} x^2 \mathrm{d}x = \frac{1}{3},$$

故 $r_0 = M(XT^0(X)) = M(X^2) = 1/3$。下面计算 $r_k, k \neq 0$。

对任一整数 $n > 0$，取 $[0, 1)$ 的一个划分 $P = P[0 = a_0, a_1, \cdots, a_n = 1]$，满足 $a_m = m/n$，对任意 $m = 0, 1, 2, \cdots, n$。由于 $X$ 是完全等分布数列，故对任意固定的整数 $k \neq 0$ 和 $i, j = 1, 2, \cdots, n$，有

$$\mu\{m \in \mathbf{N} \mid a_{i-1} \leqslant x_m < a_i, a_{j-1} \leqslant x_{m+k} < a_j\} = (a_i - a_{i-1})(a_j - a_{j-1}) = \frac{1}{n^2}.$$

设 $T^k(X) = \{y_m = x_{m+k}\}_{m=1}^{\infty}, k \in \mathbf{Z}$，且

$$A_{i,j} = \{m \in \mathbf{N} \mid a_{i-1} \leqslant x_m < a_i, a_{j-1} \leqslant x_{m+k} < a_j\}$$
$$= \{a_{i-1} \leqslant X < a_i, a_{j-1} \leqslant T^k(X) < a_j\},$$

则 $\mu(A_{i,j}) = 1/n^2$，对任意整数 $k \neq 0$ 和 $i, j = 1, 2, \cdots, n$，且

$$r_k = M(XT^k(X)) = \lim_{m \to \infty} \frac{1}{m}[x_1 x_{1+k} + x_2 x_{2+k} + \cdots + x_m x_{m+k}]$$

存在，对任意整数 $k \neq 0$。事实上，对任意充分大整数 $n > 0$，有

$$M^*(XT^k(X)) \leqslant \limsup_{m \to \infty} \sum_{i=1}^{n} \sum_{j=1}^{n} \frac{i}{n} \times \frac{j}{n} \times \frac{|A_{i,j}^{(m)}|}{m} \leqslant \frac{(n+1)^2}{4n^2}$$

和

$$M_*(XT^k(X)) \leqslant \liminf_{m \to \infty} \sum_{i=1}^{n} \sum_{j=1}^{n} \frac{i-1}{n} \times \frac{j-1}{n} \times \frac{|A_{i,j}^{(m)}|}{m} \geqslant \frac{(n-1)^2}{4n^2}.$$

令 $n \to \infty$，得 $r_k = M^*(XT^k(X)) = M_*(XT^k(X)) = 0.25$，对任意整数 $k \neq 0$。因此，$X$ 的频率自相关数列 $R(X) = \{r_n\}_{n=-\infty}^{\infty}$ 存在，且频率自协方差数列 $C(X) = \{c_n\}_{n=-\infty}^{\infty}$ 也存在。

此外，若令 $\Delta = 12C(X)$，则 $\Delta = \{\delta_n\}_{n=-\infty}^{\infty}$ 就是常见的 Dirac 数列（或称 $\delta$ 数列），即

$$\delta_0 = 1, \delta_k = 0, k \neq 0. \tag{7-17}$$

# 第8章 向量数列的联合分布

由概率论可知,在研究随机变量之间的统计关系时,需要引入联合分布函数或密度函数等概念。与此相对应,下面将给出数列间的联合分布和密度函数等概念,为研究数列之间的关系奠定基础。

## 8.1 数列间的联合分布

设 $m$ 是一个正整数,$X_1=\{x_{1,n}\}_{n=1}^{\infty}$,$X_2=\{x_{2,n}\}_{n=1}^{\infty}$,$\cdots$,$X_m=\{x_{m,n}\}_{n=1}^{\infty}\in\mathbf{R}^{\infty}$ 是 $m$ 个实数列。将 $(X_1,X_2,\cdots,X_m)$ 称为 $(m$ 维$)$(向量$)$数列。特别地,如果 $m=2$,则将 $(X_1,X_2)$ 称为二维$($向量$)$数列。

对任意两个数列 $X=\{x_n\}_{n=1}^{\infty}$ 和 $Y=\{y_n\}_{n=1}^{\infty}$,记

$$\{X<x,Y<y\}=\{X<x\}\bigcap\{Y<y\}=\{n\in\mathbf{N}\,|\,x_n<x,y_n<y\},x,y\in\mathbf{R}。$$

一般地,可定义 $\{X_1<x_1,X_2<x_2,\cdots,X_m<x_m\}$,等等,其中 $m\in\mathbf{N}$ 和 $x_1,x_2,\cdots,x_m\in\mathbf{R}$。

**定义 8.1** 对任意 $x,y\in\mathbf{R}$ 与两个数列 $X=\{x_n\}_{n=1}^{\infty}$ 和 $Y=\{y_n\}_{n=1}^{\infty}$,将函数 $\mu^*\{X<x,Y<y\}$ 称为二维数列 $(X,Y)$(或 $X$ 和 $Y$)的上(频率)联合分布(函数),记为 $F^*(x,y)$ 或 $F^*_{(X,Y)}(x,y)$。类似地,函数 $F_*(x,y)=\mu_*\{X<x,Y<y\}$ 称为 $(X,Y)$(或 $X$ 和 $Y$)的(二维)下(频率)联合分布。

一般地,对任意有限个数列 $X_1,X_2,\cdots,X_m\in\mathbf{R}^{\infty}$,可类似定义$(m$ 维$)$(向量$)$数列 $(X_1,\cdots,X_m)$ 的上(频率)(联合)分布函数

$$F^*(x_1,x_2,\cdots,x_m)=\mu^*\{X_1<x_1,X_2<x_2,\cdots,X_m<x_m\},x_i\in\mathbf{R},i=1,2,\cdots,m,$$

以及下(频率)(联合)分布函数 $F_*(x_1,x_2,\cdots,x_m)=\mu_*\{X_1<x_1,X_2<x_2,\cdots,X_m<x_m\}$。

特别地,如果 $F_*(x_1,x_2,\cdots,x_m)=F^*(x_1,x_2,\cdots,x_m)=F(x_1,x_2,\cdots,x_m)$,则将 $F(x_1,x_2,\cdots,x_m)$ 称为 $(X_1,X_2,\cdots,X_m)$ 的弱联合频率分布,将 $(X_1,X_2,\cdots,X_m)$ 也称为弱可测的。

显然,对任意向量数列 $(X_1,X_2,\cdots,X_m)$,$F^*(x_1,x_2,\cdots,x_m)$ 和 $F_*(x_1,x_2,\cdots,x_m)$ 都存在,且

$$0\leqslant F_*(x_1,x_2,\cdots,x_m)\leqslant F^*(x_1,x_2,\cdots,x_m)\leqslant 1。$$

但是,弱联合频率分布 $F(x_1,x_2,\cdots,x_m)$ 不一定存在。

**例 8.1** 设 $\Omega$ 是由式(1-3)定义的不可测集,$X=\{x_n\}_{n=1}^{\infty}$ 和 $Y=\{y_n\}_{n=1}^{\infty}$ 定义

如下：

$$x_n=\begin{cases}1,n\in\Omega\\0,n\notin\Omega\end{cases},y_n=\begin{cases}1,n\in\{2,4,6,\cdots\}\\0,n\in\{1,3,5,\cdots\}\end{cases}。$$

不难计算出

$$F^*(1,1)=\mu^*\{X<1,Y<1\}=0.5\neq0=\mu_*\{X<1,Y<1\}=F_*(1,1)。$$

因此，$(X,Y)$ 的弱联合分布 $F(x,y)$ 不存在。

**例 8.2**　设 $\Omega$ 由式(1-3)定义，$X=\{x_n\}_{n=1}^{\infty}$ 和 $Y=\{y_n\}_{n=1}^{\infty}$ 定义如下：

$$x_n=\begin{cases}1+1/n,n\in\Omega\\1\qquad,n\notin\Omega\end{cases},y_n=1,n\in\mathbf{N}。$$

显然，$(X,Y)$ 的弱联合分布 $F(x,y)$ 存在。但是，

$$\mu^*(X=1,Y=1)=1\neq0=\mu_*(X=1,Y=1)。$$

由此可见，$(X,Y)$ 的弱分布 $F(x,y)$ 存在并不一定能保证对任意 $A\in\widetilde{B}_2$，$\{(X,Y)\in A\}$ 是可测的，其中 $\widetilde{B}_2$ 是式(4-3)定义的二维 Borel 集。

由定义 8.1 可知，联合分布具有如下的性质。

① 单调性：$F^*(x_1,x_2,\cdots,x_m)$ 和 $F_*(x_1,x_2,\cdots,x_m)$ 关于每个变量 $x_i$ 是单调不减的，$i=1,2,\cdots,m$。

② 对任意向量数列 $(X_1,X_2,\cdots,X_m)$，

$$F^*(x_1,+\infty,\cdots,+\infty)=\mu(X_1<x_1,X_2<+\infty,\cdots,X_m<+\infty)=F^*(x_1),$$

$$F^*(x_1,x_2,+\infty,\cdots,+\infty)=\mu(X_1<x_1,X_2<x_2,X_3<+\infty,\cdots,X_m<+\infty)$$
$$=F^*(x_1,x_2),\cdots,$$

其中，$F^*(x_1)$ 和 $F^*(x_1,x_2)$ 分别是 $X_1$ 和 $(X_1,X_2)$ 的一维和二维上联合分布。

③ 如果 $(X,Y)$ 是弱可测的数列，则对任意 $a,b,c,d\in\mathbf{R}$，$a<b$ 和 $c<d$，$\{a\leqslant X<b,c\leqslant Y<d\}$ 可测，且

$$\mu\{a\leqslant X<b,c\leqslant Y<d\}=F(b,d)-F(a,d)-F(b,c)+F(a,c)。$$

但是，$\{a\leqslant X\leqslant b,c\leqslant Y<d\}$，$\{a<X<b,c\leqslant Y<d\}$ 等不一定可测。

**例 8.3**　设 $\Omega$ 是由式(1-3)定义的不可测集，$X=\{x_n\}_{n=1}^{\infty}$ 和 $Y=\{y_n\}_{n=1}^{\infty}$ 定义如下：

$$x_n=\begin{cases}1,n\in\Omega\\0,n\notin\Omega\end{cases},y_n=\begin{cases}0,n\in\Omega\\1,n\notin\Omega\end{cases}。$$

容易计算出

$$F^*(x,y)=\mu^*\{X<x,Y<y\}=\begin{cases}0,x\leqslant0\text{ 或 }y\leqslant0\\0,0<x\leqslant1,0<y\leqslant1\\1,x>1,y>0\text{ 或 }x>0,y>1\end{cases},$$

$$F_*(x,y)=\mu_*\{X<x,Y<y\}=\begin{cases}0,x\leqslant1\text{ 或 }y\leqslant1\\1,x>1,y>1\end{cases}。$$

**定义 8.2** 对任意 $x, y \in \mathbf{R}$ 和两个数列 $X = \{x_n\}_{n=1}^{\infty}$ 和 $Y = \{y_n\}_{n=1}^{\infty}$,如果下列集合

$$\{X < x, Y < y\}, \{X < x, Y = y\}, \{X = x, Y < y\}, \{X = x, Y = y\}$$

都是可测的,那么,将二维向量数列 $(X, Y)$ 称为(强)可测的。一般地,对有限个数列 $X_1 = \{x_{1,n}\}_{n=1}^{\infty}, X_2 = \{x_{2,n}\}_{n=1}^{\infty}, \cdots, X_m = \{x_{m,n}\}_{n=1}^{\infty} \in \mathbf{R}^{\infty}, m \in \mathbf{N}$,如果

$$\{X_1 \in A_1, X_2 \in A_2, \cdots, X_m \in A_m\} = \{n \in \mathbf{N} \mid x_{1,n} \in A_1, x_{2,n} \in A_2, \cdots, x_{m,n} \in A_m\}$$

是可测的,其中,$A_i = (-\infty, x_i)$ 或 $\{x_i\}$,对任意 $x_i \in \mathbf{R}$ 和 $i = 1, 2, \cdots, m$,那么,将 $(X_1, X_2, \cdots, X_m)$ 称为(强)可测的。

显然,由定义 8.2 和频率测度的性质,如果 $(X_1, X_2, \cdots, X_m)$ 是强可测的,那么,$(X_1, X_2, \cdots, X_m)$ 的任意一个子向量 $(X_{i_1}, X_{i_2}, \cdots, X_{i_k})$ 也是强可测的,$k, i_j \in \{1, 2, \cdots, m\}$ 和 $j \in \{1, 2, \cdots, k\}$。特别地,每个数列 $X_i$ 是强可测的,对任意 $i \in \{1, 2, \cdots, m\}$。

本书中,若无特殊说明,可测向量数列是指强可测数列。

**引理 8.1** 对任意 $m \in \mathbf{N}$ 和 $m$ 个数列 $X_1, X_2, \cdots, X_m \in \mathbf{R}^{\infty}$,$(X_1, X_2, \cdots, X_m)$ 是强可测的充分必要条件是对任意 $B_1, B_2, \cdots, B_m \in \widetilde{B}_1$,

$$\{X_1 \in B_1, X_2 \in B_2, \cdots, X_m \in B_m\} = \{n \in \mathbf{N} \mid x_{1,n} \in B_1, x_{2,n} \in B_2, \cdots, x_{m,n} \in B_m\}$$

可测,当且仅当对任意 $B \in \widetilde{B}_m$,

$$\{(X_1, X_2, \cdots, X_m) \in B\} = \{n \in \mathbf{N} \mid (x_{1,n}, x_{2,n}, \cdots, x_{m,n}) \in B\}$$

可测,其中,$\widetilde{B}_m$ 是 $m$ 维有限 Borel 集。

证明:充分性显然成立。

必要性。为了简单起见,下面只对 $m = 2$ 时证明该引理。

由引理 4.5 和 4.6 及频率测度性质,对任意 $I \in \widetilde{B}_2$,存在整数 $n > 0$,$J_{ij} \sim \mathbf{V}_1$,对任意 $i = 1, 2$ 和 $j = 1, 2, \cdots, n$,使得

$$I = J_{11} \times J_{21} + J_{12} \times J_{22} + \cdots + J_{1n} \times J_{2n} \sim \Delta_2, J_{1j} \times J_{2j} \sim \mathbf{V}_2,$$

其中,$J_{1i} \times J_{2i}$ 与 $J_{1j} \times J_{2j}$ 互不相交,$i, j = 1, 2, \cdots, n$ 和 $i \neq j$。因此,只需要证明对任意 $J_1, J_2 \sim \mathbf{V}_1$ 和 $I = J_1 \times J_2 \sim \Delta_2$,$\{X_1 \in J_1, X_2 \in J_2\} = \{(X_1, X_2) \in J_1 \times J_2\}$ 可测即可。

记 $X = X_1$ 和 $Y = X_2$。由已知条件知,$(X, Y)$ 是强可测的,因此,$X$ 和 $Y$ 也是强可测的。显然,对任意 $a, b, c, d \in \mathbf{R}$,满足 $a < b$ 和 $c < d$,有

$$\{a \leqslant X < b, c \leqslant Y < d\} = \{X < b, Y < d\} - \{X < a, Y < d\}$$
$$- \{X < b, Y < c\} + \{X < a, Y < c\}。$$

由于 $\{X < b, Y < d\} - \{X < a, Y < d\}$ 和 $\{X < b, Y < c\} - \{X < a, Y < c\}$ 都可测,且

$$\{X < b, Y < c\} - \{X < a, Y < c\} \subseteq \{X < b, Y < d\} - \{X < a, Y < d\},$$

故 $\{a \leqslant X < b, c \leqslant Y < d\}$ 是可测的,对任意 $a, b, c, d \in \mathbf{R}, a < b$ 和 $c < d$。

类似地,可进一步证明集合 $\{a \leqslant X < b, c \leqslant Y \leqslant d\}$,$\{X \geqslant b, Y \geqslant d\}$,$\{a \leqslant X < b,$

$Y=c\}$ 等等都是可测的。一般地，由引理 4.6，可一条条地证明：集合 $\{X\in J_1,Y\in J_2\}=\{(X,Y)\in J_1\times J_2\}$ 是可测的，对任意 $J_1,J_2\sim\mathbf{\nabla}_1$。更进一步地：对任意 $B\sim\mathbf{\Delta}_2$，$\{(X,Y)\in B\}$ 是可测的。因此，由频率测度的性质，该引理结论成立。证毕！

　　参照概率论中随机向量的联合概率分布的概念，可引入如下可测向量数列联合频率分布的定义。

　　**定义 8.3**　设 $m\in\mathbf{N}$ 和 $X_i=\{x_{i,n}\}_{n=1}^{\infty}$，对 $i=1,2,\cdots,m$。如果 $m$ 维向量数列 $(X_1,X_2,\cdots,X_m)$ 是强可测的，那么，对任意 $x_1,x_2,\cdots,x_m\in\mathbf{R}$，如下函数

$$\mu\{X_1<x_1,X_2<x_2,\cdots,X_m<x_m\}=\mu\{n\in\mathbf{N}\,|\,x_{1,n}<x_1,x_{2,n}<x_2,\cdots,x_{m,n}<x_m\}$$

被称为 $(X_1,X_2,\cdots,X_m)$ 或 $X_1,X_2,\cdots,X_m$ 的（联合频率）分布函数，记为 $F(x_1,x_2,\cdots,x_m)$ 或 $F_X(x)$，其中，$x=(x_1,x_2,\cdots,x_m)$ 和 $X=(X_1,X_2,\cdots,X_m)$。

　　类似于定义 5.6，可以给出如下定义。

　　**定义 8.4**　设向量数列 $(X_1,X_2,\cdots,X_m)$ 是（弱或强）可测的，且其分布函数为 $F(x_1,x_2,\cdots,x_m)$。如果 $F(x_1,x_2,\cdots,x_m)$ 满足如下条件：

　　① 规范性：对任意 $i=1,2,\cdots,m$，$\lim\limits_{x_i\to-\infty}F(x_1,\cdots,x_m)=0$ 和 $\lim\limits_{x_1,\cdots,x_m\to\infty}F(x_1,\cdots,x_m)=1$，则将 $(X_1,X_2,\cdots,X_m)$ 称为半正则（弱或强频率）可测的向量数列。

　　此外，如果 $F(x_1,x_2,\cdots,x_m)$ 满足条件①，且满足如下条件：

　　② 左连续性：对每个 $i=1,2,\cdots,m$ 和任意 $(x_1,x_2,\cdots,x_m)\in\mathbf{R}^m$，

$$\lim_{h\to0+}F(x_1,\cdots,x_i-h,\cdots,x_m)=F(x_1,\cdots,x_i,\cdots,x_m),i=1,2,\cdots,m,$$

则将 $(X_1,X_2,\cdots,X_m)$ 称为正则（弱或强频率可测的向量）数列，$F(x_1,x_2,\cdots,x_m)$ 称为正则分布。

　　显然，如果 $(X_1,X_2,\cdots,X_m)$ 是有界可测的，则 $(X_1,X_2,\cdots,X_m)$ 一定是半正则的，但它可能不是正则的。

　　**例 8.4**　设 $X=\{x_n\}_{n=1}^{\infty}$ 和 $Y=\{y_n\}_{n=1}^{\infty}$ 定义如下：$x_n=y_n=1-1/n$，对任意 $n\in\mathbf{N}$。不难验证 $(X,Y)$ 是半正则可测的。设 $(X,Y)$ 的联合分布为 $F(x,y)$，则 $\lim\limits_{h\to0+}F(1-h,1)=0\neq1=F(1,1)$。因此，$F(x,y)$ 关于变量 $x$ 不具有左连续性，即 $(X,Y)$ 不是正则的。

　　**例 8.5**　设 $(X_1,X_2,\cdots,X_m)$ 是半正则（弱或强可测的）向量数列，则

$$\lim_{x_i\to-\infty}\mu^*\{X_1=x_1,\cdots,X_m=x_m\}=\lim_{x_i\to-\infty}\mu^*\{X_1\leqslant x_1,\cdots,X_m\leqslant x_m\}=0,i=1,\cdots,m,$$

$$\lim_{x_1,\cdots,x_m\to\infty}\mu^*\{X_1=x_1,\cdots,X_m=x_m\}=\lim_{x_1,\cdots,x_m\to\infty}\mu^*\{X_1\geqslant x_1,\cdots,X_m\geqslant x_m\}=0,\cdots.$$

　　根据定义 8.4，不难验证正则数列 $(X_1,X_2,\cdots,X_m)$ 的分布函数 $F(x_1,x_2,\cdots,x_m)$ 满足如下性质：

　　① $F(x_1,x_2,\cdots,x_m)$ 关于每个变量 $x_i$ 是单调不减的，$i=1,2,\cdots,m$。

　　② $F(x_1,\cdots,x_{i-1},-\infty,x_{i+1},\cdots,x_m)=0$，$F(\infty,\cdots,\infty)=\lim\limits_{x_1,\cdots,x_m\to\infty}\mu(X_1<x_1,$

$\cdots, X_m < x_m) = 1$。

③ 对每个 $i = 1, 2, \cdots, m$，都有 $F_{X_i}(x_i) = F(\infty, \cdots, \infty, x_i, \infty, \cdots, \infty)$ 和

$$F_{(X_1, X_2)}(x_1, x_2) = F(x_1, x_2, \infty, \cdots, \infty)$$

$$= \lim_{x_3, \cdots, x_m \to \infty} \mu\{X_1 < x_1, X_2 < x_2, X_3 < x_3, \cdots, X_m < x_m\}, \cdots,$$

存在,且为正则分布,其中,$F_{X_i}(x_i)$ 是 $X_i$ 的一维分布,$F_{(X_1, X_2)}(x_1, x_2)$ 是 $(X_1, X_2)$ 的二维分布等。

下面只对 $m = 2$ 时给出证明,一般情形可类似证明。因为 $(X, Y)$ 是正则数列,故对任意 $\varepsilon > 0$,都存在 $M > 0$,使得对任意 $x, y > M$,都有 $\mu\{X < x, Y < y\} > 1 - \varepsilon$。因此

$$\mu\{Y < y\} \geqslant \mu\{X < x, Y < y\} > 1 - \varepsilon,$$

即 $\lim\limits_{y \to \infty} \mu\{Y < y\} = 1$。由于对任意 $x, y \in \mathbf{R}$,都有

$$\mu\{X < x, Y < y\} = \mu\{X < x\} + \mu\{Y < y\} - \mu[\{X < x\} \cup \{Y < y\}],$$

因此,对任意 $x \in \mathbf{R}$,有

$$\mu\{X < x\} = \lim_{y \to \infty} \mu\{X < x, Y < y\} = F(x, \infty)。$$

④ 对二维正则数列 $(X, Y)$ 和任意 $a, b, c, d \in \mathbf{R}$,其中 $a < b, c < d$,$F(x, y)$ 是 $(X, Y)$ 的分布函数,有

$$\mu\{a < X \leqslant b, c \leqslant Y < d\} = F(b, d) - F(a, d) - F(b, c) + F(a, c)$$

$$+ \mu\{X = b, c \leqslant Y < d\} - \mu\{X = a, c \leqslant Y < d\},$$

$$\mu\{a \leqslant X < b, c \leqslant Y < d\} = F(b, d) - F(a, d) - F(b, c) + F(a, c), \cdots。$$

## 8.2 离散和连续向量数列

### 8.2.1 离散向量数列

参照概率论中的相应定义和一维离散数列的定义 5.8,给出如下定义。

**定义 8.5** 设 $A = \{a_n\}_{n=1}^L$ 和 $B = \{b_n\}_{n=1}^M$ 是两个实数列,$L, M \in Z[1, \infty]$,且对任意 $i, s \in Z[1, L], j, t \in Z[1, M]$,满足 $i \neq s$ 和 $j \neq t$,都有 $a_i \neq a_s$ 和 $b_j \neq b_t$。对于二维向量数列 $(X, Y) = \{(x_n, y_n)\}_{n=1}^{\infty}$,其中,$X = \{x_n\}_{n=1}^{\infty}$ 和 $Y = \{y_n\}_{n=1}^{\infty}$,如果对任意 $i = 1, \cdots, L$ 和 $j = 1, \cdots, M$,有

$$\mu\{X = a_i, Y = b_j\} = p(a_i, b_j) = p_{ij}, \quad \sum_{i=1}^{L} \sum_{j=1}^{M} p_{ij} = 1,$$

则将 $(X, Y)$ 称为(二维)(标准的)离散(向量)数列,$\{p_{ij} \mid i = 1, \cdots, L, j = 1, \cdots, M\}$ 称为 $(X, Y)$ 的(标准的)(离散)分布律。特别地,如果 $L, M \in \mathbf{N}$,则将 $(X, Y)$ 称为有限离散数列,$\{p_{ij}\}$ 称为 $(X, Y)$ 的有限分布律;否则,将 $(X, Y)$ 称为无限离散数列,$\{p_{ij}\}$ 称为 $(X, Y)$ 的无限分布律。

显然,由定义 8.5 可知,对任意二维离散向量数列 $(X,Y)$,其分布律 $\{p_{ij} \mid i=1,$ $\cdots,L,j=1,\cdots,M\}$ 满足

$$p_{ij} \geqslant 0, i=1,\cdots,L, j=1,\cdots,M, \sum_{i=1}^{L}\sum_{j=1}^{M}p_{ij}=1, L,M \in Z[1,\infty] 。 \quad (8\text{-}1)$$

**注 8.1**　在定义 8.5 中,对任意离散数列 $(X,Y)$,不妨设 $x_n \in \{a_1,\cdots,a_L\}$ 和 $y_n \in \{b_1,\cdots,b_M\}$,对所有 $n \in \mathbf{N}$。另外,还可以定义非标准的离散型向量数列,由于后面基本不用,故就不赘述了。

**例 8.6**　设数列 $X=\{x_n\}_{n=1}^{\infty}$ 和 $Y=\{y_n\}_{n=1}^{\infty}$ 定义如下:

$$x_n = \begin{cases} 1, n=2k \\ 0, n=2k-1 \end{cases}, y_n = \begin{cases} 1, n=3k \\ 0, n \neq 3k \end{cases}, k=1,2,\cdots 。$$

不难计算出 $(X,Y)$ 的分布律 $\{p_{ij} \mid i,j=1,2\}$ 为

$$p_{11}=\mu(X=0,Y=0)=\frac{1}{3}, p_{12}=\mu(X=0,Y=1)=\frac{1}{6},$$

$$p_{21}=\mu(X=1,Y=0)=\frac{1}{3}, p_{22}=\mu(X=1,Y=1)=\frac{1}{6} 。$$

因此,$(X,Y)$ 是二维标准离散向量数列。

特别指出:即使 $X=\{x_n\}_{n=1}^{\infty}$ 和 $Y=\{y_n\}_{n=1}^{\infty}$ 都是标准离散数列,$(X,Y)$ 也不一定是二维标准离散向量数列,甚至 $(X,Y)$ 不一定是可测的。

**例 8.7**　设 $\Omega$ 是由式 $(1\text{-}3)$ 定义的不可测集合,数列 $X=\{x_n\}_{n=1}^{\infty}$ 和 $Y=\{y_n\}_{n=1}^{\infty}$ 定义如下:

$$x_n = \begin{cases} 1, n \in \Omega \cap A \text{ 或 } n \in \Gamma \cap \overline{A} \\ 0, n \in \Omega \cap \overline{A} \text{ 或 } n \in \Gamma \cap A \end{cases}, y_n = \begin{cases} 1, n \in A \\ 0, n \in \overline{A} \end{cases}, \quad (8\text{-}2)$$

其中,$\Gamma=\mathbf{N}-\Omega$,$A=\{2,4,6,\cdots\}$,$\overline{A}=\mathbf{N}-A$。

不难验证:$X$ 和 $Y$ 都是标准离散数列,但是,$(X=1,Y=1)=\Omega \cap A$ 不可测,故 $(X,Y)$ 不是标准离散向量数列。

下面再举一例说明:当 $(X,Y)$ 可测时,$X$ 或 $Y$ 不一定是可测的。

**例 8.8**　设 $\Omega$ 是由式 $(1\text{-}3)$ 定义的不可测集合,数列 $X=\{x_n\}_{n=1}^{\infty}$ 和 $Y=\{y_n\}_{n=1}^{\infty}$ 定义如下:

$$x_n = n, n \in \mathbf{N}, y_n = \begin{cases} 1, n \in \Omega \\ 0, n \notin \Omega \end{cases} 。$$

不难验证:$(X,Y)$ 是强可测的向量数列,但是,$Y$ 不可测。

不过,下面将会证明:如果 $(X,Y)$ 是标准离散数列时,$X$ 和 $Y$ 也一定是标准离散数列(参见下面的引理 8.5)。

类似于引理 5.4,首先将证明如下的结果。

**引理 8.2**　设 $X=(X_1,\cdots,X_k)=\{(x_{1,n},\cdots,x_{k,n})\}_{n=1}^{\infty}$ 是 $k$ 维的标准离散向量

数列,$k \in \mathbf{N}$,且对任意 $n \in \mathbf{N}$,有 $(x_{1,n}, \cdots, x_{k,n}) \in A = \{\alpha_i \in \mathbf{R}^k \mid i \in Z[1, M]\}$,其中,$M \in Z[1, \infty]$ 和 $\alpha_i \neq \alpha_j$,对任意 $i \neq j$ 和 $i, j \in \{1, 2, \cdots, M\}$,则对任意子集 $B \subseteq A$,$\{(X_1, \cdots, X_k) \in B\}$ 是可测的集合。

证明:如果 $B$ 是有限集合,则由频率测度的性质,$\{X \in B\}$ 是可测的。

如果 $B$ 是无限集合,则 $M = \infty$,且存在数列 $\{\alpha_{i_1}, \alpha_{i_2}, \cdots\}$,使得 $B = \{\alpha_{i_1}, \alpha_{i_2}, \cdots\}$,其中,$\alpha_{i_m} \in A$,对任意 $m \in \mathbf{N}$,且 $1 \leqslant i_1 < i_2 < \cdots$。

设 $\mu(X = \alpha_m) = p_m \in [0, 1]$,对任意 $m \in \mathbf{N}$,则由已知条件知,级数 $p_1 + p_2 + \cdots$ 收敛于 1,因而级数 $p_{i_1} + p_{i_2} + \cdots$ 也收敛于一个非负实数 $b \in [0, 1]$,其中 $\mu(X = \alpha_{i_m}) = p_{i_m}$,对任意 $m \in \mathbf{N}$。因此,对任意 $\varepsilon > 0$,存在一个整数 $L > 0$,使得对任意整数 $m \geqslant L$,有

$$\mu^* \{X \in \{\alpha_{i_m}, \alpha_{i_{m+1}}, \cdots\}\} \leqslant \mu\{X \in \{\alpha_m, \alpha_{m+1}, \cdots\}\} < \frac{\varepsilon}{2}, \quad p_{i_m} + p_{i_{m+1}} + \cdots < \frac{\varepsilon}{2}.$$

进而

$$|\mu\{X \in \{\alpha_{i_1}, \alpha_{i_2}, \cdots, \alpha_{i_{m-1}}\}\} - b| = |\mu\{X = \alpha_{i_1}\} + \cdots + \mu\{X = \alpha_{i_{m-1}}\} - b| < \frac{\varepsilon}{2}.$$

设 $D = \{X \in \{\alpha_{i_L}, \alpha_{i_{L+1}}, \cdots\}\}$,那么,$0 \leqslant \mu_*(D) \leqslant \mu^*(D) < \varepsilon/2$。显然,

$$\{X \in \{\alpha_{i_1}, \alpha_{i_2}, \cdots, \alpha_{i_{L-1}}\}\} \subseteq \{X \in B\} \subseteq \{X \in \{\alpha_{i_1}, \alpha_{i_2}, \cdots, \alpha_{i_{L-1}}\}\} + \{X \in \{\alpha_{i_L}, \alpha_{i_{L+1}}, \cdots\}\}.$$

因此

$$\mu\{X \in \{\alpha_{i_1}, \alpha_{i_2}, \cdots, \alpha_{i_{L-1}}\}\} \leqslant \mu_*\{X \in B\} \leqslant \mu^*\{X \in B\} \leqslant \mu\{X \in \{\alpha_{i_1}, \alpha_{i_2}, \cdots, \alpha_{i_{L-1}}\}\} + \mu^*(D).$$

故对任意 $\varepsilon > 0$,有

$$b - \varepsilon < \mu\{X \in \{\alpha_{i_1}, \alpha_{i_2}, \cdots, \alpha_{i_{L-1}}\}\} \leqslant \mu_*\{X \in B\} \leqslant \mu^*\{X \in B\} \leqslant b + \varepsilon.$$

由 $\varepsilon$ 的任意性,得 $\mu_*\{X \in B\} = \mu^*\{X \in B\} = b$,即 $(X \in B)$ 是可测的。证毕!

**定义 8.6** 设 $X = \{x_n\}_{n=1}^{\infty}$ 和 $Y = \{y_n\}_{n=1}^{\infty}$ 是两个一维标准离散数列,其分布律分别为

$$\{p_i = \mu(X = a_i) \mid i = 1, 2, \cdots, L\}, \quad \{q_j = \mu(Y = b_j) \mid j = 1, 2, \cdots, M\}, \quad (8-3)$$

其中 $L, M \in Z[1, \infty]$。如果对任意 $i \in \{1, 2, \cdots, L\}$ 和 $j \in \{1, 2, \cdots, M\}$,有 $\{X = a_i\} \bowtie \{Y = b_j\}$,则将 $X$ 和 $Y$ 称为(完全)相合的,也称 $X$ 与 $Y$ 互合或 $X$ 相合于 $Y$,记为 $X \bowtie Y$。

一般地,对两个正则可测的数列 $X = \{x_n\}_{n=1}^{\infty}$ 和 $Y = \{y_n\}_{n=1}^{\infty}$,如果

$$\{X \in A\} \bowtie \{Y \in B\}, \quad A, B \in \widetilde{B}_1, \quad (8-4)$$

其中,$\widetilde{B}_1$ 是一维有限 Borel 集,则 $X$ 与 $Y$ 称为是相合的,记为 $X \bowtie Y$。

由定义 8.5 和 8.6 及引理 8.2,容易证明:如果 $(X, Y)$ 是二维标准离散向量数列,则 $X \bowtie Y$。

由引理 8.2 及其证明过程,容易得到如下结果。

**引理 8.3**　对两个一维标准离散数列 $X=\{x_n\}_{n=1}^{\infty}$ 和 $Y=\{y_n\}_{n=1}^{\infty}$,其分布律由式(8-3)定义。如果 $X \bowtie Y$,则对任意集合 $A \subseteq \{a_1,\cdots,a_L\}$ 和 $B \subseteq \{b_1,\cdots,b_M\}$,都有 $\{X \in A\} \bowtie \{Y \in B\}$。

设 $X=\{x_n\}_{n=1}^{\infty}$ 和 $Y=\{y_n\}_{n=1}^{\infty}$ 是有限离散数列,其分布律分别由式(8-3)给定,$L,M \in \mathbf{N}$。容易证明:如果 $X \bowtie Y$,则 $W=(X-a)(Y-b)$ 和 $U=aX+bY$ 都是有限离散数列,$a,b \in \mathbf{R}$。但是,当 $L$ 或 $M$ 是无穷大时,这样的结果是否还成立呢?下面的结果对这个问题给出了肯定的回答。

**引理 8.4**　设 $X=\{x_n\}_{n=1}^{\infty}$ 和 $Y=\{y_n\}_{n=1}^{\infty}$ 是两个一维标准离散向量数列,其分布律分别为 $\{p_i=\mu(X=a_i)\}_{i=1}^{L}$ 和 $\{q_j=\mu(Y=b_j)\}_{j=1}^{M}$,$L,M \in Z[1,\infty]$,$a_i \neq a_j$ 和 $b_s \neq b_t$,对 $i,j=1,\cdots,L$ 和 $s,t=1,\cdots,M$,且 $i \neq j$ 和 $s \neq t$。如果 $X \bowtie Y$,则 $U=X+Y$ 和 $T=XY$ 都是标准离散数列。

证明:不失一般性,下面只证明当 $L=M=\infty$ 时结论成立。

首先证明对任意 $c \in \mathbf{R}$,$\{U=c\}$ 是可测的。

对某个 $c \in \mathbf{R}$,如果存在数列 $\{a_{i_k}\}_{k=1}^{S}$ 和 $\{b_{j_k}\}_{k=1}^{S}$,其中 $S \in Z[1,\infty]$,使得 $a_{i_k}+b_{j_k}=c$,对所有 $k=1,2,\cdots,S$,且 $a_m+b_l \neq c$,对任一 $(m,l) \notin \{(i_1,j_1),(i_2,j_2),\cdots,(i_S,j_S)\}$,其中,$i_k,j_k \in \mathbf{N}$ 和 $1 \leqslant i_1 < i_2 < \cdots < i_S$,则集合

$$\{U=X+Y=c\}=\{X=a_{i_1},Y=b_{j_1}\}+\{X=a_{i_2},Y=b_{j_2}\}+\cdots+\{X=a_{i_S},Y=b_{j_S}\}$$

一定是频率可测的。否则,如果 $\{U=X+Y=c\}$ 不可测,则一定有 $S=\infty$。由于 $X \bowtie Y$ 和

$$\mu(X=a_1)+\mu(X=a_2)+\cdots=\sum_{i=1}^{\infty}\mu(X=a_i)=1=\sum_{j=1}^{\infty}\mu(Y=b_j),$$

故对任意 $m,n \in \mathbf{N}$,有

$$\mu\{X-a_1,Y=b_1\}+\cdots+\mu\{X=a_m,Y=b_n\}$$

$$=\sum_{i=1}^{m}\sum_{j=1}^{n}\mu\{X=a_i,Y=b_j\} \leqslant 1.$$

因此,非负级数 $\sum_{i=1}^{\infty}\sum_{j=1}^{\infty}\mu\{X=a_i,Y=b_j\}$ 收敛于某个常数 $\gamma \in [0,1]$。下面证明 $\gamma=1$。

由级数的收敛性可知,对任意 $\varepsilon>0$,存在整数 $W>0$,使得

$$0 \leqslant \mu\{X \in \{a_{W+1},a_{W+2},\cdots\}\} < \varepsilon,$$

$$0 \leqslant \mu\{Y \in \{b_{W+1},b_{W+2},\cdots\}\} < \varepsilon。$$

设 $A=\{X \in \{a_1,a_2,\cdots,a_W\}\}$ 和 $B=\{Y \in \{b_1,b_2,\cdots,b_W\}\}$,则对 $\varepsilon>0$,有

$$1 \geqslant \mu(AB)=\mu(A)+\mu(B)-\mu(A+B) \geqslant 1-2\varepsilon,$$

即

$$1-2\varepsilon \leqslant \mu(AB) = \mu\{X \in \{a_1, \cdots, a_W\},$$

$$Y \in \{b_1, \cdots, b_W\}\} = \sum_{i=1}^{W}\sum_{j=1}^{W}\mu\{X = a_i, Y = b_j\} \leqslant 1。$$

故有

$$\sum_{i=1}^{\infty}\sum_{j=1}^{\infty}\mu\{X = a_i, Y = b_j\} = \gamma = 1。$$

对任意 $\varepsilon > 0$,存在整数 $V > 0$,使得

$$0 \leqslant \mu^*\{X \in \{a_{V+1}, a_{V+2}, \cdots\},$$

$$Y \in \{b_1, b_2, \cdots\}\} \leqslant 1 - \sum_{i=1}^{V}\sum_{j=1}^{V}\mu\{X = a_i, Y = b_j\} < \varepsilon。$$

因此,对任意 $n \geqslant V$,

$$\mu^*\{\{X = a_{i_n}, Y = b_{j_n}\} + \{X = a_{i_{n+1}}, Y = b_{j_{n+1}}\} + \cdots\} < \varepsilon。$$

显然

$$\{X = a_{i_1}, Y = b_{j_1}\} + \cdots + \{X = a_{i_{V-1}}, Y = b_{j_{V-1}}\}$$

$$\subseteq \{U = c\} \subseteq \bigcup_{k=1}^{\infty}\{X = a_{i_k}, Y = b_{j_k}\}。$$

故

$$\sum_{k=1}^{V-1}\mu\{X = a_{i_k}, Y = b_{j_k}\} \leqslant \mu_*\{U = c\} \leqslant \mu^*\{U = c\}$$

$$\leqslant \sum_{k=1}^{V-1}\mu\{X = a_{i_k}, Y = b_{j_k}\} + \varepsilon,$$

即 $|\mu_*\{U = c\} - \mu^*\{U = c\}| < \varepsilon$。因此,$\{U = c\}$ 是可测的。

设 $U = X + Y = \{u_n = x_n + y_n\}_{n=1}^{\infty}$。不失一般性,假设存在一列实数 $\{c_1, c_2, \cdots\}$,其中,$c_i \neq c_j, c_i \in \{a_s + b_t | s = 1, 2, \cdots, L; t = 1, 2, \cdots, M\}$,对任意 $i, j \in \mathbf{N}$,且 $i \neq j$,使得对任意 $n \in \mathbf{N}$,都有 $u_n \in \{c_1, c_2, \cdots\}$。下面证明

$$\mu\{U = c_1\} + \mu\{U = c_2\} + \cdots = 1。$$

显然,对任意 $n \in \mathbf{N}$,都有 $\mu\{U = c_1\} + \mu\{U = c_2\} + \cdots + \mu\{U = c_n\} \leqslant 1$。由以上证明结果可知,对任意 $\varepsilon > 0$,存在整数 $W > 0$,使得

$$1 - \varepsilon \leqslant \sum_{i=1}^{W}\sum_{j=1}^{W}\mu\{X = a_i, Y = b_j\} \leqslant 1。$$

显然,存在整数 $Q > 0$,使得

$$a_i + b_j \in \{c_1, c_2, \cdots, c_Q\}, i, j = 1, 2, \cdots, W。$$

因此

$$\{X = a_1, Y = b_1\} + \{X = a_1, Y = b_2\} + \cdots + \{X = a_W, Y = b_W\}$$

$$\subseteq \{X + Y \in \{c_1, c_2, \cdots, c_Q\}\},$$

且对 $\varepsilon > 0$ 和任意 $n \geqslant Q$,有

$$1-\varepsilon \leqslant \sum_{i=1}^{w}\sum_{j=1}^{w}\mu\{X=a_i,Y=b_j\}\leqslant \mu\{U=c_1\}$$
$$+\mu\{U=c_2\}+\cdots+\mu\{U=c_n\}\leqslant 1。$$

故 $\mu\{U=c_1\}+\mu\{U=c_2\}+\cdots=1$。因此，$U=X+Y$ 是一个标准离散数列。

类似于以上证明，还可证明 $T=XY$ 也是一个标准离散数列。证毕！

由定义 8.6 和引理 8.4 的证明过程可知，如下结果成立。

**推论 8.1**　对两个一维标准离散数列 $X=\{x_n\}_{n=1}^{\infty}$ 和 $Y=\{y_n\}_{n=1}^{\infty}$，$X\bowtie Y$ 当且仅当 $(X,Y)$ 是一个二维标准离散向量数列。

### 8.2.2　连续向量数列

**定义 8.7**　设 $(X,Y)=\{(x_n,y_n)\}_{n=1}^{\infty}$ 是一个二维正则可测的向量数列，且其分布函数为 $F(x,y)$，其中，$X=\{x_n\}_{n=1}^{\infty}$ 和 $Y=\{y_n\}_{n=1}^{\infty}$。如果存在非负可积的函数 $f(x,y)$，使得对一切 $x,y\in\mathbf{R}$，有

$$F(x,y)=\int_{-\infty}^{x}\int_{-\infty}^{y}f(u,v)\mathrm{d}u\mathrm{d}v,$$

则将 $(X,Y)$ 称为（二维正则）连续（向量）数列，$f(x,y)$ 称为 $(X,Y)$ 的（联合）密度（函数）。

一般地，对正则可测的向量数列 $X=(X_1,X_2,\cdots,X_m)$，其分布为 $F(x_1,x_2,\cdots,x_m)$，如果存在非负可积的函数 $f(x_1,x_2,\cdots,x_m)$，使得对任意 $(x_1,x_2,\cdots,x_m)\in\mathbf{R}^m$，有

$$F(x_1,x_2,\cdots,x_m)=\int_{-\infty}^{x_1}\int_{-\infty}^{x_2}\cdots\int_{-\infty}^{x_m}f(u_1,u_2,\cdots,u_m)\mathrm{d}u_1\mathrm{d}u_2\cdots\mathrm{d}u_m,$$

则将 $X=(X_1,X_2,\cdots,X_m)$ 称为（$m$ 维正则）连续（向量）数列，将 $f(x_1,x_2,\cdots,x_m)$ 称为 $X$ 的（联合）密度（函数）。

显然，对任意密度为 $f(x_1,x_2,\cdots,x_m)$ 的连续向量数列 $X=(X_1,X_2,\cdots,X_m)$，都有

$$f(x_1,x_2,\cdots,x_m)\geqslant 0,(x_1,x_2,\cdots,x_m)\in\mathbf{R}^m,$$
$$\int_{-\infty}^{x_1}\cdots\int_{-\infty}^{x_m}f(u_1,\cdots,u_m)\mathrm{d}u_1\cdots\mathrm{d}u_m=1。\tag{8-5}$$

#### 1. 空间点集基本知识

为了介绍利用密度函数求伪事件频率的常用公式，下面先介绍平面点集的一些基本知识。

设 $D$ 是平面 $\mathbf{R}^2$ 的一个子集，$P=(a,b)$ 是平面 $\mathbf{R}^2$ 上的一点，$a,b\in\mathbf{R}$。

① 如果存在 $\varepsilon>0$，使得 $P$ 点的 $\varepsilon$ 邻域 $B_\varepsilon(P)$ 满足

$$B_\varepsilon(P)=\{Q=(x,y)\in\mathbf{R}^2\mid d_2(Q,P)=\sqrt{(x-a)^2+(y-b)^2}<\varepsilon\}\subseteq D,$$

则 $P=(a,b)$ 称为 $D$ 的内点。

② 如果对任意 $\varepsilon>0$, $B_\varepsilon(P)\bigcap D\neq\theta$ 和 $B_\varepsilon(P)\bigcap(\mathbf{R}^2-D)\neq\theta$, 即 $P=(a,b)$ 的任意 $\varepsilon$ 邻域既包含 $D$ 内的点, 又包含 $D$ 外的点, 则将 $P$ 称为 $D$ 的边界点。$D$ 的所有边界点组成的集合被称为 $D$ 的边界, 记为 $\partial D$。

③ 如果存在 $\varepsilon>0$, 使得 $B_\varepsilon(P)\bigcap D=\theta$, 则将 $P$ 称为 $D$ 的外点。

④ 如果对任意 $\varepsilon>0$, $\{B_\varepsilon(P)-\{P\}\}\bigcap D\neq\theta$, 则将 $P$ 称为 $D$ 的极限点。如果存在 $\varepsilon>0$, $B_\varepsilon(P)\bigcap D\neq\theta$ 和 $\{B_\varepsilon(P)-\{P\}\}\bigcap D=\theta$, 则将 $P$ 称为 $D$ 的孤立点。

⑤ 如果 $D$ 的每点都是内点, 则 $D$ 称为开集; 如果 $D$ 的所有极限点都属于 $D$, 则 $D$ 称为闭集。

⑥ 对任意两点 $a,b\in\mathbf{R}$, $a\leqslant b$, 如果函数 $x=x(t)$ 和 $y=y(t)$ 都是连续函数, 其中 $t\in[a,b]$, 则称点集 $C=\{(x,y)\in\mathbf{R}^2\,|\,x=x(t),y=y(t),t\in[a,b]\}$ 是连续曲线, $(x(a),y(a))$ 和 $(x(b),y(b))$ 称为 $C$ 的两个端点。设 $t_1,t_2\in[a,b]$, $t_1\neq t_2$, 若 $x(t_1)=x(t_2)$ 和 $y(t_1)=y(t_2)$, 则将 $(x(t_1),y(t_1))$ 称为该曲线的重点。如果连续曲线 $C$ 除端点外没有重点, 则称 $C$ 为简单曲线(或 Jordan 曲线)。如果简单曲线 $C$ 的两个端点是重点, 即 $(x(a),y(a))=(x(b),y(b))$, 则称 $C$ 为简单闭曲线。

显然, 简单闭曲线将整个平面分成三个部分: 曲线的"内部", "外部"和"曲线本身"。

⑦ 设平面上的有限个点 $P_1,P_2,\cdots,P_m\in\mathbf{R}^2$, 用 $\overline{P_iP_j}$ 表示连接两点 $P_i$ 和 $P_j$ 之间的直线段, 其中 $i,j=1,2,\cdots,m$, 将有限个直线段连接成的折线 $\overline{P_1P_2}+\overline{P_2P_3}+\cdots+\overline{P_{m-1}P_m}$ 记为 $\overline{P_1P_2\cdots P_m}$。对于开集 $D\subseteq\mathbf{R}^2$ 和任意两点 $P,Q\in D$, 如果存在连接 $P$ 和 $Q$ 的折线 $\overline{P_1P_2\cdots P_m}$, 其中 $P_1=P$ 和 $P_m=Q$, 使得 $\overline{P_1P_2\cdots P_m}\subseteq D$, 则称 $D$ 为(连通的)区域。区域 $D$ 与其边界 $\partial D$ 的并 $D+\partial D$ 称为闭区域, 记为 $\overline{D}$。为了方便, 规定: 单个点 $P$ 或一条连续无重点的曲线也称为(特殊)闭区域 $\overline{D}$, 且 $D=\overline{D}$。

⑧ 对于一个区域 $D\subseteq\mathbf{R}^2$, 如果包含在 $D$ 内的任何一条简单闭曲线 $C$ 都可"连续收缩"到 $D$ 内的一点(即 $C$ 的内部全属于 $D$), 则称 $D$ 是一个单连通区域。不是单连通区域的区域称为多连通区域。

直观上看, 有界单连通区域的边界是一条简单闭曲线, 或简单闭曲线所围的"内部点集"是一个单连通区域。相应地, 多连通区域内包含若干个"洞"(不属于该区域的闭区域)。如果一个多连通区域 $D$ 的内部只包含有限个"洞", 则将该区域 $D$ 称为有限多连通区域。

对于有限多连通区域 $D$, 存在有限个单连通闭区域或特殊闭区域 $D_1,D_2,\cdots,D_m$, $G\subseteq\mathbf{R}^2$, 满足 $D_i\subseteq G$, 对任意 $i=1,2,\cdots,m$, 且 $D_1,D_2,\cdots,D_m$ 两两互不相交, 使得 $D=G-D_1-D_2-\cdots-D_m$, 其中 $D_i$ 可能是单个点或无重点的连续曲线。

2. Jordan 测度

下面再介绍 Jordan 测度的简单知识。

法国数学家 Jordan 于 1892 年曾给出了有限维空间 $\mathbf{R}^m$ 中点集的一种只具有有限可加性的测度概念,现称之为 Jordan 测度。下面只对二维空间 $\mathbf{R}^2$ 中点集的 Jordan 测度作简要介绍,一般的有限维空间中点集的 Jordan 测度的知识是类似的。

由前面介绍的知识可知:对任意 $a,b,c,d \in \mathbf{R}, a \leqslant b$ 和 $c \leqslant d$,将下面的"含边"或"不含边"或"部分含边"的矩形

$$[a,b] \times [c,d], [a,b) \times [c,d], (a,b] \times (c,d], (a,b) \times (c,d), \cdots$$

统称为广义(有界)矩形。对任意广义有界矩形 $I$,用 $|I|$ 表示它的面积。

**定义 8.8**　设 $D$ 是任一平面上的有界点集,将非负实数

$$m_J^*(D) = \inf\Big\{ \sum_{i=1}^k |I_i| \,\Big|\, I_i \text{ 是广义有界矩形},$$

$$I_i \bigcap I_j = \theta, i \neq j, \bigcup_{i=1}^k I_i \supseteq D, k \in \mathbf{N} \Big\}$$

称为 $D$ 的 Jordan 外测度。将非负实数

$$m_*^J(D) = \sup\Big\{ \sum_{i=1}^k |I_i| \,\Big|\, I_i \text{ 是广义矩形},$$

$$I_i \bigcap I_j = \theta, i \neq j, \bigcup_{i=1}^k I_i \subseteq D, k \in \mathbf{N} \Big\}$$

称为 $D$ 的 Jordan 内测度。特别地,如果 $m_J^*(D) = m_*^J(D) = m_J(D)$,则将 $m_J(D)$ 称为 $D$ 的 Jordan 测度。此时,将 $D$ 称为(有界)Jordan 可测的。

另外,对任一点集 $G \subseteq \mathbf{R}^2$,如果对任意充分大的 $r > 0, G \bigcap \{[-r,r] \times [-r,r]\}$ 都是 Jordan 可测的,则将 $G$ 称为有限(截断)Jordan 可测集。

由 Jordan 测度的知识可知,Jordan 测度具有有限可加性,但不具有无限可加性。结合 Lebesgue 测度知识,如果 $D$ 是 Jordan 可测的,则 $D$ 是 Lebesgue 可测的。

显然,有界单连通区域或有界有限多连通区域都是有界 Jordan 可测集;有界 Jordan 可测集一定是有限截断 Jordan 可测集。此外,如果 $A$ 和 $B$ 都是有限截断 Jordan 可测集,则 $A \times B$ 一定也是有限截断 Jordan 可测集。

**注 8.2**　以上概念都可类似地推广到任意有限维空间 $\mathbf{R}^m$ 上,包括开集、闭集、区域、Jordan 测度等等。在此不赘述了。

3. 频率的计算

下面将给出连续数列频率计算的几种常用方法。

**定理 8.1**　设 $(X,Y) = \{(x_n, y_n)\}_{n=1}^{\infty}$ 是正则连续的向量数列,其密度为 $f(x, y)$,则对任意有限截断 Jordan 可测集 $D \subseteq \mathbf{R}^2, \{(X,Y) \in D\}$ 是一个频率可测集,且

$$\mu\{(X,Y) \in D\} = \iint_D f(x,y)\mathrm{d}x\mathrm{d}y。 \tag{8-6}$$

证明：由给定的条件，$f(x,y)$ 在 $\mathbf{R}^2$ 上是可积的。由实分析知识（积分的绝对连续性）可知，对任意 $\varepsilon>0$，存在 $\delta>0$，使得对任意集合 $A\subseteq\mathbf{R}^2$，满足 $m(A)\leqslant\delta$，都有

$$\iint_A f(x,y)\mathrm{d}x\mathrm{d}y < \varepsilon,$$

其中，$m(A)$ 表示集合 $A$ 的 Lebesgue 测度。显然，对任意广义有界矩形 $A$，$m(A)=m_J(A)$。

当 $D=[a,b)\times[c,d)$ 时，$a,b,c,d\in\mathbf{R}$，且 $a\leqslant b$ 和 $c\leqslant d$，由已知条件和如下等式

$$\{(X,Y)\in D\}=\{X<b,Y<d\}-\{X<a,Y<d\}-\{X<b,Y<c\}+\{X<a,Y<c\},$$

容易证明该定理的结论是成立的。同样地，当 $D=[a,b)\times[c,d]$ 或 $[a,b]\times[c,d]$ 或 $(a,b]\times(c,d]$ 等"含边"或"不完全含边"的广义有界矩形时，$\{(X,Y)\in D\}$ 是一个频率可测集，且式(8-6)成立。

当 $D$ 是一个有界 Jordan 可测集时，由定义 8.8，对 $\delta>0$，存在有限个两两互不相交的广义有界矩形 $I_1,\cdots,I_m$ 和有限个两两互不相交的广义有界矩形 $J_1,\cdots,J_k$，$k,m\in\mathbf{N}$，使得

$$I=I_1+\cdots+I_m\subseteq D\subseteq J_1+\cdots+J_k=H,$$

且

$$m(I)=m_J(I)\leqslant m_J(D)=m(D)\leqslant m_J(I)+\delta/2=|I_1|+\cdots+|I_m|+\delta/2,$$
$$m(H)=m_J(H)\geqslant m_J(D)=m(D)\geqslant |J_1|+\cdots+|J_k|-\delta/2=m_J(J)-\delta/2,$$

其中，$|S|$ 表示广义矩形 $S$ 的面积。因此，$m(H-I)\leqslant\delta$，进而

$$\left|\iint_H f(x,y)\mathrm{d}x\mathrm{d}y-\iint_I f(x,y)\mathrm{d}x\mathrm{d}y\right|=\iint_{H-I} f(x,y)\mathrm{d}x\mathrm{d}y < \varepsilon。$$

显然，由上面证明的结果和频率测度的有限可加性，可得

$$\mu\{(X,Y) \in I\} = \sum_{i=1}^{m}\mu\{(X,Y) \in I_i\}$$
$$= \sum_{i=1}^{m}\iint_{I_i} f(x,y)\mathrm{d}x\mathrm{d}y = \iint_I f(x,y)\mathrm{d}x\mathrm{d}y,$$
$$\mu\{(X,Y) \in H\} = \sum_{i=1}^{k}\mu\{(X,Y) \in J_i\}$$
$$= \sum_{i=1}^{k}\iint_{J_i} f(x,y)\mathrm{d}x\mathrm{d}y = \iint_H f(x,y)\mathrm{d}x\mathrm{d}y。$$

由频率测度的性质，得

$$\mu\{(X,Y)\in I\}\leqslant\mu_*\{(X,Y)\in D\}\leqslant\mu^*\{(X,Y)\in D\}\leqslant\mu\{(X,Y)\in H\},$$

故有 $|\mu_* \{(X,Y) \in D\} - \mu^* \{(X,Y) \in D\}| < \varepsilon$，对任意 $\varepsilon > 0$。因此，$\{(X,Y) \in D\}$ 是可测的，且

$$\left| \iint_I f(x,y) \mathrm{d}x\mathrm{d}y - \iint_D f(x,y) \mathrm{d}x\mathrm{d}y \right| < \varepsilon, \varepsilon > 0,$$

即式(8-6)成立。

如果 $D$ 是一个无界、有限截断 Jordan 可测集，那么，由给定的条件，对任意 $\varepsilon > 0$，存在一个有界的 Jordan 可测集 $G \subseteq \mathbf{R}^2$ 和一个无界的集合 $U \subseteq \mathbf{R}^2$，使得

$$D = G + U, \ \mu^* \{(X,Y) \in U\} < \varepsilon。 \tag{8-7}$$

类似于上面证明可知，该引理的结论也成立。证毕！

由定理 8.1，可得如下几个结果。

**推论 8.2**　设 $(X,Y) = \{(x_n, y_n)\}_{n=1}^{\infty}$ 是正则连续的向量数列，其密度为 $f(x, y)$，则对任意有限多连通区域 $D \subseteq \mathbf{R}^2$，$\{(X,Y) \in D\}$ 是一个频率可测集，且

$$\mu\{(X,Y) \in D\} = \iint_D f(x,y) \mathrm{d}x\mathrm{d}y。$$

**推论 8.3**　设 $(X,Y) = \{(x_n, y_n)\}_{n=1}^{\infty}$ 是正则连续的向量数列，则 $X, aX, Y, aY$，$X+Y$ 和 $XY$ 都是正则连续数列，其中 $a \in \mathbf{R}(a \neq 0)$。

事实上，容易证明 $X, Y, X+Y$ 和 $XY$ 等都是可测数列，因为，对任意 $t \in \mathbf{R}$，$D_1 = \{(x,y) \in \mathbf{R}^2 \mid x < t, y \in \mathbf{R}\}$，$\{(x,y) \in \mathbf{R}^2 \mid x = t, y \in \mathbf{R}\}$，$D_2 = \{(x,y) \in \mathbf{R}^2 \mid x+y < t\}$ 等都是有限截断 Jordan 可测集。由给定的条件，也容易证明它们还是半正则可测的。另外，由式(8-6)和积分的性质，容易证明：$X, X+Y$ 等都是正则连续数列。

**注 8.3**　有必要将定理 8.1 的结论推广到任意有限维空间 $\mathbf{R}^m$ 中去，其证明过程与定理 8.1 的证明应是相似的。下面只给出相应结论，但不给出其证明过程。

**定理 8.2**　设 $(X_1, \cdots, X_m) = \{(x_{1,n}, \cdots, x_{m,n})\}_{n=1}^{\infty}$ 是正则连续向量数列，其密度为 $f(x_1, \cdots, x_m)$，则对任意有限截断 Jordan 可测集 $D \subseteq \mathbf{R}^m$，$\{(X_1, \cdots, X_m) \in D\}$ 是一个频率可测集，且

$$\mu\{(X_1, \cdots, X_m) \in D\} = \iint_D f(x_1, x_2, \cdots, x_m) \mathrm{d}x_1 \cdots \mathrm{d}x_m, \ m \in \mathbf{N}。 \tag{8-8}$$

由引理 4.6 和定理 8.1，还可以得到如下结论。

**定理 8.3**　设 $(X,Y) = \{(x_n, y_n)\}_{n=1}^{\infty}$ 是正则连续数列，其密度为 $f(x,y)$，$\tilde{B}_2$ 是二维有限 Borel 集，则对任意 $D \subseteq \tilde{B}_2$，$\{(X,Y) \in D\}$ 是一个频率可测集，且

$$\mu\{(X,Y) \in D\} = \iint_D f(x,y) \mathrm{d}x\mathrm{d}y。$$

一般地，设 $(X_1, \cdots, X_m) = \{(x_{1,n}, \cdots, x_{m,n})\}_{n=1}^{\infty}$ 是正则连续向量数列，其密度为 $f(x_1, \cdots, x_m)$，则对任意 $D \in \tilde{B}_m, m \in \mathbf{N}$，$\{(X_1, \cdots, X_m) \in D\}$ 是一个频率可测集，且

$$\mu\{(X_1, \cdots, X_m) \in D\} = \iint_D f(x_1, x_2, \cdots, x_m) \mathrm{d}x_1 \cdots \mathrm{d}x_m。$$

### 4. 多维均匀数列和正态数列

下面给出几个常见的有限维连续数列的定义。

① 设 $(X,Y)=\{(x_n,y_n)\}_{n=1}^\infty$ 是二维连续向量数列，$a,b,c,d\in\mathbf{R}$，$a<x<b$ 和 $c<y<d$。如果 $(X,Y)$ 的密度函数 $f(x,y)$ 为

$$f(x,y)=\begin{cases}1/(b-a)(d-c),a<x<b,c<y<d\\0,\text{其他}\end{cases},$$

则将 $(X,Y)$ 称为(在矩形 $I=[a,b]\times[c,d]$ 或 $(a,b)\times(c,d)$ 等上)具有均匀分布的数列或均匀数列，记为 $U((a,b)\times(c,d))$ 或 $U([a,b]\times[c,d])$ 等；将 $f(x,y)$ 称为 $(I$ 上的)均匀密度。一般地，对于一个有界 Jordan 可测集 $D\subseteq\mathbf{R}^2$，如果 $(X,Y)$ 的密度函数 $f(x,y)$ 为

$$f(x,y)=\begin{cases}1/m_J(D),(x,y)\in D\\0\qquad\quad,(x,y)\notin D\end{cases},$$

则将 $(X,Y)$ 称为(在有界 Jordan 可测集 $D$ 上)具有均匀分布的数列或均匀数列，记为 $U(D)$。

**例 8.9** 设 $\alpha>1$ 是一常数，使得数列 $X=\{\langle\alpha^n\rangle\}_{n=1}^\infty$ 是完全等分布的数列。令 $Y=\{\langle\alpha^{n+1}\rangle\}_{n=1}^\infty$，则 $(X,Y)$ 是 $[0,1]\times[0,1]$ 上的均匀向量数列。

事实上，由引理 5.8 可知，对任意 $x,y\in[0,1]$，有

$$F(x,y)=\mu\{X<x,Y<y\}=\mu\{0\leqslant X<x,0\leqslant Y<y\}=xy,$$

一般地，有

$$F(x,y)=\begin{cases}0,x\leqslant0\text{ 或 }y\leqslant0\\x,0<x\leqslant1,y>1\\y,x>1,0<y\leqslant1\\xy,0<x\leqslant1,0<y\leqslant1\\1,x>1,y>1\end{cases}。$$

因此

$$F(x,y)=\int_{-\infty}^x\int_{-\infty}^y f(u,v)\mathrm{d}u\mathrm{d}v,x,y\in\mathbf{R},f(u,v)=\begin{cases}1,0<u<1,0<v<1\\0,\text{其他}\end{cases},$$

即 $(X,Y)$ 是 $[0,1]\times[0,1]$ 上的均匀向量数列。

② 设 $(X,Y)=\{(x_n,y_n)\}_{n=1}^\infty$ 是二维连续向量数列。如果 $(X,Y)$ 的密度函数 $f(x,y)$ 为

$$f(x,y)=\frac{1}{2\pi\sigma_1\sigma_2\sqrt{1-r^2}}\exp\left\{-\frac{1}{2(1-r^2)}\left[\frac{(x-a)^2}{\sigma_1^2}\right.\right.$$

$$\left.\left.-\frac{2r(x-a)(y-b)}{\sigma_1\sigma_2}+\frac{(y-b)^2}{\sigma_2^2}\right]\right\}, \tag{8-9}$$

其中, $a,b,\sigma_1>0,\sigma_2>0,r\in(-1,1)$ 是常数,则称 $(X,Y)$ 是(二维)正态(分布向量)数列, $f(x,y)$ 称为正态密度(函数),记为 $(X,Y)\sim N(a,b,\sigma_1^2,\sigma_2^2,r)$。

一般地,设 $A=(a_1,\cdots,a_m)$, $B=(b_{ij})_{m\times m}$ 是一个正定矩阵, $B$ 的行列式和逆矩阵分别为 $|B|$ 和 $B^{-1}=(r_{ij})_{m\times m}$, $m\in\mathbf{N}$。如果 $m$ 维连续向量数列 $X=(X_1,X_2,\cdots,X_m)$ 的密度函数为

$$f(x_1,x_2,\cdots,x_m)=\frac{1}{(2\pi)^{m/2}|B|^{1/2}}\exp\left\{-\frac{1}{2}\sum_{i=1}^{m}\sum_{j=1}^{m}r_{ij}(x_i-a_i)(x_j-a_j)\right\},$$

(8-10)

则将 $X=(X_1,X_2,\cdots,X_m)$ 称为($m$ 维)正态(向量)数列,记为 $X\sim N(A,B)$。

## 8.3　向量数列的边际分布

参照概率论中随机向量的边际分布的概念,下面给出正则向量数列的边际分布概念,并将重点讨论二维标准离散和正则连续向量数列的边际分布。

### 8.3.1　边际分布和边际分布律的定义

**定义 8.9**　设 $(X,Y)=\{(x_n,y_n)\}_{n=1}^{\infty}$ 是二维正则向量数列,其分布为 $F(x,y)$,则将数列 $X$ 的分布 $F_X(x)=F(x,\infty)$ 和 $Y$ 的分布 $F_Y(x)=F(\infty,y)$ 称为 $(X,Y)$ 的边际(或边缘)分布。

一般地,对于 $m$ 维正则向量数列 $X=(X_1,X_2,\cdots,X_m)$,其分布为 $F(x_1,x_2,\cdots,x_m)$,将数列 $X_i$ 的分布 $F_{X_i}(x)$ 称为 $X$ 的(关于 $X_i$ 的)(一维)边际分布, $X_i$ 和 $X_j$ 的联合分布 $F_{X_i,X_j}(x_i,x_j)$ 称为 $X$ 的(关于 $(X_i,X_j)$ 的)(二维)边际分布,其中 $i$, $j=1,2,\cdots,m$ 和 $i\neq j$。同样可定义 $X$ 的三维到 $m$ 维边际分布。一维到 $m$ 维边际分布统称为 $X$ 的边际分布。

为了方便,下面将 $X$ 和 $Y$ 也称为向量数列 $(X,Y)$ 的边际数列,等等。

在实际应用中,由于数列大多是离散和连续向量数列,因此,可给出边际分布律和边际密度的概念。下面先给出离散数列的边际分布律的概念。

**定义 8.10**　设 $(X,Y)-\{(x_n,y_n)\}_{n=1}^{\infty}$ 是标准离散数列,其联合分布律为 $\{p_{ij}=\mu\{X=a_i,Y=b_j\}=p(a_i,b_j)|i=1,2,\cdots,L,j=1,2,\cdots,M\}$, $L,M\in Z[1,\infty]$,其中 $a_i,b_j\in\mathbf{R}$, $a_i\neq a_j$, $b_s\neq b_t$, $i,j=1,2,\cdots,L$ 和 $s,t=1,2,\cdots,M$,且 $i\neq j$ 和 $s\neq t$,则

$$\mu\{X=a_i\}=p_1(a_i)=p_i,\mu\{Y=b_j\}=p_2(b_j)=q_j,i=1,2,\cdots,L,j=1,2,\cdots,M$$

一定存在,且 $p_1+\cdots+p_L=1$ 和 $q_1+\cdots+q_M=1$。将 $\{p_i|i=1,2,\cdots,L\}$ 和 $\{q_j|j=1,2,\cdots,M\}$ 称为 $(X,Y)$(关于 $X$ 和 $Y$)的边际(或边缘)分布律(边际分布律的存在性可参见引理 8.5)。

一般地,可类似定义任意有限维向量数列的各维边际分布律。

显然,对于联合分布律$\{p_{ij}=\mu\{X=a_i,Y=b_j\}\mid i=1,2,\cdots,L,j=1,2,\cdots,M\}$,利用频率测度的性质,当$L$和$M$都是有限的正整数时,对任意固定的整数$i\in\{1,2,\cdots,L\}$,都有

$$p_i=\mu\{X=a_i\}=\sum_{j=1}^{M}\mu\{X=a_i,Y=b_j\}=\sum_{j=1}^{M}p_{ij},\qquad(8\text{-}11)$$

且对任意固定的整数$j\in\{1,2,\cdots,M\}$,都有

$$q_j=\mu\{Y=b_j\}=\sum_{i=1}^{L}\mu\{X=a_i,Y=b_j\}=\sum_{i=1}^{L}p_{ij}。\qquad(8\text{-}12)$$

**例 8.10**　设向量数列$(X,Y)=\{(x_n,y_n)\}_{n=1}^{\infty}$定义为

$$(x_n,y_n)=(1+(-1)^n,(-1)^n),n=1,2,\cdots,$$

则不难计算出

$$x_n=\begin{cases}2,n=2k\\0,n=2k-1\end{cases},y_n=\begin{cases}1\quad,n=2k\\-1,n=2k-1\end{cases},k=1,2,\cdots。$$

令$a_1=2,a_2=0,b_1=1,b_2=-1$,则联合分布率$\{p_{ij}=\mu\{X=a_i,Y=b_j\}\mid i,j=1,2\}$满足

$$p_{11}=\mu(X=2,Y=1)=\mu\{2,4,6,\cdots\}=0.5,$$
$$p_{12}=\mu(X=2,Y=-1)=\mu(\theta)=0=p_{21},$$
$$p_{22}=\mu(X=0,Y=-1)=\mu\{1,3,\cdots\}=0.5。$$

因此,$(X,Y)$的两个边际分布$\{p_i\mid i=1,2\}$和$\{q_j\mid j=1,2\}$为

$$p_1=\mu(X=2)=0.5=\mu(X=0)=p_2,$$
$$q_1=\mu(Y=1)=0.5=\mu(Y=-1)=q_2。$$

**例 8.11**　设$X=\{x_n\}_{n=1}^{\infty}$和$Y=\{y_n\}_{n=1}^{\infty}$是由式(8-2)定义的数列,则$X$和$Y$都是标准离散数列,且$X$和$Y$的分布律$\{p_i\mid i=1,2\}$和$\{q_j\mid j=1,2\}$分别为$p_1=p_2=q_1=q_2=0.5$。但是,$(X,Y)$的联合分布律不存在。

## 8.3.2　联合分布律与边际分布律的关系

尽管例8.11说明了对于离散数列由边际分布律的存在性推导不出联合分布律的存在性,但是,可以证明由联合分布律的存在性一定可推出边际分布律的存在性。下面将给出二维离散向量数列这一结果的详细证明,一般情形可类似证明。

**引理 8.5**　设$(X,Y)=\{(x_n,y_n)\}_{n=1}^{\infty}$是一个标准离散向量数列,其联合分布律为

$$\{p_{ij}=\mu\{X=a_i,Y=b_j\}\mid i=1,2,\cdots,L,j=1,2,\cdots,M\},L,M\in Z[1,\infty],$$

则$(X,Y)$的两个边际分布律$\{p_i=\mu(X=a_i)\mid i=1,2,\cdots,L\}$和$\{q_j=\mu(Y=b_j)\mid j=1,2,\cdots,M\}$一定存在,即$\{X=a_i\}$和$\{Y=b_j\}$都可测,对任意$i=1,2,\cdots,L$和$j=1,$

$2,\cdots,M$,且

$$p_1+p_2+\cdots+p_L=q_1+q_2+\cdots+q_M=1。$$

证明：不妨设$(x_n,y_n)\in\{(a_i,b_j)|i=1,\cdots,L;j=1,\cdots,M\}$,$x_n\in\{a_1,\cdots,a_L\}$和$y_n\in\{b_1,\cdots,b_M\}$,对任意$n\in\mathbf{N}$。由给定的条件,当$L$和$M$有限时,该引理的结论显然成立。

不失一般性,下面将证明：当$L=M=\infty$时,该引理的结论成立。其他情形可类似证明。

显然,对任意$\varepsilon>0$,存在整数$S>1$,使得对所有$m,n\geqslant S-1$时,有

$$\Big|\sum_{i=1}^{m}\sum_{j=1}^{n}p_{ij}-1\Big|=1-\sum_{i=1}^{m}\sum_{j=1}^{n}p_{ij}<\varepsilon,$$

且

$$\mu\{X\in\{a_1,\cdots,a_{S-1}\},Y\in\{b_1,\cdots,b_{S-1}\}\}>1-\varepsilon,$$
$$\mu\{X\notin\{a_1,\cdots,a_{S-1}\}或Y\notin\{b_1,\cdots,b_{S-1}\}\}<\varepsilon。 \tag{8-13}$$

设

$$A_1=(X=a_1),\cdots,A_{S-1}=(X=a_{S-1}),A_S=(X\in\{a_s,a_{s+1},\cdots\}),$$

和

$$B_1=(Y=b_1),\cdots,B_{S-1}=(Y=b_{S-1}),B_S=(Y\in\{b_s,b_{s+1},\cdots\})。$$

由式(8-13),有$\mu^*(A_S)\leqslant\varepsilon$和$\mu^*(B_S)\leqslant\varepsilon$。显然,对任意$j,k=1,2,\cdots$,都有

$$(X=a_k)=(X=a_k,Y=b_1)+\cdots+(X=a_k,Y=b_{S-1})+(X=a_k)\bigcap B_S,$$
$$(Y=b_j)=(X=a_1,Y=b_j)+\cdots+(X=a_{S-1},Y=b_j)+(Y=b_j)\bigcap A_S。$$

因此,对任意$j,k=1,2,\cdots$,有

$$\sum_{m=1}^{S-1}\mu(X=a_k,Y=b_m)\leqslant\mu_*(X=a_k)\leqslant\mu^*(X=a_k)$$
$$\leqslant\sum_{m=1}^{S-1}\mu(X=a_k,Y=b_m)+\varepsilon$$

和

$$\sum_{i=1}^{S-1}\mu(X=a_i,Y=b_j)\leqslant\mu_*(Y=b_j)\leqslant\mu^*(Y=b_j)$$
$$\leqslant\sum_{i=1}^{S-1}\mu(X=a_i,Y=b_j)+\varepsilon,$$

即$|\mu_*(X=a_k)-\mu^*(X=a_k)|<\varepsilon$和$|\mu_*(Y=b_j)-\mu^*(Y=b_j)|<\varepsilon$,对任意$j,k=1,2,\cdots$和$\varepsilon>0$。因此,$(X=a_k)$和$(Y=b_j)$是可测的,$j,k=1,2,\cdots$。

类似于引理5.5和引理8.4的证明,可得$p_1+\cdots+p_L=q_1+\cdots+q_M=1$。因此,$X$和$Y$是两个标准离散数列,即$(X,Y)$的两个边际分布律都存在。证毕!

下面将式(8-11)和(8-12)成立的条件推广到$L=\infty$或$M=\infty$的情形。

**引理 8.6** 设 $(X,Y)=\{(x_n,y_n)\}_{n=1}^{\infty}$ 是一个标准离散向量数列,其分布律为

$$\{p_{ij}=\mu\{X=a_i,Y=b_j\}\mid i=1,2,\cdots,L,j=1,2,\cdots,M\},L,M\in Z[1,\infty],$$

则对任意 $L,M\in Z[1,\infty]$,式(8-11)和(8-12)都成立。

证明:显然,当 $L$ 和 $M$ 都有限时,该引理的结论成立。不失一般性,下面只证明当 $L=M=\infty$ 时,该引理的结论成立,其他情形可类似证明。

由引理 8.5,设 $(X,Y)$ 的边际分布律为

$$\{p_i=\mu(X=a_i)\mid i=1,2,\cdots,L\},\{q_j=\mu(Y=b_j)\mid j=1,2,\cdots,M\},$$

则 $p_1+p_2+\cdots=q_1+q_2+\cdots=1$。因此,对任意 $\varepsilon>0$,存在整数 $W>1$,使得对任意 $S\geqslant W$,有

$$q_1+q_2+\cdots+q_{S-1}>1-\varepsilon,\mu\{Y\in\{b_S,b_{S+1},\cdots\}\}<\varepsilon。$$

令

$$A_1=(Y=b_1),\cdots,A_{S-1}=(Y=b_{S-1}),A_S=(Y\in\{b_S,b_{S+1},\cdots\}),$$

则 $A_1,A_2,\cdots,A_{S-1},A_S$ 是可测的,$\mu(A_1)+\mu(A_2)+\cdots+\mu(A_{S-1})+\mu(A_S)=1$,且

$$q_1+q_2+\cdots+q_{S-1}=\mu(A_1)+\mu(A_2)+\cdots+\mu(A_{S-1})>1-\varepsilon,\mu(A_S)<\varepsilon。$$

显然,$A_1,A_2,\cdots,A_{S-1},A_S$ 是两两互不相交的,对任意 $i\in\mathbf{N},\mu^*((X=a_i)\bigcap A_S)\leqslant\mu(A_S)<\varepsilon$,

$$(X=a_i)=(X=a_i,Y=b_1)+\cdots+(X=a_i,Y=b_{S-1})+(X=a_i)\bigcap A_S。$$

因此,对任意 $i\in\mathbf{N}$,有

$$\sum_{j=1}^{S-1}\mu(X=a_i,Y=b_j)\leqslant\mu(X=a_i)\leqslant\sum_{j=1}^{S-1}\mu(X=a_i,Y=b_j)+\varepsilon。$$

此外,由于对任意 $i,j=1,2,\cdots$,

$$0\leqslant\mu(X=a_i,Y=b_1)\leqslant\mu(Y=b_1),\cdots,$$

$$0\leqslant\mu(X=a_i,Y=b_j)\leqslant\mu(Y=b_j),\cdots,$$

故级数 $\mu(X=a_i,Y=b_1)+\cdots+\mu(X=a_i,Y=b_j)+\cdots$ 收敛,设其和为 $c\geqslant0$,且对任意充分大的整数 $S>W$,有

$$\Big|\sum_{j=1}^{S-1}\mu(X=a_i,Y=b_j)-c\Big|<\varepsilon。$$

因此,对任意 $\varepsilon>0$,有 $|\mu(X=a_i)-c|<2\varepsilon$,即对任意 $i\in\mathbf{N}$,

$$\mu(X=a_i)=c=\sum_{j=1}^{\infty}\mu(X=a_i,Y=b_j)。$$

同样可证明其他的等式,故该引理的结论成立。证毕!

**注 8.4** 容易证明:$m$ 维标准离散向量数列的一维以上的边际数列也是标准离散的向量数列。

### 8.3.3 边际密度

下面再给出连续数列的边际密度的概念。

**定义 8.11**　设 $(X,Y)=\{(x_n,y_n)\}_{n=1}^{\infty}$ 是一个正则连续向量数列,其密度函数为 $f(x,y)$,分布函数为 $F(x,y)=\int_{-\infty}^{x}\int_{-\infty}^{y}f(u,v)\mathrm{d}u\mathrm{d}v$, 则边际分布 $F_X(x)=F(x,\infty)$ 和 $F_Y(y)=F(\infty,y)$ 都存在。如果存在非负函数 $f_X(x)$ 和 $f_Y(y)$,使得

$$F_X(x)=\int_{-\infty}^{x}f_X(t)\mathrm{d}t,\quad F_Y(x)=\int_{-\infty}^{y}f_Y(t)\mathrm{d}t,$$

则将 $f_X(x)$ 和 $f_Y(y)$ 称为 $(X,Y)$(或 $f(x,y)$)(关于 $X$ 和 $Y$)的边际密度。

一般地,可定义任意有限维向量数列 $(X_1,X_2,\cdots,X_m)$ 的边际密度 $f_{X_1}(x_1)$, $f_{X_1,X_2}(x_1,x_2)$ 等等。

显然,由定理 8.1 和推论 8.3,对密度为 $f(x,y)$ 的正则连续向量数列 $(X,Y)$, $X$ 和 $Y$ 都是正则连续数列,其分布函数为

$$F_X(x)=F_{X,Y}(x,\infty)=\int_{-\infty}^{x}\int_{-\infty}^{\infty}f(u,v)\mathrm{d}v\mathrm{d}u,$$

$$F_Y(y)=F_{X,Y}(\infty,y)=\int_{-\infty}^{y}\int_{-\infty}^{\infty}f(u,v)\mathrm{d}u\mathrm{d}v。$$

同时,$(X,Y)$ 的两个边际密度 $f_X(x)$ 和 $f_Y(y)$ 为

$$f_X(x)=\int_{-\infty}^{\infty}f(x,y)\mathrm{d}y,\quad f_Y(y)=\int_{-\infty}^{\infty}f(x,y)\mathrm{d}x。 \tag{8-14}$$

**例 8.12**　计算二维正态数列 $(X,Y)\sim N(a,b,\sigma_1^2,\sigma_2^2,r)$ 的边际密度函数。

类似于概率论中的计算过程,不难得到

$$f_X(x)=\int_{-\infty}^{\infty}f(x,y)\mathrm{d}y=\frac{1}{\sqrt{2\pi}\sigma_1}\mathrm{e}^{\frac{(x-a)^2}{2\sigma_1^2}},$$

$$f_Y(y)=\int_{-\infty}^{\infty}f(x,y)\mathrm{d}x=\frac{1}{\sqrt{2\pi}\sigma_2}\mathrm{e}^{\frac{(y-b)^2}{2\sigma_2^2}}, \tag{8-15}$$

即 $X\sim N(a,\sigma_1^2)$ 和 $Y\sim N(b,\sigma_2^2)$。因此,二维正态数列的两个边际数列都是正态的。

## 8.4　向量数列的条件分布

### 8.4.1　条件分布律

参照离散随机变量的条件概率的定义,给出如下概念。

**定义 8.12**　设 $(X,Y)=\{(x_n,y_n)\}_{n=1}^{\infty}$ 是标准离散向量数列,其分布律为 $\{p_{ij}=\mu\{X=a_i,Y=b_j\}\,|\,i=1,2,\cdots,L,j=1,2,\cdots,M\},L,M\in Z[1,\infty]$, 且 $(X,Y)$ 的边际分布律为 $\{p_i=\mu(X=a_i)\,|\,i=1,2,\cdots,L\}$ 和 $\{q_j=\mu(Y=b_j)\,|\,j=1,2,\cdots,M\}$。若对固定的 $i\in\{1,2,\cdots,L\}$ 和所有的 $j\in\{1,2,\cdots,M\}$,或对任意 $i\in\{1,2,\cdots,L\}$ 和某个 $j\in\{1,2,\cdots,M\}$,

$$\mu\{Y=b_j \mid X=a_i\} = \frac{\mu\{X=a_i,Y=b_j\}}{\mu\{X=a_i\}} = \frac{p_{ij}}{p_i}$$

或

$$\mu\{X=a_i \mid Y=b_j\} = \frac{p_{ij}}{q_j}$$

存在,则将$\{p_{j|i}=p_{ij}/p_i \mid j=1,2,\cdots,M\}$或$\{q_{i|j}=p_{ij}/q_j \mid i=1,2,\cdots,L\}$称为在$\{X=a_i\}$发生的条件下(或关于$\{X=a_i\}$)$Y$ 的条件分布律,或在$\{Y=b_j\}$发生的条件下(或关于$\{Y=b_j\}$)$X$ 的条件分布律。

此外,为了方便,将数列$W=\{w_n\}_{n=1}^{\infty}=\{y_j\}_{j\in\{X=a_i\}}$称为$Y$ 关于$\{X=a_i\}$的条件数列,等等。

**例 8.13**   设向量数列$(X,Y)=\{(x_n,y_n)\}_{n=1}^{\infty}$定义如下:

$$x_n=\begin{cases}1, & n=2k \\ 0, & n=2k-1\end{cases}, k=1,2,\cdots, y_n=\begin{cases}1, & n\in\{6,12,18,\cdots\} \\ 0, & n\in\{1,3,5,7,\cdots\} \\ -1, & n\in\{2,4,8,10,\cdots\}\end{cases},$$

则计算可得 $p_1=\mu(X=1)=p_2=\mu(X=0)=0.5, q_1=\mu(Y=1)=1/6, q_2=\mu(Y=0)=0.5, q_3=\mu(Y=-1)=1/3$,且

$$p_{11}=\mu(X=1,Y=1)=\frac{1}{6}, p_{12}=\mu(X=1,Y=0)=0, p_{13}=\mu(X=1,Y=-1)=\frac{1}{3},$$

$$p_{21}=\mu(X=0,Y=1)=0, p_{22}=\mu(X=0,Y=0)=0.5, p_{23}=\mu(X=0,Y=-1)=0。$$

因此,条件分布律$\{p_{j|i} \mid j=1,2,3\}$和$\{q_{i|j} \mid i=1,2\}$分别为

$$p_{1|1}=\frac{p_{11}}{p_1}=\frac{1}{3}, p_{2|1}=\frac{p_{12}}{p_1}=0, p_{3|1}=\frac{p_{13}}{p_1}=\frac{2}{3},$$

$$p_{1|2}=\frac{p_{21}}{p_1}=0, p_{2|2}=\frac{p_{22}}{p_1}=1, p_{3|2}=\frac{p_{23}}{p_1}=0,$$

$$q_{1|1}=\frac{p_{11}}{q_1}=1, q_{2|1}=\frac{p_{21}}{q_1}=0=q_{1|2}, q_{2|2}=\frac{p_{22}}{q_2}=1, q_{1|3}=\frac{p_{13}}{q_3}=1, q_{2|3}=\frac{p_{23}}{q_3}=0。$$

此外,容易计算出:$Y$ 关于$\{X=1\}$的条件数列是一个周期为 3 的数列:

$$W=\{w_n\}_{n=1}^{\infty}=\{y_j\}_{j\in\{X=1\}}=(-1,-1,1,-1,-1,1,\cdots)。$$

## 8.4.2   条件密度

由式(8-14),如果$(X,Y)=\{(x_n,y_n)\}_{n=1}^{\infty}$是正则连续向量数列,其密度为$f(x,y)$,则边际密度 $f_X(x)$ 和 $f_Y(y)$存在,且对任意 $f_X(x)>0$ 或 $f_Y(y)>0$,

$$f_1(y|x)=f(x,y)/f_X(x)   \quad 或 \quad   f_2(x|y)=f(x,y)/f_Y(y)$$

存在。显然,

$$f_1(y|x)=f(x,y)/f_X(x)\geqslant 0, y\in\mathbf{R}, \int_{-\infty}^{\infty}f_1(y|x)\mathrm{d}y=1,\cdots。$$

参照连续型随机变量的条件概率的定义,给出如下概念。

**定义 8.13**　设 $(X,Y)=\{(x_n,y_n)\}_{n=1}^{\infty}$ 是正则连续向量数列,其密度为 $f(x,y)$,边际密度为 $f_X(x)$ 和 $f_Y(y)$。如果

$$f_1(y|x)=\frac{f(x,y)}{f_X(x)},f_2(x|y)=\frac{f(x,y)}{f_Y(y)},x,y\in\mathbf{R}$$

存在,则将 $f_1(y|x)$ 称为数列 $Y$ 关于 $(X=x)$(或在 $(X=x)$ 发生的条件下)的条件密度,将 $f_2(x|y)$ 称为数列 $X$ 关于 $(Y=y)$(或在 $(Y=y)$ 发生的条件下)的条件密度。

### 8.4.3　频率条件分布和频率条件分布律

根据频率测度的特点,对于标准离散和正则连续向量数列,还可以给出如下条件分布的定义。

**定义 8.14**　对标准离散或正则连续向量数列 $(X,Y)=\{(x_n,y_n)\}_{n=1}^{\infty}$,如果对某个 $x\in\mathbf{R}$ 和任意 $y\in\mathbf{R}$,极限

$$F(y|x)=\lim_{\varepsilon\to0+}\mu\{Y<y|X\in[x,x+\varepsilon]\}=\lim_{\varepsilon\to0+}\frac{\mu\{Y<y,X\in[x,x+\varepsilon]\}}{\mu\{X\in[x,x+\varepsilon]\}}$$

或对某个 $y\in\mathbf{R}$ 和任意 $x\in\mathbf{R}$,极限

$$G(x|y)=\lim_{\varepsilon\to0+}\mu\{X<x|Y\in[y,y+\varepsilon]\}=\lim_{\varepsilon\to0+}\frac{\mu\{X<x,Y\in[y,y+\varepsilon]\}}{\mu\{Y\in[y,y+\varepsilon]\}}$$

存在,则函数 $F(y|x)$ 或 $G(x|y)$ 称为 $Y$ 在 $X=x$ 处(或关于 $\{X=x\}$)的(频率)条件分布,或 $X$ 在 $Y=y$ 处(或关于 $\{Y=y\}$)的(频率)条件分布。

特别地,对正则连续数列 $(X,Y)$,其密度为 $f(x,y)$,条件分布为 $F(y|x)$ 或 $G(x|y)$,如果存在非负函数 $g_1(y|x)$ 或 $g_2(x|y)$,使得

$$F(y\mid x)=\int_{-\infty}^{y}g_1(t\mid x)\mathrm{d}t\quad\text{或}\quad G(x\mid y)=\int_{-\infty}^{x}g_2(t\mid y)\mathrm{d}t,x,y\in\mathbf{R},$$

则将 $g_1(y|x)$ 或 $g_2(x|y)$ 称为 $Y$ 在 $X=x$ 处或 $X$ 在 $Y=y$ 处的(频率)条件密度。

不难证明定义 8.14 所定义的条件分布满足如下性质:$F(y|x)\in[0,1]$,$F(+\infty|x)=1$,$F(-\infty|x)=0$,且对固定的 $x\in\mathbf{R}$,$F(y|x)$ 具有左连续性($f(x,y)$ 是有限分段连续)。

显然,由定义 8.14 可知,对密度函数为 $f(x,y)$ 的正则连续数列 $(X,Y)$,如果存在 $\varepsilon>0$,使得 $f(x,y)$ 在 $[x,x+\varepsilon]\times\mathbf{R}$ 是连续的(或关于 $y$ 是有限分段连续的),且边际分布 $f_X(x)>0$(或 $f_Y(y)>0$),则

$$g_1(y|x)=\frac{f(x,y)}{f_X(x)},x,y\in\mathbf{R}\ \text{等}。$$

事实上,对任意充分小的 $\varepsilon>0$,

$$\mu(Y<y,x\leqslant X<x+\varepsilon)=\int_{-\infty}^{y}\left(\int_{x}^{x+\varepsilon}f(s,t)\mathrm{d}s\right)\mathrm{d}t$$

$$=\varepsilon\int_{-\infty}^{y}f(\xi_t,t)\mathrm{d}t,\xi_t\in[x,x+\varepsilon],$$

$$\mu(x \leqslant X < x+\varepsilon) = \int_x^{x+\varepsilon} f_X(t) \mathrm{d}t = \varepsilon f_X(\eta), \eta \in [x, x+\varepsilon].$$

因此

$$F(y \mid x) = \lim_{\varepsilon \to 0+} \frac{\mu\{Y < y, X \in [x, x+\varepsilon]\}}{\mu\{X \in [x, x+\varepsilon]\}}$$

$$= \lim_{\varepsilon \to 0+} \int_{-\infty}^y \frac{f(\xi_t, t)}{f_X(\eta)} \mathrm{d}t = \int_{-\infty}^y \frac{f(x, t)}{f_X(x)} \mathrm{d}t, \cdots.$$

**例 8.14** 计算二维正态数列 $(X, Y) \sim N(a, b, \sigma_1^2, \sigma_2^2, r)$ 的条件密度 $f(y \mid x)$ 和 $g(x \mid y)$。

类似于概率论中的计算方法,可得

$$f(y \mid x) = \frac{1}{\sigma_2 \sqrt{2\pi(1-r^2)}} \exp\left\{ -\frac{1}{2\sigma_2^2} \frac{1}{(1-r^2)} \left[ y - \left( b + \frac{r\sigma_2}{\sigma_1}(x-a) \right) \right]^2 \right\},$$

$$g(x \mid y) = \frac{1}{\sigma_1 \sqrt{2\pi(1-r^2)}} \exp\left\{ -\frac{1}{2\sigma_1^2} \frac{1}{(1-r^2)} \left[ x - \left( a + \frac{r\sigma_1}{\sigma_2}(y-b) \right) \right]^2 \right\}.$$

进一步计算可知,频率条件分布函数 $F(y \mid x)$ 和 $G(x \mid y)$ 都存在,且

$$F(y \mid x) = \int_{-\infty}^y f(t \mid x) \mathrm{d}t, \quad G(x \mid y) = \int_{-\infty}^x g(t \mid y) \mathrm{d}t, x, y \in \mathbf{R}.$$

参照定义 4.9,对于一般的取离散数值的数列,还可以给出如下的定义。

**定义 8.15** 设 $X = \{x_n\}_{n=1}^\infty$ 和 $Y = \{y_n\}_{n=1}^\infty$ 是两个实数列,对任意 $n \in \mathbf{N}$, $x_n \in \{a_i \mid i=1,2,\cdots,L\}$ 和 $y_n \in \{b_j \mid j=1,2,\cdots,M\}$, $L, M \in Z[1, \infty]$, $a_i \neq a_j$ 和 $b_s \neq b_t$, $i, j=1,\cdots,L$ 和 $s, t=1,\cdots,M$, $i \neq j$ 和 $s \neq t$。如果对某个固定的 $i=1,2,\cdots,L$ 和任意 $j=1,2,\cdots,M$,或对任意 $i=1,2,\cdots,L$ 和某个 $j=1,2,\cdots,M$,如下极限

$$p_{j \mid i} = \lim_{n \to \infty} \frac{|\{s \in \mathbf{N} \mid x_s = a_i, y_s = b_j\}^{(n)}|}{|\{s \in \mathbf{N} \mid x_s = a_i\}^{(n)}|}$$

或

$$q_{i \mid j} = \lim_{n \to \infty} \frac{|\{s \in \mathbf{N} \mid x_s = a_i, y_s = b_j\}^{(n)}|}{|\{s \in \mathbf{N} \mid y_s = b_j\}^{(n)}|}$$

存在,则将 $\{p_{j \mid i} \mid j=1,2,\cdots,M\}$ 称为 $Y$ 关于 $\{X = a_i\}$ 的(频率或频度)条件分布律,或将 $\{q_{i \mid j} \mid i=1,2,\cdots,L\}$ 称为 $X$ 关于 $\{Y = b_j\}$ 的(频率或频度)条件分布律。

**注 8.5** 类似于定义 8.15,对一般的数列 $X$ 和 $Y$,还可给出频度条件分布或条件密度的定义,但是,本书不再考虑这个问题。

由定义 8.15,对某个 $i$ 或 $j$,即使当 $\mu(X=a_i)=0$ 或 $\mu(Y=b_j)=0$ 或 $(X=a_i)$ (或 $(Y=b_j)$) 等不可测时,$\{p_{j \mid i} \mid j=1,2,\cdots,M\}$ 或 $\{q_{i \mid j} \mid i=1,2,\cdots,L\}$ 也可能存在。

**例 8.15** 设 $X = \{x_n\}_{n=1}^\infty$ 和 $Y = \{y_n\}_{n=1}^\infty$ 定义如下:

$$x_n = \begin{cases} 1, & n=2k \\ -1, & n \neq 2k \end{cases}, k \in \mathbf{N}, \quad y_n = \begin{cases} 0, & n \in A \\ 1, & n \notin A \end{cases}, A = \{1, 2^2, 3^3, 4^4, \cdots\}.$$

不难计算得到，$\mu(Y=0)=0$，

$$q_{1|1}=\lim_{n\to\infty}\frac{|\{X=1,Y=0\}^{(n)}|}{|\{Y=0\}^{(n)}|}=0.5=\lim_{n\to\infty}\frac{|\{X=-1,Y=0\}^{(n)}|}{|\{Y=0\}^{(n)}|}=q_{2|1},$$

故频率条件分布律$\{q_{i|1}|i=1,2\}$存在。

**例 8.16** 设 $\Omega$ 是由式(1-3)定义的不可测集，$X=\{x_n\}_{n=1}^{\infty}$ 和 $Y=\{y_n\}_{n=1}^{\infty}$ 定义如下：

$$x_n=\begin{cases}0,n\in A=\{2,4,6,\cdots\}\bigcap\Omega\\1,n\notin A=\{2,4,6,\cdots\}\bigcap\Omega\end{cases},\quad y_n=\begin{cases}0,n\in\Omega\\1,n\notin\Omega^\circ\end{cases}$$

不难知道，$X$ 和 $Y$ 都不是可测的数列，但是

$$q_{1|1}=\lim_{n\to\infty}\frac{|\{X=0,Y=0\}^{(n)}|}{|\{Y=0\}^{(n)}|}=0.5=\lim_{n\to\infty}\frac{|\{X=1,Y=0\}^{(n)}|}{|\{Y=0\}^{(n)}|}=q_{2|1},$$

即频率条件分布律$\{q_{i|1}|i=1,2\}$存在。

# 8.5 数列间的独立性

## 8.5.1 数列间独立性定义

参考概率论中随机变量间的独立性概念，下面给出数列间的独立性定义。

**定义 8.16** 设 $m>1$ 是一个整数，$X=(X_1,X_2,\cdots,X_m)$ 是一个 $m$ 维的正则向量数列，其分布函数为 $F(x_1,x_2,\cdots,x_m)$，且 $X$ 的所有一维边际分布为 $F_{X_1}(x_1),\cdots,$ $F_{X_m}(x_m)$。如果

$$F(x_1,x_2,\cdots,x_m)=F_{X_1}(x_1)F_{X_2}(x_2)\cdots F_{X_m}(x_m),(x_1,x_2,\cdots,x_m)\in\mathbf{R}^m, \quad (8\text{-}16)$$

则称 $X_1,X_2,\cdots,X_m$ 是相互独立的。特别地，当 $m=2$ 时，称 $X_1$ 与 $X_2$（相互）独立。

由定义 8.16，可得到离散和连续数列相互独立的两种等价形式。

设 $X=(X_1,X_2,\cdots,X_m)$ 是标准离散向量数列，其分布律为$\{p_{i_1i_2\cdots i_m}\}$，且 $X$ 关于 $X_j$ 的一维边际分布律为$\{p_{j,i_j}\}$，$j\in\{1,2,\cdots,m\}$和 $i_j\in\mathbf{N}$。$X_1,X_2,\cdots,X_m$ 相互独立的充分必要条件是

$$p_{i_1i_2\cdots i_m}=p_{1,i_1}p_{2,i_2}\cdots p_{m,i_m}, \text{对所有可能的 } i_j\in\mathbf{N},j\in\{1,2,\cdots,m\}。 \quad (8\text{-}17)$$

另外，设 $X=(X_1,X_2,\cdots,X_m)$ 是正则连续向量数列，其联合密度为 $f(x_1,\cdots,x_m)$，且 $X$ 的所有一维边际密度为 $f_{X_1}(x_1),\cdots,f_{X_m}(x_m)$。$X_1,X_2,\cdots,X_m$ 相互独立的充分必要条件是

$$f(x_1,\cdots,x_m)=f_{X_1}(x_1)\cdots f_{X_m}(x_m), \text{对几乎所有的}(x_1,x_2,\cdots,x_m)\in\mathbf{R}^m。 \quad (8\text{-}18)$$

**注 8.6** 由定义 8.16 和推论 8.1 可知，两个离散数列 $X$ 与 $Y$ 相互独立意味着 $X\bowtie Y$。

**例 8.17** 设 $X=\{x_n\}_{n=1}^{\infty}$ 和 $Y=\{y_n\}_{n=1}^{\infty}$ 定义如下：

$$x_n = \begin{cases} 1, n=3k \\ 0, n\neq 3k \end{cases}, k\in\mathbf{N}, \ y_n = \begin{cases} -1, n=4k \\ 2 \ \ \ , n\neq 4k \end{cases}。$$

计算得到

$$\mu(X=0)=\frac{2}{3}, \mu(X=1)=\frac{1}{3}, \mu(Y=-1)=\frac{1}{4}, \mu(Y=2)=\frac{3}{4},$$

$$\mu(X=1,Y=-1)=\frac{1}{12}, \mu(X=1,Y=2)=\mu(X=1)-\mu(X=1,Y=-1)=\frac{1}{4},$$

$$\mu(X=0,Y=-1)=\mu(Y=-1)-\mu(X=1,Y=-1)=\frac{1}{6},$$

$$\mu\{(X=1)\bigcup(Y=-1)\}=\mu(X=1)+\mu(Y=-1)-\mu(X=1,Y=-1)=\frac{1}{2},$$

$$\mu\{X=0,Y=2\}=\mu\{\overline{(X=1)\bigcup(Y=-1)}\}=1-\mu\{(X=1)\bigcup(Y=-1)\}=\frac{1}{2}。$$

因此

$$\mu(X=1,Y=-1)=\mu(X=1)\mu(Y=-1), \mu(X=1,Y=2)=\mu(X=1)\mu(Y=2),$$
$$\mu(X=0,Y=-1)=\mu(X=0)\mu(Y=-1), \mu(X=0,Y=2)=\mu(X=0)\mu(Y=2)。$$

由式(8-17)，$X$ 和 $Y$ 相互独立。

**例 8.18**　取常数 $\alpha>1$，使 $X=\{x_n=\langle\alpha^n\rangle\}_{n=1}^{\infty}$ 是完全等分布的。令 $Y=\{y_n=\langle\alpha^{n+1}\rangle\}_{n=1}^{\infty}$。不难计算出 $X,Y$ 和 $(X,Y)$ 的分布函数为

$$F_X(x)=\begin{cases} 0, x\leqslant 0 \\ x, 0<x\leqslant 1, \\ 1, x>1 \end{cases} F_Y(y)=\begin{cases} 0, y\leqslant 0 \\ y, 0<y\leqslant 1, \\ 1, y>1 \end{cases}$$

$$F_{(X,Y)}(x,y)=\begin{cases} 0 \ \ , x\leqslant 0 \ 或 \ y\leqslant 0 \\ xy, 0<x\leqslant 1, 0<y\leqslant 1 \\ x \ \ , 0<x\leqslant 1, y>1 \\ y \ \ , x>1, 0<y\leqslant 1 \\ 1 \ \ , x>1, y>1 \end{cases}。$$

因此，对任意 $x,y\in\mathbf{R}$，都有 $F_{(X,Y)}(x,y)=F_X(x)F_Y(y)$，故 $X$ 和 $Y$ 相互独立。

在上例中，如果设 $X_i=\{x_{i,n}=\langle\alpha^{n+i}\rangle\}_{n=1}^{\infty}, i=1,2,\cdots,m$，则还能证明 $X_1$，$X_2,\cdots,X_m$ 相互独立。

由定义 8.16，直接可得到如下结果。

**引理 8.7**　设 $X=\{x_n\}_{n=1}^{\infty}$ 和 $Y=\{y_n\}_{n=1}^{\infty}$ 是两个标准离散(或正则连续)数列。如果 $X$ 和 $Y$ 相互独立，则 $(X,Y)$ 是标准离散(或正则连续)向量数列。

### 8.5.2　向量数列之间的独立性

下面再给出两个向量数列间的独立性定义。

**定义 8.17**　设 $m,n \in \mathbf{N}, X=(X_1,X_2,\cdots,X_m)$ 和 $Y=(Y_1,Y_2,\cdots,Y_n)$ 是两个正则可测的向量数列,其分布函数分别为 $F(x_1,x_2,\cdots,x_m)$ 和 $G(y_1,y_2,\cdots,y_n)$,$(X_1,\cdots,X_m,Y_1,\cdots,Y_n)$ 的联合分布函数为 $H(x_1,\cdots,x_m,y_1,\cdots,y_n)$。如果

$$H(x_1,\cdots,x_m,y_1,\cdots,y_n)=F(x_1,\cdots,x_m)G(y_1,\cdots,y_n),$$
$$(x_1,\cdots,x_m,y_1,\cdots,y_n)\in\mathbf{R}^{m+n},$$

则将 $X=(X_1,X_2,\cdots,X_m)$ 和 $Y=(Y_1,Y_2,\cdots,Y_n)$ 称为相互独立。

类似于式(8-17)和(8-18),也可以得到两个标准离散向量数列(或正则连续向量数列)相互独立的等价条件。在此不叙述了。

由定义 8.17,容易证明:当 $X=(X_1,X_2,\cdots,X_m)$ 和 $Y=(Y_1,Y_2,\cdots,Y_n)$ 相互独立时,$X_i$ 与 $Y_j$,或 $(X_i,X_k)$ 与 $(Y_j,Y_l)$ 等等,都是相互独立的,其中,$i,k\in\{1,2,\cdots,m\}$ 和 $j,l\in\{1,2,\cdots,n\}$。但是,$X_i$ 与 $X_k$(或 $Y_j$ 与 $Y_l$)等却可以不独立,其中,$i\neq k$ 或 $j\neq l$。

**例 8.19**　设 $(X,Y)=\{(x_n,y_n)\}_{n=1}^{\infty}$ 和 $(U,V)=\{(u_n,v_n)\}_{n=1}^{\infty}$ 是两个二维向量数列,定义如下:

$$x_n=\begin{cases}1,n=4k\\0,n\neq4k\end{cases}, \quad y_n=\begin{cases}1,n=6k\\0,n\neq6k\end{cases},$$

$$u_n=\begin{cases}1,n=5k\\0,n\neq5k\end{cases}, \quad v_n=\begin{cases}1,n=25k\\0,n\neq25k\end{cases},$$

$k\in\mathbf{N}$。不难验证:$X$ 和 $Y$ 不相互独立,且 $U$ 和 $V$ 也不相互独立。但是,$(X,Y)$ 与 $(U,V)$ 相互独立,因为

$$\mu(X=1)=\frac{1}{4},\mu(X=0)=\frac{3}{4},\mu(Y=1)=\frac{1}{6},\mu(Y=0)=\frac{5}{6},$$

$$\mu(U=1)=\frac{1}{5},\mu(U=0)=\frac{4}{5},\mu(V=1)=\frac{1}{25},\mu(V=0)=\frac{24}{25},$$

$$\mu(X=1,Y=1)=\mu\{12,24,\cdots\}=\frac{1}{12},$$

$$\mu(X=1,Y=0)=\mu[\{4,8,\cdots\}-\{12,24,\cdots\}]=\frac{1}{6},$$

$$\mu(X=0,Y=1)=\mu[\{6,12,\cdots\}-\{12,24,\cdots\}]=\frac{1}{12},\mu(X=0,Y=0)=\frac{2}{3}$$

和

$$\mu(U=1,V=1)=\mu\{25,50,\cdots\}=\frac{1}{25},$$

$$\mu(U=1,V=0)=\mu[\{5,10,\cdots\}-\{25,50,\cdots\}]=\frac{4}{25},$$

$$\mu(U=0,V=1)=\mu\{\theta\}=0,\mu(U=0,V=0)=\mu(U=0)-\mu(U=0,V=1)=\frac{4}{5}.$$

因此,

$$\mu(X=1,Y=1,U=1,V=1)=\mu\{300,600,\cdots\}$$

$$=\frac{1}{300}=\mu(X=1,Y=1)\mu(U=1,V=1),$$

$$\mu(X=1,Y=1,U=1,V=0)=\mu[\{60,120,\cdots\}-\{300,600,\cdots\}]$$

$$=\frac{1}{75}=\mu(X=1,Y=1)\mu(U=1,V=0),$$

等等。因此,$(X,Y)$ 与 $(U,V)$ 相互独立。但是,$X$ 与 $Y$(且 $U$ 与 $V$)不相互独立。

### 8.5.3　完全自独立数列和完全互独立数列

利用独立性定义,下面给出一个新概念,它可以看作是完全等分布数列的推广。

**定义 8.18**　设 $X=\{x_n\}_{n=1}^{\infty}$ 是正则可测数列,$X_k=T^k(X)=\{x_n^k=x_{n+k}\}_{n=1}^{\infty}$ 是 $X$ 的($k$ 步)平移数列,其中,$k=0,1,2,\cdots$ 和 $X_0=T^0(X)=X$。如果对任意 $m\in\mathbf{N}$,$X_0,X_1,\cdots,X_m$ 是相互独立的,则将 $X$ 称为完全自独立的数列。

显然,由定义 5.10 和定义 8.18 可知,如果 $X=\{x_n\}_{n=1}^{\infty}$ 是完全等分布数列,则 $X$ 一定是完全自独立的数列。但是,反过来不一定成立。因此,完全自独立数列是完全等分布数列的推广。另外,由于完全等分布数列是存在的,故完全自独立的数列也存在。

**注 8.7**　一个问题:常见的 Logistic 混沌系统 $x_{n+1}=4x_n(1-x_n)$ 是否存在一条完全自独立的轨道数列 $X=O(x_0)=\{x_n\}_{n=0}^{\infty}$?

**定义 8.19**　设 $X=\{x_n\}_{n=1}^{\infty}$ 和 $Y=\{y_n\}_{n=1}^{\infty}$ 是两个正则可测数列。如果 $X$ 和 $Y$ 的任意平移数列 $T^k(X)$ 和 $T^m(Y)$ 是(相)互独立的,$k,m\in\mathbf{Z}$,则将 $X$ 和 $Y$ 称为完全(或强)互独立的。一般地,任意有限个完全互独立的数列也可类似定义。

显然,当 $X=\{x_n\}_{n=1}^{\infty}$ 是完全自独立时,$X$ 和它的平移数列 $T^k(X)$ 不是完全互独立的。

下面举一个例子说明完全互独立的数列是存在的。

**例 8.20**　设数列 $X=\{x_n\}_{n=1}^{\infty}$ 和 $Y=\{y_n\}_{n=1}^{\infty}$ 定义如下:

$x_{4k-3}=x_{4k-2}=-1,x_{4k-1}=x_{4k}=1,y_{4k-3}=y_{4k-1}=-1,y_{4k-2}=y_{4k}=1,k=1,2,\cdots$,

即 $X=(-1,-1,1,1,-1,-1,1,1,\cdots)$ 和 $Y=(-1,1,-1,1,-1,1,-1,1,\cdots)$ 都是周期为 4 的数列。

不难计算出:$Y=T^2(Y)$,

$$\mu(X=-1)=\mu(X=1)=\mu(Y=-1)=\mu(Y=1)=0.5,$$

$$\mu(X=-1,Y=-1)=\mu(X=-1,Y=1)=\mu(X=1,Y=-1)$$

$$=\mu(X=1,Y=1)=0.25,$$

$$\mu(X=-1,T(Y)=-1)=\mu(X=-1,T(Y)=1)=\mu(X=1,T(Y)=-1)$$
$$=\mu(X=1,T(Y)=1)=0.25,$$

一般地,对任意 $k,m=\cdots,0,1,2,\cdots,$ 有

$$\mu(T^k(X)=-1,T^m(Y)=-1)=\mu(T^k(X)=-1,T^m(Y)=1)$$
$$=\mu(T^k(X)=1,T^m(Y)=-1)=\mu(T^k(X)=1,T^m(Y)=1)=0.25。$$

因此,$X$ 和 $Y$ 是完全互独立的。

**注 8.8**　对于常见的 Logistic 混沌系统 $x_{n+1}=4x_n(1-x_n)$,是否存在两点 $x_0$, $y_0\in[0,1]$,使得它们相应的非周期解数列 $X=\{x_n\}_{n=0}^{\infty}$ 和 $Y=\{y_n\}_{n=0}^{\infty}$ 是完全互独立的?

### 8.5.4　数列间的单向独立性

根据频率测度的特点,参照定义 4.10,还可以给出如下定义。

**定义 8.20**　设 $X=\{x_n\}_{n=1}^{\infty}$ 和 $Y=\{y_n\}_{n=1}^{\infty}$ 是取离散值的数列,即存在 $a_1,\cdots,$ $a_L$ 和 $b_1,\cdots,b_M$,使得对任意 $n\in\mathbf{N}$,有

$$x_n\in\{a_1,a_2,\cdots,a_L\},y_n\in\{b_1,b_2,\cdots,b_M\},L,M\in Z[1,\infty],$$

其中,$a_1,a_2,\cdots,a_L$ 两两互不相同,且 $b_1,b_2,\cdots,b_M$ 也是两两互不相同。如果对任意整数 $i=1,2,\cdots,L$,只要 $\{X=a_i\}$ 非空,$\{Y=b_j\}$ 就是可测的,对任意 $j=1,2,\cdots,$ $M$,且

$$\mu(Y=b_j\mid X=a_i)=\lim_{n\to\infty}\frac{|\{X=a_i,Y=b_j\}^{(n)}|}{|\{X=a_i\}^{(n)}|}=\mu(Y=b_j),j=1,2,\cdots,M,$$

则 $X$ 与 $Y$ 称为(频率或频度)单向独立,或 $Y$ 关于 $X$ 单向独立。

一般地,对于任意数列 $X$ 和正则可测的数列 $Y$,如果对任意 $x,y\in\mathbf{R}$,只要 $\{X<x\}$ 非空,就有

$$\mu(Y<y\mid X<x)=\lim_{n\to\infty}\frac{|\{X<x,Y<y\}^{(n)}|}{|\{X<x\}^{(n)}|}=\mu(Y<y),$$

则 $X$ 和 $Y$ 称为(频率或频度)单向独立,或 $Y$ 关于 $X$ 单向独立。

**例 8.21**　设数列 $X=\{x_n\}_{n=1}^{\infty}$ 和 $Y=\{y_n\}_{n=1}^{\infty}$ 定义如下:

$$x_n=\begin{cases}1,n=2k\\0,n\neq 2k\end{cases}k\in\mathbf{N},\ y_n=\begin{cases}1,n\in A=\{2,2^2,2^3,\cdots\}\\0,n\notin A\end{cases}。$$

不难计算出

$$\mu(Y=1\mid X=1)=\lim_{n\to\infty}\frac{|\{X=1,Y=1\}^{(n)}|}{|\{X=1\}^{(n)}|}=0=\mu(Y=1),$$
$$\mu(Y=0\mid X=1)=\mu(Y=0),\mu(Y=1\mid X=0)=\mu(Y=1),$$
$$\mu(Y=0\mid X=0)=\mu(Y=0)。$$

因此,$Y$ 关于 $X$ 单向独立。

# 8.6　函数数列的分布

在前面讨论中,对任意数列 $X=\{x_n\}_{n=1}^{\infty}$ 和函数 $y=h(x)$,将 $Y=h(X)=\{y_n=h(x_n)\}_{n=1}^{\infty}$ 称为 $X$(关于 $h$)的函数数列。同样地,可定义其他情况的函数数列。本节将讨论几个特殊的多元函数数列的分布问题。

## 8.6.1　卷积公式

设 $(X,Y)=\{(x_n,y_n)\}_{n=1}^{\infty}$ 是标准离散数列,且满足 $x_n,y_n\in\{0,1,2,\cdots\}$,对任意 $n\in\mathbf{N}$,

$$\mu\{X=i,Y=j\}=p_{ij},i,j=0,1,2,\cdots,\sum_{i=0}^{\infty}\sum_{j=0}^{\infty}p_{ij}=1,$$

$$\mu\{X=i\}=p_i,\mu\{Y=j\}=q_j,\sum_{i=0}^{\infty}p_i=\sum_{j=0}^{\infty}q_j=1。$$

由引理 8.4 及其证明过程可知,$W=X+Y=\{x_n+y_n\}_{n=1}^{\infty}$ 是标准离散数列。特别地,如果 $X$ 和 $Y$ 是独立的,则不难计算出

$$\mu\{W=r\}=\mu\{X=0,Y=r\}+\cdots+\mu\{X=r,Y=0\}$$
$$=p_0q_r+p_1q_{r-1}+\cdots+p_rq_0。\qquad(8\text{-}19)$$

式(8-19)称为(分布律 $\{p_i|i=0,1,2,\cdots\}$ 和 $\{q_j|j=0,1,2,\cdots\}$ 的)离散卷积公式。

**引理 8.8**　设 $(X,Y)=\{(x_n,y_n)\}_{n=1}^{\infty}$ 是正则连续向量数列,其密度为 $f(x,y)$,则 $W=X+Y$ 也是正则连续数列。特别地,如果 $X$ 和 $Y$ 相互独立,其密度分别为 $f_X(x)$ 和 $f_Y(y)$,则 $W$ 的密度为

$$f_W(w)=\int_{-\infty}^{\infty}f_X(u)f_Y(w-u)\mathrm{d}u=\int_{-\infty}^{\infty}f_X(w-u)f_Y(u)\mathrm{d}u,\qquad(8\text{-}20)$$

式(8-20)称为(密度 $f_X(x)$ 和 $f_Y(y)$)的卷积公式。

证明:由定理 8.1 及其推论 8.3 可知,$W=X+Y$ 是正则连续数列。

当 $X$ 和 $Y$ 相互独立时,有 $f(x,y)=f_X(x)f_Y(y)$,对几乎所有的 $x,y\in\mathbf{R}$。显然,对任意 $w\in\mathbf{R}$,集合 $D=\{(x,y)\in\mathbf{R}^2\,|\,x+y<w\}$ 是一个有限截断 Jordan 可测集。因此,由定理 8.1,得

$$\mu(W<w)=\mu(X+Y<w)=\mu((X,Y)\in D)=\iint_{x+y<w}f(x,y)\mathrm{d}x\mathrm{d}y$$
$$=\iint_{x+y<w}f_X(x)f_Y(y)\mathrm{d}x\mathrm{d}y=\int_{-\infty}^{\infty}\mathrm{d}x\int_{-\infty}^{w-x}f_X(x)f_Y(y)\mathrm{d}y$$
$$=\int_{-\infty}^{\infty}\mathrm{d}x\int_{-\infty}^{w}f_X(x)f_Y(u-x)\mathrm{d}u=\int_{-\infty}^{w}\left[\int_{-\infty}^{\infty}f_X(x)f_Y(u-x)\mathrm{d}x\right]\mathrm{d}u$$
$$=\int_{-\infty}^{w}\left[\int_{-\infty}^{\infty}f_X(u-y)f_Y(y)\mathrm{d}y\right]\mathrm{d}u。$$

因此,式(8-20)成立。证毕!

## 8.6.2　最大与最小函数数列

设 $X=\{x_n\}_{n=1}^{\infty}$ 和 $Y=\{y_n\}_{n=1}^{\infty}$ 是两个正则可测(标准离散或正则连续)数列,且相互独立,其分布函数分别为 $F_X(x)$ 和 $F_Y(y)$。设

$$U=\max\{X,Y\}=\{u_n=\max\{x_n,y_n\}\}_{n=1}^{\infty},$$
$$V=\min\{X,Y\}=\{v_n=\min\{x_n,y_n\}\}_{n=1}^{\infty},$$

则 $U$ 和 $V$ 是两个正则可测的数列,且分布为

$$F_U(u)=\mu\{\max\{X,Y\}<u\}=\mu\{X<u,Y<u\}=F_X(u)F_Y(u), \qquad (8\text{-}21)$$
$$F_V(v)=\mu\{\min\{X,Y\}<v\}=1-\mu\{X\geqslant v,Y\geqslant v\}=1-(1-F_X(v))(1-F_Y(v))。$$

特别地,如果 $X=\{x_n\}_{n=1}^{\infty}$ 和 $Y=\{y_n\}_{n=1}^{\infty}$ 是正则连续数列,则

$$f_U(u)=f_X(u)F_Y(u)+F_X(u)f_Y(u),\cdots。$$

**注 8.9**　如果两个正则可测数列 $X$ 和 $Y$ 不相互独立,则 $U=\max\{X,Y\}$ 和 $V=\min\{X,Y\}$ 不一定是可测的。这点可从下面的反例中看出。

**例 8.22**　设 $\Omega$ 是由式(1-3)定义的不可测集合,数列 $X=\{x_n\}_{n=1}^{\infty}$ 和 $Y=\{y_n\}_{n=1}^{\infty}$ 定义如下:

$$x_n=\begin{cases}1,n\in\Omega\cap A \text{ 或 } \bar{\Omega}\cap\bar{A} \\ 2,n\in\Omega\cap\bar{A} \text{ 或 } \bar{\Omega}\cap A\end{cases}, \quad y_n=\begin{cases}1,n\in A=\{2,4,6,\cdots\} \\ 2,n\notin A\end{cases},$$

其中,$\bar{\Omega}=\mathbf{N}-\Omega$ 和 $\bar{A}=\mathbf{N}-A$。不难验证 $X$ 和 $Y$ 都是正则可测的。但是,$U=\max\{X,Y\}$ 不可测,因为 $\{U=1\}=A\cap\Omega$ 不可测。

## 8.6.3　向量函数数列

下面将讨论向量数列在(向量)函数的作用下所得到(向量)数列的分布问题。

**定义 8.21**　设 $n$ 是一个正整数,$g(x_1,x_2,\cdots,x_n)$ 是 $\mathbf{R}^n$ 上的一个 $n$ 元实函数,且令

$$A_t=\{(x_1,x_2,\cdots,x_n)\in\mathbf{R}^n\,|\,g(x_1,x_2,\cdots,x_n)<t\},$$
$$B_t=\{(x_1,x_2,\cdots,x_n)\in\mathbf{R}^n\,|\,g(x_1,x_2,\cdots,x_n)=t\},t\in\mathbf{R}。 \qquad (8\text{-}22)$$

如果对任意 $t\in\mathbf{R},A_t$ 和 $B_t$ 都是有限截断 Jordan 可测集,则将 $g(x_1,x_2,\cdots,x_n)$ 称为(有限截断)Jordan 函数。

由定理 8.2 可知,对任意正则连续向量数列 $X=(X_1,\cdots,X_n)$ 和连续的有限截断 Jordan 函数 $g(x_1,x_2,\cdots,x_n),X_k=\{x_{k,m}\}_{m=1}^{\infty}$,函数数列 $Y=g(X)=\{y_m=g(x_{1,m},\cdots,x_{n,m})\}_{m=1}^{\infty}$ 是半正则可测的数列,且

$$F_Y(t)=\mu(y<t)=\mu(X\in A_t)=\int_{A_t}f(x_1,x_2,\cdots,x_n)\mathrm{d}x_1\mathrm{d}x_2\cdots\mathrm{d}x_n,$$
$$\mu(Y=t)=\mu(X\in B_t)=\int_{B_t}f(x_1,x_2,\cdots,x_n)\mathrm{d}x_1\mathrm{d}x_2\cdots\mathrm{d}x_n,$$

其中,$A_t$ 和 $B_t$ 由式(8-22)定义,$f(x_1,x_2,\cdots,x_n)$ 是 $X$ 的密度函数。

一般地,可类似定义多维 Jordan 函数。例如,两个变量的二维 Jordan 函数的定义如下。

**定义 8.22**　设 $g(x,y)$ 和 $h(x,y)$ 是 $\mathbf{R}^2$ 上的两个二元实函数,且令

$$A_{s,t}=\{(x,y)\in\mathbf{R}^2\,|\,g(x,y)<s,h(x,y)<t\},$$
$$B_{s,t}=\{(x,y)\in\mathbf{R}^2\,|\,g(x,y)=s,h(x,y)<t\},$$
$$C_{s,t}=\{(x,y)\in\mathbf{R}^2\,|\,g(x,y)<s,h(x,y)=t\},$$
$$D_{s,t}=\{(x,y)\in\mathbf{R}^2\,|\,g(x,y)=s,h(x,y)=t\},$$

其中,$s,t\in\mathbf{R}$。如果对任意 $s,t\in\mathbf{R}$,$A_{s,t},B_{s,t},C_{s,t}$ 和 $D_{s,t}$ 都是有限截断 Jordan 可测集,则将 $(g(x,y),h(x,y))$ 称为(二维二元)(有限截断)Jordan 函数。

由定义 8.21 和 8.22,不难证明:$y=g(x)=x^2,y=\sin(x),y=\cos(x),w=g(x,y)=ax+by,w=f(x,y)=xy,u=u(x,y)=\max(x,y)$ 和 $v=v(x,y)=\min(x,y)$ 都是 Jordan 函数,$a,b\in\mathbf{R}$。

**引理 8.9**　设 $(X,Y)=\{(x_n,y_n)\}_{n=1}^{\infty}$ 是一个正则连续向量数列,其密度函数 $f_{(X,Y)}(x,y)$ 是(有限分段)连续函数,并设 $(u=u(x,y),v=v(x,y))$ 是一个定义在有限截断 Jordan 可测集 $D_1\subseteq\mathbf{R}^2$ 上的连续 Jordan 函数,其反函数为 $(x=x(u,v),y=y(u,v))$,它的定义域为有限截断 Jordan 可测集 $D_2\subseteq\mathbf{R}^2$。如果偏导数 $\partial x/\partial u,\partial x/\partial v,\partial y/\partial u$ 和 $\partial y/\partial v$(在 $D_2$ 上)都是连续的,则 $(U,V)=(u(X,Y),v(X,Y))$ 是一个正则连续的向量数列,且其密度为

$$f_{(U,V)}(u,v)=\begin{cases}f_{(X,Y)}(x(u,v),y(u,v))\,|\,J\,|,&(u,v)\in D_2\\0&,(u,v)\notin D_2\end{cases},\qquad(8\text{-}23)$$

其中,$J$ 为如下 Jacobi 行列式:

$$J=\begin{vmatrix}\partial x/\partial u&\partial x/\partial v\\\partial y/\partial u&\partial y/\partial v\end{vmatrix}\neq0。$$

证明:由定理 8.1 和 8.2 及给定的条件,对任意 $u,v\in\mathbf{R}$,$(U,V)$ 的分布函数为

$$F_{(U,V)}(u,v)=\mu(U<u,V<v)=\iint_{u(x,y)<u,v(x,y)<v}f_{(X,Y)}(x,y)\mathrm{d}x\mathrm{d}y。$$

利用实分析知识,对上面的二重积分作变量代换,可得

$$F_{(U,V)}(u,v)=\int_{-\infty}^u\int_{-\infty}^v f_{(X,Y)}(x(u,v),y(u,v))\,|\,J\,|\,\mathrm{d}u\mathrm{d}v。$$

因此,式(8-23)成立。证毕!

一般地,可将引理 8.9 推广为如下结果。

**引理 8.10**　设 $(X_1,X_2,\cdots,X_m)=\{(x_{1n},x_{2n},\cdots,x_{mn})\}_{n=1}^{\infty}$ 是一个 $m$ 维正则连续向量数列,其密度函数 $g_1(x_1,x_2,\cdots,x_m)$ 是(有限分段)连续函数,并设

$$y=\begin{pmatrix}y_1\\y_2\\\vdots\\y_m\end{pmatrix}=\begin{pmatrix}f_1(x_1,x_2,\cdots,x_m)\\f_2(x_1,x_2,\cdots,x_m)\\\vdots\\f_m(x_1,x_2,\cdots,x_m)\end{pmatrix}=G(x),x=\begin{pmatrix}x_1\\x_2\\\vdots\\x_m\end{pmatrix}\in\mathbf{R}^m,m\in\mathbf{N}$$

是一个定义在有限截断 Jordan 可测集 $D_1 \subseteq \mathbf{R}^m$ 上的 $m$ 维连续 Jordan 函数，$y = G(x)$ 的反函数为 $x = H(y)$，它的定义域为有限截断 Jordan 可测集 $D_2 \subseteq \mathbf{R}^m$。如果偏导数 $\partial x_i / \partial y_j$ 都是连续的，$i,j = 1,2,\cdots,m$，且 Jacobi 行列式

$$J = \begin{vmatrix} \dfrac{\partial x_1}{\partial y_1} & \dfrac{\partial x_1}{\partial y_2} & \cdots & \dfrac{\partial x_1}{\partial y_m} \\ \dfrac{\partial x_2}{\partial y_1} & \dfrac{\partial x_2}{\partial y_2} & \cdots & \dfrac{\partial x_2}{\partial y_m} \\ \vdots & \vdots & \cdot & \vdots \\ \dfrac{\partial x_m}{\partial y_1} & \dfrac{\partial x_m}{\partial y_2} & \cdots & \dfrac{\partial x_m}{\partial y_m} \end{vmatrix} \neq 0$$

在 $D_2$ 上存在，则 $Y$ 是一个正则连续的向量数列，且其密度为

$$g_2(y_1,y_2,\cdots,y_m) = \begin{cases} g_1(x_1,x_2,\cdots,x_m)\,|J|, & (y_1,y_2,\cdots,y_m) \in D_2 \\ 0, & (y_1,y_2,\cdots,y_m) \notin D_2 \end{cases}, \quad (8\text{-}24)$$

其中

$$Y = \begin{bmatrix} Y_1 \\ Y_2 \\ \vdots \\ Y_m \end{bmatrix} = \begin{bmatrix} f_1(X_1,X_2,\cdots,X_m) \\ f_2(X_1,X_2,\cdots,X_m) \\ \vdots \\ f_m(X_1,X_2,\cdots,X_m) \end{bmatrix} = G(X), \quad X = \begin{bmatrix} X_1 \\ X_2 \\ \vdots \\ X_m \end{bmatrix}。$$

## 8.7　函数数列间的独立性

类似于引理 8.2 的证明，可得到如下结果。

**引理 8.11**　设 $X = \{x_n\}_{n=1}^{\infty}$ 和 $Y = \{y_n\}_{n=1}^{\infty}$ 是两个标准离散数列，其分布律为 $\mu(X = a_i) = p_i$，$\mu(Y = b_j) = q_j$，$i = 1,2,\cdots,L$，$j = 1,2,\cdots,M$，$L,M \in Z[1,\infty]$。如果 $X$ 和 $Y$ 相互独立，则对任意子集 $A \subseteq \{a_1,\cdots,a_L\}$ 和 $B \subseteq \{b_1,\cdots,b_M\}$，

$$\mu(X \in A, Y \in B) = \mu(X \in A)\mu(Y \in B)。$$

一般地，对任意有限个相互独立的标准离散数列，也有类似结论。

相应地，利用独立性和 Jordan 可测集的性质，还可以得到如下结果。

**引理 8.12**　设 $X = \{x_n\}_{n=1}^{\infty}$ 和 $Y = \{y_n\}_{n=1}^{\infty}$ 是两个正则连续数列，其密度函数为 $f_X(x)$ 和 $f_Y(y)$。如果 $X$ 和 $Y$ 相互独立，则对任意两个有限截断 Jordan 可测集 $A,B$，有

$$\mu(X \in A, Y \in B) = \mu(X \in A)\mu(Y \in B)。$$

一般地，对任意有限个相互独立的正则连续数列，也有类似结论。

证明：因为 $A,B$ 是两个有限截断 Jordan 可测集，故 $A \times B$ 是有限截断 Jordan 可测集。因此，由已知条件可知，$(X,Y)$ 是正则连续数列，且集合 $\{X \in A, Y \in B\} =$

$\{(X,Y)\in A\times B\}$ 是可测的。

下面对 $A$ 和 $B$ 都是有界集时给出证明,当 $A$ 或 $B$ 是无界集时可类似证明。

对任意 $\varepsilon>0$,存在 $\delta>0$,以及有限个有界的"广义"区间 $I_1,I_2,\cdots,I_m\subseteq\mathbf{R}$ 和 $J_1,J_2,\cdots,J_n\subseteq\mathbf{R}$,使得

$$I=\sum_{i=1}^{m}I_i\subseteq A, J=\sum_{j=1}^{n}J_j\subseteq B,$$

$$m_J(A)-\sum_{i=1}^{m}\mid I_i\mid<\delta, m_J(B)-\sum_{j=1}^{n}\mid J_j\mid<\delta$$

和

$$\left|\mu(X\in A,Y\in B)-\iint_W f_X(x)f_Y(y)\mathrm{d}x\mathrm{d}y\right|<\varepsilon,$$

$$\left|\mu(X\in A)\mu(Y\in B)-\int_I f_X(x)\mathrm{d}x\times\int_J f_Y(y)\mathrm{d}y\right|<\varepsilon,$$

其中,$W=\sum_{i=1}^{m}\sum_{j=1}^{n}I_i\times J_j$,$f_X(x)$ 是 $X$ 的密度函数。显然,由已知条件,有

$$\iint_W f_X(x)f_Y(y)\mathrm{d}x\mathrm{d}y=\int_I f_X(x)\mathrm{d}x\times\int_J f_Y(y)\mathrm{d}y。$$

因此,$|\mu(X\in A,Y\in B)-\mu(X\in A)\mu(Y\in B)|<2\varepsilon$。证毕!

**推论 8.4** 在引理 8.12 的条件下,对任意 $A,B\in\widetilde{B}_1$,有 $\mu(X\in A,Y\in B)=\mu(X\in A)\mu(Y\in B)$。

由引理 8.11,可以得到如下结果。

**定理 8.4** 设 $m\in\mathbf{N},X_1,X_2,\cdots,X_m$ 是一列标准离散数列,且相互独立,其中,$X_i=\{x_{in}\}_{n=1}^{\infty},x_{in}\in\{a_{i,1},\cdots,a_{i,M_i}\},n\in\mathbf{N}$ 和 $M_i\in Z[1,\infty],i=1,2,\cdots,m$,则对任意实函数 $g_1(x),\cdots,g_m(x),g_1(X_1),\cdots,g_m(X_m)$ 是相互独立的标准离散数列(其中的各个数列可以是退化的单点分布数列)。

类似于定理 8.4,还可得到如下结论。

**定理 8.5** 设 $m,k\in\mathbf{N},X=(X_1,\cdots,X_m)$ 和 $Y=(Y_1,\cdots,Y_k)$ 是标准离散向量数列,$X$ 与 $Y$ 相互独立,$X_i=\{x_{in}\}_{n=1}^{\infty},Y_j=\{y_{jn}\}_{n=1}^{\infty},(x_{1n},\cdots,x_{mn})\in\{a_1,\cdots,a_L\}$ 和 $(y_{1n},\cdots,y_{kn})\in\{b_1,\cdots,b_M\},a_i\in\mathbf{R}^m,b_j\in\mathbf{R}^k,n\in\mathbf{N},i=1,2,\cdots,m$ 和 $j=1,2,\cdots,k$,$L,M\in Z[1,\infty]$,则对任意函数 $g(x_1,\cdots,x_m)$ 和 $h(y_1,\cdots,y_k),g(X_1,\cdots,X_m)$ 和 $h(Y_1,\cdots,Y_k)$ 是相互独立的标准离散数列。

关于连续数列,有如下的结果。

**定理 8.6** 设 $m$ 是一个正整数,$g_1(x),g_2(x),\cdots,g_m(x)$ 是 $m$ 个连续的 Jordan 函数,则对任意正则连续且相互独立的数列 $X_1,X_2,\cdots,X_m,g_1(X_1),g_2(X_2),\cdots,g_m(X_m)$ 也是相互独立的。

证明:设 $Y_j=g_j(X_j)$,则 $Y_j$ 是半正则可测的数列,对任意 $j=1,2,\cdots,m$。只

需要证明:对任意 $y_1,\cdots,y_m\in\mathbf{R}$,有

$$\mu(Y_1<y_1,\cdots,Y_m<y_m)=\mu(Y_1<y_1)\cdots\mu(Y_m<y_m)。$$

显然,对任意 $y_1,\cdots,y_m\in\mathbf{R}$,有 $\{Y_j<y_j\}=\{X_j\in C_j\}$,对任意 $j=1,2,\cdots,m$,且

$$\{Y_1<y_1,\cdots,Y_m<y_m\}=\{X_1\in C_1,\cdots,X_m\in C_m\},$$

其中,$C_i=A_{iy_i}$ 由式(8-22)定义,$i=1,2,\cdots,m$。由已知条件,$C_i$ 是有限截断 Jordan 可测集。由引理 8.12,可得

$$\mu(Y_1<y_1,\cdots,Y_m<y_m)=\mu(X_1\in C_1)\cdots\mu(X_m\in C_m)=\mu(Y_1<y_1)\cdots\mu(Y_m<y_m),$$

因此,$g_1(X_1),g_2(X_2),\cdots,g_m(X_m)$ 相互独立。证毕!

类似于定理 8.6 的证明,可得如下结论。

**定理 8.7**　设 $X_1=(X_{11},\cdots,X_{1m_1}),\cdots,X_k=(X_{k1},\cdots,X_{km_k})$ 是正则连续的向量数列,且相互独立,$m_i,k\in\mathbf{N}$。如果 $G_i:\mathbf{R}^{m_i}\to\mathbf{R}^k$ 是连续 Jordan 函数,对任意 $i=1,2,\cdots,k$,则 $G_1(X_1),\cdots,G_k(X_k)$ 也相互独立。

# 第9章 多维数列的数字特征和互相关数列

参照概率论知识,本章将讨论向量数列数字特征的相关问题,包括协方差、相关系数、不相关、条件期望、矩、互相关数列、互协方差数列、条件数学期望、最小二乘法等概念、方法及其简单性质,为研究数列之间的关系奠定基础。

**定义 9.1** 设 $X=(X_1,X_2,\cdots,X_n)$ 是 $n$ 维向量数列,$n\in\mathbf{N}$。如果 $m(X_1),\cdots,m(X_n)$ 都存在,则将 $m(X)=(m(X_1),\cdots,m(X_n))$ 称为 $(X_1,\cdots,X_n)$ 的(算术平)均值。如果 $M(X_1),\cdots,M(X_n)$ 存在,则将 $M(X)=(M(X_1),\cdots,M(X_n))$ 称为 $(X_1,\cdots,X_n)$ 的(频率)均值。如果 $E(X_1),\cdots,E(X_n)$ 存在,则将 $E(X)=(E(X_1),\cdots,E(X_n))$ 称为 $(X_1,X_2,\cdots,X_n)$ 的期望。

## 9.1 两个数列的协方差和相关系数

### 9.1.1 协方差与协方差矩阵

参照概率论的知识,给出如下的概念。

**定义 9.2** 设数列 $X=\{x_n\}_{n=1}^{\infty}$ 和 $Y=\{y_n\}_{n=1}^{\infty}$ 的频率均值都存在,分别为 $M(X)$ 和 $M(Y)$。如果 $M^*[(X-M(X))(Y-M(Y))]$ 存在,则将 $M^*[(X-M(X))(Y-M(Y))]$ 称为 $X$ 和 $Y$ 的上(频率)协方差,记为 $f\mathrm{cov}^*(X,Y)$。可类似定义 $X$ 和 $Y$ 的下(频率)协方差 $M_*[(X-M(X))(Y-M(Y))]$,记为 $f\mathrm{cov}_*(X,Y)$。特别地,如果 $f\mathrm{cov}^*(X,Y)=f\mathrm{cov}_*(X,Y)=M[(X-M(X))(Y-M(Y))]$ 存在,记为 $f\mathrm{cov}(X,Y)$,则将 $f\mathrm{cov}(X,Y)$ 称为 $X$ 和 $Y$ 的(频率)协方差。

类似地,还可以定义算术协方差 $\mathrm{cov}(X,Y)=m[(X-m(X))(Y-m(Y))]$。不过,为了适当缩减篇幅,本章将不用 $m(X)$ 等来讨论相应问题。

显然,对任意有界数列 $X=\{x_n\}_{n=1}^{\infty}$ 和 $Y=\{y_n\}_{n=1}^{\infty}$,如果 $M(X)$ 和 $M(Y)$ 存在,则 $f\mathrm{cov}^*(X,Y)$ 和 $f\mathrm{cov}_*(X,Y)$ 一定存在。但是,可能会有 $f\mathrm{cov}^*(X,Y)\neq f\mathrm{cov}_*(X,Y)$。

**例 9.1** 设 $\Omega$ 是由式(1-3)定义的不可测集,数列 $X=\{x_n\}_{n=1}^{\infty}$ 和 $Y=\{y_n\}_{n=1}^{\infty}$ 定义如下:

$$x_n=y_n=\begin{cases}1, & n\in\Omega\bigcap\{2,4,6,\cdots\}\\ -1, & n\in\Omega\bigcap\{1,3,5,\cdots\}\\ 0, & n\notin\Omega\end{cases}$$

不难计算出：$M(X)=M(Y)=0$，$f\mathrm{cov}^*(X,Y)=1\neq 0=f\mathrm{cov}_*(X,Y)$。

显然，由定理 7.3，设 $X=\{x_n\}_{n=1}^{\infty}$ 和 $Y=\{y_n\}_{n=1}^{\infty}$ 是两个实数列，其频率均值分别为 $M(X)$ 和 $M(Y)$，$M[(X-M(X))(Y-M(Y))]$ 存在的充分必要条件是 $M(XY)$ 存在，且

$$f\mathrm{cov}(X,Y)=M[(X-M(X))(Y-M(Y))]=M(XY)-M(X)M(Y)。 \quad (9\text{-}1)$$

**定义 9.3**　设 $(X,Y)=\{(x_n,y_n)\}_{n=1}^{\infty}$ 是（半）正则（弱）可测向量数列，$X$ 和 $Y$ 的期望分别为 $E(X)$ 和 $E(Y)$。如果 $E[(X-E(X))(Y-E(Y))]$ 存在，则将 $E[(X-E(X))(Y-E(Y))]$ 称为 $X$ 和 $Y$ 的（期望）协方差，记为 $\mathrm{cov}(X,Y)$。

由定理 7.5，引理 8.4 和推论 8.3，对任意标准离散（或正则连续）向量数列 $(X,Y)=\{(x_n,y_n)\}_{n=1}^{\infty}$，$f\mathrm{cov}(X,Y)$ 存在当且仅当 $\mathrm{cov}(X,Y)$ 存在，且 $\mathrm{cov}(X,Y)=f\mathrm{cov}(X,Y)$ 和

$$\mathrm{cov}(X,Y)=E[(X-E(X))(Y-E(Y))]=E(XY)-E(X)E(Y)。 \quad (9\text{-}2)$$

**定义 9.4**　设 $m\in\mathbf{N}$，$X=(X_1,X_2,\cdots,X_m)$ 是一个正则可测的向量数列。如果 $\mathrm{cov}(X_i,X_j)$（或 $f\mathrm{cov}(X_i,X_j)$）存在，对任意 $i,j=1,2,\cdots,m$，则将矩阵

$$B=\begin{bmatrix} b_{11} & b_{12} & \cdots & b_{1m} \\ b_{21} & b_{22} & \cdots & b_{2m} \\ \cdots & \cdots & \cdots & \cdots \\ b_{m1} & b_{m2} & \cdots & b_{mm} \end{bmatrix},b_{ij}=\mathrm{cov}(X_i,Y_j)\text{或}f\mathrm{cov}(X_i,X_j),i,j=1,2,\cdots,m$$

称为 $(X_1,X_2,\cdots,X_m)$ 的（期望或频率）协方差矩阵。

显然，由定义 9.4，可得如下结果。

**引理 9.1**　协方差矩阵是对称矩阵，即 $B^{\mathrm{T}}=B$，且它是非负定矩阵，即 $B\geqslant 0$。

证明：由定义 9.4，显然有 $B^{\mathrm{T}}=B$。由定理 7.3，对任意 $x=(x_1,x_2,\cdots,x_m)\in\mathbf{R}^m$，有

$$\begin{aligned} xBx^{\mathrm{T}} &= \sum_{i=1}^{m}\sum_{j=1}^{m}b_{ij}x_ix_j = \sum_{i=1}^{m}\sum_{j=1}^{m}M[(X_i-M(X_i))(X_j-M(X_j)]x_ix_j \\ &= M\Big(\sum_{i=1}^{m}\sum_{j=1}^{m}[(x_iX_i-x_iM(X_i))(x_jX_j-x_jM(X_j))]\Big) \\ &= M\Big(\sum_{i=1}^{m}x_i(X_i-M(X_i))\Big)^2 \geqslant 0。 \end{aligned}$$

因此，协方差矩阵 $B$ 是非负定矩阵。证毕！

### 9.1.2　多元函数数列的期望公式

下面以二元函数为例给出一个多元函数数列的期望公式，其他情形可类似讨论。

设 $(X,Y)=\{(x_n,y_n)\}_{n=1}^{\infty}$ 是一正则连续的向量数列，其密度函数 $f(x,y)$ 是（有限分段）连续的，且 $w=g(x,y)$ 是 $\mathbf{R}^2$ 上连续的有限截断 Jordan 函数，则 $W=$

$g(X,Y)=\{w_n=g(x_n,y_n)\}_{n=1}^{\infty}$ 是一个半正则可测的数列,并且,如果如下积分

$$\int_{-\infty}^{\infty}\int_{-\infty}^{\infty}g(x,y)f(x,y)\mathrm{d}x\mathrm{d}y$$

存在,则 $E(W)$ 存在,且如下公式成立

$$E(W)=M(W)=\int_{-\infty}^{\infty}\int_{-\infty}^{\infty}g(x,y)f(x,y)\mathrm{d}x\mathrm{d}y。$$

事实上,对任意 $w\in\mathbf{R}$,设 $D=D_w=\{(x,y)\,|\,g(x,y)<w\}$,则 $D$ 是有限截断 Jordan 可测集,且

$$\{W<w\}=\{g(X,Y)<w\}=\{(X,Y)\in D\}$$

是可测的。同样地,$\{W=w\}$ 也是可测的。因此,$W$ 是强可测的数列。由于 $g$ 是连续的,故 $W$ 是半正则可测的数列。由定理 7.5,如果 $E(W)$ 存在,则 $E(W)=M(W)$。下面将只证明当 $(X,Y)$ 是有界数列时,上面的公式成立。对于其他情形,可类似证明该公式是成立的。

显然

$$M(W)=\lim_{n\to\infty}\frac{w_1+w_2+\cdots+w_n}{n}=\lim_{n\to\infty}\frac{g(x_1,y_1)+g(x_2,y_2)+\cdots+g(x_n,y_n)}{n}。$$

设 $S>0$ 是一个正数,使得 $x_n,y_n,w_n\in[-S,S)$,对任意 $n\in\mathbf{N}$。对任意 $\varepsilon>0$,存在 $\lambda\in(0,\varepsilon)$,使得对 $[-S,S)$ 的任意划分 $P=P_\lambda=[-S=a_0,a_1,\cdots,a_t=S]$,都存在 $\xi_i,\eta_i\in[a_{i-1},a_i]$,$i=1,2,\cdots,t$,有 $\mu(A_{ij})=f(\xi_i,\eta_j)\Delta x_i\Delta y_j$,对任意 $i,j=1,2,\cdots,t$,

$$\left|\int_{-\infty}^{\infty}\int_{-\infty}^{\infty}g(x,y)f(x,y)\mathrm{d}x\mathrm{d}y-\sum_{i=1}^{t}\sum_{j=1}^{t}g(\xi_i,\eta_j)f(\xi_i,\eta_j)\Delta x_i\Delta y_j\right|<\varepsilon$$

和对任意充分大的整数 $n>0$,

$$\frac{1}{n}\sum_{i=1}^{t}\sum_{j=1}^{t}g(\xi_i,\eta_j)\mid A_{ij}^{(n)}\mid-\varepsilon<M(W)<\frac{1}{n}\sum_{i=1}^{t}\sum_{j=1}^{t}g(\xi_i,\eta_j)\mid A_{ij}^{(n)}\mid+\varepsilon,$$

其中,$\Delta x_i=\Delta y_i=a_i-a_{i-1}$,对任意 $i=1,2,\cdots,t$,$A_{ij}=\{n\in\mathbf{N}\,|\,x_n\in[a_{i-1},a_i),y_n\in[a_{j-1},a_j)\}$,对任意 $i,j=1,2,\cdots,t$。因此

$$\sum_{i=1}^{t}\sum_{j=1}^{t}g(\xi_i,\eta_j)\mu(A_{ij})-\varepsilon\leqslant M(W)\leqslant\sum_{i=1}^{t}\sum_{j=1}^{t}g(\xi_i,\eta_j)\mu(A_{ij})+\varepsilon。$$

于是

$$\left|\int_{-\infty}^{\infty}\int_{-\infty}^{\infty}g(x,y)f(x,y)\mathrm{d}x\mathrm{d}y-M(X)\right|<2\varepsilon。$$

由 $\varepsilon$ 的任意性,可知上述公式成立。

### 9.1.3 相关系数

**定义 9.5** 设 $(X,Y)=\{(x_n,y_n)\}_{n=1}^{\infty}$ 是(半)正则(弱)可测的向量数列,$X$ 和 $Y$

的期望分别为 $E(X)$ 和 $E(Y)$，期望方差为 $V(X)$ 和 $V(Y)$。如果 $V(X)\neq 0$ 和 $V(Y)\neq 0$，且 $\mathrm{cov}(X,Y)$ 存在，则将

$$r=r_{XY}=\frac{\mathrm{cov}(X,Y)}{\sqrt{V(X)V(Y)}}=\frac{E[(X-E(X))(Y-E(Y))]}{\sqrt{E[(X-EX)^2]E[(Y-EY)^2]}} \tag{9-3}$$

称为 $X$ 和 $Y$ 的（期望）相关系数。

**例 9.2** 设数列 $X=\{x_n\}_{n=1}^{\infty}$ 和 $Y=\{y_n\}_{n=1}^{\infty}$ 定义如下：

$$x_n=\begin{cases}1 &,n=4,8,12,\cdots\\-1,&n\neq 4,8,12,\cdots\end{cases},\quad y_n=\begin{cases}1 &,n=6,12,18,\cdots\\-1,&n\neq 6,12,18,\cdots\end{cases}。$$

显然，$(X,Y)$ 是正则可测的向量数列，且容易计算出

$$E(X)=-\frac{1}{2},V(X)=\frac{3}{4},E(Y)=-\frac{2}{3},V(Y)=\frac{5}{9},r_{XY}=\frac{\sqrt{15}}{15}。$$

**定义 9.6** 设数列 $X=\{x_n\}_{n=1}^{\infty}$ 和 $Y=\{y_n\}_{n=1}^{\infty}$ 的频率均值和频率方差都存在，分别为 $M(X)$ 和 $M(Y)$，$D(X)$ 和 $D(Y)$。如果 $M^*[(X-M(X))(Y-M(Y))]$ 存在，则将

$$\gamma^*=\gamma_{XY}^*=\frac{f\mathrm{cov}^*(X,Y)}{\sqrt{D(X)D(Y)}}=\frac{M^*[(X-M(X))(Y-M(Y))]}{\sqrt{M[(X-M(X))^2]M[(Y-M(Y))^2]}}$$

称为 $X$ 和 $Y$ 的上频率相关系数。可类似定义下频率相关系数。如果 $M[(X-M(X))(Y-M(Y))]$ 存在，则将

$$\gamma=\gamma_{XY}=\frac{f\mathrm{cov}(X,Y)}{\sqrt{D(X)D(Y)}}=\frac{M[(X-M(X))(Y-M(Y))]}{\sqrt{M[(X-M(X))^2]M[(Y-M(Y))^2]}} \tag{9-4}$$

称为 $X$ 和 $Y$ 的（频率）相关系数。

**例 9.3** 设数列 $X=\{x_n\}_{n=1}^{\infty}$ 和 $Y=\{y_n\}_{n=1}^{\infty}$ 定义如下：

$$x_n=\begin{cases}1 &,n=2,4,6,\cdots\\-1,&n\neq 2,4,6,\cdots\end{cases},\quad y_n=\begin{cases}1 &,n=3,6,9,\cdots\\-1,&n\neq 3,6,9,\cdots\end{cases}。$$

容易计算出

$$M(X)=0,D(X)=1,M(Y)=-\frac{1}{3},D(Y)=\frac{8}{9},\gamma_{XY}=0。$$

**例 9.4** 设 $\Omega$ 是由式(1-3)定义的不可测集，数列 $X=\{x_n\}_{n=1}^{\infty}$ 和 $Y=\{y_n\}_{n=1}^{\infty}$ 定义如下：

$$x_n=\begin{cases}1 &,n\in A=\{2,4,6,\cdots\}\\-1,&n\notin A\end{cases},\quad y_n=\begin{cases}1,n\in(A\cap\Omega)\cup(\overline{A}\cap\overline{\Omega})\\0,n\in(A\cap\overline{\Omega})\cup(\overline{A}\cap\Omega)\end{cases},$$

其中，$\overline{A}=\mathbf{N}-A$ 和 $\overline{\Omega}=\mathbf{N}-\Omega$。显然，$X$ 和 $Y$ 都是标准离散数列，且

$$M(X)=0,M(Y)=0.5,M(X^2)=1,M(Y^2)=0.5。$$

但是，$XY$ 不可测，因 $\{XY=1\}=A\cap\Omega$ 不可测，且 $f\mathrm{cov}(X,Y)$ 和 $\mathrm{cov}(X,Y)$ 都不存在。

由引理 8.4 和推论 8.3，可以得到如下结果。

**引理 9.2**　对任意标准离散或正则连续的向量数列$(X,Y)=\{(x_n,y_n)\}_{n=1}^{\infty}$,如果$V(X)>0$和$V(Y)>0$都存在,则$X$和$Y$的期望相关系数$r_{XY}$和频率相关系数$\gamma_{XY}$都存在,且$r_{XY}=\gamma_{XY}$。

证明:由给定条件,定理 7.5,引理 8.4 和推论 8.3,可得$E(X)=M(X)$,$D(X)=V(X)$,且$XY$和$(X-E(X))(Y-E(Y))=(X-M(X))(Y-M(Y))$都是正则可测的数列。

如果$(X,Y)=\{(x_n,y_n)\}_{n=1}^{\infty}$是离散向量数列,其分布律为
$$\{p_{ij}=\mu(X=a_i,Y=b_j)\mid i=1,2,\cdots,S,j=1,2,\cdots,T\},S,T\in Z[1,\infty],$$
其中,$a_i\neq a_j,b_i\neq b_j,i\neq j$,那么,由引理 8.5 和 8.6,边际分布律$\{p_i=\mu(X=a_i)\mid i=1,2,\cdots,S\}$和$\{q_j=\mu(Y=b_j)\mid j=1,2,\cdots,T\}$存在,且
$$p_i=p_{i1}+p_{i2}+\cdots+p_{iT},q_j=p_{1j}+p_{2j}+\cdots+p_{Sj},i=1,2,\cdots,S,j=1,2,\cdots,T。$$
因为$V(X)$和$V(Y)$存在,故$E(X^2)=a_1^2p_1+\cdots+a_S^2p_S$和$E(Y^2)=b_1^2p_1+\cdots+b_T^2p_T$都存在。不失一般性,设$S=T=\infty$。

由柯西收敛准则,对任意$\varepsilon>0$,存在整数$W>0$,使得对任意$m>n>W$,有
$$|a_n^2p_n+\cdots+a_m^2p_m|<\varepsilon,\ |b_n^2q_n+\cdots+b_m^2q_m|<\varepsilon。$$
因此,对任意$m>n>W$和$t>s>W$,有
$$\left|\sum_{i=n}^{m}\sum_{j=s}^{t}\mid a_ib_jp_{ij}\mid\right|\leqslant\frac{1}{2}\sum_{i=n}^{m}\sum_{j=s}^{t}(a_i^2+b_j^2)p_{ij}\leqslant\frac{1}{2}\left[\sum_{i=n}^{m}a_i^2p_i+\sum_{j=s}^{t}b_j^2q_j\right]\leqslant\varepsilon。$$
于是,级数$\sum\limits_{i=1}^{\infty}\sum\limits_{j=1}^{\infty}a_ib_jp_{ij}$绝对收敛,故$E(XY)$存在。由等式
$$\mathrm{cov}(X,Y)=E[(X-E(X))(Y-E(Y))]=E(XY)-E(X)E(Y),$$
$\mathrm{cov}(X,Y)$存在。因此,$r_{XY}$和$\gamma_{XY}$都存在,且$r_{XY}=\gamma_{XY}$。

类似地可以证明:当$(X,Y)=\{(x_n,y_n)\}_{n=1}^{\infty}$是连续向量数列时,该引理结论也成立。证毕!

由引理 9.2 的证明过程,可以看出如下结果成立。

**推论 9.1**　对任意标准离散或正则连续数列$(X,Y)=\{(x_n,y_n)\}_{n=1}^{\infty}$,如果$E(X^2)$和$E(Y^2)$存在,则$E(XY)$和$M(XY)$也存在,且$E(XY)=M(XY)$。

## 9.1.4　两个结果

由定理 7.11 和推论 9.1,可得到如下结果。该结果可看成是 Cauchy-Schwarz 不等式的特殊情形。

**定理 9.1**　对任意标准离散(或正则连续)的向量数列$(X,Y)=\{(x_n,y_n)\}_{n=1}^{\infty}$,如果$E(X^2)$和$E(Y^2)$(或$M(X^2)$和$M(Y^2)$)存在,则
$$|E(XY)|^2\leqslant E(X^2)E(Y^2)\quad\text{或}\quad|M(XY)|^2\leqslant M(X^2)M(Y^2),$$
且上式等号成立的充分必要条件是$\underset{n\to\infty}{f\lim}(y_n-ax_n)=0$,其中,$a=E(XY)/$

$\sqrt{E(X^2)E(Y^2)}$（或 $a=M(XY)/M(X^2)$）。

**注 9.1**　比较定理 7.11 和定理 9.1 可以发现,当 $(X,Y)=\{(x_n,y_n)\}_{n=1}^{\infty}$ 是标准离散或正则连续向量数列时,可将条件"$E(XY)$ 或 $M(XY)$ 存在"去掉。

由定理 9.1,可得到如下结论。

**定理 9.2**　对任意标准离散(或正则连续)的向量数列 $(X,Y)=\{(x_n,y_n)\}_{n=1}^{\infty}$,如果 $E(X^2)$ 和 $E(Y^2)$ 存在,则 $X$ 和 $Y$ 的相关系数 $r_{XY}$ 或频率相关系数 $\gamma_{XY}$ 存在,且满足 $|r_{XY}|\leqslant1$(或 $|\gamma_{XY}|\leqslant1$)。更进一步,$r_{XY}=1$ 或 $\gamma_{XY}=1$ 当且仅当

$$\mu\left(\frac{X-E(X)}{\sqrt{V(X)}}\cong\frac{Y-E(Y)}{\sqrt{V(Y)}}\right)=1 \quad \text{或} \quad \mu\left(\frac{X-M(X)}{\sqrt{D(X)}}\cong\frac{Y-M(Y)}{\sqrt{D(Y)}}\right)=1;$$

此外,$r_{XY}=-1$ 或 $\gamma_{XY}=-1$ 当且仅当

$$\mu\left(\frac{X-E(X)}{\sqrt{V(X)}}\cong-\frac{Y-E(Y)}{\sqrt{V(Y)}}\right)=1 \quad \text{或} \quad \mu\left(\frac{X-M(X)}{\sqrt{D(X)}}\cong-\frac{Y-M(Y)}{\sqrt{D(Y)}}\right)=1。$$

### 9.1.5　不相关

在概率论中,两个随机变量的不相关性是一个重要概念。类似地,下面给出数列间不相关的定义。

**定义 9.7**　如果数列 $X=\{x_n\}_{n=1}^{\infty}$ 和 $Y=\{y_n\}_{n=1}^{\infty}$ 的(期望)相关系数为 0,即 $r_{XY}=0$,则称 $X$ 和 $Y$(期望)不相关。

另外,如果 $X$ 和 $Y$ 的频率相关系数为 0,即 $\gamma_{XY}=0$,则称 $X$ 和 $Y$ 频率不相关。

由引理 9.2 可知,对标准离散或正则连续数列 $(X,Y)=\{(x_n,y_n)\}_{n=1}^{\infty}$,$X$ 和 $Y$ 期望不相关当且仅当 $X$ 和 $Y$ 频率不相关。

**注 9.2**　结合定义 9.5 和 9.6 可知,如果 $X$ 和 $Y$ 是期望不相关的,则 $(X,Y)$ 一定是(半)正则(弱)可测的向量数列。但是,如果 $X$ 和 $Y$ 是频率不相关的,则不用要求 $(X,Y)$ 是(弱)可测的向量数列。

**例 9.5**　设 $\Omega$ 是由式(1-3)定义的不可测集合,数列 $X=\{x_n\}_{n=1}^{\infty}$ 和 $Y=\{y_n\}_{n=1}^{\infty}$ 分别定义为

$$x_n=\begin{cases}1-\dfrac{1}{n^2},n\in\Omega\\[2mm]1\quad\quad,n\notin\Omega\end{cases}, \quad y_n=2,n\in\mathbf{N},$$

则 $(X,Y)$ 不是弱可测的,因而 $X$ 和 $Y$ 不是期望不相关的。但是,不难验证:$X$ 和 $Y$ 频率不相关。

**定理 9.3**　设 $(X,Y)=\{(x_n,y_n)\}_{n=1}^{\infty}$ 是正则连续或标准离散数列,且方差 $V(X)$ 和 $V(Y)$ 存在,则如下的几个条件是相互等价的:

① $\mathrm{cov}(X,Y)=0$ 或 $f\mathrm{cov}(X,Y)=0$。

② $X$ 和 $Y$ 是不相关的或 $X$ 和 $Y$ 是频率不相关的。

③ $E(XY)=E(X)E(Y)$ 或 $M(XY)=M(X)M(Y)$。

④ $V(X+Y)=V(X)+V(Y)$ 或 $D(X+Y)=D(X)+D(Y)$。

证明：条件①和②等价是显然的。另外，因为

$$\text{cov}(X,Y)=E[(X-E(X))(Y-E(Y))]=E(XY)-E(X)E(Y),$$

故条件①和③等价。又因为

$$V(X+Y)=E[(X-EX+Y-EY)^2]=V(X)+V(Y)+2\text{cov}(X,Y),$$

故条件①和④等价。证毕！

由定义 9.7 和独立的定义，容易得到如下结果。

**定理 9.4**　设 $X=\{x_n\}_{n=1}^{\infty}$ 和 $Y=\{y_n\}_{n=1}^{\infty}$ 是两个相互独立的标准离散和正则连续数列，且 $V(X)$ 和 $V(Y)$ 存在，则 $X$ 和 $Y$ 是（期望）不相关的。

定理 9.4 的结论对标准离散数列或正则连续数列成立，但是，它的逆命题不一定成立，这点可从下例中看出。

**例 9.6**　设 $X=\{x_n\}_{n=1}^{\infty}$ 是区间 $I=[0,2\pi]$ 上的均匀数列，$Y=\sin X=\{y_n=\sin x_n\}_{n=1}^{\infty}$ 和 $W=\cos X=\{w_n=\cos x_n\}_{n=1}^{\infty}$。不难计算出

$$E(Y)=\frac{1}{2\pi}\int_0^{2\pi}\sin x\mathrm{d}x=0, E(W)=\frac{1}{2\pi}\int_0^{2\pi}\cos x\mathrm{d}x=0,$$

$$\text{cov}(Y,W)=E(YW)-E(Y)E(W)=\frac{1}{2\pi}\int_0^{2\pi}\sin x\cos x\mathrm{d}x=0。$$

因此，$Y$ 和 $W$ 不相关。但是，$Y$ 和 $W$ 不独立，因为 $Y^2+W^2=1=\{u_n=1\}_{n=1}^{\infty}$。

尽管两个数列的不相关不等价于独立性，但对于正态数列来讲，不相关和独立是等价的。

**定理 9.5**　设 $(X,Y)\sim N(a,b,\sigma_1^2,\sigma_2^2,r)$，其中，$a,b\in\mathbf{R},\sigma_1>0,\sigma_2>0,r\in(-1,1)$，则 $r=\text{cov}(X,Y)/\sigma_1\sigma_2$，且 $r=0$ 当且仅当 $X$ 和 $Y$ 相互独立。

事实上，与概率论中的证明方法一样，不难证明该定理成立。

# 9.2　两个数列的互相关数列

## 9.2.1　互相关数列和互协方差数列

对任意数列 $X=\{x_n\}_{n=1}^{\infty}$ 和任意整数 $k\in\mathbf{Z}$，$X$ 的平移数列 $T^k(X)=\{y_n\}_{n=1}^{\infty}$ 由式(7-13)定义。

**定义 9.8**　对于两个数列 $X=\{x_n\}_{n=1}^{\infty}$ 和 $Y=\{y_n\}_{n=1}^{\infty}$，如果对任意 $k\in\mathbf{Z}$，$r^*(k)=M^*(XT^k(Y))$ 或 $r_*(k)=M_*(XT^k(Y))$ 存在，则将（双边）数列 $R^*(X,Y)=\{r^*(k)\}_{k=-\infty}^{\infty}$ 或 $R_*(X,Y)=\{r_*(k)\}_{k=-\infty}^{\infty}$ 称为 $X$ 和 $Y$ 的上或下（频率）互相关数列。特别地，如果

$$R^*(X,Y)=R_*(X,Y)=R(X,Y)=\{r(k)=M(XT^k(Y))\}_{k=-\infty}^{\infty},$$

则将(双边)数列 $R(X,Y)$ 称为 $X$ 和 $Y$ 的(频率)互相关数列。

**定义 9.9**　对于两个数列 $X=\{x_n\}_{n=1}^{\infty}$ 和 $Y=\{y_n\}_{n=1}^{\infty}$，如果 $M(X)$ 和 $M(Y)$ 都存在，且对任意 $k\in\mathbf{Z}$，$c^*(k)=M^*[(X-M(X))(T^*(Y)-M(Y))]$ 或 $c_*(k)=M_*[(X-M(X))(T^k(Y)-M(Y))]$ 存在，则将数列 $C^*(X,Y)=\{c^*(k)\}_{k=-\infty}^{\infty}$ 或 $C_*(X,Y)=\{c_*(k)\}_{k=-\infty}^{\infty}$ 称为 $X$ 和 $Y$ 的上或下(频率)互协方差数列。特别地，如果

$$C^*(X,Y)=C_*(X,Y)=C(X,Y)$$
$$=\{r(k)=M[(X-M(X))(T^*(Y)-M(Y))]\}_{k=-\infty}^{\infty},$$

则将 $C(X,Y)$ 称为 $X$ 和 $Y$ 的(频率)互协方差数列。

对于(半)正则(弱)可测的数列，还可以给出如下定义。

**定义 9.10**　设 $(X,Y)=\{(x_n,y_n)\}_{n=1}^{\infty}$ 是一个(半)正则(弱)可测的向量数列，$X$ 和 $Y$ 的期望 $E(X)$ 和 $E(Y)$ 都存在。如果对任意 $k\in\mathbf{Z}$，协方差 $e_k=\mathrm{cov}(X,T^*(Y))=E[(X-E(X))(T^k(Y)-E(Y))]$ 存在，则将数列 $C_E(X,Y)=\{e_k\}_{k=-\infty}^{\infty}$ 称为 $X$ 和 $Y$ 的(期望)(互)协方差数列。此外，还可定义 $X$ 和 $Y$ 的(期望)(互)相关数列 $R_E(X,Y)=\{r_k=E(XT^*(Y))\}_{k=-\infty}^{\infty}$。

**引理 9.3**　对任意两个周期数列 $X,Y\in P^{\infty}$，$R(X)$，$R_E(X)$，$R(X,Y)$，$C(X,Y)$，$R_E(X,Y)$ 和 $C_E(X,Y)$ 都存在，且 $R(X)=R_E(X)$，$R(X,Y)=R_E(X,Y)$，$C(X,Y)=C_E(X,Y)$。

**注 9.3**　为了方便，下面在不引起混淆的时候，将 $R_E(X)$ 或 $R_E(X,Y)$ 或 $C_E(X,Y)$ 也分别记为 $R(X)$ 或 $R(X,Y)$ 或 $C(X,Y)$ 等。

**例 9.7**　设数列 $X=\{x_n\}_{n=1}^{\infty}$ 和 $Y=\{y_n\}_{n=1}^{\infty}$ 定义为

$$x_n=\begin{cases}1,n=2k\\0,n=2k-1\end{cases},\quad y_n=\begin{cases}2,n=3k\\0,n\neq3k\end{cases},k=1,2,\cdots。$$

不难得到

$M(X)-0.5,M(Y)=2/3,R(X,Y)=\{r_n-1/3\}_{n=-\infty}^{\infty},C(X,Y)=\{c_n=0\}_{n=-\infty}^{\infty}$。

下面两个结果显然成立。

**引理 9.4**　对任意数列 $X=\{x_n\}_{n=1}^{\infty}$ 和 $Y=\{y_n\}_{n=1}^{\infty}$，其频率均值为 $M(X)$ 和 $M(Y)$，$C(X,Y)$ 存在当且仅当 $R(X,Y)$ 存在，且 $C(X,Y)=R(X,Y)-M(X)M(Y)$。

**引理 9.5**　对任意二维标准离散(或正则连续)的向量数列 $(X,Y)=\{(x_n,y_n)\}_{n=1}^{\infty}$，如果期望 $E(X)$ 和 $E(Y)$ 存在，则 $C(X,Y)$(或 $C_E(X,Y)$)存在当且仅当 $R(X,Y)$(或 $R_E(X,Y)$)存在，且

$$C(X,Y)=C_E(X,Y)=R(X,Y)-M(X)M(Y)=R_E(X,Y)-E(X)E(Y)。\quad(9\text{-}5)$$

下面举一个例子说明：即使当 $(X,Y)$ 是有界标准离散数列时，$R(X,Y)$ 也不一定存在。

**例 9.8**　设 $\Omega$ 是由式(1-3)定义的不可测集，数列 $X=\{x_n\}_{n=1}^{\infty}$ 和 $Y=\{y_n\}_{n=1}^{\infty}$ 定义如下：

$$x_n=\begin{cases}-2,n\in(A\bigcap\Omega)\bigcup(B\bigcap\bar\Omega)\\-1,n\in(B\bigcap\Omega)\bigcup(A\bigcap\bar\Omega)\\0\ \ ,n\in C\end{cases},\ y_n=\begin{cases}1,n\in(A\bigcap\Omega)\bigcup(B\bigcap\bar\Omega)\\2,n\in(B\bigcap\Omega)\bigcup(A\bigcap\bar\Omega)\\3,n\in C\end{cases},$$

其中,$\bar\Omega=\mathbf{N}-\Omega,A=\{1,4,7,\cdots\},B=\{2,5,8,\cdots\},C=\{3,6,9,\cdots\}$。

通过计算可以得到

$$\mu\{X=-2,Y=1\}=\mu\{X=-1,Y=2\}=\mu\{X=0,Y=3\}=\frac{1}{3},$$

$$\mu\{X=-2,Y=2\}=\mu\{X=-2,Y=3\}=\mu\{X=-1,Y=1\}$$
$$=\mu\{X=-1,Y=3\}=\mu\{X=0,Y=1\}=\mu\{X=0,Y=2\}=0。$$

因此,$(X,Y)$是标准离散向量数列。但是,由于$\{XT(Y)=-6\}=\{X=-2,T(Y)=3\}=B\bigcap\bar\Omega$不可测,故$XT(Y)$不可测。于是,$R(X,Y),C(X,Y),R_E(X,Y)$和$C_E(X,Y)$都不存在。

### 9.2.2 完全不相关性

下面利用互相关数列给出几个新概念。

**定义9.11** 对于两个实数列$X=\{x_n\}_{n=1}^\infty$和$Y=\{y_n\}_{n=1}^\infty$,如果$X$和$Y$的频率互协方差数列

$$C(X,Y)=\{r(k)=M[(X-M(X))(T^*(Y)-M(Y))]\}_{k=-\infty}^\infty$$

存在,且$C(X,Y)=0=\{r(k)=0\}_{k=-\infty}^\infty$,则将$X$和$Y$称为(频率)完全(或强)互不相关。

**定义9.12** 对(半)正则(弱)可测的向量数列$(X,Y)=\{(x_n,y_n)\}_{n=1}^\infty$,如果$X$和$Y$的互协方差数列

$$C_E(X,Y)=\{e(k)=E[(X-E(X))(T^*(Y)-E(Y))]\}_{k=-\infty}^\infty$$

存在,且$C_E(X,Y)=0=\{e(k)=0\}_{k=-\infty}^\infty$,则将$X$和$Y$称为(期望)完全(或强)互不相关。

显然,如果$X$和$Y$是完全互不相关的,则$X$和$Y$一定是互不相关的。

由定义8.19和定理9.4可知,如果$X$和$Y$是完全相互独立的标准离散或正则连续数列,且期望方差$V(X)$和$V(Y)$存在,则$X$与$Y$是完全不相关的。

**定义9.13** 对于实数列$X=\{x_n\}_{n=1}^\infty$,如果对任意整数$k\neq0,\mathrm{cov}(X,T^*(X))=0$,则将$X$称为(频率)完全(或强)自不相关。

显然,完全等分布数列和完全自独立的标准离散或正则连续数列都是完全自不相关的。

**例9.9** 设$X=\{x_n\}_{n=1}^\infty$和$Y=\{y_n\}_{n=1}^\infty$是两个周期数列,定义如下:

$X=(1,-1,1,-1,1,-1,1,-1,\cdots),Y=(1,-1,-1,1,1,-1,-1,1,\cdots)$。
容易得到对任意$k\in\mathbf{Z}$,都有$\mathrm{cov}(X,T^*(Y))=0$,故$X$与$Y$是完全互不相关。同时

还可验证对任意 $k\in\mathbf{Z},X$ 与 $T^k(Y)$ 相互独立,故 $X$ 与 $Y$ 也是完全相互独立的。

**例 9.10**　设 $X=\{x_n\}_{n=1}^\infty$ 和 $Y=\{y_n\}_{n=1}^\infty$ 是两个周期为 4 的数列,定义如下:

$X=(1,-1,-1,1,1,-1,-1,1,\cdots)$, $Y=(-1,-1,1,1,-1,-1,1,1,\cdots)$。

容易得到 $\mathrm{cov}(X,Y)=0$,故 $X$ 与 $Y$ 互不相关。但是,$X$ 与 $Y$ 不是完全互不相关,因 $\mathrm{cov}(X,T(Y))\neq0$。

类似于定理 9.3,如下结果成立。

**引理 9.6**　对于标准离散或正则连续数列 $(X,Y)=\{(x_n,y_n)\}_{n=1}^\infty$,如下几个条件是相互等价的:

① $\mathrm{cov}(X,T^k(Y))=0$,对任意 $k=0,1,2,\cdots$。

② $X$ 和 $Y$ 是完全互不相关的。

③ $E(XT^k(Y))=E(X)E(T^k(Y))=E(X)E(Y)$,对任意 $k=0,1,2,\cdots$。

④ $V(X+T^k(Y))=V(X)+V(T^k(Y))=V(X)+V(Y)$,对任意 $k=0,1,2,\cdots$。

# 9.3　数列间的条件期望

## 9.3.1　条件期望的概念

参照概率论的知识,可以给出数列的条件期望的概念。由于离散和连续数列是最常见的数列,因此,下面主要研究离散和连续数列的条件期望问题。

**定义 9.14**　设标准离散向量数列 $(X,Y)=\{(x_n,y_n)\}_{n=1}^\infty$ 的联合分布律和两个边际分布律为

$$\{p_{ij}=\mu(X=a_i,Y=b_j)|i=1,2,\cdots,L,j=1,2,\cdots,M\},L,M\in Z[1,\infty],\qquad(9\text{-}6)$$
$$\{p_i=\mu(X=a_i)|i=1,2,\cdots,L\},\ \{q_j=\mu(Y=b_j)|j=1,2,\cdots,M\}。$$

如果对某个 $i\in\{1,2,\cdots,L\}$ 和任意 $j\in\{1,2,\cdots,M\}$,$\mu\{Y=b_j|X=a_i\}$ 都存在,且

$$b_1\mu\{Y=b_1\mid X=a_i\}+\cdots+b_M\mu\{Y=b_M\mid X=a_i\}=\sum_{j=1}^M b_j\mu\{Y=b_j\mid X=a_i\}$$

是绝对收敛的,则将该和称为 $Y$ 关于伪事件 $\{X=a_i\}$(或当 $\{X=a_i\}$ 发生时 $Y$)的条件期望,记为 $E\{Y|X=a_i\}$ 或 $E\{Y|a_i\}$。条件期望 $E\{X|Y=b_j\}$ 或 $E\{X|b_j\}$ 可类似定义。

为了方便,将 $\mu\{Y=b_1|X=a_i\},\cdots,\mu\{Y=b_M|X=a_i\}$ 称为 $Y$ 关于 $\{X=a_i\}$ 的频率条件数列。

**定义 9.15**　设正则连续向量数列 $(X,Y)=\{(x_n,y_n)\}_{n=1}^\infty$ 的联合密度为 $f(x,y)$,$(X,Y)$ 的两个边际密度为 $f_X(x)$ 和 $f_Y(y)$。如果

$$E\{Y\mid X=x\}=\int_{-\infty}^\infty yf_Y(y\mid x)\mathrm{d}y,f_Y(y\mid x)=\frac{f(x,y)}{f_X(x)},x\in\mathbf{R}$$

是绝对收敛的,则将 $E\{Y|X=x\}$ 称为 $Y$ 关于 $\{X=x\}$(或当 $\{X=x\}$ 发生时 $Y$)的条件期望。条件期望 $E\{X|Y=y\}$ 可类似定义。

**定理 9.6**　设 $(X,Y)=\{(x_n,y_n)\}_{n=1}^{\infty}$ 是标准离散向量数列，其联合分布律和边际分布律由式(9-6)定义，且对所有 $i=1,2,\cdots,L$，条件期望 $E(Y\mid X=a_i)$ 都存在。用 $W=E(Y\mid X)=E_Y(Y\mid X)$ 表示 $Y$ 关于 $X$ 的条件期望(或条件均值)集合 $\{E(Y\mid X=a_1),\cdots,E(Y\mid X=a_L)\}$ 按照 $X$ 的分布律所生成的数列，则 $E(W)=E_X(E_Y(Y\mid X))=E(Y)$，即

$$E(W)=\sum_{i=1}^{L}\mu(X=a_i)E(Y\mid X=a_i)=E(Y)。$$

证明：由定义 9.14，对任意 $i=1,2,\cdots,L$，有

$$E(Y\mid X=a_i)=\sum_{j=1}^{M}b_j\mu(Y=b_j\mid X=a_i)=\sum_{j=1}^{M}b_j\frac{p_{ij}}{p_i}。$$

因此

$$E(W)=\sum_{i=1}^{L}\mu(X=a_i)E(Y\mid X=a_i)=\sum_{i=1}^{L}\sum_{j=1}^{M}b_jp_i\frac{p_{ij}}{p_i}=\sum_{j=1}^{M}b_jq_j=E(Y)。$$

故该定理结论成立。证毕！

类似地，可得到如下结果。

**定理 9.7**　设 $(X,Y)=\{(x_n,y_n)\}_{n=1}^{\infty}$ 是正则连续的向量数列，其联合密度 $f(x,y)$ 是 $\mathbf{R}^2$ 上的(有限分段)连续函数，两个边际密度为 $f_X(x)$ 和 $f_Y(y)$，则

$$E(W)=E_X(E_Y(Y\mid X))=\int_{-\infty}^{\infty}E\{Y\mid X=x\}f_X(x)\mathrm{d}x$$

$$=\int_{-\infty}^{\infty}\int_{-\infty}^{\infty}yf(x,y)\mathrm{d}x\mathrm{d}y=E(Y)。\tag{9-7}$$

**注 9.4**　在定理 9.6 和 9.7 中，该如何理解数列 $W=E_Y(Y\mid X)$ 呢？根据数列的特点，当 $(X,Y)=\{(x_n,y_n)\}_{n=1}^{\infty}$ 是标准离散向量数列时，一种理解方法为：不妨将 $W=E_Y(Y\mid X)$ 定义为

$$W=E_Y(Y\mid X)=\{E(Y\mid X=x_n)\}_{n=1}^{\infty}。\tag{9-8}$$

其中，对任意 $n\in\mathbf{N}$，$E(Y\mid X=x_n)$ 是由定义 9.14 所给出。另外，也可以将 $W=E_Y(Y\mid X)$ 定义为如下集合：$\{E(Y\mid X=a_1),\cdots,E(Y\mid X=a_L)\}$ 按照 $X$ 的分布律任意生成的数列，只要满足

$$\mu\{W=E(Y\mid X=a_i)\}=\mu(X=a_i),i=1,2,\cdots,L。$$

另外，当 $(X,Y)=\{(x_n,y_n)\}_{n=1}^{\infty}$ 是正则连续向量数列时，其密度为 $f(x,y)$ 及边际密度为 $f_X(x)$，不妨设 $f_X(x_n)>0$，对任意 $n\in\mathbf{N}$，则将 $W=E_Y(Y\mid X)$ 也可理解为式(9-8)定义的数列。

**例 9.11**　设 $(X,Y)\sim N(a,b,\sigma_1^2,\sigma_2^2,r)$，计算 $f_{Y\mid X}(y\mid x),f_{X\mid Y}(x\mid y)$ 和 $E_X(E_Y(Y\mid X))$。

类似于概率论中条件密度的计算方法，不难得到

$$a = E(X), D(X) = \sigma_1^2, b = E(Y), D(Y) = \sigma_2^2, \text{cov}(X, Y) = r\sigma_1\sigma_2,$$

$$f_{Y|X}(y|x) = \frac{1}{\sigma_2\sqrt{2\pi(1-r^2)}}\exp\left\{-\frac{1}{2\sigma_2^2(1-r^2)}\left[y - \left(b + \frac{r\sigma_2}{\sigma_1}(x-a)\right)^2\right]\right\}$$

和

$$f_{X|Y}(x|y) = \frac{1}{\sigma_1\sqrt{2\pi(1-r^2)}}\exp\left\{-\frac{1}{2\sigma_1^2(1-r^2)}\left[x - \left(a + \frac{r\sigma_1}{\sigma_2}(y-b)\right)^2\right]\right\}.$$

因此

$$E\{Y|X=x\} = b + \frac{r\sigma_2}{\sigma_1}(x-a), E\{X|Y=y\} = a + \frac{r\sigma_1}{\sigma_2}(y-b)。 \tag{9-9}$$

进一步计算可得

$$E(W) = E_X(E_Y(Y|X)) = \int_{-\infty}^{\infty} E\{Y|X=x\}f_X(x)\mathrm{d}x = b = E(Y)。$$

### 9.3.2　回归和最小二乘法

概率论中在讨论随机变量的条件数学期望的应用时，引入了回归和线性回归的概念。类似地，下面将给出数列的回归和线性回归的概念。

**问题的描述：**对于两个相互依赖的数列 $X = \{x_n\}_{n=1}^{\infty}$ 和 $Y = \{y_n\}_{n=1}^{\infty}$，如何利用最小二乘法找到一个函数 $y = h(x)$，使得 $h(X)$ 与 $Y$ 尽可能地接近或它们之间的平均误差尽可能地小？

直观上看，用 $E(Y-h(X))^2$ 或 $M(Y-h(X))^2$ 或 $M^*(Y-h(X))^2$ 能表示 $h(X)$ 与 $Y$ 之间的平均误差大小。一般来讲，当 $Y-h(X)$ 是正则可测数列时，可利用 $E(Y-h(X))^2 = M(Y-h(X))^2$ 来表示 $h(X)$ 与 $Y$ 之间的平均误差大小。当 $Y-h(X)$ 不可测时，只有利用 $M(Y-h(X))^2$ 或 $M^*(Y-h(X))^2$ 来表示 $h(X)$ 与 $Y$ 之间的误差大小了。

**最小二乘法：**寻找一个函数 $y = h(x)$，使得 $E(Y-h(X))^2$ 或 $M(Y-h(X))^2$ 或 $M^*(Y-h(X))^2$ 达到最小或极小（最好使它们的值等于或接近于 0）。当找到的函数 $y = h(x)$ 使 $E(Y-h(X))^2$ 或 $M(Y-h(X))^2$ 或 $M^*(Y-h(X))^2$ 达到最小或极小时，则可认为利用数列 $h(X)$ 能很好地拟合数列 $Y$。

设 $(X, Y) = \{(x_n, y_n)\}_{n=1}^{\infty}$ 是一个（半）正则（弱）可测（包括标准离散或正则连续）的向量数列，其分布为 $F(x, y)$，$g(x, y) = y - h(x)$，且 $Y - h(X) = \{y_n - h(x_n)\}_{n=1}^{\infty}$。不妨设 $y = h(x)$ 是 **R** 上的连续函数。

为了避免较繁琐的理论推导，下面只对有界可测数列 $(X, Y)$ 证明 $M(Y-h(X))^2$ 存在（其他情形可类似讨论）。因此，存在整数 $S > 0$，使得对任意 $n \in \mathbf{N}$，$x_n, y_n, y_n - h(x_n) \in A = [-S, S) \times [-S, S)$。将区间 $[-S, S)$ 等分得到矩形 $A$ 的如下划分：设

$$a_i = -S + \frac{2iS}{n}, n \in \mathbf{N}, i=0,1,\cdots,n, A_{ij} = [a_{i-1},a_i) \times [a_{j-1},a_j), i,j=1,2,\cdots,n,$$

则 $A_{11}, A_{12}, \cdots, A_{nn}$ 两两互不相交,且

$$A = A_{11} + A_{12} + \cdots + A_{nn} = \sum_{i=1}^{n} \sum_{j=1}^{n} A_{ij}.$$

显然

$$M^*(Y-h(X))^2 = \limsup_{m \to \infty} \frac{1}{m} \sum_{j=1}^{m} [y_j - h(x_j)]^2,$$

$$M_*(Y-h(X))^2 = \liminf_{m \to \infty} \frac{1}{m} \sum_{j=1}^{m} [y_j - h(x_j)]^2.$$

设 $s_i = \inf\{h(x) | a_{i-1} \leqslant x < a_i\}$ 和 $S_i = \sup\{h(x) | a_{i-1} \leqslant x < a_i\}$,对任意 $i=1,2,\cdots,$
$n$,且令

$$t_{ij} = \inf\{(y-h(x))^2 | a_{i-1} \leqslant x < a_i, a_{j-1} \leqslant y < a_j\}$$
$$= \inf\{(y-h(x))^2 | (x,y) \in A_{ij}\}$$

和

$$T_{ij} = \sup\{(y-h(x))^2 | a_{i-1} \leqslant x < a_i, a_{j-1} \leqslant y < a_j\}, i,j=1,2,\cdots,n,$$

则

$$\frac{1}{m} \sum_{i=1}^{n} \sum_{j=1}^{n} t_{ij} | B_{ij}^{(m)} | \leqslant \frac{1}{m} \sum_{j=1}^{m} (y_j - h(x_j))^2 \leqslant \frac{1}{m} \sum_{i=1}^{n} \sum_{j=1}^{n} T_{ij} | B_{ij}^{(m)} |,$$

其中,$B_{ij} = \{s \in \mathbf{N} | (x_s, y_s) \in A_{ij}\}$,对任意 $i,j=1,2,\cdots,n$。显然,

$$\left| \frac{1}{m} \sum_{i=1}^{n} \sum_{j=1}^{n} t_{ij} | B_{ij}^{(m)} | - \frac{1}{m} \sum_{i=1}^{n} \sum_{j=1}^{n} T_{ij} | B_{ij}^{(m)} | \right| = \frac{1}{m} \sum_{i=1}^{n} \sum_{j=1}^{n} (T_{ij} - t_{ij}) | B_{ij}^{(m)} |.$$

由已知条件,$(y-h(x))^2$ 在 $\mathbf{R}^2$ 上是一个连续函数(故在 $[-S,S] \times [-S,S]$ 上连续)。因此,对任意 $\varepsilon > 0$,存在充分大的整数 $L > 0$,使得对任意 $m,n > L$,有 $|T_{ij} - t_{ij}| < \varepsilon/2$。因此,对任意 $m,n > L$,有

$$\frac{1}{m} \sum_{i=1}^{n} \sum_{j=1}^{n} (T_{ij} - t_{ij}) | B_{ij}^{(m)} | \leqslant \frac{\varepsilon}{2} \times \frac{1}{m} \sum_{i=1}^{n} \sum_{j=1}^{n} | B_{ij}^{(m)} | \leqslant \frac{\varepsilon}{2}.$$

故 $M(Y-h(X))^2$ 存在。

下面再继续分别对标准离散或正则连续数列作进一步的分析。

① 如果 $(X,Y) = \{(x_n, y_n)\}_{n=1}^{\infty}$ 是连续数列,且密度 $f(x,y)$ 连续(或有限分段连续),则对任意 $\varepsilon > 0$,存在充分大的整数 $L > 0$,使得对任意 $n > L$ 和任意 $(\xi_i, \eta_j) \in A_{ij}$,有

$$\left| \int_{-\infty}^{\infty} \int_{-\infty}^{\infty} (y-h(x))^2 f(x,y) \mathrm{d}x \mathrm{d}y - \sum_{i=1}^{n} \sum_{j=1}^{n} (\eta_j - h(\xi_i))^2 f(\xi_i, \eta_j) \Delta x_i \Delta y_j \right| < \varepsilon,$$

以及 $|T_{ij} - t_{ij}| < \varepsilon$,对任意 $i,j=1,2,\cdots,n$。

由于 $f(x,y)$ 连续,故由积分中值定理,存在 $(\xi_i, \eta_j) \in A_{ij}$,使得

$$\mu\{(X,Y)\in A_{ij}\} = \iint_{A_{ij}} f(x,y)\mathrm{d}x\mathrm{d}y$$
$$= f(\xi_i,\eta_j)(a_i-a_{i-1})(a_j-a_{j-1}) = f(\xi_i,\eta_j)\Delta x_i \Delta y_j。$$

因此,对固定的 $n>L$,存在整数 $W>L$,使得对任意 $m>W$,有

$$\left|\frac{|B_{ij}^{(m)}|}{m} - f(\xi_i,\eta_j)\Delta x_i \Delta y_j\right| < \frac{\varepsilon}{n^2 V}, \quad V=\sup\{(y-h(x))^2\mid(x,y)\in[-S,S]^2\}。$$

故对 $n>L$ 和 $m>W$,有

$$\left|\frac{1}{m}\sum_{j=1}^m [y_j-h(x_j)]^2 - \sum_{i=1}^n \sum_{j=1}^n (\eta_j-h(\xi_i))^2 \times f(\xi_i,\eta_j)\Delta x_i \Delta y_j\right| < 2\varepsilon,$$

和

$$\left|\frac{1}{m}\sum_{j=1}^m (y_j-h(x_j))^2 - \int_{-\infty}^{\infty}\int_{-\infty}^{\infty} (y-h(x))^2 \times f(x,y)\mathrm{d}x\mathrm{d}y\right| < 3\varepsilon。$$

于是

$$M(Y-h(X))^2 = \int_{-\infty}^{\infty}\int_{-\infty}^{\infty} (y-h(x))^2 f(x,y)\mathrm{d}x\mathrm{d}y$$
$$= \int_{-\infty}^{\infty} f_X(x)\left[\int_{-\infty}^{\infty}(y-h(x))^2 f(y\mid x)\mathrm{d}y\right]\mathrm{d}x。$$

令 $h(x)=\int_{-\infty}^{\infty} yf(y\mid x)\mathrm{d}y$。如果 $h(x)=\int_{-\infty}^{\infty} yf(y\mid x)\mathrm{d}y$ 是连续函数,则 $\int_{-\infty}^{\infty}(y-h(x))^2 f(y\mid x)\mathrm{d}y$ 将达到最小值。因此,利用 $h(X)$ 估计数列 $Y$ 的"平均误差"将最小,即 $h(X)$ 是 $Y$ 的"最佳估计"。

② 设 $(X,Y)=\{(x_n,y_n)\}_{n=1}^{\infty}$ 是(有界)标准离散数列,其联合分布律和边际分布律由式(9-6)定义。为了简化证明,只对 $L,M\in\mathbf{N}$ 给出如下证明,其他情形可类似证明。因为

$$M(Y-h(X))^2 = \lim_{n\to\infty}\frac{(y_1-h(x_1))^2+\cdots+(y_n-h(x_n))^2}{n}$$

存在,故对任意 $\varepsilon>0$,存在充分大的整数 $W>0$,使得对任意 $n>W$,都有

$$\sum_{i=1}^L \sum_{j=1}^M (b_j-h(a_i))^2 \times p_{ij} - \varepsilon \leqslant \frac{1}{n}\sum_{j=1}^n (y_j-h(x_j))^2$$
$$\leqslant \sum_{i=1}^L \sum_{j=1}^M (b_j-h(a_i))^2 \times p_{ij} + \varepsilon。$$

于是

$$M(Y-h(X))^2 = \sum_{i=1}^L \sum_{j=1}^M (b_j-h(a_i))^2 p_{ij}$$
$$= \sum_{i=1}^L p_i\left[\sum_{j=1}^M (b_j-h(a_i))^2 p_{j|i}\right], \quad p_{j|i}=\frac{p_{ij}}{p_i}。$$

对任一连续函数 $h(x)$,如果 $h(x)$ 满足条件 $h(a_i)=\sum_{j=1}^M b_j p_{j|i}$,则 $\sum_{j=1}^M (b_j-$

$h(a_i))^2 p_{j|i}$ 将达到最小值。因此,利用函数数列 $h(X)$ 估计数列 $Y$ 的"平均误差"将达到最小,即 $h(X)$ 是 $Y$ 的"最佳估计"。

类似于概率论中的概念,给出如下定义。

**定义 9.16**　设 $(X,Y)=\{(x_n,y_n)\}_{n=1}^{\infty}$ 是标准离散向量数列,其联合分布律和边际分布律由式(9-6)定义。如果 $\mu(X=a_i)>0$,对 $a_i\in\{a_1,a_2,\cdots,a_L\}$,$L\in Z[1,\infty]$,则将定义在集合 $\{a_1,a_2,\cdots,a_L\}$ 上的映射 $h(a_i)=\sum_{j=1}^{M}b_j p_{j|i}$ 称为 $Y$ 关于 $X$ 的回归,$i=1,2,\cdots,L$,记为 $E(Y|X=x)$ 或 $M(Y|X=x)$,$x\in\{a_1,a_2,\cdots,a_L\}$。

**定义 9.17**　设 $(X,Y)=\{(x_n,y_n)\}_{n=1}^{\infty}$ 是正则连续的向量数列,其联合密度为 $f(x,y)$,$X$ 的边际密度为 $f_X(x)$。如果 $f_X(x)>0$,对 $x\in I\subseteq\mathbf{R}$;$f_X(x)=0$,对 $x\notin I$,其中 $I$ 是一个区间,则将函数 $h(x)=\int_{-\infty}^{\infty}y f(y|x)\mathrm{d}y$ 称为 $Y$ 关于 $X$ 的回归,记为 $E(Y|X=x)$ 或 $M(Y|X=x)$,$x\in I$。

**注 9.5**　在上面的定义中,还可将条件拓广为 $I=\{x\in\mathbf{R}|f_X(x)>0\}$ 是由有限个区间的并构成的。

在理论和实际应用中,由于各种原因,计算回归函数 $y=h(x)=E(Y|X=x)$ 的精确表达式往往比较困难,因此,为了简化问题,可寻找一个线性函数 $y=L(x)=a+bx$,使得在所有的线性函数中,$L(X)$ 是 $Y$ 的"最佳估计"。这就是所谓的线性最佳估计或预测问题。在该问题中,只需要利用 $X$ 和 $Y$ 的均值、方差和相关系数就可确定该线性函数。

设 $(X,Y)=\{(x_n,y_n)\}_{n=1}^{\infty}$ 是一个正则可测的向量数列,$E(X)$,$E(Y)$,$E(X^2)$,$E(Y^2)$ 和相关系数 $r=E[(X-E(X))(Y-E(Y))]/\sqrt{V(X)V(Y)}$ 存在,则类似于概率论中的推导过程,$Y$ 关于 $X$ 的最佳线性估计的函数为

$$L(x)=b+\frac{r\sigma_2}{\sigma_1}(x-a),a=E(X),b=E(Y),\sigma_1=V(X),\sigma_2=V(Y)。\quad(9\text{-}10)$$

而且,上面的最佳线性估计的平均平方误差为

$$E[Y-L(X)]^2=\sigma_2^2+b\sigma_1^2-2br\sqrt{V(X)V(Y)}=\sigma_2^2(1-r^2)。$$

将式(9-10)确定的线性函数 $L(x)$ 称为 $Y$ 关于 $X$ 的线性回归。

一般来讲,$Y$ 关于 $X$ 的线性回归函数与 $Y$ 关于 $X$ 的回归函数是不相同的。但是,如果 $(X,Y)$ 是二维正态数列,$Y$ 关于 $X$ 的线性回归函数与 $Y$ 关于 $X$ 的回归函数是相同的。

**例 9.12**　设数列 $X=\{x_n\}_{n=1}^{\infty}$,$Y=\{y_n\}_{n=1}^{\infty}$ 和 $A=\{a_n\}_{n=1}^{\infty}$ 定义如下:

$$x_n'=\begin{cases}1,n=2k\\0,n\neq 2k\end{cases},\ y_n=x_n+a_n,a_n=\begin{cases}0.5,n=5k\\-0.5,n\neq 5k\end{cases},k=1,2,\cdots。$$

不难计算出

$$a=E(X)=0.5, \sigma_1^2=V(X)=0.25, b=E(Y)=E(X)+E(A)=0.2,$$
$$\sigma_2^2=V(Y)=1.5^2\times0.1+0.5^2\times0.5+(-0.5)^2\times0.4-0.04=0.41,$$
$$\mathrm{cov}(X,Y)=1\times0.5\times0.1+1\times(-0.5)\times0.4-0.1=-0.25。$$

因此,利用 $X$ 对 $Y$ 的最佳线性估计的函数为

$$L(x)=b+\frac{r\sigma_2}{\sigma_1}(x-a)=0.2-\frac{0.25}{0.25}(x-0.5)=0.2-(x-0.5)=0.7-x。$$

## 9.4 数列的矩

在概率论和数理统计中,矩是数学期望、方差和协方差等概念的推广,这种推广在理论和应用上都具有重要作用。类似地,下面给出数列矩的概念,它是频率均值、频率方差和协方差等的推广。

**定义 9.18**　对于实数列 $X=\{x_n\}_{n=1}^{\infty}$ 和 $k\in\mathbf{N}$,如果 $m_k=m(X^k)$ 存在,则将 $m_k$ 称为 $X$ 的 $k$ 阶(算术)原点矩。

显然,算术平均值 $m(X)$ 是 $X$ 的一阶算术原点矩。

**定义 9.19**　对于实数列 $X=\{x_n\}_{n=1}^{\infty}$ 和 $k\in\mathbf{N}$,如果 $M_k=M(X^k)$ 存在,则将 $M_k$ 称为 $X$ 的 $k$ 阶(频率)原点矩。

显然,频率均值 $M(X)$ 是 $X$ 的一阶频率原点矩。当 $X$ 是有界数列时,$m_k=M_k, k\in\mathbf{N}$。

**定义 9.20**　对于正则可测的数列 $X=\{x_n\}_{n=1}^{\infty}$ 和 $k\in\mathbf{N}$,如果 $e_k=E(X^k)$ 存在,则将 $e_k$ 称为 $X$ 的 $k$ 阶(期望)原点矩。

显然,期望 $E(X)$ 是 $X$ 的一阶原点矩。由定理 7.5,如果 $e_k$ 存在,则 $e_k=M_k$, $k\in\mathbf{N}$。

**定义 9.21**　对于实数列 $X=\{x_n\}_{n=1}^{\infty}$ 和 $k\in\mathbf{N}$,如果 $m(X)$ 和 $c_k=m(X-m(X))^k$ 存在,则将 $c_k$ 称为 $X$ 的 $k$ 阶(算术)中心矩。

**定义 9.22**　对于实数列 $X=\{x_n\}_{n=1}^{\infty}$ 和 $k\in\mathbf{N}$,如果 $M(X)$ 和 $c_k=M(X-M(X))^k$ 存在,则将 $c_k$ 称为 $X$ 的 $k$ 阶(频率)中心矩。

显然,频率方差 $D(X)$ 是 $X$ 的二阶频率中心矩。

**定义 9.23**　对于正则可测的数列 $X=\{x_n\}_{n=1}^{\infty}$ 和 $k\in\mathbf{N}$,如果 $E(X)$ 和 $c_k=E(X-E(X))^k$ 存在,则将 $c_k$ 称为 $X$ 的 $k$ 阶(期望)中心矩。

显然,期望方差 $V(X)$ 是 $X$ 的二阶期望中心矩。

**定义 9.24**　对于实数列 $X=\{x_n\}_{n=1}^{\infty}, Y=\{y_n\}_{n=1}^{\infty}$ 和整数 $k, l\in\mathbf{N}$,如果 $M[X^kY^l]$ 存在,则将 $M[X^kY^l]$ 称为 $X$ 和 $Y$ 的 $k+l$ 阶(频率)混合原点矩。可类似定义 $m(X^kY^l)$ 等。

**定义 9.25**　对于实数列 $X=\{x_n\}_{n=1}^{\infty}, Y=\{y_n\}_{n=1}^{\infty}$ 和 $k, l\in\mathbf{N}$,如果 $M(X)$ 和

$M(Y)$ 存在,且

$$h_{kl} = M[(X-M(X))^k (Y-M(Y))^l]$$

也存在,则将 $h_{kl}$ 称为 $X$ 和 $Y$ 的 $k+l$ 阶(频率)混合中心矩。

显然,频率互协方差 $f\mathrm{cov}(X,Y)$ 是 $X$ 和 $Y$ 的 1+1(或 2)阶混合中心矩。

**定义 9.26**　对于正则可测的数列 $X=\{x_n\}_{n=1}^{\infty}$,$Y=\{y_n\}_{n=1}^{\infty}$ 和整数 $k,l\in\mathbf{N}$,如果 $E[X^k Y^l]$ 存在,则将 $E[X^k Y^l]$ 称为 $X$ 和 $Y$ 的 $k+l$ 阶(期望)混合原点矩。

**定义 9.27**　对于正则可测的向量数列 $(X,Y)=\{(x_n,y_n)\}_{n=1}^{\infty}$ 和 $k,l\in\mathbf{N}$,如果 $E(X)$ 和 $E(Y)$ 存在,且 $h_{kl}=E[(X-E(X))^k (Y-E(Y))^l]$ 也存在,则将 $h_{kl}$ 称为 $X$ 和 $Y$ 的 $k+l$ 阶(期望)混合中心矩。

显然,期望互协方差 $\mathrm{cov}(X,Y)$ 是 $X$ 和 $Y$ 的 1+1 阶期望混合中心矩。

在数理统计中,当总体的概率分布的类型已知,但包含几个未知参数时,可通过抽取简单随机样本,再利用矩估计等方法构造估计量来估计概率分布中的未知参数。与此类似,当数列的分布类型已知、但分布中包含几个未知参数时,也可利用如下的“矩估计”方法来估计数列中所包含的这些未知参数。

设 $X=\{x_n\}_{n=1}^{\infty}$ 是正则可测的数列,其分布为 $F(x,\theta_1,\cdots,\theta_k)$,其中,$k\in\mathbf{N}$ 和 $\theta_1,\cdots,\theta_k$ 是几个未知参数。如果 $X$ 的 1 至 $k$ 阶期望原点矩存在,则

$$E(X) = \int_{-\infty}^{\infty} x\,\mathrm{d}F(x,\theta_1,\cdots,\theta_k),\cdots,E(X^k) = \int_{-\infty}^{\infty} x^k\,\mathrm{d}F(x,\theta_1,\cdots,\theta_k)\text{。}\quad(9\text{-}11)$$

由式(9-11),如果可解出 $\theta_1,\cdots,\theta_k$,设为 $\theta_i = g_i(E(X),\cdots,E(X^k))$,$i=1,2,\cdots,k$,则对充分大的整数 $n>0$,有

$$\theta_i \approx g_i\left(\frac{1}{n}\sum_{i=1}^{n} x_i,\frac{1}{n}\sum_{i=1}^{n} x_i^2,\cdots,\frac{1}{n}\sum_{i=1}^{n} x_i^k\right) = \hat{\theta}_i,\quad i=1,2,\cdots,k,$$

即可利用 $\hat{\theta}_i$ 近似估计参数 $\theta_i$,$i=1,2,\cdots,k$。

**例 9.13**　设数列 $X=\{x_n\}_{n=1}^{\infty}\sim U[a,b]$,其中 $a<b$,则

$$E(X) = \frac{a+b}{2},\quad E(X^2) = \int_a^b \frac{x^2}{b-a}\mathrm{d}x = \frac{b^2+ab+a^2}{3} = \frac{4E^2(X)-ab}{3}\text{。}$$

因此

$$a = E(X) - \sqrt{3(E(X^2)-E^2(X))},\quad b = E(X) + \sqrt{3(E(X^2)-E^2(X))}\text{。}$$

故对充分大的整数 $n>0$,有

$$a \approx \frac{1}{n}\sum_{i=1}^{n} x_i - \sqrt{\frac{3}{n}\sum_{i=1}^{n} x_i^2 - 3\left(\frac{1}{n}\sum_{i=1}^{n} x_i\right)^2},$$

$$b \approx \frac{1}{n}\sum_{i=1}^{n} x_i + \sqrt{\frac{3}{n}\sum_{i=1}^{n} x_i^2 - 3\left(\frac{1}{n}\sum_{i=1}^{n} x_i\right)^2}\text{。}$$

**注 9.6**　由第 14 章可知:从分布为 $F(x,\theta_1,\cdots,\theta_k)$ 的随机总体 $X$ 中抽取的简单随机样本数列的频率分布将以概率 1 等于 $F(x,\theta_1,\cdots,\theta_k)$。

# 第 10 章　数列的频率熵和信息

众所周知,Shannon 利用概率论知识在研究通信基础理论的过程中创立了信息论,它是研究信息的传输和处理的一门学科。信息论中两个最基本的概念是熵和(交互)信息。熵可用来表示随机试验或随机变量的不肯定性(或不确定性)程度,也可用来度量一次随机试验所能提供的(平均)信息量;交互信息可用来度量随机变量间相互所包含的(平均)信息量的大小。不难发现:信息论只是研究了离散随机变量和连续随机变量的相关概念和问题。与此相似,本章将分别给出离散和连续数列的熵和(交互)信息的概念,并简单研究它们的性质,以便为潜在的应用奠定基础。

## 10.1　离散数列的频率熵和互信息

### 10.1.1　离散数列的频率熵

为了方便,下面约定 $0 \times \log 0 = 0$ 和 $0 \times \log(0/0) = 0$。设 $X = \{x_n\}_{n=1}^{\infty}$ 是任意实数列,如果存在一列互不相同的实数 $a_1, a_2, \cdots, a_L, L \in \mathbf{N}$,使得 $x_n \in \{a_1, a_2, \cdots, a_L\}$,对任意 $n \in \mathbf{N}$,则将 $X$ 称为有限(取值)数列。对于有限值数列 $X$,如果 $X$ 可测,则称 $X$ 为有限(取值)离散数列。加上一定的条件,可类似定义无限(取)值数列和无限(取值)离散数列。

设 $X = \{x_n\}_{n=1}^{\infty}$ 是一个实数列。如果 $f \lim x_n = a$ 存在,则可以断定数列 $X$ 的所有项几乎全部集中在常数 $a$ 的附近。如果频率极限 $f \lim\limits_{n \to \infty} x_n$ 不存在,则表明 $X$ 的所有项具有一些不确定性。参照经典的 Shannon 信息论:信息熵可描述随机变量的不确定性。因此,下面将引入几个新概念来描述数列的不确定性。

首先,对于伪事件,类似于随机事件的自信息的概念,可以给出如下定义。

**定义 10.1**　对任意 $A \in \widetilde{\mathbf{M}}$,如果 $\mu(A) > 0$,则 $I(A) = -\log(\mu(A))$ 存在,将 $I(A)$ 称为 $A$ 的(频率)自信息。对任意 $A, B \in \widetilde{\mathbf{M}}$,如果条件频率 $\mu(A \mid B) = \mu(AB)/\mu(B)$ 和 $I(A \mid B) = -\log(\mu(A \mid B))$ 都存在,则将 $I(A \mid B)$ 称为 $A$ 关于 $B$(或在 $B$ 发生的情况下 $A$)的条件自信息,且将

$$I(A, B) = I(A) - I(A \mid B) = \log \frac{\mu(AB)}{\mu(A)\mu(B)} = I(B) - I(B \mid A)$$

称为 $A$ 和 $B$ 的(交互)信息(量)。

此外,对任意 $A \subseteq \mathbf{N}$,也可给出上、下自信息的概念:如果 $I^*(A) = -\limsup\limits_{n \to \infty} \log$ ($|A^{(n)}|/n$) 存在,则将 $I^*(A)$ 称为集合 $A$ 的上自信息。同样可定义下自信息 $I_*(A) = -\liminf\limits_{n \to \infty} \log(|A^{(n)}|/n)$。特别地,如果 $I^*(A) = I_*(A) = I(A)$,则 $A$ 可测,即 $I(A)$ 就是 $A$ 的频率自信息。对任意 $A,B \in \widetilde{M}$,如果 $A$ 和 $B$ 不相合,则还可以定义 $A$ 和 $B$ 的上、下交互信息。在此不赘述了。

参照信息论,$I(A)$ 可用于度量伪事件 $A$ 所能提供的信息量。由定义 10.1,不难得到

$$I(A,B) = I(A) + I(B) - I(AB) = I(B,A)。$$

上式说明了 $A$ 中包含 $B$ 的信息量与 $B$ 中包含 $A$ 的信息量相等。

**例 10.1**　设 $A = \{4,8,12,\cdots\}$ 和 $B = \{6,12,18,\cdots\}$,则不难计算出 $\mu(A) = \log4, \mu(B) = \log6, I(A|B) = \log2, I(B|A) = \log3, I(A,B) = \log2$。

对于离散型数列或标准离散数列,类似于离散随机变量熵的概念,可以给出如下定义。

**定义 10.2**　设 $X = \{x_n\}_{n=1}^{\infty}$ 是一个标准离散(或离散型)数列,其分布律为 $P = \{p_i = \mu(X = a_i) | i = 1,2,\cdots,L\}$(或 $P = \{p_i = \mu(X \cong a_i) | i = 1,2,\cdots,L\}$),其中 $L \in Z[1,\infty], a_i \in \mathbf{R}$ 和 $p_i \in [0,1]$,对任意 $i = 1,2,\cdots,L$。如果

$$- p_1 \log p_1 - p_2 \log p_2 - \cdots - p_L \log p_L = -\sum_{i=1}^{L} p_i \log p_i$$

存在,则将该和称为 $X$(或分布律 $P$)的(频率信息)熵,记为 $H(X)$ 或 $H(P) = H(p_1, p_2, \cdots, p_L)$。

另外,对任意有限值数列 $X = \{x_n\}_{n=1}^{\infty}$,还可给出上、下频率熵的概念:设 $x_n \in \{a_1, a_2, \cdots, a_L\}, n \in \mathbf{N}$ 和 $L \in \mathbf{N}$,如果

$$H^*(X) = \limsup_{n \to \infty}\left(-\sum_{i=1}^{L} p_i^{(n)} \log p_i^{(n)}\right), H_*(X) = \liminf_{n \to \infty}\left(-\sum_{i=1}^{L} p_i^{(n)} \log p_i^{(n)}\right)$$

存在,其中 $p_i^{(n)} = |\{X = a_i\}^{(n)}|/n, n \in \mathbf{N}$ 和 $i = 1,2,\cdots,L$,则将 $H^*(X)$ 称为 $X$ 的上(频率)熵,将 $H_*(X)$ 称为 $X$ 的下(频率)熵。特别地,如果 $H^*(X) = H_*(X) = \overline{H}(X)$,则将 $\overline{H}(X)$ 称为 $X$ 的广义(频率信息)熵。

参照信息论可知,$H(X)$ 可用于度量标准离散数列 $X$ 的每一项所能提供的平均信息量,它也表示 $X$ 的每项所能消除的平均不确定性(其他类型离散数列的熵可作类似理解)。

**例 10.2**　设 $X = \{x_n\}_{n=1}^{\infty}$ 是频率收敛的数列,设为 $f\lim\limits_{n \to \infty} x_n = a$,则 $\mu(X \cong a) = 1$,因此,

$$H(X) = -a_1 \log a_1 = -\log 1 = 0。$$

**例 10.3**　设 $X = \{x_n\}_{n=1}^{\infty}$ 定义如下:$x_n = 0.5 + 1/n$,对任意 $n \in \{2,4,6,\cdots\}$;

$x_n = -0.5 - 1/2n$,对任意 $n \in \{1,3,5,\cdots\}$,则 $X$ 的分布律为

$$\mu(X \cong 0.5) = 0.5 = \alpha_1, \quad \mu(X \cong -0.5) = 0.5 = \alpha_2.$$

因此

$$H(X) = -\alpha_1 \log \alpha_1 - \alpha_2 \log \alpha_2 = -0.5 \log 0.5 - 0.5 \log 0.5 = \log 2 > 0.$$

**注 10.1**　参照经典的信息论,在讨论离散数列的频率熵时,不妨只限于研究标准离散数列的频率熵。还要指出:在经典的信息论中,离散随机变量信息熵的定义只要求变量的不同取值是有限的。但在定义 10.2 中,离散数列的不同取值可以是无限的。此外,定义 10.1 和 10.2 中的对数的底数一般可取为 2、e 和 10,常用的对数底数为 2,自然对数也可写为 $\ln = \log_e$。

显然,由定义 10.2 可知,对于标准离散数列 $X$,如果其不同的取值数 $L$ 是有限的,则 $X$ 的频率熵 $H(X)$ 一定存在。但是,当 $L = \infty$ 时,$H(X)$ 不一定存在。下面举一反例。

显然,级数 $\sum\limits_{n=1}^{\infty} 1/[(n+1)\log(n+1)]$ 发散,而级数 $\sum\limits_{n=1}^{\infty} 1/[(n+1)\log^2(n+1)]$ 是收敛的,设其和为 $a > 0$。由 5.3 节中给出的分布数列的直接构造法可知,存在数列 $X = \{x_n\}_{n=1}^{\infty}$,使得 $X$ 的分布律为 $\{p_n = 1/[a(n+1)\log^2(n+1)] \mid n = 1, 2, \cdots\}$。

**例 10.4**　设离散数列 $X = \{x_n\}_{n=1}^{\infty}$ 的分布律为 $\{p_n = 1/[a(n+1)\log^2(n+1)] \mid n = 1, 2, \cdots\}$,则 $H(X)$ 不存在。

事实上,由于 $-\log p_n = \log a + \log(n+1) + 2\log\log(n+1)$,对任意 $n = 1, 2, \cdots$,故存在整数 $M > 0$,使得对任意 $n > M$,都有

$$-p_n \log p_n \geqslant \frac{1}{2a(n+1)\log(n+1)}, \quad n = M+1, M+2, \cdots.$$

因此,级数 $-\sum\limits_{n=1}^{\infty} p_n \log p_n$ 发散,即 $X$ 的频率熵 $H(X)$ 不存在。

**定义 10.3**　设 $(X, Y) = \{(x_n, y_n)\}_{n=1}^{\infty}$ 是一个标准离散向量数列,且联合分布律为

$$\{p_{ij} = \mu(X = a_i, Y = b_j) \mid i = 1, 2, \cdots, L, j = 1, 2, \cdots, M\}, L, M \in Z[1, \infty], \quad (10\text{-}1)$$

其中,$a_i, b_j \in \mathbf{R}$ 和 $p_{ij} \in [0,1]$,对任意 $i = 1, 2, \cdots, L$ 和 $j = 1, 2, \cdots, M$。如果

$$-\sum_{i=1}^{L} \sum_{j=1}^{M} p_{ij} \log p_{ij}$$

存在,则称之为 $(X, Y)$(或联合分布律)的(频率信息)熵,记为 $H(X, Y)$ 或 $H(p_{11}, p_{12}, \cdots, p_{LM})$。一般地,还可定义任意有限维标准离散向量数列的频率熵 $H(X_1, X_2, \cdots, X_n)$。

为了方便,对任意有限维标准离散数列 $(X_1, X_2, \cdots, X_n)$,$n \in \mathbf{N}$,其分布律为

$$\{p_{i_1 \cdots i_n} = \mu(X_1 = a_{i_1}, \cdots, X_n = a_{i_n}) \mid i_j = 1, 2, \cdots, L_j, j = 1, 2, \cdots, n\}, L_j \in Z[1, \infty],$$

如果对任意 $j=1,2,\cdots,n,L_j$ 是有限正整数,则将 $(X_1,X_2,\cdots,X_n)$ 称为(参数为 $(L_1,\cdots,L_n)$ 的)有限(取值)离散(向量)数列。

**注 10.2**　根据前面的知识可知,当 $X$ 和 $Y$ 是标准离散数列时,$(X,Y)$ 不一定是标准离散数列。因此,即使当 $L,M\in\mathbf{N}$,且 $H(X)$ 和 $H(Y)$ 都存在时,$H(X,Y)$ 也不一定存在。

设 $X=\{x_n\}_{n=1}^{\infty}$ 和 $Y=\{y_n\}_{n=1}^{\infty}$ 是两个标准离散向量数列,其分布律分别为

$$P=\{p_i=\mu(X=a_i)\,|\,i=1,2,\cdots,L\},Q=\{q_j=\mu(Y=b_j)\,|\,j=1,2,\cdots,M\}, \quad (10\text{-}2)$$

其中,$L,M\in Z[1,\infty)$。对任意充分大的整数 $n>0$,记

$$p_{ij}^{(n)}=\frac{|\{X=a_i,Y=b_j\}^{(n)}|}{n},i=1,2,\cdots,L,j=1,2,\cdots,M。 \quad (10\text{-}3)$$

对任意两个标准离散数列 $X=\{x_n\}_{n=1}^{\infty}$ 和 $Y=\{y_n\}_{n=1}^{\infty}$,可给出如下的 $X$ 和 $Y$ 的频率信息熵定义。

**定义 10.4**　对两个标准离散向量数列 $X=\{x_n\}_{n=1}^{\infty}$ 和 $Y=\{y_n\}_{n=1}^{\infty}$,其分布律由式(10-2)定义,如果上极限

$$\limsup_{n\to\infty}\left(-\sum_{i=1}^{L}\sum_{j=1}^{M}p_{ij}^{(n)}\log p_{ij}^{(n)}\right)$$

存在,则将该上极限称为(二维)向量数列 $(X,Y)$(或 $X$ 与 $Y$)的上频率信息熵,记为 $H^*(X,Y)$。同样可定义 $(X,Y)$ 的下频率信息熵 $H_*(X,Y)$。特别地,如果 $H^*(X,Y)=H_*(X,Y)=H(X,Y)$,则将 $H(X,Y)$ 称为 $(X,Y)$(或 $X$ 与 $Y$)的频率信息熵。一般地,还可以定义任意有限个标准离散数列的(上或下)频率信息熵;甚至定义更一般的多维有限值实数列的(上或下)频率信息熵。

**例 10.5**　设两个标准离散数列 $X=\{x_n\}_{n=1}^{\infty}$ 和 $Y=\{y_n\}_{n=1}^{\infty}$ 由式(8-2)定义,则 $H^*(X,Y)\geqslant 2\log 2$ 和 $H_*(X,Y)\leqslant\log 2$。因此 $H^*(X,Y)\neq H_*(X,Y)$。

### 10.1.2　频率熵的性质

利用微积分知识,容易证明如下结果[30,31]。

**引理 10.1**　对任意 $u>0$,如下的两个结论成立:

① $\ln(u)\leqslant u-1$,且等号成立的充分必要条件是 $u=1$。

② $\ln(u)\geqslant 1-1/u$,且等号成立的充分必要条件是 $u=1$。

**引理 10.2**　对任意两个分布律 $P=\{p_1,p_2,\cdots,p_L\}$ 和 $Q=\{q_1,q_2,\cdots,q_L\},L\in Z[1,\infty)$,如果当 $q_j=0$ 时,有 $p_j=0$,则

$$\sum_{j=1}^{L}p_j\log q_j\leqslant\sum_{j=1}^{L}p_j\log p_j,$$

等号成立当且仅当 $P=Q$。

证明:不妨设 $p_j>0$ 和 $q_j>0,j=1,2,\cdots,L$。否则,可将之从和式中去掉。由

引理 10.1,得

$$\sum_{j=1}^{L} p_j \log \frac{p_i}{q_j} = (\ln 2)^{-1} \sum_{j=1}^{L} p_j \ln \frac{p_i}{q_j} \geqslant (\ln 2)^{-1} \sum_{j=1}^{L} p_j \left(1 - \frac{q_i}{p_j}\right) = 0,$$

且上式等式成立当且仅当 $p_i = q_j$,对 $j = 1, 2, \cdots, L$。证毕!

根据定义 10.2,参照信息论的知识,容易证明如下的结果[30,31]。

**引理 10.3** 设 $X = \{x_n\}_{n=1}^{\infty}$ 是标准离散数列,$y = h(x)$ 是一个单值实函数,$Y = h(X)$。如果 $H(X)$ 存在,则 $H(Y)$ 也存在,且 $H(X) = H(Y)$。

**引理 10.4** 设 $X = \{x_n\}_{n=1}^{\infty}$ 是有限离散数列,且分布律为 $\{p_i = \mu(X = a_i) | i = 1, 2, \cdots, L\}, L \in \mathbf{N}$,则

$$H(X) = H(p_1, p_2 + \cdots + p_L) + (p_2 + \cdots + p_L)$$
$$\times H\left(\frac{p_2}{p_2 + \cdots + p_L}, \cdots, \frac{p_L}{p_2 + \cdots + p_L}\right)。$$

**注 10.3** 引理 10.4 表明,数列的不确定性可分为两部分:第一部分是某个结果出现与不出现的不确定性;第二部分是该结果不出现的频率乘以数列的"剩余"项构成的数列的不确定性。

根据定义 10.2,如下结果显然成立。

**定理 10.1** 对任意标准离散数列 $X = \{x_n\}_{n=1}^{\infty}$,如果 $H(X)$ 存在,则 $H(X) \geqslant 0$,且等号成立当且仅当存在 $a \in \mathbf{R}$,使得 $\mu\{X = a\} = 1$,即 $X$ 为退化数列。

**定理 10.2** 对任意参数为 $L$ 的有限标准离散数列 $X = \{x_n\}_{n=1}^{\infty}$,都有 $H(X) \leqslant \log L$,且等号成立当且仅当 $X$ 是等频数列(或离散均匀数列),即 $X$ 的分布律为 $\{p_i = \mu\{X = a_i\} = 1/L | i = 1, 2, \cdots, L\}, L \in \mathbf{N}$ 和 $a_i \in \mathbf{R}$。

证明:由引理 10.1,可得

$$\log L - H(X) = (\ln 2)^{-1} \sum_{i=1}^{L} p_i \ln(L p_i) \geqslant (\ln 2)^{-1} \sum_{i=1}^{L} p_i \left(1 - \frac{1}{L p_i}\right) = 0,$$

等号成立当且仅当 $p_i = 1/L$,对 $i = 1, 2, \cdots, L$。证毕!

**定理 10.3** 对任意标准离散向量数列 $(X, Y) = \{(x_n, y_n)\}_{n=1}^{\infty}$,分布律由式(10-1)定义,且两个边际分布律为 $P = \{p_1, p_2, \cdots, p_L\}$ 和 $Q = \{q_1, q_2, \cdots, q_M\}, L, M \in Z[1, \infty)$。如果 $H(X)$ 和 $H(Y)$ 都存在,则 $H(X, Y)$ 也存在,且

$$H(X, Y) \leqslant H(X) + H(Y),$$

上式等号成立的充分必要条件是 $X$ 与 $Y$ 相互独立。

证明:由引理 10.1 和引理 8.6,可得

$$H(X) + H(Y) - H(X, Y) = \sum_{i=1}^{L} \sum_{j=1}^{M} p_{ij} \log \frac{p_{ij}}{p_i q_j}$$

$$\geqslant (\ln 2)^{-1} \sum_{i=1}^{L} \sum_{j=1}^{M} p_{ij} \left(1 - \frac{p_i q_j}{p_{ij}}\right) = 0,$$

且等号成立当且仅当 $p_{ij} = p_i q_j$,对任意 $i = 1, 2, \cdots, L$ 和 $j = 1, 2, \cdots, M$。证毕!

**注 10.4**　定理 10.2 说明了对于有限标准离散数列,以等频分布数列包含的信息量最多;对于二维离散数列,以相互独立的两个数列所提供的信息量最多,且两个相互独立的数列所能提供的信息量等于各个数列所能提供的信息量之和。

利用数学归纳法,可将定理 10.3 推广到任意有限维标准离散向量数列的情形。

**定理 10.4**　对标准离散向量数列 $(X_1,\cdots,X_m)=\{(x_{1n},\cdots,x_{mn})\}_{n=1}^{\infty}$,如果对任意 $i=1,2,\cdots,m,H(X_i)$ 存在,则 $H(X_1,\cdots,X_m)$ 也存在,且
$$H(X_1,\cdots,X_m)\leqslant H(X_1)+\cdots+H(X_m),$$
等号成立当且仅当 $X_1,\cdots X_m$ 相互独立。

**定理 10.5**　对任意两个有限标准离散数列 $X=\{x_n\}_{n=1}^{\infty}$ 和 $Y=\{y_n\}_{n=1}^{\infty}$,如果 $H(X)$ 和 $H(Y)$ 都存在,则
$$H^*(X,Y)\leqslant H(X)+H(Y)。$$
一般地,对 $m$ 个有限标准离散数列 $X_1=\{x_{1n}\}_{n=1}^{\infty},\cdots,X_m=\{x_{mn}\}_{n=1}^{\infty},m\in\mathbf{N}$,如果对任意 $i\in\{1,2,\cdots,m\},H(X_i)$ 存在,则
$$H^*(X_1,\cdots,X_m)\leqslant H(X_1)+\cdots+H(X_m)。$$

证明:下面只对两个有限标准离散向量数列的情形加以证明。

设 $X$ 和 $Y$ 的分布律分别为
$$\{p_i=\mu(X=a_i)\mid i=1,2,\cdots,L\},\{q_j=\mu(Y=b_j)\mid j=1,2,\cdots,M\},L,M\in\mathbf{N}。$$
对任意 $\varepsilon>0$,存在整数 $S>0$,使得对一切 $n>S$,有
$$\Big|\sum_{i=1}^{L}p_i\log p_i-\sum_{i=1}^{L}p_i^{(n)}\log p_i^{(n)}\Big|<\varepsilon,\Big|\sum_{j=1}^{M}q_j\log q_j-\sum_{j=1}^{M}q_j^{(n)}\log q_j^{(n)}\Big|<\varepsilon,$$
其中
$$p_i^{(n)}=\frac{|\{X\}=a_i|^{(n)}}{n},i=1,2,\cdots,L,q_i^{(n)}=\frac{|\{Y=b_j\}^{(n)}|}{n},j=1,2,\cdots,M。$$
设 $p_{ij}^{(n)}$ 由式(10-3)定义,则对一切 $n>S$,有
$$-\sum_{i=1}^{L}p_i^{(n)}\log p_i^{(n)}-\sum_{j=1}^{M}q_j^{(n)}\log q_j^{(n)}+\sum_{i=1}^{L}\sum_{j=1}^{M}p_{ij}^{(n)}\log p_{ij}^{(n)}$$
$$=(\ln 2)^{-1}\sum_{i=1}^{L}\sum_{j=1}^{M}p_{ij}^{(n)}\ln\frac{p_{ij}^{(n)}}{p_i^{(n)}q_j^{(n)}}\geqslant(\ln 2)^{-1}\sum_{i=1}^{L}\sum_{j=1}^{M}p_{ij}^{(n)}\Big(1-\frac{p_i^{(n)}q_j^{(n)}}{p_{ij}^{(n)}}\Big)=0。$$
因此,对一切 $n>S$,有
$$-\sum_{i=1}^{L}\sum_{j=1}^{M}p_{ij}^{(n)}\log p_{ij}^{(n)}\leqslant-\sum_{i=1}^{L}p_i^{(n)}\log p_i^{(n)}-\sum_{j=1}^{M}q_j^{(n)}\log q_j^{(n)}$$
$$\leqslant H(X)+H(Y)+2\varepsilon。$$
故对任意 $\varepsilon>0$,有
$$H^*(X,Y)\leqslant H(X)+H(Y)+2\varepsilon。$$
由 $\varepsilon$ 的任意性,可得 $H^*(X,Y)\leqslant H(X)+H(Y)$。证毕!

### 10.1.3 条件熵和交互信息

在下面的讨论中,为了方便,只研究有限离散数列,这样下面涉及的数列熵总是存在的。参照信息论的文献[30]、[31],可以给出如下的定义。

**定义 10.5** 设 $(X,Y)=\{(x_n,y_n)\}_{n=1}^{\infty}$ 是有限标准离散向量数列,其分布律由式(10-1)定义,两个边际分布律为 $P=\{p_i=\mu(X=a_i)\,|\,i=1,2,\cdots,L\}$ 和 $Q=\{q_j=\mu(Y=b_j)\,|\,j=1,2,\cdots,M\}$,其中 $L,M\in\mathbf{N}$。如果条件分布律 $W_i=\{p_{j|i}=p_{ij}/p_i\,|\,j=1,2,\cdots,M\}$ 存在,对任意 $i=1,2,\cdots,L$,则将

$$H(Y\mid X)=-\sum_{i=1}^{L}\sum_{j=1}^{M}p_ip_{j|i}\log(p_{j|i})=-\sum_{i=1}^{L}\sum_{j=1}^{M}p_{ij}\log(p_{j|i})$$

称为 $Y$ 关于 $X$ 的条件熵,也记为 $H(W|P),W=\{W_1,W_2,\cdots,W_L\}$。条件熵 $H(X|Y)$ 可类似定义。

参照信息论可知,$H(Y|X)$ 可表示在已知 $X$ 的条件下 $Y$ 所能提供的(平均)信息量。

**定义 10.6** 设 $(X,Y)=\{(x_n,y_n)\}_{n=1}^{\infty}$ 是有限标准离散向量数列,其分布律由式(10-1)定义,两个边际分布律由式(10-2)定义,则将

$$I(X,Y)=H(X)-H(X\mid Y)=\sum_{i=1}^{L}\sum_{j=1}^{M}p_{ij}\log\left(\frac{p_{ij}}{p_iq_j}\right)=\sum_{i=1}^{L}\sum_{j=1}^{M}p_{ij}\log\left(\frac{p_{j|i}}{q_j}\right)$$

称为 $X$ 和 $Y$ 的(交)互信息,其中,$p_{j|i}=p_{ij}/p_i$,对任意 $i=1,2,\cdots,L$ 和 $j=1,2,\cdots,M$。

**注 10.5** 对三维有限离散数列 $(X,Y,W)=\{(x_n,y_n,w_n)\}_{n=1}^{\infty}$,还可给出条件频率熵 $H(X,Y|W)$ 和 $H(W|X,Y)$,交互信息 $I((X,Y),W)$ 等定义。此外,还可定义两个数列之间的上、下条件熵和交互信息等。但本书将不再讨论这方面问题。

显然,由定义 10.6,有

$$I(X,Y)=\sum_{i=1}^{L}\sum_{j=1}^{M}p_ip_{j|i}\log\left(\frac{p_{j|i}}{\sum_{i=1}^{L}p_ip_{j|i}}\right)=\sum_{i=1}^{L}\sum_{j=1}^{M}q_jq_{i|j}\log\left(\frac{q_{i|j}}{\sum_{j=1}^{M}q_jq_{i|j}}\right),$$

其中 $p_{j|i}=p_{ij}/p_i$ 和 $q_{i/j}=p_{ij}/q_j$,对任意 $i=1,2,\cdots,L$ 和 $j=1,2,\cdots,M$。

**例 10.6** 设离散数列 $X=\{x_n\}_{n=1}^{\infty}$ 和 $Y=\{y_n\}_{n=1}^{\infty}$ 定义如下:

$$x_n=\begin{cases}-1,n=4k\\1\ \ ,n\neq4k\end{cases},\quad y_n=\begin{cases}0,n=6k\\1,n\neq6k\end{cases},k=1,2,\cdots。$$

不难验证 $(X,Y)$ 是有限离散数列,其联合分布律 $W=\{p_{ij}\,|\,i,j=1,2\}$,边际分布律 $P=\{p_1,p_2\}$ 和 $Q=\{q_1,q_2\}$ 分别为

$$p_{11}=\mu(X=-1,Y=0)=\frac{1}{12},p_{12}=\mu(X=-1,Y=1)=\frac{1}{6},$$

$$p_{21}=\mu(X=1,Y=0)=\frac{1}{12},p_{22}=\mu(X=1,Y=1)=\frac{2}{3},$$

$$p_1 = \mu(X=-1) = \frac{1}{4}, p_2 = \mu(X=1) = \frac{3}{4},$$

$$q_1 = \mu(Y=0) = \frac{1}{6}, q_2 = \mu(Y=1) = \frac{5}{6}.$$

因此

$$H(X) = -\frac{1}{4}\log\frac{1}{4} - \frac{3}{4}\log\frac{3}{4} = 2 - \frac{3}{4}\log3, H(Y) = \log6 - \frac{5}{6}\log5,$$

$$H(X,Y) = -\frac{1}{12}\log\frac{1}{12} - \frac{1}{6}\log\frac{1}{6} - \frac{1}{12}\log\frac{1}{12} - \frac{2}{3}\log\frac{2}{3} = \log3 - \frac{1}{6},$$

$$I(X,Y) = H(X) - H(X|Y) = \sum_{i=1}^{2}\sum_{j=1}^{2}p_{ij}\log\frac{p_{ij}}{p_iq_j} = \frac{13}{6} + \log2 - \frac{3}{4}\log3 - \frac{5}{6}\log5.$$

**例 10.7**　设离散数列 $X = \{x_n\}_{n=1}^{\infty}$ 和 $Y = \{y_n\}_{n=1}^{\infty}$ 定义如下：

$$x_n = \begin{cases} 0, n=2k \\ 1, n\neq2k \end{cases}, y_n = \begin{cases} 1, n=3k \\ 0, n\neq3k \end{cases}, k=1,2,\cdots.$$

不难验证 $X$ 与 $Y$ 相互独立，且

$$p_{11} = \mu(X=0,Y=1) = \frac{1}{6}, p_{12} = \mu(X=0,Y=0) = \frac{1}{3},$$

$$p_{21} = \mu(X=1,Y=1) = \frac{1}{6}, p_{22} = \mu(X=1,Y=0) = \frac{1}{3},$$

$$p_1 = \mu(X=0) = \frac{1}{2}, p_2 = \mu(X=1) = \frac{1}{2},$$

$$q_1 = \mu(Y=1) = \frac{1}{3}, q_2 = \mu(Y=0) = \frac{2}{3}.$$

因此

$$I(X,Y) = \frac{1}{6}\log1 + \frac{1}{3}\log1 + \frac{1}{6}\log1 + \frac{1}{3}\log1 = 0.$$

由数列熵和条件熵的定义和性质，容易推导出交互信息的一些性质，可参见文献[30]、[31]。

**定理 10.6**　对任一有限离散向量数列 $(X,Y) = \{(x_n,y_n)\}_{n=1}^{\infty}$，有

$$I(X,Y) \geqslant 0, H(X|Y) \leqslant H(X),$$

且等号成立的充分必要条件是 $X$ 与 $Y$ 相互独立。

**定理 10.7**　对任一有限离散向量数列 $(X,Y) = \{(x_n,y_n)\}_{n=1}^{\infty}$，有

$$H(X|Y) \geqslant 0, I(X,Y) \leqslant H(X),$$

且等号成立当且仅当存在函数 $g(x)$，使得 $\mu\{X=g(Y)\} = 1$。特别地，$I(X,X) = H(X)$。

证明：设 $(X,Y)$ 的分布律由式(10-1)定义，它的两个边际分布律由式(10-2)

定义,其中 $L,M \in \mathbf{N}$。不妨设 $q_j > 0$,对任意 $j=1,2,\cdots,M$。由定义 10.5,有

$$H(X \mid Y) = -\sum_{i=1}^{L}\sum_{j=1}^{M} q_j q_{i|j} \log(q_{i|j})$$

$$= \sum_{j=1}^{M} q_j H(q_{1|j}, q_{2|j}, \cdots, q_{L|j}) \geqslant 0, q_{i|j} = \frac{p_{ij}}{q_j},$$

等号成立当且仅当 $H(q_{1|j},q_{2|j},\cdots,q_{L|j})=0$,$j \in \{1,2,\cdots,M\}$。由定理 10.1 知,存在映射 $g$,使得对一切 $j \in \{1,2,\cdots,M\}$,有 $\mu\{X=g(b_j) \mid Y=b_j\}=1$,$g(b_j) \in \{a_1,\cdots,a_L\}$,即 $\mu\{X=g(Y)\}=1$。

显然,$I(X,X)=H(X)$ 和 $I(X,Y) \leqslant H(X)$ 成立。证毕!

定理 10.6 说明了在已知数列 $Y$ 后,$X$"剩下"的不确定性不会超过在已知 $Y$ 前的 $X$ 的不确定性;定理 10.7 说明了数列 $Y$ 中包含的 $X$ 的信息不会超过 $X$ 本身所能提供的信息。

**定理 10.8**　对任一有限离散向量数列 $(X,Y)=\{(x_n,y_n)\}_{n=1}^{\infty}$,有

$$I(X,Y)=H(X)-H(X|Y)=H(X)+H(Y)-H(X,Y)$$

$$=H(Y)-H(Y|X)=I(Y,X),$$

$$H(X,Y)=H(X)+H(Y|X)=H(Y)+H(X|Y)=H(Y,X)。$$

参照信息论知识,定理 10.8 说明了 $X$ 中包含 $Y$ 的信息量与 $Y$ 中包含 $X$ 的信息量相等。

## 10.2　连续数列的频率熵和互信息

参照信息论中连续随机变量的熵的概念[30,31],下面给出正则连续数列的频率熵的定义。

**定义 10.7**　设 $X=\{x_n\}_{n=1}^{\infty}$ 是一个正则连续数列,其密度函数为 $f(x)$。如果积分

$$H(X) = -\int_{-\infty}^{\infty} f(x)\log f(x)\mathrm{d}x$$

存在,则将 $H(X)$ 称为数列 $X$ 或密度 $f(x)$ 的(频率)(微分)熵,也记为 $H(f)$。

显然,由定义 10.7,如果连续数列的熵 $H(X)$ 存在,则 $H(X)$ 不一定非负。另外,在可逆变换下,数列的熵也可能改变。

**例 10.8**　设数列 $X=\{x_n\}_{n=1}^{\infty} \sim U[a,b]$,$a<b$。不难计算得

$$H(X) = -\int_{-\infty}^{\infty} f(x)\log f(x)\mathrm{d}x = -\int_{a}^{b}\frac{1}{b-a}\log\frac{1}{b-a}\mathrm{d}x = \log(b-a)。$$

特别地,如果 $a=0$ 和 $b=1$,则 $H(X)=0$;如果 $b-a \in (0,1)$,则 $H(X)<0$。

**例 10.9**　设数列 $X=\{x_n\}_{n=1}^{\infty} \sim N(a,\sigma^2)$,$a \in \mathbf{R}$ 和 $\sigma>0$。不难计算得

$$H(X) = -\int_{-\infty}^{\infty} f(x) \log f(x) \mathrm{d}x = \frac{1}{2} \log(2\pi e \sigma^2)。$$

显然，$h(x) = 2x$ 是可逆的函数。如果令 $Y = h(X)$，则 $Y \sim N(2a, 4\sigma^2)$。因此

$$H(Y) = \frac{1}{2} \log(8\pi e \sigma^2) > H(X)。$$

类似于信息论的结论，可得到如下结果。

**引理 10.5** 设 $J = (a, b)$，则密度集中在区间 $J$ 上的正则连续数列 $X = \{x_n\}_{n=1}^{\infty}$ 的熵 $H(X)$ 在 $X \sim U[a, b]$ 时达到最大值 $\log(|J|) = \log(b - a)$。

**引理 10.6** 对于正则连续数列 $X = \{x_n\}_{n=1}^{\infty}$，如果 $X$ 的期望 $E(X) = a$ 和方差 $D(X) = \sigma^2 > 0$ 是常数，则当 $X \sim N(a, \sigma^2)$ 时，$X$ 的熵 $H(X)$ 达到最大值 $\ln(\sigma\sqrt{2\pi e})$。

**引理 10.7** 对于密度为 $f(x)$ 的正则连续数列 $X = \{x_n\}_{n=1}^{\infty}$，如果 $X$ 的期望 $E(X) = a$ 是一常数，且 $f(x) = 0$，对 $x \leqslant 0$，则当 $f(x) = e^{-x/a}/a$，对 $x > 0$ 时，即当 $X$ 服从均值为 $a$ 的指数分布：$X \sim E(a)$ 时，$X$ 的熵 $H(X)$ 达到最大值 $\ln(ea)$。

**定义 10.8** 设 $(X, Y) = \{(x_n, y_n)\}_{n=1}^{\infty}$ 是一个二维正则连续的向量数列，其联合密度为 $f(x, y)$。如果积分

$$H(X, Y) = -\int_{-\infty}^{\infty} \int_{-\infty}^{\infty} f(x, y) \log f(x, y) \mathrm{d}x \mathrm{d}y$$

存在，则将 $H(X, Y)$ 称为数列 $(X, Y)$ 或密度 $f(x, y)$ 的（频率）（微分）熵，也记为 $H(f)$。

一般地，还可类似地给出任意有限维正则连续向量数列 $(X_1, \cdots, X_m)$ 的频率熵的定义。

**定义 10.9** 设 $(X, Y) = \{(x_n, y_n)\}_{n=1}^{\infty}$ 是一个二维正则连续的向量数列，其联合密度为 $f(x, y)$，两个边际密度为 $f_X(x)$ 和 $f_Y(y)$。如果条件密度 $f_{y|x}(y) = f(x, y/f_X(x))$ 存在，且积分

$$H(Y \mid X) = -\int_{-\infty}^{\infty} \int_{-\infty}^{\infty} f_X(x) f_{y|x}(y) \log f_{y|x}(y) \mathrm{d}x \mathrm{d}y$$

$$= -\int_{-\infty}^{\infty} \int_{-\infty}^{\infty} f(x, y) \log \frac{f(x, y)}{f_X(x)} \mathrm{d}x \mathrm{d}y$$

存在，则将 $H(Y|X)$ 称为 $Y$ 关于 $X$（或 $f(x, y)$ 关于 $f_X(x)$）的（频率）条件熵，也记为 $H(f|f_X)$。

**定义 10.10** 设 $(X, Y) = \{(x_n, y_n)\}_{n=1}^{\infty}$ 是一个二维正则连续的向量数列，其联合密度为 $f(x, y)$，两个边际密度为 $f_X(x)$ 和 $f_Y(y)$。如果

$$I(X, Y) = H(X) - H(X \mid Y) = \int_{-\infty}^{\infty} \int_{-\infty}^{\infty} f(x, y) \log \frac{f(x, y)}{f_X(x) f_Y(y)} \mathrm{d}x \mathrm{d}y$$

存在，则将 $I(X, Y)$ 称为 $X$ 和 $Y$ 的（交）互信息。

另外,还可类似对三维正则连续数列$(X,Y,W)$等定义互信息 $I(X,(Y,W))$等。

**例 10.10**　设数列$(X,Y)=\{(x_n,y_n)\}_{n=1}^{\infty}\sim N(a,b,\sigma_1^2,\sigma_2^2,r)$,则

$$H(X)=\frac{1}{2}\log(2\pi\mathrm{e}\sigma_1^2),H(X|Y)=\frac{1}{2}\log[2\pi\mathrm{e}\sigma_1^2(1-r^2)],$$

$$I(X,Y)=\frac{1}{2}\log[1/(1-r^2)]。$$

连续数列的交互信息保留了离散数列交互信息的绝大多数性质,下面列举两条性质,其证明可参见经典的信息论专著(如文献[30]、[31])。

**定理 10.9**　对正则连续数列$(X,Y)=\{(x_n,y_n)\}_{n=1}^{\infty}$,有

$$I(X,Y)=H(X)-H(X|Y)=H(X)+H(Y)-H(X,Y)$$
$$=H(Y)-H(Y|X)=I(Y,X),$$
$$H(X,Y)=H(X)+H(Y|X)=H(Y)+H(X|Y)。$$

**定理 10.10**　对正则连续数列$(X,Y)=\{(x_n,y_n)\}_{n=1}^{\infty}$,有

$$I(X,Y)\geqslant0,H(X|Y)\leqslant H(X),$$

且等号成立的充分必要条件是 $X$ 与 $Y$ 相互独立。

# 第 11 章　数列的特征函数和母函数

在概率论中,取非负整值的随机变量是比较常见的,例如,最常见的两种离散分布:二项分布和泊松分布都是非负值的随机变量。为了方便研究非负整值的随机变量的性质,概率论中专门引入了母函数的概念。类似地,为了研究非负整值的离散数列的性质,本章将引入数列的母函数概念。另外,由概率论可知,在研究一般的随机变量性质时,特征函数是一个非常有力的工具。与此类似,本章还会介绍正则可测数列的特征函数概念。

对任意实数列 $X=\{x_n\}_{n=1}^{\infty}$,如果级数

$$f(z) = x_1 z + x_2 z^2 + \cdots = \sum_{i=1}^{\infty} x_i z^i, z \in \mathbf{C} = \{x+\mathrm{i}y \mid x,y \in \mathbf{R}\},$$

在某个圆 $|z|<r$ 内收敛,$r>0$,则将函数 $f(z)$ 称为数列 $X$ 的谱函数($z$-变换)。

显然,如果数列 $X=\{x_n\}_{n=1}^{\infty}$ 的谱函数存在,则它的谱函数是唯一的;反之,给定一个谱函数 $f(z)$,如果 $f(z)$ 在圆 $|z|<r$ 内收敛,$r>0$,则存在唯一的数列 $X=\{x_n\}_{n=1}^{\infty}$,使得 $f(z)$ 是 $X$ 的谱函数。

由无穷级数知识可知:当 $\limsup\limits_{n\to\infty} |x_{n+1}/x_n| \leqslant c$ 或 $\limsup\limits_{n\to\infty} \sqrt[n]{|x_n|} \leqslant c$ 时,则 $X=\{x_n\}_{n=1}^{\infty}$ 的谱函数 $f(z)$ 一定存在,且在 $|z|<1/c$ 内解析,其中,$c$ 是一正常数。

**定义 11.1**　设 $X=\{x_n\}_{n=1}^{\infty}$ 和 $Y=\{y_n\}_{n=1}^{\infty}$ 是两个实数列,则将 $W=X+\mathrm{i}Y=\{x_n+\mathrm{i}y_n\}_{n=1}^{\infty}$ 称为复数列,且将 $X$ 和 $Y$ 分别称为该复数列的实部(数列)和虚部(数列)。

类似于前面章节的研究,可以定义复数列的一些基本概念。例如,如果 $X$ 和 $Y$ 的期望 $E(X)$ 和 $E(Y)$ 存在,则将 $E(W)=E(X)+\mathrm{i}E(Y)$ 称为复数列 $W=X+\mathrm{i}Y$ 的期望。如果

$$E(|W-E(W)|^2)=E[(W-E(W))\overline{(W-E(W))}]$$

存在,则将 $E(|W-E(W)|^2)$ 称为 $W$ 的(期望)方差,记为 $V(W)$。同样地,$W$ 的(频率)均值 $M(W)$ 或方差 $D(W)$ 等可类似定义:$M(W)=M(X)+\mathrm{i}M(Y)$ 等等。

# 11.1　母　函　数

对于标准离散数列 $X=\{x_n\}_{n=1}^{\infty}$,如果 $X$ 的分布律为 $P=\{p_k=\mu(X=k) \mid k=0,1,2,\cdots,L\}$,其中,$L\in Z[0,\infty]$,则将 $X$ 称为(非负)整值数列。特别地,非负整值数列 $X$ 满足 $p_0=0$(不妨设 $x_n\in\mathbf{N}$,对任意 $n\in\mathbf{N}$),则将 $X$ 称为正整值数列。

**定义 11.2**　设 $X=\{x_n\}_{n=1}^{\infty}$ 是非负整值数列,其分布律为 $P=\{p_k=\mu(X=k)\mid k=0,1,\cdots,L\}$,其中,$L\in Z[0,\infty]$ 和 $p_0+p_1+\cdots+p_L=1$。将(复)多项式或级数

$$g(s)=p_0+p_1s+p_2s^2+\cdots+p_Ls^L=E(s^X)=M(s^X),$$
$$s\in \mathbf{C}=\{x+\mathrm{i}y\mid x,y\in \mathbf{R}\}$$

称为数列 $X$(或分布律 $P$)的母函数,也记为 $g_P(s)$ 或 $g_X(s)$,其中,$s^X=\{a_n=s^{x_n}\}_{n=1}^{\infty}$ 是复数列。

为了方便,当 $L\in \mathbf{N}$ 时,记 $p_k=0$,对任意 $k=L+1,L+2,\cdots$。因此,母函数 $g(s)$ 可统一表示成无穷级数形式:

$$g(s)=p_0+p_1s+p_2s^2+\cdots=\sum_{i=0}^{\infty}p_is^i=E(s^X)=M(s^X)。$$

类似于随机变量母函数的性质,数列的母函数 $g(s)$ 至少在区域 $\{s\in \mathbf{C}\mid |s|\leqslant 1\}$ 内是一致、绝对收敛的。因此,非负整值数列的母函数总是存在的,且至少在区域 $\{s\in \mathbf{C}\mid |s|<1\}$ 内是解析的。

下面计算几种常见整值数列的母函数。

① 二项分布数列:如果 $X\sim B(n,p)$,则

$$g(s)=\sum_{k=0}^{n}C_n^k p^k q^{n-k}s^k=(q+ps)^n,q=1-p。$$

② 泊松分布数列:如果 $X\sim P(\lambda)$,则

$$g(s)=\sum_{k=0}^{\infty}\frac{\lambda^k}{k!}\mathrm{e}^{-\lambda}s^k=\mathrm{e}^{-\lambda}\mathrm{e}^{\lambda s}=\mathrm{e}^{\lambda(s-1)}。$$

③ 几何分布数列:如果 $X\sim G(p)$,则

$$g(s)=\sum_{k=1}^{n}pq^{k-1}s^k=ps\sum_{k=1}^{n}(qs)^{k-1}=\frac{ps}{1-qs}。$$

下面给出母函数的几条基本性质。

**引理 11.1**　对任意非负整值数列 $X=\{x_n\}_{n=1}^{\infty}$,$X$ 的母函数与其分布律相互唯一确定。

事实上,给定 $X$ 的分布律,可唯一求出 $X$ 的母函数。反过来,给定 $X$ 的母函数,则由复幂级数数的性质,可逐项求导,得

$$g^{(k)}(0)=[k!p_k+(k+1)\cdots 2p_{k+1}s+\cdots]_{s=0}=k!p_k,k=0,1,2,\cdots。$$

因此,分布律也被母函数唯一确定。

**引理 11.2**　对任意非负整值数列 $X=\{x_n\}_{n=1}^{\infty}$,如果 $E(X)$ 和 $D(X)$ 存在,则

$$E(X)=\sum_{k=1}^{\infty}kp_k=g'(1),D(X)=g''(1)+g'(1)[1-g'(1)]。$$

**例 11.1**　如果 $X\sim B(n,p)$,则 $X$ 的母函数为 $g(s)=(q+ps)^n$,

$$E(X)=g'(1)=np(q+ps)^{n-1}\big|_{s=1}=np,$$

$$g''(1) = n(n-1)p^2(q+ps)^{n-2} \mid_{s=1} = n(n-1)p^2,$$
$$D(X) = n^2p^2 - np^2 + np - n^2p^2 = npq_o$$

**例 11.2**　如果 $X \sim P(\lambda)$，则 $g(s) = e^{\lambda(s-1)}$ 和

$$E(X) = g'(1) = e^{\lambda(s-1)} \times \lambda \mid_{s=1} = \lambda, g''(1) = \lambda^2, D(X) = \lambda^2 + \lambda - \lambda^2 = \lambda_o$$

**引理 11.3**　对两个非负整值数列 $X = \{x_n\}_{n=1}^\infty$ 和 $Y = \{y_n\}_{n=1}^\infty$，如果 $X$ 与 $Y$ 相互独立，则 $X$ 与 $Y$ 的和数列 $W = X + Y = \{w_n = x_n + y_n\}_{n=1}^\infty$ 是非负整值数列，且它的母函数为 $w(s) = g(s)h(s)$，其中 $g(s)$ 和 $h(s)$ 分别是 $X$ 和 $Y$ 的母函数。

证明：设 $X$ 和 $Y$ 的分布律为 $\{p_k = \mu(X=k) \mid k = 0,1,2,\cdots\}$ 和 $\{q_j = \mu(Y = j) \mid j = 0,1,2,\cdots\}$，并设 $X$ 和 $Y$ 的母函数分别为

$$g(s) = \sum_{k=0}^\infty p_k s^k, h(s) = \sum_{k=0}^\infty q_k s^k,$$

则由离散卷积公式，和数列 $W = X + Y = \{w_n = x_n + y_n\}_{n=1}^\infty$ 的分布律为

$$\{r_k = \mu(W = k) = p_0 q_k + p_1 q_{k-1} + \cdots + p_k q_0 \mid k = 0,1,2,\cdots\}_o$$

因此，由母函数的一致收敛性和绝对收敛性，得

$$w(s) = \sum_{k=0}^\infty r_k s^k = \sum_{i=0}^\infty p_i s^i \times \sum_{j=0}^\infty q_j s^j = g(s)h(s)_o$$

故该引理结论成立。证毕！

利用归纳法可将引理 11.3 推广到有限个相互独立数列之和的情形。

**引理 11.4**　对任意有限个非负整值数列 $X_1 = \{x_{1n}\}_{n=1}^\infty, \cdots, X_m = \{x_{mn}\}_{n=1}^\infty$，它们的母函数分别为 $g_1(s), \cdots, g_m(s)$，如果 $X_1, \cdots, X_m$ 相互独立，则 $X_1, \cdots, X_m$ 的和数列 $W = X_1 + \cdots + X_m$ 是非负整值数列，且它的母函数为

$$w(s) = g_1(s)g_2(s)\cdots g_m(s)_o$$

特别地，如果 $X_1, \cdots, X_m$ 是相互独立、具有相同分布律的整值数列，且母函数都为 $g(s)$，则和数列 $W = X_1 + \cdots + X_m$ 是非负整值数列，且它的母函数为 $w(s) = g^m(s)_o$

**例 11.3**　设 $X_1, \cdots, X_m$ 是相互独立的，且都具有相同 0-1 分布律的数列，即

$$\mu(X_i = 1) = p, \mu(X_i = 0) = 1 - p = q, p \in (0,1), i = 1,2,\cdots,m,$$

则 $X_i$ 的母函数为

$$g_i(s) = q + ps, i = 1,2,\cdots,m_o$$

因此，由引理 11.4，数列 $Y = X_1 + \cdots + X_m$ 的母函数为

$$h(s) = g_1(s)g_2(s)\cdots g_m(s) = (q + ps)^m,$$

即 $Y$ 的母函数为二项分布 $B(m, p)$ 的母函数，由引理 11.1 知，$Y \sim B(m, p)_o$

**例 11.4**　设数列 $X$ 和 $Y$ 是相互独立的，且 $X \sim B(n, p)$ 和 $Y \sim B(m, p)$，$p \in (0,1)$ 和 $m, n \in \mathbf{N}$，则 $X$ 和 $Y$ 的母函数分别为 $g_X(s) = (q + ps)^n$ 和 $g_Y(s) = (q + ps)^m$。因此，和数列 $W = X + Y$ 的母函数为 $h_W(s) = (q + ps)^{m+n}$，即 $W \sim B(m+n, p)_o$

**例 11.5**　设数列 $X$ 和 $Y$ 是相互独立的,且 $X \sim P(\lambda)$ 和 $Y \sim P(\mu)$,$\lambda,\mu > 0$,则 $X$ 和 $Y$ 的母函数分别为 $g_X(s) = e^{\lambda(s-1)}$ 和 $g_Y(s) = e^{\mu(s-1)}$。因此,和数列 $W = X + Y$ 的母函数为 $h_W(s) = e^{(\lambda+\mu)(s-1)}$,即 $W \sim P(\lambda+\mu)$。

参照概率论的知识,可引入如下分布函数再生性的概念:在某一类正则分布函数中,如果相互独立的正则数列 $X$ 和 $Y$ 都服从该类分布,且 $X + Y$ 也服从该类分布,则称该类分布具有再生性。因此,由例 11.4 和 11.5 可知,(具有相同期望的)二项分布和泊松分布具有再生性。

参照概率论中随机个随机变量之和的概念,可引入如下定义。

**定义 11.3**　设 $X_1 = \{x_{1,n}\}_{n=1}^{\infty},\cdots,X_m = \{x_{m,n}\}_{n=1}^{\infty},\cdots$ 是一列非负整值数列,$Y = \{y_n\}_{n=1}^{\infty}$ 是一个正整值数列。定义数列 $W = \{w_n\}_{n=1}^{\infty}$ 如下:

$$w_1 = x_{1,1} + \cdots + x_{y_1,1},\cdots,w_n = x_{1,n} + \cdots + x_{y_n,n},n = 1,2,\cdots, \qquad (11\text{-}1)$$

将数列 $W$ 称为 $X_1,\cdots,X_m,\cdots$ 关于 $Y$ 的频率和(或伪随机个数列之和),记为 $W = X_1 + \cdots + X_Y$。

特别地,对于 $X_1 = \{x_{1n}\}_{n=1}^{\infty},\cdots,X_m = \{x_{mn}\}_{n=1}^{\infty},\cdots$,如果 $X_1 = \{x_{1n}\}_{n=1}^{\infty},\cdots,$ $X_m = \{x_{mn}\}_{n=1}^{\infty}$ 相互独立,对任意 $m \in \mathbf{N}$,则将式(11-1)定义的频率和数列 $W = X_1 + \cdots + X_Y$ 称为 $X_1,\cdots,X_m,\cdots$ 关于 $Y$ 的(频率)独立和数列(或伪随机个数列的独立和)。

此外,还可类似定义一般数列 $X_1,\cdots,X_m,\cdots$ 关于正整值数列的频率和(或独立和)数列的概念。

显然,非负整值数列 $X_1,\cdots,X_m,\cdots$ 关于正整值数列 $Y$ 的独立和数列也是非负整值数列。

对任意正则可测数列 $X_1,\cdots,X_m,\cdots$,如果对任意 $k \in \mathbf{N}$,$X_1,\cdots,X_k$ 相互独立,则将该列数列 $X_1,\cdots,X_m,\cdots$ 称为有限相互独立的。

**引理 11.5**　设 $X_1 = \{x_{1n}\}_{n=1}^{\infty},\cdots,X_m = \{x_{mn}\}_{n=1}^{\infty},\cdots$ 是一列有限相互独立、同分布律的非负整值数列,其母函数都为 $g(s)$,且 $Y = \{y_n\}_{n=1}^{\infty}$ 是一个正整值数列,其母函数为 $h(s)$。如果 $(X_1,\cdots,X_m)$ 与 $Y$ 是相互独立的,对任意 $m \in \mathbf{N}$,且 $E(X_i)$ 和 $E(Y)$ 都存在,则 $X_1,\cdots,X_m,\cdots$ 关于 $Y$ 的独立和数列 $W = X_1 + \cdots + X_Y$ 的母函数为

$$g_W(s) = h(g(s)),\ E(W) = E(X_i)E(Y),i \in \mathbf{N}。$$

证明:显然,由前面章节中的知识和给定的条件容易证明:$W$ 是非负整值数列,且 $(W,Y)$ 是二维标准离散向量数列。

设 $\mu\{W = k\} = r_k$,对任意 $k = 0,1,2,\cdots$,则 $W$ 的母函数为

$$g_W(s) = \sum_{k=0}^{\infty} r_k s^k。$$

由于对任意 $m \in \mathbf{N}$,$(X_1,\cdots,X_m)$ 和 $Y$ 相互独立,故由引理 8.4 和定理 8.5,$X_1 + \cdots$

$+X_m$ 与 $Y$ 相互独立,对任意 $m\in\mathbf{N}$,且由引理 8.6,有

$$r_k = \mu\{W = k\} = \sum_{n=1}^{\infty} \mu\{W = k, Y = n\}$$

$$= \sum_{n=1}^{\infty} \mu\{Y = n\}\mu\{W = k \mid Y = n\}$$

$$= \sum_{n=1}^{\infty} \mu\{Y = n\}\mu\{X_1 + \cdots + X_Y = k \mid Y = n\}$$

$$= \sum_{n=1}^{\infty} \mu\{Y = n\}\mu\{X_1 + \cdots + X_n = k\}。$$

因此,由引理 11.4,得

$$g_W(s) = \sum_{k=0}^{\infty} r_k s^k = \sum_{n=1}^{\infty} \mu(Y = n) \sum_{k=0}^{\infty} \mu(X_1 + \cdots + X_n = k) s^k$$

$$= \sum_{n=1}^{\infty} q_n (g(s))^n = h(g(s)),$$

其中,$q_n = \mu(Y = n)$,$n\in\mathbf{N}$。

更进一步,有

$$g'_W(s) = h'(g(s))g'(s),$$

故 $E(W) = g'_W(1) = h'(g(1))g'(1) = h'(1)g'(1) = E(X_i)E(Y)$。证毕!

仿照概率论中复合泊松分布的定义,可引入下面的概念。

**定义 11.4** 设 $Y\sim P(\lambda)$,$\lambda>0$,$X_1,\cdots,X_m,\cdots$是一列有限相互独立、相同分布的非负整值数列,其共同分布律的母函数为 $g(s)$,则将 $X_1,\cdots,X_m,\cdots$关于 $Y$ 的独立和数列 $W = X_1 + \cdots + X_Y$ 称为复合泊松数列。

# 11.2　特　征　函　数

## 11.2.1　一元特征函数及性质

由概率论知识可知,在研究随机变量的性质时,特征函数起着非常重要的作用。类似地,对于正则可测数列,也可引入特征函数的概念来研究数列的性质。

**定义 11.5** 对两个复数列 $W = \{w_n\}_{n=1}^{\infty}$ 和 $U = \{u_n\}_{n=1}^{\infty}$,如果 $E[(W - E(W)) \overline{(U - E(U))}]$ 存在,则将 $E[(W - E(W))\overline{(U - E(U))}]$ 称为 $W$ 和 $U$ 的协方差,记为 $\text{cov}(W,U)$。特别地,如果 $\text{cov}(W,U) = 0$,则称 $W$ 和 $U$ 不相关。

**定义 11.6** 对两个复数列 $W = X + iY = \{w_n = x_n + iy_n\}_{n=1}^{\infty}$ 和 $U = S + iT = \{u_n = s_n + it_n\}_{n=1}^{\infty}$,如果 $(X,Y)$ 与 $(S,T)$ 相互独立,则称 $W$ 和 $U$ 相互独立。一般地,可定义有限个复数列的相互独立性。

由定义 11.6 可知,两个复数列 $W$ 和 $U$ 相互独立等价于两个二维向量数列的

独立性。

**定义 11.7**　对复数列 $W = X + \mathrm{i}Y = \{w_n = x_n + \mathrm{i}y_n\}_{n=1}^{\infty}$，如果 $(X,Y)$ 是（二维）（标准）离散或（正则）连续数列，则称 $W$ 是（标准）离散或（正则）连续的。

设 $W = \{w_n\}_{n=1}^{\infty}$ 是标准离散（复）数列，则存在一列复数 $z_1, z_2, \cdots, z_L \in \mathbf{C}$，其中 $L \in Z[1, \infty]$，有 $\mu(W = z_k) = p_k \in [0,1]$ 存在，且

$$\mu(W = z_1) + \mu(W = z_2) + \cdots + \mu(W = z_L) = 1。$$

显然，对任意相互独立的离散或连续复数列 $W_1, W_2, \cdots, W_L, L \in \mathbf{N}$，如果对任意 $i = 1, 2, \cdots, L, E(W_i)$ 存在，则 $E(W_1 W_2 \cdots W_L)$ 也存在，且

$$E(W_1 W_2 \cdots W_L) = E(W_1) E(W_2) \cdots E(W_L)。 \tag{11-2}$$

由推论 5.2 可知，对任意正则可测的实数列 $X = \{x_n\}_{n=1}^{\infty}$，如下的两个数列

$$Y = \sin X = \{\sin x_n\}_{n=1}^{\infty}, \quad S = \cos X = \{\cos x_n\}_{n=1}^{\infty}$$

都是半正则可测的实数列。更进一步，由定理 7.4 可知：对任意正则数列 $X$，$M(\sin X) = E(\sin X)$ 和 $M(\cos X) = E(\cos X)$ 都存在。

参照概率论中随机变量的特征函数的概念，可给出如下的定义。

**定义 11.8**　设 $X = \{x_n\}_{n=1}^{\infty}$ 是一个正则可测的实数列，其分布为 $F(x)$，则将函数

$$\widetilde{F}_X(t) = \int_{-\infty}^{\infty} \mathrm{e}^{\mathrm{i}xt} \, \mathrm{d}F(x) = \int_{-\infty}^{\infty} \cos(xt) \, \mathrm{d}F(x) + \mathrm{i} \int_{-\infty}^{\infty} \sin(xt) \, \mathrm{d}F(x) = E(\mathrm{e}^{\mathrm{i}tX})$$

称为 $X$（或分布 $F(x)$）的特征函数。

特别地，对标准离散数列 $X = \{x_n\}_{n=1}^{\infty}$，设 $X$ 的分布律为 $\{p_k = \mu(X = a_k) \mid k = 1, 2, \cdots, L\}, L \in Z[1, \infty]$，则 $X$（或分布律 $\{p_k \mid k = 1, 2, \cdots, L\}$）的特征函数为

$$\widetilde{F}_X(t) = E(\mathrm{e}^{\mathrm{i}tX}) = p_1 \mathrm{e}^{\mathrm{i}ta_1} + \cdots + p_L \mathrm{e}^{\mathrm{i}ta_L} = \sum_{j=1}^{L} p_j \mathrm{e}^{\mathrm{i}ta_j}。 \tag{11-3}$$

另外，当 $X = \{x_n\}_{n=1}^{\infty}$ 是密度为 $f(x)$ 的正则连续数列时，则 $X$（或密度 $f(x)$）的特征函数

$$\widetilde{F}_X(t) = \int_{-\infty}^{\infty} \mathrm{e}^{\mathrm{i}xt} f(x) \, \mathrm{d}x = \int_{-\infty}^{\infty} \cos(xt) f(x) \, \mathrm{d}x$$
$$+ \mathrm{i} \int_{-\infty}^{\infty} \sin(xt) f(x) \, \mathrm{d}x = E(\mathrm{e}^{\mathrm{i}tX})。$$

上式表明 $X$ 的特征函数是其密度函数的傅里叶变换。

由定义 11.2 和式 (11-3)，当 $X = \{x_n\}_{n=1}^{\infty}$ 是非负整值的数列时，有 $\widetilde{F}_X(t) = g_X(\mathrm{e}^{\mathrm{i}t})$，其中，$\widetilde{F}_X(t)$ 和 $g_X(s)$ 分别是 $X$ 的特征函数和母函数。

对比数列的特征函数与随机变量的特征函数的定义，不难知道特征函数的性质只是取决于分布函数或分布律或密度。因此，下面列举的数列特征函数的计算结果和性质都与概率论中的计算过程与证明过程是一样的，因而也就不必给出它们的计算与证明过程了，可直接参照经典的概率论教材[32]。

下面列举几个重要分布的特征函数。

① 二项分布：设 $X \sim B(n,p)$，$p \in (0,1)$ 和 $n \in \mathbf{N}$，则

$$\widetilde{F}_X(t) = (p\mathrm{e}^{it} + 1 - p)^n。 \tag{11-4}$$

② 泊松分布：设 $X \sim P(\lambda)$，则

$$\widetilde{F}_X(t) = \mathrm{e}^{\lambda(\mathrm{e}^{it}-1)}。 \tag{11-5}$$

③ 正态分布：设 $X \sim N(a,\sigma^2)$，则

$$\widetilde{F}_X(t) = \mathrm{e}^{iat - \frac{1}{2}\sigma^2 t^2}。 \tag{11-6}$$

④ 退化分布或单点分布：设 $X = \{x_n\}_{n=1}^{\infty}$ 的分布律为 $\mu\{X=a\}=1$，$a \in \mathbf{R}$，记 $X \sim I(x-a)$，则 $X$ 的特征函数为

$$\widetilde{F}_X(t) = \mathrm{e}^{iat}， \tag{11-7}$$

下面再列出特征函数的一些基本性质[32]。

**性质 11.1**　$\widetilde{F}(0)=1$，$|\widetilde{F}(t)| \leqslant \widetilde{F}(0)$ 和 $\widetilde{F}(-t) = \overline{\widetilde{F}(t)}$，其中，$\bar{z}$ 表示复数 $z$ 的共轭复数。

**性质 11.2**　特征函数 $\widetilde{F}(t)$ 在实数域 $\mathbf{R}$ 上是一致连续的。

**性质 11.3**　特征函数 $\widetilde{F}(t)$ 是非负定的，即对任意实数 $t_1, t_2, \cdots, t_n$ 和复数 $z_1, z_2, \cdots, z_n$，$n \in \mathbf{N}$，

$$\sum_{i=1}^{n} \sum_{j=1}^{n} \widetilde{F}(t_i - t_j) z_i \bar{z}_j \geqslant 0。$$

**性质 11.4**　设 $X = \{x_n\}_{n=1}^{\infty}$ 的特征函数为 $\widetilde{F}(t)$，如果 $X$ 的 $n$ 阶矩 $E(X^n)$ 存在，$n \in \mathbf{N}$，则 $\widetilde{F}(t)$ 的 $n$ 阶导数存在，且

$$\widetilde{F}^{(k)}(0) = i^k E(X^k)，k=1,2,\cdots,n，i=\sqrt{-1}。$$

**性质 11.5**　设 $X = \{x_n\}_{n=1}^{\infty}$ 的特征函数为 $\widetilde{F}_X(t)$，则 $Y = aX + b$ 的特征函数 $\widetilde{F}_Y(t)$ 存在，且

$$\widetilde{F}_Y(t) = \mathrm{e}^{ibt} \widetilde{F}_X(at)，a,b \in \mathbf{R}。$$

下面再列出一组特征函数的重要结论[32]。

**定理 11.1**　设 $X = \{x_n\}_{n=1}^{\infty}$ 和 $Y = \{y_n\}_{n=1}^{\infty}$ 是两个相互独立的标准离散数列或正则连续数列，其特征函数分别为 $\widetilde{F}_X(t)$ 和 $\widetilde{F}_Y(t)$，则 $X$ 与 $Y$ 的和数列 $W = X + Y = \{w_n = x_n + y_n\}_{n=1}^{\infty}$ 的特征函数为 $\widetilde{F}_W(t) = \widetilde{F}_X(t)\widetilde{F}_Y(t)$。

显然，定理 11.1 可推广到有限个相互独立的和数列的情形。

下面的定理被称为唯一性定理。

**定理 11.2**　设 $X = \{x_n\}_{n=1}^{\infty}$ 是正则可测的实数列，其分布函数为 $F(x)$，特征函数为 $\widetilde{F}(t)$，则 $F(x)$ 与 $\widetilde{F}(t)$ 相互唯一确定。特别地，对标准离散或正则连续数列，这一结论也成立。

此外，由例 11.4 和 11.5 可知，二项分布数列和泊松分布数列具有"再生性"，即若 $X$ 和 $Y$ 都是二项数列（或泊松数列），且相互独立，则 $X+Y$ 也是二项数列（或

泊松数列)。利用定理 11.1 和定理 11.2,也能证明正态数列、二项数列和泊松数列具有再生性。

**例 11.6**　设 $X \sim N(a, \sigma_1^2)$ 和 $Y \sim N(b, \sigma_2^2)$,且它们相互独立,则 $X + Y \sim N(a + b, \sigma_1^2 + \sigma_2^2)$。

**定理 11.3**　设 $X = \{x_n\}_{n=1}^{\infty}$ 是一个正则可测的实数列,其分布函数为 $F(x)$,相应的特征函数为 $\widetilde{F}(t)$,如果 $\int_{-\infty}^{\infty} |\widetilde{F}(t)| \mathrm{d}t < \infty$,则 $F(x)$ 连续可导,且

$$F'(x) = \frac{1}{2\pi} \int_{-\infty}^{\infty} \mathrm{e}^{-\mathrm{i}tx} \widetilde{F}(t) \mathrm{d}t。$$

### 11.2.2　多元特征函数及性质

参照概率论(可参见文献[32]),下面给出向量数列的多元特征函数的概念。

**定义 11.9**　设 $X = (X_1, \cdots, X_m) = \{(x_{1,n}, \cdots, x_{m,n})\}_{n=1}^{\infty}$ 是一个正则可测的实向量数列,其联合分布为 $F(x_1, \cdots, x_m)$,则将多元函数

$$\widetilde{F}_X(t_1, t_2, \cdots, t_m) = \int_{-\infty}^{\infty} \cdots \int_{-\infty}^{\infty} \mathrm{e}^{\mathrm{i}(t_1 x_1 + t_2 x_2 + \cdots + t_m x_m)} \mathrm{d}F(x_1, x_2, \cdots, x_m)$$

称为 $X$(或分布 $F(x_1, \cdots, x_m)$)的特征函数。

参照概率论[32],下面列举出几条多元特征函数的常见性质。

**性质 11.6**　特征函数 $\widetilde{F}_X(t_1, t_2, \cdots, t_m)$ 在 $\mathbf{R}^m$ 上是一致连续的,且
$$|\widetilde{F}_X(t_1, t_2, \cdots, t_m)| \leqslant \widetilde{F}_X(0, 0, \cdots, 0) = 1,$$
$$\widetilde{F}_X(-t_1, -t_2, \cdots, -t_m) = \overline{\widetilde{F}_X(t_1, t_2, \cdots, t_m)}。$$

**性质 11.7**　设标准离散或正则连续向量数列 $X = (X_1, \cdots, X_m) = \{(x_{1,n}, \cdots, x_{m,n})\}_{n=1}^{\infty}$ 的特征函数为 $\widetilde{F}_X(t_1, t_2, \cdots, t_m)$,则数列 $Y = a_1 X_1 + \cdots + a_m X_m$ 的特征函数为 $\widetilde{F}_Y(t) = \widetilde{F}_X(a_1 t, a_2 t, \cdots, a_m t)$,其中,$a_1, a_2, \cdots, a_m \in \mathbf{R}$。

在性质 11.7 中,当 $X = (X_1, \cdots, X_m)$ 是标准离散或正则连续向量数列时,$Y = a_1 X_1 + \cdots + a_m X_m$ 一定也是标准离散或连续向量数列。但是,对一般的正则可测向量数列 $X, Y$ 不一定是可测的,此时,性质 11.7 不一定成立。

**性质 11.8**　对于标准离散或连续向量数列 $X = (X_1, \cdots, X_m) = \{(x_{1,n}, \cdots, x_{m,n})\}_{n=1}^{\infty}$,其特征函数为 $\widetilde{F}_X(t_1, t_2, \cdots, t_m)$,如果期望 $E(X_1^{k_1} X_2^{k_2} \cdots X_m^{k_m})$ 存在,$k_i \in \mathbf{N}, i = 1, 2, \cdots, m$,则

$$E(X_1^{k_1} X_2^{k_2} \cdots X_m^{k_m}) = \mathrm{i}^{-(k_1 + k_2 + \cdots + k_m)} \left[ \frac{\partial^{k_1 + k_2 + \cdots + k_m} \widetilde{F}_X(t_1, t_2, \cdots, t_m)}{\partial t_1^{k_1} \partial t_2^{k_2} \cdots \partial t_m^{k_m}} \right]_{t_1 = t_2 = \cdots = t_m = 0}。$$

**性质 11.9**　设正则可测数列 $X = (X_1, \cdots, X_m)$ 的特征函数为 $\widetilde{F}_X(t_1, t_2, \cdots, t_m)$,则对任意正整数 $k < m$,$Y = (X_1, \cdots, X_k)$ 的特征函数为 $\widetilde{F}_Y(t_1, t_2, \cdots, t_k) = \widetilde{F}_X(t_1, t_2, \cdots, t_k, 0, \cdots, 0)$。

**定理 11.4**(唯一性定理)　设 $X = (X_1, \cdots, X_m)$ 是正则可测的实向量数列,其

分布函数和特征函数分别为 $F(x_1, \cdots, x_m)$ 和 $\widetilde{F}(t_1, \cdots, t_m)$，则 $F(x_1, \cdots, x_m)$ 与 $\widetilde{F}(t_1, \cdots, t_m)$ 相互唯一确定。

**定理 11.5**　设正则可测数列 $X = (X_1, \cdots, X_m)$ 的特征函数为 $\widetilde{F}_X(t_1, t_2, \cdots, t_m)$，$X_i$ 的特征函数为 $\widetilde{F}_{X_i}(t)$，对 $i = 1, 2, \cdots, m$。$X_1, \cdots, X_m$ 相互独立当且仅当

$$\widetilde{F}_X(t_1, t_2, \cdots, t_m) = \widetilde{F}_{X_1}(t_1)\widetilde{F}_{X_2}(t_2)\cdots\widetilde{F}_{X_m}(t_m)。$$

**定理 11.6**　设 $W = (X_1, \cdots, X_m, Y_1, \cdots, Y_k)$ 是正则可测的，且 $X = (X_1, \cdots, X_m)$ 和 $Y = (Y_1, \cdots, Y_k)$ 的特征函数分别为 $\widetilde{F}_X(t_1, t_2, \cdots, t_m)$ 和 $\widetilde{F}_Y(t_1, t_2, \cdots, t_k)$。$X = (X_1, \cdots, X_m)$ 和 $Y = (Y_1, \cdots, Y_k)$ 相互独立当且仅当

$$\widetilde{F}_W(t_1, \cdots, t_m, u_1, \cdots, u_k) = \widetilde{F}_X(t_1, \cdots, t_m)\widetilde{F}_Y(u_1, \cdots, u_k)，$$

其中，$\widetilde{F}_W(t_1, \cdots, t_m, u_1, \cdots, u_k)$ 是向量数列 $W = (X_1, \cdots, X_m, Y_1, \cdots, Y_k)$ 的特征函数。

下面结果被称为连续性定理。

**定理 11.7**　设一列特征函数 $\{\widetilde{F}_k(t_1, t_2, \cdots, t_m)\}_{k=1}^{\infty}$ 收敛于连续函数 $\widetilde{F}(t_1, t_2, \cdots, t_m)$，其中，$m \in \mathbf{N}$，则 $\widetilde{F}(t_1, t_2, \cdots, t_m)$ 一定是某个正则分布函数 $F(x_1, x_2, \cdots, x_m)$ 所对应的特征函数。

## 11.3　多维正态数列及其性质

在概率论中，利用多元特征函数的性质可证明多维正态分布的一些基本性质。在上面介绍了向量数列的多维特征函数后，类似于概率论中的讨论，也可得到多维正态数列的一些性质。下面在介绍多维正态数列的结论时，只给出结果，而不给出证明过程，因其证明与概率论中的证明是相同的，可参见文献[32]。

本节将把 $m$ 维向量写成列向量。设 $a = (a_1, a_2, \cdots, a_m)^{\mathrm{T}} \in \mathbf{R}^m$，$X = (X_1, \cdots, X_m)^{\mathrm{T}}$ 是一个正则连续的向量数列，并设

$$B = \begin{bmatrix} b_{11} & b_{12} & \cdots & b_{1m} \\ b_{21} & b_{22} & \cdots & b_{2m} \\ \vdots & \vdots & & \vdots \\ b_{m1} & b_{m2} & \cdots & b_{mm} \end{bmatrix} = (b_{ij})_{m \times m}$$

是一个 $m$ 阶正定矩阵。如果 $X$ 的密度为

$$f(x) = \frac{1}{(2\pi)^{m/2}|B|^{1/2}} \exp\left\{-\frac{1}{2}(x-a)^{\mathrm{T}}B^{-1}(x-a)\right\}, x = (x_1, x_2, \cdots, x_m)^{\mathrm{T}} \in \mathbf{R}^m,$$

则 $X$ 称为（$m$ 元或 $m$ 维）正态（分布）（向量）数列，简称为正态数列，其中，$|B|$ 表示方阵 $B$ 的行列式，$B^{-1}$ 表示 $B$ 的逆矩阵。

类似于概率论中多维正态分布的性质，可得到正态数列的如下结果。

**定理 11.8**　$m$ 维正态数列 $X = (X_1, \cdots, X_m)^{\mathrm{T}}$ 的特征函数 $\widetilde{F}(t)$ 存在，且

$$\tilde{F}(t)=\exp\left\{\mathrm{i}a^{\mathrm{T}}t-\frac{1}{2}t^{\mathrm{T}}Bt\right\},t=(t_1,t_2,\cdots,t_m)^{\mathrm{T}}\in\mathbf{R}^m,m\in\mathbf{N}。 \qquad (11\text{-}8)$$

由定理 11.8,还可将以上定义的正态数列的概念加以推广,可只要求协方差矩阵是非负定矩阵。

**定义 11.10** 设 $a=(a_1,a_2,\cdots,a_m)^{\mathrm{T}}\in\mathbf{R}^m$,$B$ 是一个 $m$ 阶非负定矩阵,如果 $X=(X_1,\cdots,X_m)^{\mathrm{T}}$ 的分布函数是由式(11-8)定义的特征函数确定的,则将 $X$ 称为 $(m$ 元)正态(分布)(向量)数列,记为 $X\sim N(a,B)$。特别地,当 $B$ 的秩小于 $m$ 时,称 $X$ 为($m$ 元)退化(或奇异)正态数列。否则,称 $X$ 为($m$ 元)非奇异(或非退化)的正态数列。

**定理 11.9** 设 $X=(X_1,\cdots,X_m)^{\mathrm{T}}\sim N(a,B)$,且 $Y=(Y_1,\cdots,Y_k)^{\mathrm{T}}$ 是 $(X_1,\cdots,X_m)^{\mathrm{T}}$ 的任一子向量数列,$Y_j\in\{X_1,\cdots,X_m\}$,其中,$m\in\mathbf{N}$ 和 $k,j\in\{1,2,\cdots,m\}$,则 $Y$ 也是正态数列。特别地,每个 $X_j$ 是一维正态数列,对任意 $j=1,2,\cdots,m$。

**定理 11.10** 设 $X=(X_1,\cdots,X_m)^{\mathrm{T}}\sim N(a,B)$,则 $a=(a_1,a_2,\cdots,a_m)^{\mathrm{T}}$ 是 $(X_1,\cdots,X_m)^{\mathrm{T}}$ 的期望,$B=(b_{kj})_{m\times m}$ 是 $(X_1,\cdots,X_m)^{\mathrm{T}}$ 的协方差矩阵,即

$$a_k=E(X_k),b_{kj}=E[(X_k-a_k)(X_j-a_j)],k,j=1,2,\cdots,m。$$

**定理 11.11** 设 $X=(X_1,\cdots,X_m)^{\mathrm{T}}\sim N(a,B)$,则 $X_1,\cdots,X_m$ 相互独立当且仅当 $X_k$ 和 $X_j$ 不相关,即 $b_{kj}=E[(X_k-a_k)(X_j-a_j)]=0$,其中,$k,j=1,2,\cdots,m$,且 $k\neq j$。

**定理 11.12** $X=(X_1,\cdots,X_m)^{\mathrm{T}}\sim N(a,B)$ 当且仅当对任意 $l_1,l_2,\cdots,l_m\in\mathbf{R}$,都有

$$Y=l_1X_1+l_2X_2+\cdots+l_mX_m\sim N\Big(\sum_{j=1}^m l_j a_j,\sum_{k=1}^m\sum_{j=1}^m l_k l_j b_{kj}\Big)。$$

下面的性质可称为正态数列的线性变换不变性。

**定理 11.13** 设 $X=(X_1,\cdots,X_m)^{\mathrm{T}}\sim N(a,B)$,$C$ 为 $n\times m$ 矩阵,则 $Y=CX\sim N(Ca,CBC^{\mathrm{T}})$。

**推论 11.1** 设 $X=(X_1,\cdots,X_m)^{\mathrm{T}}\sim N(a,B)$,则存在一个正交矩阵 $U$,使得 $Y=UX$ 是一个具有独立正态分布分量的向量数列,它的期望为 $Ua$,它的方差分量是 $B$ 的特征值。

**定理 11.14** 设 $X=(X_1,\cdots,X_m)^{\mathrm{T}}\sim N(a,B)$,如果 $X=(Y^{\mathrm{T}},W^{\mathrm{T}})^{\mathrm{T}}$,且 $X$ 的协方差矩阵为

$$B=\begin{bmatrix} B_{11} & B_{12} \\ B_{21} & B_{22} \end{bmatrix} \qquad (11\text{-}9)$$

其中,$Y$ 和 $W$ 是 $X$ 的两个子向量数列,$B_{11}$ 和 $B_{22}$ 分别是 $Y$ 和 $W$ 的协方差矩阵,$B_{12}$ 是由 $Y$ 和 $W$ 之间的相应分量的协方差构成的互协方差矩阵,则 $Y$ 和 $W$ 相互独立的充分必要条件是 $B_{12}=B_{21}=0$。

　　一般地，还可得到如下结果：当 $X=(X_1,\cdots,X_m)^{\mathrm{T}}\sim N(a,B)$ 时，$X$ 的子向量数列 $Y_1,Y_2,\cdots,Y_k$ 两两独立，则 $Y_1,Y_2,\cdots,Y_k$ 也是相互独立的。

　　关于正态数列的两个子数列的条件分布，还有如下的结果。

　　**定理 11.15**　设 $X=(Y^{\mathrm{T}},W^{\mathrm{T}})^{\mathrm{T}}\sim N(a,B)$，$E(Y)=a_1$，$E(W)=a_2$，$Y$ 和 $W$ 是 $X$ 的两个子向量，$X$ 的协方差矩阵由式(11-9)定义。如果 $|B_{11}|\neq0$，则在给定 $Y=y$ 下，$W$ 的条件分布还是正态分布，其条件数学期望

$$E(W|Y=y)=a_2+B_{21}B_{11}^{-1}(y-a_1),$$

其条件方差

$$\bar{B}_{22}=B_{22}-B_{21}B_{11}^{-1}B_{12}。$$

　　将 $E(W|Y=y)$ 称为 $W$ 关于 $Y$ 的回归。由定理 11.15 和上面的结论可知，$E(W|Y=y)$ 是 $y$ 的线性函数，且它的条件方差 $B_{22}$ 与 $y$ 无关。

# 第12章　频率大数定律和中心极限定理

极限定理是概率论的重要内容之一,是数理统计的理论基础。它主要研究一列随机变量极限的统计规律性。类似于概率论的大数定律和中心极限定理,下面讨论数列的频率大数定律和中心极限定理。

在本章中,如果对每个 $k \in \mathbf{N}$,$X_k = \{x_{kn}\}_{n=1}^{\infty}$ 是正则可测的数列,则称 $X_1, \cdots, X_n, \cdots$ 是一列正则可测的数列。

设 $X_1 = \{x_{1n}\}_{n=1}^{\infty}, \cdots, X_m = \{x_{mn}\}_{n=1}^{\infty}, \cdots$ 是一列正则可测的数列,由于在大数定律和中心极限定理中需要研究部分和数列 $Y = X_1 + X_2 + \cdots + X_n$ 等的性质,因此往往要求 $Y$ 是正则可测的。由前面的知识可知,当 $(X, W)$ 是二维标准离散或正则连续向量数列时,$U = X + W$ 一定是标准离散或正则连续数列。但是,对于一般正则可测数列 $X$ 和 $W$ 或正则可测的向量数列 $(X, W)$,$U = X + W$ 不一定是可测的。因此,本章将主要针对标准离散或正则连续数列进行讨论。

## 12.1　频率大数定律

参照概率论的知识,可给出如下定义。

**定义 12.1**　设 $X_1 = \{x_{1n}\}_{n=1}^{\infty}, \cdots, X_m = \{x_{mn}\}_{n=1}^{\infty}, \cdots$ 是一列正则可测的数列,且(其前 $n$ 项的)算术平均值数列为

$$Y_n = \frac{X_1 + X_2 + \cdots + X_n}{n}。 \tag{12-1}$$

如果存在一列常数 $a_1, a_2, \cdots, a_n, \cdots \in \mathbf{R}$,使得对任意 $\varepsilon > 0$,有

$$\lim_{n \to \infty} \mu\{|Y_n - a_n| < \varepsilon\} = 1, \tag{12-2}$$

则称 $\{X_i\}_{i=1}^{\infty}$ 或 $X_1, X_2, \cdots$ 服从(频率)大数定律。

在定义 12.1 中,若式(12-2)成立,则要求 $|Y_n - a_n| < \varepsilon$ 是可测的。若该条件不成立,则可以给出如下推广的概念。

**定义 12.2**　设 $X_1 = \{x_{1n}\}_{n=1}^{\infty}, \cdots, X_m = \{x_{mn}\}_{n=1}^{\infty}, \cdots$ 是一列(包含正则可测的)实数列,且

$$Y_n = \frac{X_1 + X_2 + \cdots + X_n}{n}。$$

如果存在一列常数 $a_1, a_2, \cdots, a_n, \cdots \in \mathbf{R}$,使得对任意 $\varepsilon > 0$,有

$$\lim_{n \to \infty} \mu^* \{|Y_n - a_n| \geqslant \varepsilon\} = 0,$$

则称 $\{X_i\}_{i=1}^\infty$ 或 $X_1,X_2,\cdots$ 服从（上频率或广义）大数定律。

下面的结论类似于概率论中的切比雪夫（Chebyshev）不等式。

**定理 12.1**　设 $X=\{x_n\}_{n=1}^\infty$ 是一个正则可测的数列，其期望 $E(X)$ 和方差 $V(X)$ 存在，（即 $M(X)$ 和 $D(X)$ 存在），则对任意 $\varepsilon>0$，

$$\mu\{|X-E(X)|\geqslant\varepsilon\}\leqslant\frac{V(X)}{\varepsilon^2}\quad\text{或}\quad\mu\{|X-M(X)|\geqslant\varepsilon\}\leqslant\frac{D(X)}{\varepsilon^2}。$$

证明：由于期望 $E(X)$ 和方差 $V(X)$ 存在，且 $X$ 是正则可测的，因此，由定理 7.5，$M(X)$ 和 $D(X)$ 也存在，且 $M(X)=E(X)$ 和 $D(X)=V(X)$。

设 $F(x)$ 是 $X$ 的分布函数，由给定的条件，得

$$\mu\{|X-E(X)|\geqslant\varepsilon\}=\int_{|x-E(X)|\geqslant\varepsilon}\mathrm{d}F(x)\leqslant\int_{|x-E(X)|\geqslant\varepsilon}\frac{(x-E(X))^2}{\varepsilon^2}\mathrm{d}F(x)$$

$$\leqslant\frac{1}{\varepsilon^2}\int_{-\infty}^{\infty}(x-E(X))^2\mathrm{d}F(x)=\frac{V(X)}{\varepsilon^2}。$$

故该定理结论成立。证毕！

对于非正则可测的数列，还可以得到如下结果。

**定理 12.2**　对于实数列 $X=\{x_n\}_{n=1}^\infty$，如果 $M(X)$ 和 $D^*(X)$ 存在，则对任意 $\varepsilon>0$，有

$$\mu^*\{|X-M(X)|\geqslant\varepsilon\}\leqslant\frac{D^*(X)}{\varepsilon^2}。$$

证明：由上频率方差的定义，得

$$\frac{D^*(X)}{\varepsilon^2}=\frac{1}{\varepsilon^2}\lim_{-a,b\to\infty}\sup\left[\limsup_{n\to\infty}\frac{1}{n}\sum_{i=1}^n(x_a^b(i)-M(X))^2\right]$$

$$\geqslant\lim_{-a,b\to\infty}\sup\left[\limsup_{n\to\infty}\frac{1}{n}\sum_{j\in\{i\in\mathbf{N}\,|\,x_a^b(i)-M(X)|\geqslant\varepsilon\}^{(n)}}\frac{(x_a^b(j)-M(X))^2}{\varepsilon^2}\right]$$

$$\geqslant\lim_{-a,b\to\infty}\sup\mu^*\{|X_a^b-M(X)|\geqslant\varepsilon\}=\mu^*\{|X-M(X)|\geqslant\varepsilon\},$$

其中，$X_a^b=\{x_a^b(j)\}_{j=1}^\infty$ 是 $X$ 在 $a$ 和 $b$ 处的截断数列。证毕！

**定义 12.3**　设 $X_i=\{x_{in}\}_{n=1}^\infty$ 是正则可测的，对每个 $i\in\mathbf{N}$，如果对任意 $k\in\mathbf{N}$，$(X_1,X_2,\cdots,X_k)$ 是正则可测的向量数列，则将 $X_1,X_2,\cdots,X_n,\cdots$ 称为一列（有限）正则（可测的）（向量）数列。另外，如果对任意 $k\in\mathbf{N}$，$X_1,X_2,\cdots,X_k$ 相互独立，则称 $X_1,X_2,\cdots,X_n,\cdots$ 为一列（有限）相互独立的（向量）数列。另外，设无穷维正则可测的向量数列 $X=(X_1,X_2,\cdots,X_n,\cdots)$ 的分布函数为

$$F_X(x_1,x_2,\cdots,x_n,\cdots)=\mu\{k\in\mathbf{N}\,|\,x_{1k}<x_1,x_{2k}<x_2,\cdots,x_{nk}<x_n,\cdots\},$$

对任意 $x_1,x_2,\cdots,x_n,\cdots\in\overline{\mathbf{R}}=\mathbf{R}\cup\{\infty\}$，则称 $X_1,X_2,\cdots,X_n,\cdots$ 为一列无限正则（可测的）（向量）数列。设 $X_1,X_2,\cdots,X_n,\cdots$ 是一列无限正则向量数列，$F_n(x)$ 是 $X_n$ 的分布函数。如果

$$F_X(x_1,x_2,\cdots,x_n,\cdots)=F_1(x_1)F_2(x_2)\cdots F_n(x_n)\cdots,$$

$$x_1,x_2,\cdots,x_n,\cdots\in\overline{\mathbf{R}}=\mathbf{R}\bigcup\{\infty\},$$

则称 $X_1,X_2,\cdots,X_n,\cdots$ 为一列无限相互独立的（向量）数列。

显然，由定义 12.3，如果 $X_1,X_2,\cdots,X_n,\cdots$ 是一列无限正则数列（或无限相互独立的数列），则它也是一列有限正则数列（或有限相互独立的数列）。当 $X_1$，$X_2,\cdots,X_n,\cdots$ 是一列有限相互独立的数列时，$X_1,X_2,\cdots,X_n,\cdots$ 一定是一列有限正则数列。

**定义 12.4**　如果对任意 $k\in\mathbf{N},X_k=\{x_{kn}\}_{n=1}^{\infty}$ 是正则可测的，且 $Y=X_1+X_2+\cdots+X_k$ 也是正则可测的，则将 $X_1,X_2,\cdots,X_n,\cdots$ 称为一列（有限）可加的正则数列。另外，可类似定义一列无限可加的正则数列。

显然，由定义 12.3 和 12.4 及前面几章的结果，对任意标准离散（或正则连续）的数列 $X_k=\{x_{kn}\}_{n=1}^{\infty}$，对任意 $k\in\mathbf{N}$，如果 $X_1,X_2,\cdots,X_n,\cdots$ 是一列有限正则向量数列，则 $X_1,X_2,\cdots,X_n,\cdots$ 也是一列有限可加的数列；特别地，如果 $X_1,\cdots,X_n,\cdots$ 是一列有限相互独立的标准离散（或正则连续）数列，则 $X_1,\cdots,X_n,\cdots$ 一定是一列有限可加的正则数列。

**例 12.1**　将所有的素数组成的集合记为 $A=\{p_1,p_2,p_3,\cdots\}=\{2,3,5,7,11,\cdots\}$，对任意 $k\in\mathbf{N}$，数列 $X_k=\{x_{kn}\}_{n=1}^{\infty}$ 定义如下：

$$x_{kn}=\begin{cases}1,n=mp_k\\0,n\neq mp_k\end{cases},m=1,2,\cdots,$$

则不难证明如上定义的 $X_1,X_2,\cdots,X_n,\cdots$ 是一列有限相互独立的数列。

**注 12.1**　在下面的讨论中，只需要利用到一列有限可加或有限正则或有限独立的向量数列。

**定义 12.5**　如果对任意 $k\in\mathbf{N},X_k=\{x_{kn}\}_{n=1}^{\infty}$ 是正则可测的数列，且对任意 $i,j\in\mathbf{N}$ 和 $i\neq j,X_i$ 和 $X_j$（频率或期望）互不相关，则将 $X_1,X_2,\cdots,X_n,\cdots$ 称为一列两两（频率或期望）（互）不相关的数列。

下面的结果类似于概率中的切比雪夫大数定律。

**定理 12.3**　设 $X_1,X_2,\cdots,X_n,\cdots$ 是一列有限可加和有限正则可测的向量数列，且两两（期望或频率）互不相关，如果对某个常数 $C>0$ 和任意 $i\in\mathbf{N}$，有 $D(X_i)=V(X_i)<C$ 和 $M(X_i)=E(X_i)$ 存在，则对任意 $\varepsilon>0$，有

$$\lim_{n\to\infty}\mu\left\{\left|\frac{1}{n}\sum_{k=1}^{n}X_k-\frac{1}{n}\sum_{k=1}^{n}E(X_k)\right|<\varepsilon\right\}=1。 \tag{12-3}$$

证明：由已知条件，得

$$V\left(\frac{1}{n}\sum_{k=1}^{n}X_k\right)=\frac{1}{n^2}\sum_{k=1}^{n}V(X_k)\leqslant\frac{C}{n}。$$

由定理 12.1，得

$$\mu\left\{\left|\frac{1}{n}\sum_{k=1}^{n}X_k-\frac{1}{n}\sum_{k=1}^{n}E(X_k)\right|<\varepsilon\right\}\geqslant 1-\frac{1}{\varepsilon^2}V\left(\frac{1}{n}\sum_{k=1}^{n}X_k\right)\geqslant 1-\frac{C}{n\varepsilon^2}.$$

因此,式(12-3)成立。证毕!

由定理 12.3,可得到如下的推论。

**推论 12.1**　设 $X_1,X_2,\cdots,X_n,\cdots$ 是一列有限可加、有限相互独立的向量数列,如果对某个常数 $C>0$ 和任意的 $i\in\mathbf{N},E(X_i)$ 存在和 $V(X_i)<C$,则对任意 $\varepsilon>0$,有

$$\lim_{n\to\infty}\mu\left\{\left|\frac{1}{n}\sum_{k=1}^{n}X_k-\frac{1}{n}\sum_{k=1}^{n}E(X_k)\right|<\varepsilon\right\}=1.$$

**推论 12.2**　设 $X_1,X_2,\cdots,X_n,\cdots$ 是一列有限相互独立的标准离散(或正则连续)数列,如果对某个常数 $C>0$ 和任意的 $i\in\mathbf{N},E(X_i)$ 存在和 $V(X_i)<C$,则对任意 $\varepsilon>0$,有

$$\lim_{n\to\infty}\mu\left\{\left|\frac{1}{n}\sum_{k=1}^{n}X_k-\frac{1}{n}\sum_{k=1}^{n}E(X_k)\right|<\varepsilon\right\}=1.$$

下面的结果可看成类似于概率论中的伯努利大数定律。

**推论 12.3**　设 $X_1,X_2,\cdots,X_n,\cdots$ 是一列有限相互独立的数列,如果对任意 $k\in\mathbf{N},X_k$ 都服从相同的 0-1 分布律: $\mu(X_k=1)=p$ 和 $\mu(X_k=0)=1-p$,则对任意 $\varepsilon>0$,有

$$\lim_{n\to\infty}\mu\left\{\left|\frac{1}{n}\sum_{k=1}^{n}X_k-p\right|<\varepsilon\right\}=1.$$

事实上,对任意 $k\in\mathbf{N},E(X_k)=p$ 和 $V(X_k)=p(1-p)\leqslant 0.25$,因此,由定理 12.3可得该推论的结论。

下面的结果可看成类似于概率论中的泊松大数定律。

**推论 12.4**　设 $X_1,X_2,\cdots,X_n,\cdots$ 是一列有限相互独立的数列,如果对任意 $k\in\mathbf{N},X_k$ 服从 0-1 分布律: $\mu(X_k=1)=p_k$ 和 $\mu(X_k=0)=1-p_k,p_k\in[0,1]$,则对任意 $\varepsilon>0$,有

$$\lim_{n\to\infty}\mu\left\{\left|\frac{1}{n}\sum_{k=1}^{n}X_k-\frac{1}{n}\sum_{k=1}^{n}p_k\right|<\varepsilon\right\}=1.$$

事实上,对任意 $k\in\mathbf{N},E(X_k)=p_k$ 和 $V(X_k)=p_k(1-p_k)\leqslant 0.25$,因此,由定理 12.3 可得该推论的结论。

**定理 12.4**　对任意 $k\in\mathbf{N},X_k=\{x_{kn}\}_{n=1}^{\infty}$ 都是有界正则可测的数列,具有相同的分布函数,且 $M(X_k)=a$ 为一常数。如果 $X_1,\cdots,X_n,\cdots$ 是两两频率互不相关的,且存在常数 $C>0$,使得 $D^*(X_k)<C$,则对任意 $\varepsilon>0$,有

$$\lim_{n\to\infty}\mu^*\left\{\left|\frac{1}{n}\sum_{k=1}^{n}X_k-a\right|\geqslant\varepsilon\right\}=0\quad\text{或}\quad\lim_{n\to\infty}\mu_*\left\{\left|\frac{1}{n}\sum_{k=1}^{n}X_k-a\right|<\varepsilon\right\}=1.$$

证明:由已知条件和定理 7.3 可知,$\dfrac{1}{n}\sum_{k=1}^{n}X_k$ 是有界的,且

$$M\left(\frac{1}{n}\sum_{k=1}^{n}X_k\right)=\frac{1}{n}\sum_{k=1}^{n}M(X_k)=\frac{na}{n}=a。$$

因此,由定义 7.9,得

$$D^*\left(\frac{1}{n}\sum_{k=1}^{n}X_k\right)=M^*\left(\frac{1}{n}\sum_{k=1}^{n}X_k\right)^2-a^2=\limsup_{m\to\infty}\frac{1}{m}\sum_{i=1}^{m}\left(\frac{1}{n}\sum_{k=1}^{n}x_{ki}\right)^2-a^2。$$

由于

$$\limsup_{m\to\infty}\frac{1}{m}\sum_{i=1}^{m}\left(\frac{1}{n}\sum_{k=1}^{n}x_{ki}\right)^2=\frac{1}{n^2}\limsup_{m\to\infty}\frac{1}{m}\sum_{i=1}^{m}\left(\sum_{k=1}^{n}\sum_{j=1}^{n}x_{ki}x_{ji}\right)$$

$$\leqslant\frac{1}{n^2}\sum_{k=1}^{n}\sum_{j=1}^{n}\left[\limsup_{m\to\infty}\frac{1}{m}\sum_{i=1}^{m}x_{ki}x_{ji}\right],$$

且 $X_k$ 与 $X_j$ 频率互不相关,对任意 $k\neq j$,即对 $k\neq j,M(X_kX_j)=M(X_k)M(X_j)$,因此

$$\limsup_{m\to\infty}\frac{1}{m}\sum_{i=1}^{m}\left(\frac{1}{n}\sum_{k=1}^{n}x_{ki}\right)^2\leqslant\frac{1}{n^2}\left\{\sum_{k=1}^{n}\limsup_{m\to\infty}\frac{1}{m}\sum_{i=1}^{m}x_{ki}^2+n(n-1)a^2\right\},$$

进而

$$D^*\left(\frac{1}{n}\sum_{k=1}^{n}X_k\right)\leqslant\frac{1}{n^2}\sum_{k=1}^{n}\limsup_{m\to\infty}\frac{1}{m}\sum_{i=1}^{m}(x_{ki}-a)^2=\frac{1}{n^2}\sum_{k=1}^{n}D^*(X_k)\leqslant\frac{C}{n}。$$

由定理 12.2,得

$$\mu^*\left\{\left|\frac{1}{n}\sum_{k=1}^{n}X_k-a\right|\geqslant\varepsilon\right\}\leqslant\frac{C}{n\varepsilon^2}。$$

因此,该定理的结论成立。证毕!

**注 12.2**　似乎可考虑将定理 12.4 的结论推广到无界正则可测(甚至更一般)的数列 $X_k=\{x_{kn}\}_{n=1}^{\infty}$ 的情形,$k\in\mathbf{N}$,但是,本书将不再考虑这个问题。

## 12.2　局部极限定理和积分极限定理

本节将专门介绍一个与概率论中 De Moivre-Laplace 定理相对应的"局部极限定理和积分极限定理",可参见文献[32]。

由例 11.3 可知,设对每个 $k\in\mathbf{N}$,$X_k$ 是正则可测的数列,且 $X_k$ 都服从相同的 0-1 分布数列,即 $\mu(X_k=1)=p\in(0,1)$,$\mu(X_k=0)=1-p=q,k\in\mathbf{N}$,如果 $X_1$,$X_2,\cdots,X_n,\cdots$ 是一列有限相互独立的数列,则

$$\eta_n=X_1+X_2+\cdots+X_n\sim B(n,p)。$$

下面将进一步讨论数列 $\eta_n$ 的极限分布问题。

类似于概率论中的 De Moivre-Laplace 定理的形式和证明过程,可得到如下结果,可参见文献[32]。

**定理 12.5**　设 $X_k$ 是标准离散数列,对每个 $k\in\mathbf{N}$,且 $X_k$ 都服从相同的 0-1 分布数列,即 $\mu(X_k=1)=p\in(0,1),\mu(X_k=0)=1-p=q,k\in\mathbf{N}$。如果 $X_1,X_2,\cdots,X_n,\cdots$ 是一列有限相互独立的数列,则对任意 $n\in\mathbf{N}$,有 $E[X_1+\cdots+X_n]=np$ 和 $V[X_1+\cdots+X_n]=np(1-p)$,且对任意给定的 $a,b\in\mathbf{R},a<b$,如下两个结论成立:

① 令 $\alpha_k=(k-np)/\sqrt{np(1-p)}$,对 $n\in\mathbf{N}$ 和 $k\in\{0,1,\cdots,n\}$,则对一切 $k\in\{i\in\mathbf{N}\,|\,a\leqslant\alpha_i\leqslant b\}$,当 $n\to\infty$ 时,

$$\frac{\mu\{\eta_n=k\}}{\dfrac{1}{\sqrt{np(1-p)}}\times\dfrac{1}{\sqrt{2\pi}}e^{-\alpha_k^2/2}}=\frac{\mu\{X_1+\cdots+X_n=k\}}{\dfrac{1}{\sqrt{np(1-p)}}\times\dfrac{1}{\sqrt{2\pi}}e^{-\alpha_k^2/2}}$$

一致收敛于 1,即对任意 $\varepsilon>0$,存在一个与 $k$ 无关、只与 $\varepsilon$ 有关的正数 $L>0$,使得对一切 $n>L$,有

$$\left|\frac{\mu\{\eta_n=k\}}{\dfrac{1}{\sqrt{np(1-p)}}\times\dfrac{1}{\sqrt{2\pi}}e^{-\alpha_k^2/2}}-1\right|<\varepsilon。$$

② 令 $\varphi(x)=e^{-x^2/2}/\sqrt{2\pi},x\in\mathbf{R}$,则

$$\lim_{n\to\infty}\mu\left\{a\leqslant\frac{\eta_n-np}{\sqrt{npq}}\leqslant b\right\}=\frac{1}{\sqrt{2\pi}}\int_a^b e^{-x^2/2}dx=\int_a^b\varphi(x)dx。$$

证明:由给定条件,对任意 $n\in\mathbf{N}$ 和 $k=0,1,2,\cdots,n$,有

$$\mu\{\eta_n=k\}=C_n^k p^k q^{n-k}=\frac{n!}{k!\ j!}p^k q^j,k\in\{0,1,\cdots,n\},$$

其中,$q=1-p$ 和 $j=n-k$。因为 $\alpha_k\in[a,b]$,对给定的 $a,b\in\mathbf{R}$,所以

$$\lim_{n\to\infty}k=\lim_{n\to\infty}(np+\alpha_k\sqrt{npq})=\infty,\lim_{n\to\infty}j=\lim_{n\to\infty}(nq-\alpha_k\sqrt{npq})=\infty。\qquad(12\text{-}4)$$

① 由斯特林(Stirling)公式,

$$m!=\sqrt{2m\pi}m^m e^{-m}e^{\theta_m},0<\theta_m<\frac{1}{12m},m\in\mathbf{N},$$

得

$$\mu\{\eta_n=k\}=\frac{n!}{k!j!}p^k q^j=\frac{\sqrt{2n\pi}n^n e^{-n}}{\sqrt{2k\pi}k^k e^{-k}\sqrt{2j\pi}j^j e^{-j}}p^k q^j e^{\theta_n-\theta_k-\theta_j},$$

即

$$\mu\{\eta_n=k\}=\frac{1}{\sqrt{2\pi}}\sqrt{\frac{n}{kj}}\left(\frac{np}{k}\right)^k\left(\frac{nq}{j}\right)^j e^\theta,\qquad(12\text{-}5)$$

其中,$\theta=\theta_n-\theta_k-\theta_j$。因此,

$$|\theta|<\frac{1}{12}\left(\frac{1}{n}+\frac{1}{k}+\frac{1}{j}\right)。$$

由式(12-4)和等式

$$(1+x)^{\alpha}=1+\alpha x+\frac{\alpha(\alpha-1)}{2!}x^2+\cdots,\ -1<x<1,\alpha\in\mathbf{R}$$

得

$$\sqrt{\frac{n}{kj}}=\left[\frac{(np+\alpha_k\sqrt{npq})(nq-\alpha_k\sqrt{npq})}{n}\right]^{-1/2}$$

$$=\left[\frac{n^2pq\left(1+\alpha_k\sqrt{\frac{q}{np}}\right)\left(1-\alpha_k\sqrt{\frac{p}{nq}}\right)}{n}\right]^{-1/2}$$

$$=\frac{1}{\sqrt{npq}}\left[\left(1+\alpha_k\sqrt{\frac{q}{np}}\right)\left(1-\alpha_k\sqrt{\frac{p}{nq}}\right)\right]^{-1/2}$$

$$=\frac{1}{\sqrt{npq}}\left[1+\frac{\alpha_k(q-p)}{\sqrt{npq}}+O\left(\frac{1}{n}\right)\right]^{-1/2},$$

即

$$\sqrt{\frac{n}{kj}}=\frac{1}{\sqrt{npq}}\left[1-\frac{\alpha_k(q-p)}{2\sqrt{npq}}+O\left(\frac{1}{n}\right)\right],\tag{12-6}$$

其中,$O\left(\dfrac{1}{n}\right)$表示与$\dfrac{1}{n}$同阶的无穷小。

由式(12-4),有

$$\frac{k}{np}=1+\alpha_k\sqrt{\frac{q}{np}},\ \frac{j}{nq}=1-\alpha_k\sqrt{\frac{p}{nq}},$$

结合等式

$$\ln(1+x)=x-\frac{x^2}{2}+\frac{x^3}{3}-\frac{x^4}{4}+\cdots,\ -1<x\leqslant1,$$

有

$$\ln\left[\left(\frac{np}{k}\right)^k\left(\frac{nq}{j}\right)^j\right]=-k\ln\left(\frac{k}{np}\right)-j\ln\left(\frac{j}{nq}\right)$$

$$=-(np+\alpha_k\sqrt{npq})\left[\alpha_k\sqrt{\frac{q}{np}}-\frac{1}{2}\frac{q\alpha_k^2}{np}+\frac{1}{3}\left(\frac{q}{np}\right)^{3/2}\alpha_k^3+O\left(\frac{1}{n^2}\right)\right]$$

$$+(nq-\alpha_k\sqrt{npq})\left[\alpha_k\sqrt{\frac{p}{nq}}+\frac{1}{2}\frac{p\alpha_k^2}{nq}+\frac{1}{3}\left(\frac{p}{nq}\right)^{3/2}\alpha_k^3+O\left(\frac{1}{n^2}\right)\right]$$

$$=-\frac{1}{2}\alpha_k^2+\frac{\alpha_k^3(q-p)}{6\sqrt{npq}}+O\left(\frac{1}{n}\right)。$$

因此

$$\left(\frac{np}{k}\right)^k\left(\frac{nq}{j}\right)^j=\mathrm{e}^{-\frac{1}{2}\alpha_k^2}\mathrm{e}^{\frac{\alpha_k^3(q-p)}{6\sqrt{npq}}}\mathrm{e}^{O\left(\frac{1}{n}\right)}=\mathrm{e}^{-\frac{1}{2}\alpha_k^2}\left[1+\frac{\alpha_k^3(q-p)}{6\sqrt{npq}}+O\left(\frac{1}{n}\right)\right]。\tag{12-7}$$

由式(12-5)~(12-7),可得

$$\mu\{\eta_n = k\} = \frac{1}{\sqrt{2\pi}} \frac{1}{\sqrt{npq}} e^{-\frac{1}{2}a_k^2} \left[ 1 + \frac{a_k^3(q-p)}{6\sqrt{npq}} - \frac{a_k(q-p)}{2\sqrt{npq}} + O\left(\frac{1}{n}\right) \right]. \quad (12\text{-}8)$$

由式(12-8),对任意 $\varepsilon > 0$,存在与 $k$ 不相关的数 $L > 0$,使得对所有 $k \in \{i \in \mathbf{N} \mid a \leqslant \alpha_i \leqslant b\}$ 和任意 $n > L$,有

$$\left| \frac{\mu\{\eta_n = k\}}{\dfrac{1}{\sqrt{npq}} \times \dfrac{1}{\sqrt{2\pi}} e^{-a_k^2/2}} - 1 \right| < \varepsilon.$$

② 显然,如下等式成立:

$$\mu\left\{ a \leqslant \frac{\eta_n - np}{\sqrt{npq}} \leqslant b \right\} = \mu\{np + a\sqrt{npq} \leqslant \eta_n \leqslant np + b\sqrt{npq}\}.$$

设 $k_1$ 为大于等于 $np + a\sqrt{npq}$ 的最小整数,$k_2$ 为小于等于 $np + b\sqrt{npq}$ 的最大整数,则

$$\mu\left\{ a \leqslant \frac{\eta_n - np}{\sqrt{npq}} \leqslant b \right\} = \sum_{k=k_1}^{k_2} \mu\{\eta_n = k\}. \quad (12\text{-}9)$$

由以上证明过程可知,对任意 $\varepsilon > 0$,存在与 $k$ 不相关的数 $L > 0$,使得对任意 $n > L$,有

$$\mu\{\eta_n = k\} = \frac{1}{\sqrt{npq}}(\varphi(\alpha_k) + \varepsilon_k), |\varepsilon_k| < \varepsilon, k = k_1, k_1 + 1, \cdots, k_2.$$

因此

$$\mu\left\{ a \leqslant \frac{\eta_n - np}{\sqrt{npq}} \leqslant b \right\} = \sum_{k=k_1}^{k_2} \frac{\varphi(\alpha_k)}{\sqrt{npq}} + \sum_{k=k_1}^{k_2} \frac{\varepsilon_k}{\sqrt{npq}}.$$

显然

$$\left| \sum_{k=k_1}^{k_2} \frac{\varepsilon_k}{\sqrt{npq}} \right| \leqslant \frac{(k_2 - k_1 + 1)\varepsilon}{\sqrt{npq}} \leqslant \frac{((b-a)\sqrt{npq} + 1)\varepsilon}{\sqrt{npq}},$$

且 $\displaystyle\sum_{k=k_1}^{k_2} \frac{\varphi(\alpha_k)}{\sqrt{npq}}$ 是积分 $\displaystyle\int_a^b \varphi(x)\mathrm{d}x$ 的有限和。因此,存在一个常数 $C = C(a,b) > 0$ 和一个充分大的数 $L = L(\varepsilon)$,使得对任意 $n > L$,有

$$\left| \mu\left\{ a \leqslant \frac{\eta_n - np}{\sqrt{npq}} \leqslant b \right\} - \int_a^b \varphi(x)\mathrm{d}x \right| < C\varepsilon.$$

故该定理第二个结论也成立。证毕!

**例 12.2** 设 $X = \{x_n\}_{n=1}^{\infty}$ 是一个完全等分布的 Franklin 数列,数列 $Y = \{y_n\}_{n=1}^{\infty}$ 定义如下:

$$y_n = \begin{cases} 1, x_n < 0.5 \\ 0, x_n \geqslant 0.5 \end{cases}, n = 1, 2, \cdots,$$

并定义一列数列 $X_1,X_2,\cdots$ 如下：$X_k=T^k(X)$，对任意 $k=1,2,\cdots$，则 $X_1,X_2,\cdots$ 有限相互独立，且都服从相同的 0-1 分布律：$\mu(X_k=0)=\mu(X_k=1)=0.5$。

由定理 12.5 可知，对任意 $a,b\in\mathbf{R},a<b$，有

$$\lim_{n\to\infty}\mu\left\{a\leqslant\frac{X_1+\cdots+X_n-0.5n}{0.5\sqrt{n}}\leqslant b\right\}=\frac{1}{\sqrt{2\pi}}\int_a^b e^{-x^2/2}\mathrm{d}x=\int_a^b\varphi(x)\mathrm{d}x。$$

**注 12.3**　　与概率论中相似，定理 12.5 可用来对二项分布数列的频率做近似计算，本书对该问题不再举例子说明了。

## 12.3　一列数列的收敛性及中心极限定理

类似于概率论中一列随机变量的收敛性概念，下面将给出一列数列收敛性的几种不同定义。

**定义 12.6**　　设 $X_k$ 是一个正则可测的数列，其分布函数为 $F_k(x)$，对任意 $k=1,2,\cdots$，并设 $F(x)$ 是一个非减函数，如果在 $F(x)$ 的每个连续点 $x\in\mathbf{R}$ 上，都有

$$\lim_{k\to\infty}F_k(x)=F(x),\tag{12-10}$$

则将 $F_k(x)$（或函数列 $\{F_k(x)\}_{k=1}^\infty$）称为弱收敛于 $F(x)$，记为 $w\lim_{k\to\infty}F_k(x)=F(x)$。特别地，如果 $F(x)$ 是正则可测数列 $X$ 的频率分布函数，且 $F_k(x)$ 弱收敛于 $F(x)$，则将 $X_1,X_2,\cdots$ 称为依（频率）分布收敛于数列 $X$，记为 $\mathrm{Flim}_{k\to\infty}X_k=X$。

**例 12.3**　　设数列 $X_k=\{x_{kn}\}_{n=1}^\infty$ 和 $X=\{x_n\}_{n=1}^\infty$ 定义如下：

$$x_{kn}=\begin{cases}-1/k,n=2m\\1\quad,n=2m-1\end{cases},\ x_n=\begin{cases}0,n=2m\\1,n=2m-1\end{cases},m=1,2,\cdots。$$

不难得到，$X_k$ 的分布函数为 $F_k(x)$ 和 $X$ 的分布函数 $F(x)$ 分别为

$$F_k(x)=\begin{cases}0\quad,x\leqslant-1/k\\0.5,-1/k<x\leqslant1,\\1\quad,x>1\end{cases}\ F(x)=\begin{cases}0\quad,x\leqslant0\\0.5,0<x\leqslant1。\\1\quad,x>1\end{cases}$$

因此，$w\lim_{k\to\infty}F_k(x)=F(x)$ 和 $\mathrm{Flim}_{k\to\infty}X_k=X$。

**例 12.4**　　设正则可测数列 $X_k=\{x_{kn}\}_{n=1}^\infty$ 定义如下：

$$x_{kn}=\begin{cases}k,n\neq2^m\\1,n=2^m\end{cases},m=1,2,\cdots。$$

则 $X_k$ 的分布函数为 $F_k(x)$ 为

$$F_k(x)=\begin{cases}0,x\leqslant k\\1,x>k。\end{cases}$$

因此，$w\lim_{k\to\infty}F_k(x)=0$，即 $F_k(x)$ 弱收敛于 0，但是，$X_1,X_2,\cdots$ 依分布不收敛于任何正则可测的数列 $X$。

**例 12.5**  设数列 $X_k = \{x_{k,n}\}_{n=1}^{\infty}$ 定义如下:对任意 $k \in \mathbf{N}$,

$$x_{2k,n} = \begin{cases} -1, n=2m \\ 1\ \ , n=2m-1 \end{cases}, \quad x_{2k-1,n} = \begin{cases} 1\ \ , n=2m \\ -1, n=2m-1 \end{cases}, m=1,2,\cdots。$$

不难计算出 $X_k$ 的分布函数 $F_k(x)$ 都为

$$F(x) = F_k(x) = \begin{cases} 0\ \ , x \leqslant -1 \\ 0.5, -1 < x \leqslant 1 \\ 1\ \ , x > 1 \end{cases}。$$

故 $\underset{k \to \infty}{w \lim} F_k(x) = F(x)$。如果定义 $X = \{x_n\}_{n=1}^{\infty}$ 和 $Y = \{y_n\}_{n=1}^{\infty}$ 如下:

$$x_n = \begin{cases} -1, n=2m \\ 1\ \ , n=2m-1 \end{cases}, \quad y_n = \begin{cases} 1\ \ , n=2m \\ -1, n=2m-1 \end{cases}, m=1,2,\cdots。$$

则 $X_1, X_2, \cdots$ 同时依分布收敛到这两个不同的数列 $X$ 和 $Y$。因此,一列数列依分布收敛到的极限数列可能不唯一,尽管一列分布函数弱收敛的极限函数(在连续点集上)是唯一的。

由于本书定义的正则分布与概率论中的概率分布的基本性质完全一样,因此,概率论中关于概率分布的许多性质可以原封不动地平移到正则分布上来。下面的结果直接取自于概率论的 Levy-Cramer 定理,称之为连续性定理,可分为正极限定理和逆极限定理。

**定理 12.6**(正极限定理)  设一列正则分布 $\{F_k(x)\}_{k=1}^{\infty}$ 弱收敛于某个正则分布 $F(x)$,且 $F_k(x)$ 和 $F(x)$ 的特征函数分别为 $\widetilde{F}_k(t)$ 和 $\widetilde{F}(t)$,则 $\{\widetilde{F}_k(t)\}_{k=1}^{\infty}$ 收敛于 $\widetilde{F}(t)$,而且对任意 $a,b \in \mathbf{R}, a < b, \{\widetilde{F}_k(t)\}_{k=1}^{\infty}$ 在区间 $[a,b]$ 上是一致收敛于 $\widetilde{F}(t)$。

**定理 12.7**(逆极限定理)  设正则分布函数 $F_k(x)$ 的特征函数为 $\widetilde{F}_k(t)$,如果特征函数列 $\{\widetilde{F}_k(t)\}_{k=1}^{\infty}$ 收敛于某一函数 $\widetilde{F}(t)$,且 $\widetilde{F}(t)$ 在 $t=0$ 处连续,则 $\{F_k(x)\}_{k=1}^{\infty}$ 弱收敛于某一正则分布函数 $F(x)$,且 $\widetilde{F}(t)$ 是 $F(x)$ 的特征函数。

参照概率论知识,下面再给出一列数列收敛的另一种定义。

**定义 12.7**  设 $X$ 和 $X_k$ 都是正则可测的数列,对任意 $k \in \mathbf{N}$,如果对任意 $\varepsilon > 0$,有

$$\lim_{k \to \infty} \mu\{|X_k - X| < \varepsilon\} = 1, \tag{12-11}$$

则将 $X_1, X_2, \cdots$ 称为依频率(或依频度)收敛于 $X$,记为 $\underset{k \to \infty}{\mu \lim} X_k = X$。

在定义 12.7 中,要求 $\mu\{|X_k - X| < \varepsilon\}$ 存在,$k \in \mathbf{N}$。如果 $\{|X_k - X| < \varepsilon\}$ 不可测,则可给出如下更一般的定义。

**定义 12.8**  设 $X, X_1, X_2, \cdots$ 是一列实数列,如果对任意 $\varepsilon > 0$,有

$$\lim_{k \to \infty} \mu_*\{|X_k - X| < \varepsilon\} = 1 \quad \text{或} \quad \lim_{k \to \infty} \mu^*\{|X_k - X| \geqslant \varepsilon\} = 0,$$

则将 $X_1, X_2, \cdots$ 称为依上频率(或依上频度)收敛于 $X$,记为 $\underset{k \to \infty}{\mu^* \lim} X_k = X$。

由定义 12.7,推论 12.3 等价于如下结果。

**引理 12.1**　设 $X_1, X_2, \cdots$ 是一列有限相互独立的数列,且对每个 $k \in \mathbf{N}, X_k$ 服从相同的 0-1 分布律:$\mu(X_k = 1) = p$ 和 $\mu(X_k = 0) = 1 - p$,则算术平均值数列依频率收敛于常数 $p$,即

$$\mu \lim_{n \to \infty} \frac{1}{n} \sum_{k=1}^{n} X_k = p。$$

**引理 12.2**　对正则可测的数列 $X$ 和 $X_k$,如果 $X_1, X_2, \cdots$ 依(上)频率收敛于 $X$,则 $X_1, X_2, \cdots$ 一定依分布收敛于 $X$。

证明:对任意 $k \in \mathbf{N}$,令 $X_k$ 和 $X$ 的分布分别为 $F_k(x)$ 和 $F(x)$。对任意 $x \in \mathbf{R}$ 和任意 $y < x$,显然有

$$\{X < y\} = \{X_k < x, X < y\} + \{X_k \geqslant x, X < y\} \subseteq \{X_k < x\} + \{X_k \geqslant x, X < y\}。$$

因此

$$F(y) \leqslant F_k(x) + \mu^* \{X_k \geqslant x, X < y\}。$$

由给定的条件,有

$$\{X_k \geqslant x, X < y\} \subseteq \{|X_k - X| \geqslant x - y\}, \lim_{k \to \infty} \mu^* \{|X_k - X| \geqslant x - y\} = 0。$$

因此,$F(y) \leqslant \liminf\limits_{k \to \infty} F_k(x)$。同理可证,对任意 $z > x$,有 $\limsup\limits_{k \to \infty} F_k(x) \leqslant F(z)$。故对任意 $y < x < z$,有

$$F(y) \leqslant \liminf_{k \to \infty} F_k(x) \leqslant \limsup_{k \to \infty} F_k(x) \leqslant F(z)。$$

如果 $F(x)$ 在 $x$ 处连续,则 $F(x) = \lim\limits_{k \to \infty} F_k(x)$。因此,$F(x) = w \lim\limits_{k \to \infty} F_k(x)$。证毕!

下面给出一个反例说明引理 12.2 的逆命题不成立。

**例 12.6**　设数列 $X_k = \{x_{kn}\}_{n=1}^{\infty}$ 和 $X = \{x_n\}_{n=1}^{\infty}$ 定义如下:

$$x_{kn} = \begin{cases} 1, & n = 2m \\ 1, & n = 2m-1 \end{cases}, \quad x_n = \begin{cases} 1, & n = 2m \\ -1, & n = 2m-1 \end{cases}, k, m = 1, 2, \cdots。$$

不难验证 $\{X_k\}_{k=1}^{\infty}$ 依分布收敛于 $X$。但是,$\{X_k\}_{k=1}^{\infty}$ 不依频率收敛于 $X$,因为

$$\mu\{|X_k - X| < 1\} = \mu\{\theta\} = 0。$$

尽管依分布收敛推导不出依频率收敛,但是,在特殊情况下,它们是等价的。

**引理 12.3**　设 $X_k$ 是正则可测的数列,对任意 $k \in \mathbf{N}$。$X_1, X_2, \cdots$ 依频率收敛于常数 $c$ 的充分必要条件是 $X_1, X_2, \cdots$ 依分布收敛于常数(列)$c$。

证明:必要性可由引理 12.2 得到。下面证明充分性。

显然,对任意 $\varepsilon > 0$ 和 $k \in \mathbf{N}, \{|X_k - c| \geqslant \varepsilon\}$ 可测,且

$$0 \leqslant \mu\{|X_k - c| \geqslant \varepsilon\} = \mu\{X_k \geqslant \varepsilon + c\} + \mu\{X_k \leqslant c - \varepsilon\} \leqslant 1 - F_k(c + \varepsilon) + F_k(c - \varepsilon/2),$$

其中,$F_k(x)$ 是 $X_k$ 的分布,$k \in \mathbf{N}$。因此,$\mu\{|X_k - c| \geqslant \varepsilon\} \to 0, k \to \infty$。证毕!

参照概率论,下面再给出依 $r$ 阶矩收敛的定义。

**定义 12.9**　设 $X = \{x_n\}_{n=1}^{\infty}$ 和 $X_k = \{x_{kn}\}_{n=1}^{\infty}$ 是正则可测的数列,对任意 $k \in \mathbf{N}$,且 $r > 0$ 是一常数。如果

$$\lim_{k \to \infty} E\{|X_k - X|^r\} = 0, \tag{12-12}$$

则称 $X_1, X_2, \cdots$ 为依 $r$ 阶矩(或 $r$ 阶)收敛于 $X$,记为 $r\lim\limits_{k \to \infty} X_k = X$。特别地,如果 $X_1, X_2, \cdots$ 是依二阶矩收敛于 $X$,则 $X_1, X_2, \cdots$ 被称为平方(或均方)收敛于 $X$,也记为 $l. i. m\limits_{k \to \infty} X_k = X$。

显然,在定义 12.9 中,要求 $E\{|X_k - X|^r\}$ 存在。如果 $|X_k - X|^r$ 不可测,则可给出如下更一般的定义。

**定义 12.10**　对常数 $r > 0$ 和任意实数列 $X = \{x_n\}_{n=1}^\infty, X_1 = \{x_{1n}\}_{n=1}^\infty \cdots, X_k = \{x_{kn}\}_{n=1}^\infty, \cdots$,如果

$$\lim_{k \to \infty} M^* \{|X_k - X|^r\} = 0 \quad 或 \quad \lim_{k \to \infty} m^* \{|X_k - X|^r\} = 0,$$

则 $X_1, X_2, \cdots$ 称为依 $r$ 阶(上频率)均值(或广义 $r$ 阶矩)收敛于 $X$,记为 $M_r\lim\limits_{k \to \infty} X_k = X$ 或 $m_r\lim\limits_{k \to \infty} X_k = X$。特别地,如果 $r = 2$,则将 $X_1, X_2, \cdots$ 称为(上频率或广义)平方收敛于 $X$。

**引理 12.4**　设 $X, X_1, X_2, \cdots$ 是一列标准离散或正则连续的有限正则可测的向量数列,$r > 0$ 是一常数,如果 $X_1, X_2, \cdots$ 依 $r$ 阶矩收敛于 $X$,则 $X_1, X_2, \cdots$ 依频率收敛于 $X$。

证明:由已知条件,对任意 $k \in \mathbf{N}$,$|X_k - X|^r$ 是正则可测的,设其分布为 $F_k(x)$,则

$$\mu\{|X_k - X| \geqslant \varepsilon\} = \mu\{|X_k - X|^r \geqslant \varepsilon^r\}$$
$$= \int_{x \geqslant \varepsilon^r} \mathrm{d}F_k(x) \leqslant \int_{x \geqslant \varepsilon^r} \frac{x}{\varepsilon^r} \mathrm{d}F_k(x) \leqslant \frac{E|X_k - X|^r}{\varepsilon^r}.$$

因此,该引理结论成立。证毕!

下面举一个反例说明上述引理的逆命题不成立。

**例 12.7**　设数列 $X_k = \{x_{kn}\}_{n=1}^\infty$ 定义如下:

$$x_{kn} = \begin{cases} 2^{k/2}, & n = m2^k \\ 0, & n \neq m2^k \end{cases}, k, m = 1, 2, \cdots,$$

则 $X_1, X_2, \cdots$ 依频率收敛于 $X = \{x_n = 0\}_{n=1}^\infty$。但是,$X_1, X_2, \cdots$ 不是平方收敛于 $X$,因为

$$E\{|X_k - X|^2\} = (2^{k/2})^2 \times 2^{-k} = 1。$$

由定义 12.8 和 12.10,还可得到如下结果。

**引理 12.5**　设 $r > 0$ 是一常数,且 $X_1, X_2, \cdots$ 依 $r$ 阶上频率均值收敛于 $X$,则 $X_1, X_2, \cdots$ 依上频率收敛于 $X$。

证明:反证法。假设 $X_1, X_2, \cdots$ 不依上频率收敛于 $X$,则存在两个常数 $\varepsilon_0 > 0$ 和 $\alpha > 0$,使得

$$\limsup_{k \to \infty} \mu^* \{|X_k - X| \geqslant \varepsilon_0\} = \limsup_{k \to \infty} \mu^* \{|X_k - X|^r \geqslant \varepsilon_0^r\} = \alpha > 0。$$

因此，存在整数 $k_1 < k_2 < \cdots$，使得

$$\mu^* \{ |X_{k_i} - X|^r \geqslant \varepsilon_0^r \} \geqslant \frac{\alpha}{2} > 0, i = 1, 2, \cdots。$$

故有

$$\limsup_{i \to \infty} M^* \{ |X_{k_i} - X|^r \} \geqslant \frac{\alpha \varepsilon_0^r}{3} > 0,$$

与已知条件相矛盾！证毕！

参照概率论中的辛钦(Khinchine)大数定律，将证明如下结果。

**定理 12.8** 设 $X_k$ 是标准离散或正则连续数列，对任意 $k \in \mathbf{N}$，其分布函数都为 $F(x)$，如果 $X_1, X_2, \cdots$ 有限相互独立，且对任意 $k \in \mathbf{N}, a = E(X_k)$ 存在，则对任意 $\varepsilon > 0$，有

$$\lim_{n \to \infty} \mu \left\{ \left| \frac{1}{n} \sum_{k=1}^n X_k - a \right| < \varepsilon \right\} = 1。$$

证明：设 $\widetilde{F}(t)$ 是分布函数 $F(x)$ 的特征函数。由于 $a = E(X_k)$ 存在，故 $\widetilde{F}'(0)$ 存在。由泰勒公式展开，得

$$\widetilde{F}(t) = \widetilde{F}(0) + \widetilde{F}'(0)t + o(t) = 1 + iat + o(t)。$$

由性质 11.5 和定理 11.1 可知，数列 $(X_1 + \cdots + X_n)/n$ 的特征函数为

$$\left[ \widetilde{F}\left(\frac{t}{n}\right) \right]^n = \left[ 1 + \frac{iat}{n} + o\left(\frac{t}{n}\right) \right]^n。$$

因此，对任意给定的 $t \in \mathbf{R}$，有

$$\lim_{n \to \infty} \left[ \widetilde{F}\left(\frac{t}{n}\right) \right]^n = e^{iat}。$$

由于 $e^{iat}$ 是 $\mathbf{R}$ 上的连续函数，且它是退化分布

$$I(x - a) = \begin{cases} 0, x \leqslant a \\ 1, x > a \end{cases}$$

的特征函数。由定理 12.7 和引理 12.3，$(X_1 + \cdots + X_n)/n$ 依频率收敛于常数 $a$。证毕！

显然，推论 12.3 是定理 12.8 的特殊情况。

下面的结果对应于概率论中 Lindeberg-Levy 中心极限定理。

**定理 12.9** 设 $X_k$ 是一个标准离散或正则连续数列，对任意 $k \in \mathbf{N}$，其分布函数都为 $F(x)$，如果 $X_1, X_2, \cdots$ 有限相互独立，且对任意 $k \in \mathbf{N}, a = E(X_k)$ 和 $\sigma^2 = V(X_k)$ 存在，$\sigma \in (0, \infty)$，则

$$\lim_{n \to \infty} \mu \{ Y_n < x \} = \frac{1}{\sqrt{2\pi}} \int_{-\infty}^x e^{-t^2/2} dt,$$

其中，$Y_n = \frac{1}{\sigma \sqrt{n}} \sum_{k=1}^n (X_k - a), n = 1, 2, \cdots。$

证明：设 $X_k - a$ 的特征函数为 $\widetilde{F}(t)$，则 $Y_n$ 的特征函数为 $[\widetilde{F}(t/\sigma\sqrt{n})]^n$。因为 $a = E(X_k)$ 和 $\sigma^2 = V(X_k)$ 存在，故 $\widetilde{F}'(0) = 0$ 和 $\widetilde{F}''(0) = -\sigma^2$。因此

$$\widetilde{F}(t) = 1 - \frac{1}{2}\sigma^2 t^2 + o(t^2)$$

和

$$\lim_{n\to\infty}\left[\widetilde{F}\left(\frac{t}{\sigma\sqrt{n}}\right)\right]^n = \lim_{n\to\infty}\left[1 - \frac{1}{2n}t^2 + o\left(\frac{t^2}{n}\right)\right]^n = e^{-\frac{t^2}{2}}。$$

由于 $e^{-t^2/2}$ 是 $\mathbf{R}$ 上的连续函数，且它是标准正态分布 $N(0,1)$ 的特征函数，故由定理 12.7，

$$\lim_{n\to\infty}\mu\{Y_n < x\} = \frac{1}{\sqrt{2\pi}}\int_{-\infty}^{x} e^{-t^2/2}\,dt。$$

因此，该定理的结论成立。证毕！

在概率论的随机变量的收敛性概念中，还存在一列随机变量依概率 1 收敛于随机变量的定义。类似地，似乎也有必要引入一列数列依频率 1 收敛于某一数列的概念，其定义似乎应该按如下方式给出才合理。

**定义 12.11**　设 $X = \{x_n\}_{n=1}^{\infty}$ 和 $X_k = \{x_{kn}\}_{n=1}^{\infty}$ 都是正则可测的数列，对任意 $k \in \mathbf{N}$，如果

$$\mu\{n \in \mathbf{N} \mid \lim_{k\to\infty}x_{kn} = x_n\} = 1, \tag{12-13}$$

则将 $X_1, X_2, \cdots$ 称为依频率 1 收敛于 $X$。

不过要指出：因为频率测度只满足有限可加性，这使得它与概率测度有本质的区别。由此导致了频率测度论与概率论在某些问题上有重大区别，这点可从依概率 1 收敛性与如上定义的依频率 1 收敛性的差别看出来。在概率论中，随机变量依概率 1 收敛一定是依概率收敛的，因此，自然地推测依频率 1 收敛性似乎应该比依频率收敛性更强。但是，事实并非如此，这点可从如下的例子看出。

**例 12.8**　设 $X = \{x_n = 0\}_{n=1}^{\infty}$，且对任意 $k \in \mathbf{N}$，$X_k = \{x_{kn}\}_{n=1}^{\infty}$ 定义如下：

$$x_{kn} = \begin{cases} 0, n = 1, 2, \cdots, k \\ 1, n = k+1, k+2, \cdots \end{cases},$$

即

$$\begin{pmatrix} X_1 \\ X_2 \\ X_3 \\ X_4 \\ \vdots \end{pmatrix} = \begin{pmatrix} 0 & 1 & 1 & 1 & 1 & \cdots \\ 0 & 0 & 1 & 1 & 1 & \cdots \\ 0 & 0 & 0 & 1 & 1 & \cdots \\ 0 & 0 & 0 & 0 & 1 & \cdots \\ \vdots & \vdots & \vdots & \vdots & \vdots & \ddots \end{pmatrix}。$$

显然，$\mu\{n \in \mathbf{N} \mid \lim_{k\to\infty}x_{kn} = x_n\} = 1$，即 $X_1, X_2, \cdots$ 依频率 1 收敛于 $X$。但是，对任意 $k \in \mathbf{N}$ 和 $\varepsilon = 0.5$，有 $\mu\{|X_k - X| \geq 0.5\} = 1$，即 $X_1, X_2, \cdots$ 不是依频率收敛于 $X$。

上例说明了依频率 1 收敛性的作用有限。但是,不难证明:一列有限正则可测数列的一致收敛性要比依频率收敛性更强。下面的概念对一致收敛性稍微作了推广。

**定义 12.12**　设 $X=\{x_n\}_{n=1}^{\infty}$,$X_1=\{x_{1n}\}_{n=1}^{\infty}\cdots$,$X_k=\{x_{kn}\}_{n=1}^{\infty}$,$\cdots$是一列有限正则可测的向量数列。对于某个测度为 1 的集合 $A\in\widetilde{M}$,即 $\mu(A)=1$,如果对任意 $\varepsilon>0$,存在整数 $r=r(\varepsilon)>0$,使得对任意 $k>r$ 和任意 $n\in A$,$|x_{kn}-x_n|<\varepsilon$,则将 $X_1,X_2,\cdots$ 称为依频率一致(几乎必然)收敛于 $X$,记为 $\underset{k\to\infty}{U\lim}X_k=X$。

显然,由定义 12.7 和 12.12,不难证明如下结论。

**引理 12.6**　如果 $\underset{k\to\infty}{U\lim}X_k=X$,则 $\underset{k\to\infty}{\mu\lim}X_k=X$。

# 第 13 章　离散系统的伪随机性

普遍认为,自然界和人类社会中存在着两类现象:确定现象和随机现象。研究随机现象数量规律的基础学科是概率论及其相关理论。在概率论中,随机现象一般是用随机变量来描述的,它具有的本质规律性被称为"统计规律性",统计规律性一般可用随机变量的概率分布来完整地表示。

由现有的大量研究文献可以看出,确定现象中的各种数量关系常常可用离散系统和连续系统来表示。许多确定现象具有一种类似随机的性质,通常称之为伪随机性,它似乎可看成是连接确定现象和随机现象之间的一座"桥梁"。离散系统的伪随机性通常是指它的解数列所具有的一种类随机性质,目前已取得了一些研究成果[12,13,25,33~35]。但是,现有一些文献(如文献[13])是利用概率论的术语和方法来研究伪随机性的,这显得很不自然。由于离散系统的任一解都是一个确定(性)数列,因此,本书将统一利用频率分布来研究离散系统或确定数列的这种类随机性,也可参见文献[5]。

从历史上看,研究伪随机性最初可能起源于利用伪随机性来模拟完全随机性,这在理论和实际应用上都具有重要的价值。特别是在近几十年中,计算机科学的发展极大地促进了利用伪随机性去模拟完全随机性的理论和应用的发展。仅模拟完全随机性的理论被称为随机模拟理论,其中最基本的问题是模拟均匀随机分布,其他的随机分布一般可通过函数变换来得到。根据计算机计算的特点和实际应用的方便,通常可利用确定性的离散系统等所决定的确定性规则来产生随机分布。

从目前学术界所关注的热点问题来看,与伪随机性相关的研究主要集中于混沌研究方面。一般认为,混沌是非线性系统所具有的一种类似随机的性质,可分为连续混沌和离散混沌。本书将只关注离散混沌的问题。目前,虽然离散系统的混沌性还没有一个统一的定义,但是,已有广泛认可的多种不同形式的离散混沌定义,其中,两种常见的离散混沌是 Li-Yorke 混沌和 Devaney 混沌。

当前,伪随机性在随机模拟和信息安全等方面的理论及其实际应用研究都已取得了不少的研究成果。在理论研究和实际应用时,通常要选取一个具有良好伪随机性能的系统。本章将主要介绍离散系统在随机模拟和离散混沌上的一些研究成果。

设 $I \subseteq \mathbf{R}$ 和 $g: Z[0,\infty) \times I \to I$ 是一个函数。考虑如下一维(时变)离散系统:

$$x_{n+1} = g(n, x_n), \quad n = 0, 1, 2, \cdots, x_0 \in I. \tag{13-1}$$

如果 $g(n,x) = f(x)$,对任意 $x \in I \subseteq \mathbf{R}$ 和 $n \in Z[0,\infty)$,则系统(13-1)变成如下(时

不变)系统:

$$x_{n+1} = f(x_n), \quad n = 0, 1, 2, \cdots 。 \tag{13-2}$$

任给 $x_0 \in I$,可计算出系统(13-1)的一个解数列 $X = \{x_k\}_{k=1}^{\infty}$ 或 $X = \{x_k\}_{k=0}^{\infty}$,其中,

$$x_0 \in I, \quad x_{n+1} = g(n, x_n), n = 0, 1, 2, \cdots 。$$

将 $X$ 称为系统(13-1)的初始值为 $x_0$ 的一个解,也称 $X$ 为函数 $g$(在 $x_0$ 处)的一条(单边)轨道,也记为 $O(x_0)$ 或 $O_g(x_0)$。

离散系统是一个迭代系统,它非常适合计算机计算。显然,对任意确定性离散系统,给定一个初值就可得到一个确定数列。反过来,给定任意的确定数列 $X = \{x_k\}_{k=0}^{\infty}$,也不难构造出一个"迭代系统",即存在一个时变映射 $g(n, x)$,使得 $x_{n+1} = g(n, x_n), n = 0, 1, 2, \cdots$。

## 13.1　随机分布的模拟

随机模拟是指对给定的随机事件(或随机变量等)的概率(或概率分布等)进行模拟。在随机模拟理论中,通常先要选择离散系统,使它的解数列具有特定的(频率)分布,之后以该数列的这一分布作为需要模拟的随机变量的概率分布。由于大多数常见的随机分布都与均匀分布有关,故在模拟随机分布时,最重要的是要先模拟出(特别是 $[0, 1)$ 上)均匀分布,然后再通过一定的变换就可得到该分布。本书将这种方法称为间接法。因此,在随机模拟理论中,最基本的问题是如何模拟均匀分布。

根据现有的研究成果,模拟均匀分布的方法有很多种,下面将介绍一些理论成果,取自于文献[5]。

### 13.1.1　一维均匀数列

根据已有的文献,在随机模拟理论中,先要引入如下的定义[5,7]。

**定义 13.1**　实数列 $X = \{x_k\}_{k=1}^{\infty}$ 被称为模 1 均匀(分布)数列(也称为模 1 一致分布数列),如果对任意 $a, b \in [0, 1], a < b$,有

$$\mu\{k \in \mathbf{N} \mid \langle x_k \rangle \in [a, b)\} = \lim_{n \to \infty} \frac{|\{k \in \mathbf{N} \mid \langle x_k \rangle \in [a, b)\}^{(n)}|}{n} = b - a, \tag{13-3}$$

其中,$\langle c \rangle$ 表示实数 $c$ 的小数。

显然,由定义 13.1,模 1 均匀(分布)数列的每一项不一定属于区间 $[0, 1)$,所有项组成的集合也不一定是有界的。例如,当 $a$ 是一个无理数时,$X = \{x_k = ka\}_{k=1}^{\infty}$ 是模 1 均匀分布的数列[5,7]。

由前面的知识可知,如果 $X = \{x_k\}_{k=1}^{\infty}$ 是模 1 均匀数列,且 $x_n \in [0, 1)$,对任意 $n \in \mathbf{N}$,则 $X$ 就是区间 $[0, 1)$ 上的频率均匀分布的数列,即 $X \sim U[0, 1)$。不难看出,

[0,1)上的均匀数列一定是模1均匀数列,但模1均匀数列不一定是均匀数列。任何模1均匀数列都可通过将每一项取小数后得到一个[0,1)上的均匀数列。反过来,任意[0,1)上均匀数列的每项加上任一整数都是模1均匀数列。

显然,在模拟随机分布时,只要模拟出[0,1)上的频率均匀分布即可。因此,下面将主要介绍如何产生区间[0,1)上频率均匀分布的一些结果。虽然这些结果形式上与现有文献中相应结果略有不同,但本质上都是取自于文献[5]。

对任意 $a,b \in [0,1]$, $a < b$,区间 $[a,b)$ 上的特征函数定义为

$$\chi_{[a,b)}(t) = \begin{cases} 1, t \in [a,b) \\ 0, t \notin [a,b) \end{cases}, \; \chi_a(t) = \chi_{[a,a]}(t) = \begin{cases} 1, t = a \\ 0, t \neq a \end{cases}. \qquad (13\text{-}4)$$

由式(13-3)和(13-4),不难验证:对任意模1均匀数列 $X = \{x_k\}_{k=1}^{\infty}$,都有

$$\lim_{n \to \infty} \frac{|\{k \in \mathbf{N} \mid \langle x_k \rangle \in [a,b)\}^{(n)}|}{n}$$

$$= \lim_{n \to \infty} \frac{1}{n} \sum_{k=1}^{n} \chi_{[a,b)}(\langle x_k \rangle) = \int_0^1 \chi_{[a,b)}(t) \mathrm{d}t. \qquad (13\text{-}5)$$

如下的结果和证明取自于文献[5](见文献[5]中的 Theorem 1.1)。

**定理 13.1**　设数列 $X = \{x_k\}_{k=1}^{\infty}$ 满足 $x_n \in [0,1)$,对任意 $n \in \mathbf{N}$。$X$ 是区间[0,1)上均匀数列的充分必要条件是对任意[0,1]上的连续函数 $g(x)$,有

$$\lim_{n \to \infty} \frac{1}{n} \sum_{k=1}^{n} g(x_k) = \int_0^1 g(t) \mathrm{d}t. \qquad (13\text{-}6)$$

证明:必要性。对任一 $n \in \mathbf{N}$,取[0,1]上的任一阶梯函数:

$$f(t) = \sum_{i=0}^{n-1} d_i \chi_{[a_i, a_{i+1})}(t) + d_n \chi_{a_n}(t), n \in \mathbf{N},$$

其中,$0 = a_0 < a_1 < a_2 < \cdots < a_{n-1} < a_n = 1$, $d_i \in \mathbf{R}$ 是任意常数,对每个 $i = 0,1,2,\cdots,n$。由于 $X$ 是[0,1)上的均匀数列,故由式(13-5),有

$$\lim_{m \to \infty} \frac{1}{m} \sum_{k=1}^{m} f(x_k) = \sum_{i=0}^{n-1} d_i \lim_{m \to \infty} \frac{1}{m} \sum_{k=1}^{m} \chi_{[a_i, a_{i+1})}(x_k)$$

$$= \sum_{i=0}^{n-1} d_i \int_0^1 \chi_{[a_i, a_{i+1})}(t) \mathrm{d}t = \int_0^1 f(t) \mathrm{d}t.$$

设 $g(t)$ 是任意[0,1]上的连续函数,则对任意 $\varepsilon > 0$,存在两个阶梯函数 $f_1(t)$ 和 $f_2(t)$,使得

$$f_1(t) \leqslant g(t) \leqslant f_2(t), t \in [0,1], \int_0^1 [f_2(t) - f_1(t)] \mathrm{d}t \leqslant \varepsilon.$$

因此

$$\int_0^1 g(t) \mathrm{d}t - \varepsilon \leqslant \int_0^1 f_1(t) \mathrm{d}t = \lim_{m \to \infty} \frac{1}{m} \sum_{k=1}^{m} f_1(x_k) \leqslant \liminf_{m \to \infty} \frac{1}{m} \sum_{k=1}^{m} g(x_k)$$

$$\leqslant \limsup_{m\to\infty} \frac{1}{m} \sum_{k=1}^{m} g(x_k) \leqslant \lim_{m\to\infty} \frac{1}{m} \sum_{k=1}^{m} f_2(x_k)$$

$$= \int_0^1 f_2(t)\mathrm{d}t \leqslant \int_0^1 g(t)\mathrm{d}t + \varepsilon。$$

由 $\varepsilon$ 的任意性可知,式(13-6)成立。

充分性。显然,对任意 $\varepsilon > 0$ 和任意 $a,b \in [0,1]$,$a < b$,存在 $[0,1]$ 上的两个连续函数 $f_1(t)$ 和 $f_2(t)$,使得对任意 $t \in I = [0,1]$,有

$$f_1(t) \leqslant \chi_{[a,b)}(t) \leqslant f_2(t), \int_0^1 [f_2(t) - f_1(t)]\mathrm{d}t \leqslant \varepsilon。$$

因此

$$b - a - \varepsilon \leqslant \int_0^1 f_2(t)\mathrm{d}t - \varepsilon \leqslant \int_0^1 f_1(t)\mathrm{d}t$$

$$= \lim_{m\to\infty} \frac{1}{m} \sum_{k=1}^{m} f_1(x_k) \leqslant \liminf_{m\to\infty} \frac{1}{m} \sum_{k=1}^{m} \chi_{[a,b)}(x_k)$$

$$= \liminf_{m\to\infty} \frac{|\{k \in \mathbf{N} \mid x_k \in [a,b)\}^{(m)}|}{m}$$

$$\leqslant \limsup_{m\to\infty} \frac{|\{k \in \mathbf{N} \mid x_k \in [a,b)\}^{(m)}|}{m}$$

$$\leqslant \lim_{m\to\infty} \frac{1}{m} \sum_{k=1}^{m} f_2(x_k) = \int_0^1 f_2(t)\mathrm{d}t$$

$$\leqslant \int_0^1 f_1(t)\mathrm{d}t + \varepsilon \leqslant b - a + \varepsilon。$$

由 $\varepsilon$ 的任意性,可得 $\mu\{k \in \mathbf{N} \mid x_k \in [a,b)\} = b - a$。进而可知,$X$ 是 $[0,1)$ 上的均匀数列。证毕!

类似于文献[5]中的相应结果,由定理 13.1,可得到如下推论。

**推论 13.1** 设数列 $X = \{x_k\}_{k=1}^{\infty}$ 满足 $x_n \in [0,1)$,对任意 $n \in \mathbf{N}$。数列 $X$ 是区间 $[0,1)$ 上的均匀数列的充分必要条件是对任意 $[0,1]$ 上的 Riemann 可积函数 $g(x)$,式(13-6)成立。

**推论 13.2** 设数列 $X = \{x_k\}_{k=1}^{\infty}$ 满足 $x_n \in [0,1)$,对任意 $n \in \mathbf{N}$。$X$ 是区间 $[0,1)$ 上的均匀数列的充分必要条件是对任意 $[0,1]$ 上的复值连续函数 $g(x)$,$g(0) = g(1)$,有

$$\lim_{n\to\infty} \frac{1}{n} \sum_{k=1}^{n} g(x_k) = \int_0^1 g(t)\mathrm{d}t。 \tag{13-7}$$

下面的结果本质上取自于文献[5]中的 Theorem 1.2,在此省略其证明过程。

**定理 13.2** 设 $X = \{x_k\}_{k=1}^{\infty}$ 是区间 $[0,1)$ 上的均匀数列,$Y = \{y_k\}_{k=1}^{\infty}$ 是一个实数列。如果数列 $W = \{w_k = y_k - x_k\}_{k=1}^{\infty}$ 的频率极限存在,则 $U = \{\langle y_k \rangle\}_{k=1}^{\infty}$ 也是一个 $[0,1)$ 上的均匀数列。

下面介绍一个常见的均匀数列的判定准则,它取自于文献[5]中 Theorem 2.1,为了完整,给出了其证明过程。

**定理 13.3**(Weyl 准则)　设数列 $X=\{x_k\}_{k=1}^{\infty}$ 满足 $x_n\in[0,1)$,对任意 $n\in\mathbf{N}$。$X=\{x_k\}_{k=1}^{\infty}$ 是区间 $[0,1)$ 上均匀数列的充分必要条件是

$$\lim_{m\to\infty}\frac{1}{m}\sum_{n=1}^{m}e^{2\pi ikx_n}=0,\text{对任意非零整数 }k\neq0。\qquad(13\text{-}8)$$

证明:必要性。显然,对任意非零整数 $k\neq0$,$e^{2\pi ikt}$ 是区间 $[0,1]$ 上的连续函数。由定理 13.1,

$$\lim_{m\to\infty}\frac{1}{m}\sum_{n=1}^{m}e^{2\pi ikx_n}=\int_0^1\cos(2\pi kt)\mathrm{d}t+i\int_0^1\sin(2\pi kt)\mathrm{d}t=\int_0^1e^{2\pi ikt}\mathrm{d}t=0。$$

充分性。设 $f(t)$ 是区间 $[0,1]$ 上的任一复值连续函数,$f(0)=f(1)$,对任意 $\varepsilon>0$,由 Weierstrass 逼近定理,存在一个三角多项式

$$\varphi(t)=\sum_{r=-s}^{s}a_re^{2\pi irt},t\in[0,1],s\in\mathbf{Z},a_r\in\mathbf{C}=\{x+\mathrm{i}y\mid x,y\in\mathbf{R}\},$$

$$r=-s,-s+1,\cdots,0,\cdots,s,$$

使得 $\sup\limits_{0\leqslant t\leqslant1}|f(t)-\varphi(t)|\leqslant\varepsilon$。因此

$$\left|\int_0^1f(t)\mathrm{d}t-\frac{1}{m}\sum_{n=1}^{m}f(x_n)\right|\leqslant\left|\int_0^1(f(t)-\varphi(t))\mathrm{d}t\right|$$

$$+\left|\int_0^1\varphi(t)\mathrm{d}t-\frac{1}{m}\sum_{n=1}^{m}\varphi(x_n)\right|+\left|\frac{1}{m}\sum_{n=1}^{m}(f(x_n)-\varphi(x_n))\right|。$$

由式(13-8),当 $m$ 充分大时,可得

$$\left|\int_0^1f(t)\mathrm{d}t-\frac{1}{m}\sum_{n=1}^{m}f(x_n)\right|\leqslant\varepsilon+\varepsilon+\varepsilon=3\varepsilon。$$

因此,由推论 13.2,$X$ 是区间 $[0,1)$ 上的均匀数列。证毕!

由定理 13.3,可得到如下推论。

**推论 13.3**　当 $\alpha$ 是一个无理数时,数列 $X=\{x_n=\langle n\alpha\rangle\}_{n=1}^{\infty}$ 是 $[0,1)$ 上的均匀数列。

事实上,对任意非零整数 $k\neq0$ 和 $m\in\mathbf{N}$,有

$$\left|\frac{1}{m}\sum_{n=1}^{m}e^{2\pi ik\langle n\alpha\rangle}\right|=\frac{|e^{2\pi ikm\alpha}-1|}{m|e^{2\pi ik\alpha}-1|}\leqslant\frac{1}{m|\sin(\pi k\alpha)|}\to0,m\to\infty。$$

因此,由定理 13.3,$X$ 是 $[0,1)$ 上的均匀数列。

下面的结果取自于文献[5]中的 Theorem 3.3。

**定理 13.4**　对于数列 $X=\{x_k\}_{k=1}^{\infty}$,如果 $\lim\limits_{n\to\infty}(x_{n+1}-x_n)=\alpha$,其中 $\alpha$ 是一个无理数,那么 $Y=\{y_k=\langle x_k\rangle\}_{k=1}^{\infty}$ 是一个 $[0,1)$ 上的均匀数列。

### 13.1.2　均匀分布的时空数列

下面再介绍离散时空数列(或双指标数列)的均匀分布的概念,见文献[5]中 Definition 2.1。

**定义 13.2**　设 $X=\{x_{st}\}_{s,t=1}^{\infty}$ 是一个时空数列,如果对任意 $a,b\in I=[0,1]$, $0\leqslant a<b\leqslant 1$,有

$$\mu\{(s,t)\in \mathbf{N}^2\mid \langle x_{st}\rangle\in[a,b)\}=b-a,$$

则称 $X$ 为模 1 均匀(分布时空)数列(或服从模 1 一致分布)。特别地,如果 $X$ 是模 1 均匀数列,且对任意 $s,t\in\mathbf{N},x_{st}\in[0,1)$,则称 $X$ 为区间 $[0,1)$(或 $[0,1]$ 或 $(0,1)$)上的均匀(分布时空)数列。

如下的两个结果本质上取自于文献[5]。

**定理 13.5**　设时空数列 $X=\{x_{st}\}_{s,t=1}^{\infty}$ 满足 $x_{st}\in[0,1)$,对任意 $s,t\in\mathbf{N}$。$X$ 是 $[0,1)$ 上均匀时空数列当且仅当对任意 $I=[0,1]$ 上的 Riemann 可积函数 $g$,有

$$\lim_{m,n\to\infty}\frac{1}{mn}\sum_{s=1}^{m}\sum_{t=1}^{n}g(x_{st})=\int_{0}^{1}g(t)\mathrm{d}t。 \tag{13-9}$$

**定理 13.6**　设时空数列 $X=\{x_{st}\}_{s,t=1}^{\infty}$ 满足 $x_{st}\in[0,1)$,对任意 $s,t\in\mathbf{N}$。$X$ 是 $[0,1)$ 上均匀时空数列当且仅当

$$\lim_{m,n\to\infty}\frac{1}{mn}\sum_{s=1}^{m}\sum_{t=1}^{n}\mathrm{e}^{2\pi ikx_{st}}=0,对任意整数 k\neq 0。 \tag{13-10}$$

下面的例子本质上也取自于文献[5]。

**例 13.1**　当 $\alpha$ 和 $\beta$ 之中至少有一个是无理数时,时空数列 $X=\{x_{st}=\langle s\alpha+t\beta\rangle\}_{s,t=1}^{\infty}$ 是 $[0,1)$ 上的均匀数列。

另外,文献[5]还指出:对 $[0,1)$ 上的任意均匀时空数列 $X=\{x_{st}\}_{s,t=1}^{\infty}$,通过适当的排序可得到一个 $[0,1)$ 上一维均匀数列 $Y=\{y_n\}_{n=1}^{\infty}$,在此不详述了。

### 13.1.3　区间上几乎处处均匀分布的数列

下面再介绍一个新概念[5]。

**定义 13.3**　设 $I$ 是一个区间,对每个 $t\in I,X(t)=\{x_k(t)\}_{k=1}^{\infty}$ 是一个实数列。如果存在一个 Lebesgue 测度为 0 的集合 $A\subseteq I$,使得对任意 $t\in I-A,X(t)=\{x_k(t)\}_{k=1}^{\infty}$ 都是模 1 均匀数列,则称对几乎所有的 $t\in I,X(t)=\{x_k(t)\}_{k=1}^{\infty}$ 是模 1 均匀数列,或 $X(t)$ 在 $I$ 中几乎处处是模 1 均匀分布的。特别地,如果 $X(t)=\{x_k(t)\}_{k=1}^{\infty}$ 是模 1 均匀数列,对几乎所有的 $t\in I$,且对任意 $k\in\mathbf{N},x_k(t)\in[0,1),t\in I$,则称 $X(t)=\{x_k(t)\}_{k=1}^{\infty}$ 是 $[0,1)$ 上的均匀数列,对几乎所有的 $t\in I$,或 $X(t)$ 在 $I$ 中几乎处处是均匀分布的。

下面将证明引理 5.7,见文献[5]中 Theorem 4.1。

**定理 13.7**　如果 $A=\{a_k\}_{k=1}^{\infty}$ 是一列由不同整数组成的数列,则对几乎所有的实数 $t\in\mathbf{R}$, $X(t)=\{\langle a_k t\rangle\}_{k=1}^{\infty}$ 是 $I=[0,1)$ 上的均匀数列。

证明:不妨设 $t\in[0,1]$。对任意固定的整数 $k\neq0$,记

$$S_k(m,t)=\frac{1}{m}\sum_{j=1}^{m}e^{2\pi ika_j t},\ m\in\mathbf{N},t\in[0,1]。$$

显然

$$|S_k(m,t)|^2=S_k(m,t)\overline{S_k(m,t)}=\frac{1}{m^2}\sum_{s=1}^{m}\sum_{r=1}^{m}e^{2\pi ik(a_r-a_s)t}。$$

因此

$$\int_0^1|S_k(m,t)|^2\mathrm{d}t=\frac{1}{m^2}\sum_{s=1}^{m}\sum_{r=1}^{m}\int_0^1 e^{2\pi ik(a_r-a_s)t}\mathrm{d}t=\frac{1}{m}。$$

于是

$$\sum_{m=1}^{\infty}\int_0^1|S_k(m^2,t)|^2\mathrm{d}t=\sum_{m=1}^{\infty}\frac{1}{m^2}<\infty。$$

由 Fatou 引理,可得

$$\int_0^1\left(\sum_{m=1}^{\infty}|S_k(m^2,t)|^2\right)\mathrm{d}t<\infty。$$

因此,对几乎所有 $t\in[0,1]$,有 $\displaystyle\sum_{m=1}^{\infty}|S_k(m^2,t)|^2<\infty$,故对几乎所有 $t\in[0,1]$, $\lim\limits_{m\to\infty}S_k(m^2,t)=0$。显然,对所有充分大的整数 $m>0$,存在正整数 $r$,使得 $r^2\leqslant m<(r+1)^2$。不难验证

$$|S_k(m,t)|\leqslant|S_k(r^2,t)|+\frac{2r}{m}\leqslant|S_k(r^2,t)|+\frac{2}{\sqrt{m}}。$$

因此,对几乎所有 $t\in[0,1]$, $\lim\limits_{m\to\infty}S_k(m,t)=0$,其中,例外集合与非零整数 $k$ 有关。由 Lebesgue 测度的性质和 Weyl 准则可知,存在一个 Lebesgue 测度为 0 的集合 $B$,使得 $\lim\limits_{m\to\infty}S_k(m,t)=0$,对所有 $t\in I-B$,故 $X(t)$ 都是 $[0,1)$ 上的均匀数列,对任意 $t\in I-B$。证毕!

下面的结果可参见文献[5]中的 Theorem 4.3,将其证明省略。

**定理 13.8**　设 $a<b$,对任意 $k\in\mathbf{N}$,函数 $u_k(t)$ 在区间 $[a,b]$ 上具有连续的导函数,且对任意 $k,n\in\mathbf{N},k\neq n$, $u'_k(t)-u'_n(t)$ 在 $[a,b]$ 上是单调的。如果 $|u'_k(t)-u'_n(t)|\geqslant r>0$,其中,$r$ 与 $t$、$k$ 和 $n$ 无关,$k\neq n$,那么,对几乎所有的 $t\in[a,b]$, $X(t)=\{\langle u_k(t)\rangle\}_{k=1}^{\infty}$ 是 $[0,1)$ 上的均匀数列。

**推论 13.4**　对几乎所有的实数 $\alpha>1$, $X(\alpha)=\{\langle\alpha^k\rangle\}_{k=1}^{\infty}$ 是 $[0,1)$ 上的均匀数列。

### 13.1.4　多维均匀分布数列

下面再介绍多维均匀分布数列的概念,如下的定义本质上取自于文献[5]中 Definition 6.1。

**定义 13.4**　设 $X=(X_1,X_2,\cdots,X_n)=\{(x_{1k},x_{2k},\cdots,x_{nk})\}_{k=1}^\infty$ 是一个 $n$ 维向量数列,$n\in\mathbf{N}$,如果对任意 $0\leqslant a_j<b_j\leqslant1,j=1,2,\cdots,n$,都有

$$\mu\{k\in\mathbf{N}\,|\,a_1\leqslant\langle x_{1k}\rangle<b_1,\cdots,a_n\leqslant\langle x_{nk}\rangle<b_n\}=(b_1-a_1)\cdots(b_n-a_n),$$

则将 $X$ 称为模 1 均匀(分布向量)数列。特别地,如果 $X$ 是模 1 均匀向量数列,且对所有 $t\in\mathbf{N}$ 和 $s=1,2,\cdots,n,x_{st}\in[0,1)$,则将 $X$ 称为 $[0,1)^n=[0,1)\times\cdots\times[0,1)$ 上的均匀(向量)数列。

**注 13.1**　显然,由定义 13.4,不难知道,$X=(X_1,X_2,\cdots,X_n)$ 是 $[0,1)^n$ 上均匀向量数列当且仅当 $X_1,X_2,\cdots,X_n$ 相互独立,且 $X_j$ 是 $[0,1)$ 上的均匀数列,对任意 $j=1,2,\cdots,n$。

设 $x=(x_1,x_2,\cdots,x_n)$ 和 $y=(y_1,y_2,\cdots,y_n)$ 是两个 $n$ 维(行或列)向量,定义 $x$ 和 $y$ 的内积为

$$x\circ y=x_1y_1+x_2y_2+\cdots+x_ny_n。$$

类似于定理 13.1 和 13.3 及其证明过程,可得到三个结果,见文献[5]的 Theorem 6.1～6.3。

**定理 13.9**　设 $x_{st}\in[0,1)$,对任意 $t\in\mathbf{N}$ 和 $s=1,2,\cdots,n$,其中,$n$ 是一个正整数。$n$ 维向量数列 $X=\{x_k=(x_{1k},\cdots,x_{nk})\}_{k=1}^\infty$ 是 $I^n=[0,1)^n$ 上均匀向量数列的充分必要条件是对 $\bar{I}^n=[0,1]^n$ 上的任意复值连续函数 $g(t),t=(t_1,\cdots,t_n)\in\bar{I}^n$,有

$$\lim_{n\to\infty}\frac{1}{n}\sum_{k=1}^n g(x_k)=\int_{I^n}g(t)\mathrm{d}t=\int_{I^n}g(t_1,\cdots,t_n)\mathrm{d}t_1\cdots\mathrm{d}t_n。\tag{13-11}$$

**定理 13.10(Weyl 准则)**　设 $x_{st}\in[0,1)$,对任意 $t\in\mathbf{N}$ 和 $s=1,2,\cdots,n$,其中,$n$ 是一个正整数。数列 $X=\{x_k=(x_{1k},\cdots,x_{nk})\}_{k=1}^\infty$ 是 $[0,1)^n$ 上均匀向量数列当且仅当对任意 $k=(k_1,k_2,\cdots,k_n)\in\mathbf{Z}^n$,其中,$k_1,\cdots,k_n$ 是不全为零的整数,有

$$\lim_{m\to\infty}\frac{1}{m}\sum_{j=1}^m\mathrm{e}^{2\pi\mathrm{i}k\circ x_j}=\lim_{m\to\infty}\frac{1}{m}\sum_{j=1}^m\mathrm{e}^{2\pi\mathrm{i}(k_1x_{1j}+\cdots+k_nx_{nj})}=0。\tag{13-12}$$

**定理 13.11**　设 $n\in\mathbf{N}$ 和 $x_{st}\in[0,1)$,对任意 $s=1,2,\cdots,n$ 和 $t\in\mathbf{N}$。$X=\{x_k=(x_{1k},\cdots,x_{nk})\}_{k=1}^\infty$ 是 $I^n=[0,1)^n$ 上均匀向量数列的充分必要条件是对任意 $k=(k_1,k_2,\cdots,k_n)\in\mathbf{Z}^n$,其中 $k_1,\cdots,k_n$ 是不全为零的整数,$Y=\{\langle k\circ x_m\rangle\}_{m=1}^\infty$ 是 $[0,1)$ 上的均匀数列。

下面的例子取自于文献[5]。

**例 13.2**　设 $\alpha=(\alpha_1,\alpha_2,\cdots,\alpha_n)$,如果对任意非零的格点 $k=(k_1,k_2,\cdots,k_n)\in$

$\mathbf{Z}^n, k \circ \alpha$ 是无理数,则 $X=\{x_m=(\langle m\alpha_1 \rangle, \cdots, \langle m\alpha_n \rangle)\}_{m=1}^\infty$ 是 $I^n=[0,1)^n$ 上均匀向量数列。

### 13.1.5　数列的渐近分布函数

如下的定义直接取自于文献[5]中的 Definition 7.1。

**定义 13.5**　设 $X=\{x_k\}_{k=1}^\infty$ 是一实数列,$g(t)$ 是区间 $[0,1]$ 上的(非减)函数($g(0)=0$ 和 $g(1)=1$)。如果对任意 $t\in[0,1]$,有
$$\mu\{k\in\mathbf{N}|\langle x_k \rangle \in [0,t)\}=g(t),$$
则称 $g(t)$ 是 $X$ 的(模 1)渐近分布(函数)。

**注 13.2**　显然,由定义 13.5,一个数列的渐近分布函数与其分布函数是不一样的。但是,在特殊情况下,它们之间有密切关系。例如,当 $X=\{x_k\}_{k=1}^\infty$ 是定义在区间 $[0,1)$ 上的正则可测数列、且具有渐近分布 $g(x)$ 时,则
$$F(t)=\begin{cases} 0 & ,t\leqslant 0 \\ g(t), & 0<t\leqslant 1 \\ 1 & ,t>1 \end{cases}$$
就是 $X$ 的分布函数。此外,可以很容易地将区间 $[0,1]$ 上的渐近分布函数的概念推广到一般区间 $[a,b]$ 或整个实数集、甚至有限维空间上。

如下的两个结果取自于文献[5]中的 Theorem 7.2 和 7.3。

**定理 13.12**　实数列 $X=\{x_k\}_{k=1}^\infty$ 具有连续的模 1 渐近分布 $g(t)$ 的充分必要条件是对区间 $[0,1]$ 上的任意实连续函数 $f(t)$,有
$$\lim_{n\to\infty}\frac{1}{n}\sum_{k=1}^n f(\langle x_k \rangle) = \int_0^1 f(t)\mathrm{d}g(t)。 \tag{13-13}$$

显然,定理 13.1 可看成定理 13.12 的特殊情形。

**定理 13.13**　实数列 $X=\{x_k\}_{k=1}^\infty$ 具有连续的模 1 渐近分布 $g(t)$ 的充分必要条件是
$$\lim_{n\to\infty}\frac{1}{n}\sum_{j=1}^n \mathrm{e}^{2\pi i k x_j} = \int_0^1 \mathrm{e}^{2\pi i k t}\mathrm{d}g(t),\text{ 对任意整数 } k\neq 0。 \tag{13-14}$$
显然,定理 13.3 可看成定理 13.13 的特殊情形。

### 13.1.6　一个结果

下面将证明一个比引理 5.12 更广的结论,其证明方法可参见文献[36]。

**定理 13.14**　设 $X=\{x_k\}_{k=1}^\infty$ 和 $Y=\{y_k\}_{k=1}^\infty$ 都是区间 $(0,1)$ 上的均匀数列,且 $X$ 和 $Y$ 相互独立,记
$$U=\cos(2\pi X)\sqrt{-2\ln Y}=\{u_n=\cos(2\pi x_n)\sqrt{-2\ln y_n}\}_{n=1}^\infty,$$

$$V = \sin(2\pi X) \sqrt{-2\ln Y} = \{v_n = \sin(2\pi x_n) \sqrt{-2\ln y_n}\}_{n=1}^{\infty},$$

则 $U \sim N(0,1)$ 和 $V \sim N(0,1)$，且 $U$ 和 $V$ 相互独立。

证明：设

$$u = \cos(2\pi x) \sqrt{-2\ln y}, \quad v = \sin(2\pi x) \sqrt{-2\ln y}, \quad x, y \in (0,1),$$

则 $(u = u(x,y), v = v(x,y))$ 是 $(0,1)^2$ 上的二维连续 Jordan 函数，且其反函数 $(x = x(u,v), y = y(u,v))$ 为

$$x = \frac{1}{2\pi} \arctan\left(\frac{v}{u}\right), \quad y = e^{-\frac{u^2+v^2}{2}}, \quad u, v \in \mathbf{R}。$$

显然

$$\frac{\partial x}{\partial u} = -\frac{1}{2\pi} \frac{v}{u^2+v^2}, \quad \frac{\partial x}{\partial u} = \frac{1}{2\pi} \frac{u}{u^2+v^2}, \quad \frac{\partial y}{\partial u} = -u e^{-\frac{u^2+v^2}{2}}, \quad \frac{\partial y}{\partial v} = -v e^{-\frac{u^2+v^2}{2}}。$$

因此，$\partial x/\partial u, \partial x/\partial v, \partial y/\partial u$ 和 $\partial y/\partial v$ 都是连续函数，且

$$J = \begin{vmatrix} \partial x/\partial u & \partial x/\partial v \\ \partial y/\partial u & \partial y/\partial v \end{vmatrix} = -\frac{1}{2\pi} e^{-\frac{u^2+v^2}{2}}。$$

由引理 8.9 和已知条件，$U$ 和 $V$ 的联合密度函数为

$$\frac{1}{2\pi} e^{-\frac{u^2+v^2}{2}} = \frac{1}{\sqrt{2\pi}} e^{-\frac{u^2}{2}} \times \frac{1}{\sqrt{2\pi}} e^{-\frac{v^2}{2}},$$

即 $U$ 和 $V$ 是相互独立的标准正态数列。证毕！

**注 13.3** 在定理 13.14 的证明中，严格来讲，函数 $x = [\arctan(v/u)]/2\pi$ 应作如下的理解：当 $u>0, v>0$ 时，$x \in (0,1/4)$；当 $u<0, v>0$ 时，$x \in (1/4,1/2)$；当 $u<0, v<0$ 时，$x \in (1/2,3/4)$；当 $u>0, v<0$ 时，$x \in (3/4,1)$。因此，向量函数 $(u = \cos(2\pi x) \sqrt{-2\ln y}, v = \sin(2\pi x) \sqrt{-2\ln y})$ 是从单位正方形 $(0,1)^2$ 到 $\mathbf{R}^2$ 中去掉 $x$ 轴的正半轴后所得到的区域上的一一对应映射。

## 13.2 离散系统的分布混沌性

混沌是非线性系统中存在的一种类似随机的性质，可分为离散混沌和连续混沌。下面将讨论离散混沌。Li 和 Yorke 于 1975 年提出了一种离散混沌的严格数学定义，介绍如下[33]。

**定义 13.6** 设 $I \subseteq \mathbf{R}, f: I \to I$ 是一个（连续）函数，如果存在一个不可数集 $S \subseteq I$，使得对任意 $x, y \in S$，有 $\limsup_{n \to \infty} |f^n(x) - f^n(y)| > 0$ 和 $\liminf_{n \to \infty} |f^n(x) - f^n(y)| = 0$，则称函数 $f$ 或由它决定的离散系统 (13-2) 是 Li-Yorke 混沌的。

**注 13.4** 本节将只讨论定义在实数集子集上函数的混沌性，一般的度量空间上映射的混沌性将不讨论。下面的 Devaney 混沌定义也是一样的。

除 Li-Yorke 混沌外，另一种被普遍接受的离散混沌的定义是 Devaney 混沌，

逐步介绍如下[25]。

对任意点 $x \in \mathbf{R}$ 和某一实数 $\varepsilon > 0$，将集合 $B_{\varepsilon}(x) = \{y \in \mathbf{R} \mid |y-x| < \varepsilon\}$ 称为 $x$ 的($\varepsilon$)邻域。对两个集合 $A \subseteq I \subseteq \mathbf{R}$，如果对任意 $x \in I$ 和任意 $\varepsilon > 0$，都有 $A \cap B_{\varepsilon}(x) \neq \theta$，则称 $A$ 在 $I$ 中是稠密的或 $A$ 是 $I$ 的稠密子集。

**定义 13.7**　设 $I \subseteq \mathbf{R}, x \in I, f: I \to I$ 是一个函数。如果存在整数 $k > 0$，使得 $f^k(x) = x$，则 $x$ 称为 $f$ 的周期点，$k$ 称为 $x$ 的周期，也将轨道 $O(x)$ 称为系统 (13-2) 的周期解，$k$ 称为 $O(x)$ 的周期。特别地，$f$ 的周期为 1 的周期点也称为 $f$ 的不动点。当 $x$ 为 $f$ 的不动点时，则将 $x$(或轨道 $O(x)$)称为系统(13-2)的常数解。

如果 $f$ 所有的周期点组成的集合在 $I$ 中是稠密的，则称 $f$ 或系统(13-2)具有周期点的稠密性；

如果对任意两个非空的开集 $U, V \subseteq I$，存在整数 $n \geq 0$，使得 $f^n(U) \cap V$ 不是空集，则称 $f$ 或系统(13-2)具有(拓扑)传递性。

如果存在一常数 $\delta > 0$，使得对任意 $x \in I$ 和 $x$ 的任意邻域 $U$，都存在一点 $y \in U$ 和整数 $n \in \mathbf{N}$，使得 $|f^n(x) - f^n(y)| \geq \delta$，则称 $f$ 或系统(13-2)具有初始值的敏感依赖性。

显然，根据定义 13.7，$f$ 具有初始值的敏感依赖性等价于如下条件：存在常数 $\delta > 0$，使得对任意 $x \in I$ 和 $x$ 的任意邻域 $U$，都存在两点 $w, y \in U$ 和整数 $n \in \mathbf{N}$，使得 $|f^n(w) - f^n(y)| \geq \delta$。

下面给出 Devaney 混沌的定义[25]。

**定义 13.8**　设 $I \subseteq \mathbf{R}, f: I \to I$ 是一个函数。$f$ 或系统(13-2)被称为 Devaney 混沌的，如果：

① $f$ 具有传递性。

② $f$ 具有周期点的稠密性。

③ $f$ 具有初始值的敏感依赖性。

由文献[34]，当 $f$ 是连续函数时，上述条件①和②可推出条件③。

下面的几个结果取自于文献[25]、[34]、[37]。

**引理 13.1**　设 $I \subseteq \mathbf{R}, f: I \to I$ 是一个函数。下面的两个结果成立：

① 如果 $f$ 具有一条 $I$ 上的稠密轨道，则 $f$ 具有传递性。此外，如果 $I$ 是一个闭区间，且 $f$ 是连续的函数，则 $f$ 具有传递性的充分必要条件是 $f$ 在 $I$ 中具有一条稠密的轨道。

② 设 $I$ 是一个区间，且 $f$ 是连续的。如果 $f$ 具有传递性，则 $f$ 是 Devaney 混沌的。

由定义 13.6~13.8 和引理 13.1，将离散混沌具有的几个基本条件归纳如下：

① 对任意 $x, y \in S, \limsup_{n \to \infty} |f^n(x) - f^n(y)| > 0$ 和 $\liminf_{n \to \infty} |f^n(x) - f^n(y)| = 0$。

② $f$ 所有的周期点组成的集合在 $I$ 中是稠密的。

③ 对任意非空的开集 $U,V \subseteq I$,存在整数 $n \geqslant 0$,使得 $f^n(U) \bigcap V$ 非空,即存在一点 $x \in U$,使得 $O_f(x) \bigcap V \neq \theta$。

④ 对某个常数 $\delta > 0$,任意一点 $x \in I$ 和 $x$ 的邻域 $U$,都存在一点 $y \in U$ 和整数 $n \in \mathbf{N}$,使得 $|f^n(x) - f^n(y)| \geqslant \delta$。

⑤ $f$ 在 $I$ 中具有一条稠密的轨道。

上述条件①和④说明了离散混沌涉及不同两点的同步轨道间的性质;条件③和⑤说明了离散混沌也涉及单点的轨道性质;条件②说明了离散混沌还涉及周期点(或周期轨道)的性质。因此,Li-Yorke 或 Devaney 混沌性涉及了以下三个方面:周期点(或周期轨道)、单点轨道和两点同步轨道(注意并没有涉及三点及以上的同步轨道)。结合频率测度的概念,如果对离散混沌定义中关于周期点集、单点轨道和两点同步轨道的条件进行加强或改变或补充,就可以得到各种加强或新的离散混沌的定义。下面将简单地讨论这个问题。

**定义 13.9**　设 $I \subseteq \mathbf{R}, f: I \to I$ 是一个函数。如果对任意 $x \in I$ 和 $x$ 的任意邻域 $U \subseteq I$,都存在整数 $M > 0$,使得对任意 $n > M$,$f$ 在 $U$ 中都有周期为 $n$ 的周期点,则称 $f$ 或系统(13-2)具有周期点的(最终)完全稠密性。

**定义 13.10**　设 $I \subseteq \mathbf{R}, f: I \to I$ 是一个函数。如果对任意 $x \in I$ 和 $x$ 的任意邻域 $U \subseteq I$,有

$$\mu\{k \in \mathbf{N} \mid \exists y \in U, f^k(y) = y\} = 1, \tag{13-15}$$

则称 $f$ 或系统(13-2)具有周期点的频率稠密性或(几乎)完全稠密性。

显然,如果 $f$ 的周期点(集)是最终完全稠密的,则 $f$ 的周期点也是频率稠密的。另外,如果 $f$ 的周期点是最终完全稠密的或频率稠密的,则 $f$ 的周期点一定是稠密的。

**定义 13.11**　设 $I \subseteq \mathbf{R}, f: I \to I$ 是一函数。如果对任意非空开集 $U, V \subseteq I$,存在整数 $M > 0$,使得对任意整数 $n > M$,都有 $f^n(U) \bigcap V$ 非空,则称 $f$ 或系统(13-2)为(最终)完全传递的。

**定义 13.12**　设 $I \subseteq \mathbf{R}, f: I \to I$ 是一函数。如果对任意非空开集 $U, V \subseteq I$,有

$$\mu\{k \in \mathbf{N} \mid f^k(U) \bigcap V \neq \theta\} = 1, \tag{13-16}$$

则将 $f$ 或系统(13-2)称为频率传递的,或(几乎)完全传递的。

显然,如果 $f$ 是最终完全传递的,则 $f$ 也是频率传递的。另外,如果 $f$ 是最终完全传递的或频率传递的,则 $f$ 一定是传递的。

**定义 13.13**　设 $I \subseteq \mathbf{R}, f: I \to I$ 是一函数。如果存在某一常数 $\delta > 0$,并对任意 $x \in I$ 和 $x$ 的任意邻域 $U \subseteq I$,都存在整数 $M > 0$,使得对任一整数 $n > M$,都存在 $y \in U$($y$ 与 $n$ 有关),都有 $|f^n(x) - f^n(y)| \geqslant \delta$,则称 $f$ 或系统(13-2)对初始值是(最终)完全敏感依赖的。

**定义 13.14**　设 $I \subseteq \mathbf{R}, f: I \to I$ 是一函数。如果存在某一常数 $\delta > 0$,使得对任

意 $x \in I$ 和 $x$ 的任意邻域 $U \subseteq I$,都有

$$\mu\{k \in \mathbf{N} \mid \exists\, y \in U, |f^k(x) - f^k(y)| \geqslant \delta\} = 1, \qquad (13\text{-}17)$$

则称 $f$ 或系统(13-2)对初始值是频率敏感依赖的,或(几乎)完全敏感依赖的。

显然,如果 $f$ 对初始值是最终完全敏感依赖的,则 $f$ 对初始值是频率敏感依赖的。另外,如果 $f$ 对初始值是最终完全敏感依赖的或频率敏感依赖的,则 $f$ 一定对初始值是敏感依赖的。

特别地,当函数 $f$ 的定义域是一个区间时,可给出如下几个新定义。

**定义 13.15** 设 $I \subseteq \mathbf{R}$ 是一个区间,$f: I \to I$ 是一个函数。如果存在一点 $x \in I$,使得它的轨道 $O(x) = \{x_n = f^n(x)\}_{n=1}^{\infty}$ 是 $I$ 上密度为 $g(t)$ 的正则连续数列,且 $g(y) > 0$,对任意 $y \in I$,则称 $f$ 或系统(13-2)具有(密度为 $g(t)$ 的)分布传递性。特别地,当 $g(t)$ 是 $I$ 上的均匀密度函数时,则称 $f$ 或系统(13-2)具有均匀(分布)传递性。

显然,由定义 13.15,若 $f$ 是密度为 $g(t)$ 分布传递的,则对任意 $x \in I$ 和 $x$ 的任意邻域 $U \subseteq I$,存在 $y \in U$,使得 $O(y) = \{y_n = f^n(y)\}_{n=1}^{\infty}$ 是密度为 $g(t)$ 的连续数列,且 $g(t) > 0$,对任意 $t \in I$。

不难看出,如果 $f$ 是分布传递的,则 $f$ 一定是传递的,且具有一条稠密的轨道。因此,由引理 13.1,如果 $f$ 是连续函数,且具有分布传递性,则 $f$ 一定在通常意义下是 Devaney 混沌的。

**定义 13.16** 对区间 $I \subseteq \mathbf{R}$ 和 $f: I \to I$,如果存在 $x, y \in I$,使得 $U = \{u_n = (f^n(x), f^n(y))\}_{n=1}^{\infty}$ 是 $I^2 = I \times I$ 上密度为 $g(s, t)$ 的二维正则连续向量数列,且 $g(s, t) > 0$,对任意 $(s, t) \in I \times I$,则称 $f$ 或系统(13-2)对初始值具有(密度为 $g(s, t)$ 的)强(或严)分布敏感依赖性。特别地,当 $g(s, t)$ 是 $I \times I$ 上的均匀密度函数时,则称 $f$ 或系统(13-2)对初始值具有(强或严)均匀敏感依赖性。另外,如果存在 $x, y \in I$,使得 $X = \{x_n = f^n(x)\}_{n=1}^{\infty}$ 和 $Y = \{y_n = f^n(y)\}_{n=1}^{\infty}$ 相互独立,且 $X$ 和 $Y$ 分别是 $I$ 上密度为正的正则连续数列,则称 $f$ 或系统(13-2)对初始值具有理想(分布)敏感依赖性。

显然,如果 $f$ 对初始值具有密度为 $g(s, t)$ 的强分布敏感依赖性,则对任意 $x \in I$ 和 $x$ 的任意邻域 $U \subseteq I$,都存在 $y, w \in U$,使得 $V = \{v_n = (f^n(y), f^n(w))\}_{n=1}^{\infty}$ 是密度为 $g(s, t)$ 的二维正则连续向量数列,且 $g(s, t) > 0$,对任意 $(s, t) \in I \times I$。另外,由积分的性质可知,当 $f$ 具有强分布敏感依赖性时,则 $f$ 具有分布传递性。

**定义 13.17** 设 $I \subseteq \mathbf{R}$ 是一区间,$f: I \to I$ 是一函数。如果对任意 $x \in I$ 和 $x$ 的任意邻域 $U \subseteq I$,都存在 $y, w \in U$,使得 $V = \{v_n = |f^n(y) - f^n(w)|\}_{n=1}^{\infty}$ 是密度为 $g(x)$ 的一维正则连续数列,且存在一个长度大于 0 的区间 $J \subseteq \mathbf{R}$,使得 $g(x) > 0$,对任意 $x \in J$,则称 $f$ 或系统(13-2)对初始值具有(弱或宽)分布敏感依赖性。特别地,当 $I = [0, 1)$ 和 $V = \{v_n = |f^n(y) - f^n(w)|\}_{n=1}^{\infty}$ 是 $I$ 上的均匀分布时,则称 $f$ 或

系统(13-2)对初始值具有(弱或宽)均匀敏感依赖性。

显然,如果 $f$ 对初始值具有严分布敏感依赖性,则 $f$ 一定对初始值是宽分布敏感依赖的。如果 $f$ 对初始值具有严或宽分布敏感依赖性,则 $f$ 一定具有对初始值的敏感依赖性。

下面给出几种加强的离散混沌新定义。

**定义 13.18**　设 $I\subseteq\mathbf{R},f: I\rightarrow I$ 是一函数。称 $f$ 或系统(13-2)(在 Devaney 意义下)是(最终)完全混沌的(或几乎完全混沌的),如果:

① $f$ 是(最终)完全传递的(或几乎完全传递的)。

② $f$ 具有周期点的(最终)完全稠密性(或几乎完全稠密性)。

③ $f$ 对初始点具有(最终)完全敏感依赖性(或几乎完全敏感依赖性)。

**定义 13.19**　设 $I\subseteq\mathbf{R}$ 是一个区间,$f: I\rightarrow I$ 是一个函数。称 $f$ 或系统(13-2)(在 Devaney 意义下)是强(或弱)分布混沌的(或强(或弱)均匀混沌的),如果:

① $f$ 是分布传递的(或均匀传递的)。

② $f$ 具有周期点的完全稠密性(或几乎完全稠密性)。

③ $f$ 对初始点具有强(或弱)分布敏感依赖性(或强(或弱)均匀敏感依赖性)。

**注 13.5**　对于强分布混沌,条件③可推导出条件①。因此,条件①可去掉。

下面举两个例子说明(几乎)完全混沌或(宽)均匀混沌的离散系统是存在的。对于其他的混沌系统,本书不再给出例子。

**例 13.3**　证明如下离散系统:
$$x_{n+1}=T(x_n),\ x_0\in I=[0,1],\tag{13-18}$$
是最终完全混沌的,其中,函数 $T: I\rightarrow I$ 是 Tent 映射,定义如下:
$$T(x)=\begin{cases}2x,0\leqslant x\leqslant 0.5\\2(1-x),0.5<x\leqslant 1\end{cases}°$$

证明:首先证明系统(13 18)是最终完全传递的。

对任意区间 $(a,b)\subseteq[0,1]$,则一定有 $(a,b)\subseteq(0,0.5)$ 或 $(a,b)\subseteq(0.5,1)$ 或 $0.5\in(a,b)$。

① 如果 $(a,b)\subseteq(0,0.5)$,则 $T((a,b))=(2a,2b)$。因此,$|T((a,b))|=|(2a,2b)|=2|(a,b)|$,即区间 $(a,b)$ 在映射 $T$ 下像集区间的长度增长为原区间长度的两倍,其中,$|(a,b)|$ 表示区间 $(a,b)$ 的长度。

② 如果 $(a,b)\subseteq(0.5,1)$,则 $T((a,b))=(2(1-b),2(1-a))$。因此,区间 $(a,b)$ 在映射 $T$ 下像集区间的长度增长为原区间长度的两倍。

③ 如果 $0.5\in(a,b)$,则 $T((a,b))=(\min(2a,2(1-b)),1]$。由于
$$b-a=\frac{(1-2a)+(1-2(1-b))}{2}\leqslant 1-\min(2a,2(1-b)),$$
故区间 $(a,b)$ 在映射 $T$ 下像集区间的长度不小于原区间长度。更进一步,如果 $2a,$

$2(1-b) \in [0.5, 1]$，则由②的结论可知，$T^2((a, b)) = T(\min(2a, 2(1-b)), 1]$的长度为区间$(\min(2a, 2(1-b)), 1]$长度的两倍，因而$|T^2((a, b))| \geqslant 2|(a, b)|$。如果$2a$和$2(1-b)$中至少有一个数小于$0.5$，则$T^2((a, b)) = [0, 1]$。

由上面三种情况可知，对任意区间$(a, b) \subseteq [0, 1]$，$T(a, b)$和$T^2(a, b)$还是区间，且$T^2(a, b) = [0, 1]$或$T^2(a, b)$的长度至少为$(a, b)$长度的两倍。因此，对任意区间$(a, b) \subseteq [0, 1]$，总存在一个整数$M > 0$，使得对任意$n \geqslant M$，都有$T^n(a, b) = [0, 1]$。于是，$T$是完全传递的。

其次，下面证明$T$对初始值具有完全敏感依赖性。

取常数$\delta \in (0, 0.25)$，由上面的证明过程和结论可知，对任意$x \in I$和$x$的任意邻域$G$，存在整数$M > 0$，使得对任意$n \geqslant M$，都存在$y \in G$，使$|T^n(x) - T^n(y)| \geqslant \delta$。因此，$T$对初始值具有完全敏感依赖性。

最后，将证明$T$的周点集在$I$中是完全稠密的。

下面将证明：在集合$\Gamma = \{i/2^n \mid n \in \mathbf{N}, i = 0, 1, 2, \cdots, 2^n\}$中的任意一点的任意邻域内都存在所有大周期的周期点。

① 对集合$\{0, 1/2, 1\}$中的每个数$a$和$a$的任意邻域$G$，令$k = 2^n$和$x_0 = 2k/(2k+1)$，对任意$n \in \mathbf{N}$，则$x_0$，$T(x_0) = 2/(2k+1)$和$T^n(x_0) = k/(2k+1)$都是$T$的周期为$n+1$的周期点。显然，当$n$充分大时，$x_0$，$x_1 = T(x_0)$和$x_n = T^n(x_0)$分别在$1, 0$和$0.5$的任意小的邻域$G$内。

② 对$\{1/4, 3/4\}$中的每个数$a$和$a$的任意邻域$G$，设$x_0 = \dfrac{j}{4} + \dfrac{j}{4(2^n - 1)}$，$j = 1, 3$，则对所有充分大的$n$，容易验证：$x_0$是在点$1/4$或$3/4$的邻域内$T$的周期为$n$的周期点。

③ 一般地，利用归纳法可以证明：对任意$k/2^m \in \Gamma$，其中$m \in \mathbf{N}$和$k \in \{0, 1, 2, \cdots, 2^m\}$，设$x_0 = \dfrac{k}{2^m} + \dfrac{k}{2^m(2^n - 1)}$，$n \in \mathbf{N}$，则对所有充分大的整数$n$，容易验证：$x_0$是在点$k/2^m$的任意小邻域内的周期为$n$的周期点。

设$H = \{k/2^m \mid m = 1, 2, \cdots; k = 0, 1, 2, \cdots, 2^m\}$，则集合$H$在$[0, 1]$中是稠密的。因此，对任意开集$G \subseteq I$，存在整数$M > 0$，使得对所有的整数$n > M$，都存在一个周期为$n$的周期点$x_n \in G$。因此，$T$在$I$中具有周期点的完全稠密性。

由以上的证明过程可知，系统(13-18)是最终完全混沌的。证毕！

下面再举一个宽均匀混沌系统的例子。如下的结果显然成立。

**引理13.2** 对任意整数$k \in \mathbf{N}$，$\alpha \in I = [0, 1)$是函数$f(x) = \langle 2x \rangle$周期为$k$的周期点当且仅当存在$m \in \{0, 1, 2, \cdots, 2^k - 2\}$，使得$\alpha = m/(2^k - 1)$。

**例13.4** 证明如下离散系统：

$$x_{n+1} = f(x_n) = \langle 2x_n \rangle, \quad x_0 \in I = [0, 1), \tag{13-19}$$

是宽均匀混沌的。

证明：首先，由引理 5.7 或定理 13.7 可知，系统(13-19)是均匀传递的。

其次，由引理 13.2，对任意 $x \in I = [0,1)$ 和 $x$ 的任意邻域 $G$，都存在整数 $M > 0$，使得对任意整数 $k > M$，都有一个周期为 $k$ 的周期点 $\alpha = m/(2^k - 1) \in G, m \in \{0, 1, 2, \cdots, 2^k - 2\}$。因此，$f$ 具有周期点的最终完全稠密性。

最后，由引理 5.7 容易证明：对任意 $x \in I = [0,1)$ 和 $x$ 的任意邻域 $G$，都存在两点 $a, b \in G$，使得 $X = \{|f^n(a) - f^n(b)|\}_{n=1}^{\infty}$ 是 $I = [0,1)$ 上的均匀数列。因此，$f$ 对初始值具有宽均匀敏感依赖性。

由以上的过程，系统(13-19)是宽均匀混沌的。证毕！

# 第14章 数列的伪随机性能与大数定律

本章在前面各章的基础上,参照现有的一些理论和方法,将提出一些数量指标来描述和分析数列的伪随机性,以便对实际应用有所指导。在理论研究和实际应用中,有多种不同方式可产生各种类型的数列。这些数列一般可分为确定数列和随机数列,也可分为一维、高维和无限维数列等。例如,如下的一维离散系统能产生一维确定数列:

$$x_{n+1}=f(x_n), \ n=0,1,2,\cdots,x_0\in I, \tag{14-1}$$

其中,$I$ 是实数集 **R** 的子集,$f: I \rightarrow I$ 是一函数。系统(14-1)的每一个解 $X=\{x_n\}_{n=1}^{\infty}$ 便是一个确定数列。又如,通过对一个随机变量(或总体)进行随机抽样可得到一个随机样本数列:$x_1,x_2,\cdots$。从现有一些文献来看,对所得到的确定或随机数列的性质有许多不同的描述和分析方法。本章将从新的角度去探讨如何描述和分析数列的性质问题:一方面将借鉴概率论和数理统计等理论中分析随机数列的方法,利用频率测度知识提出一些分析确定数列伪随机性的新概念和方法;另一方面,将讨论从随机总体中抽样所得的随机样本数列的"伪随机性的统计规律",并将给出几个不同形式的"大数定律"或"极限定理"。

## 14.1 确定数列的伪随机性能

对于确定数列,前面几章已给出了能描述它们性质的一些重要指标。例如,对单个数列,能表示其性质特征的指标包括:期望,方差,自相关数列,自独立性,自信息等;同时,对两个及两个以上的数列,能描述它们之间关系的指标包括:相关系数,互相关数列,互独立性,互信息等。所有这些指标都从某个方面描述了数列的"伪随机"性能。例如,数列的方差能表示该数列各项与其中心值的平均离散或集中的程度;自相关数列能表示一个数列与其平移数列之间线性相关的程度;互信息能表示两个数列间不确定性的程度,等等。为了便于理论分析和实际应用,参照概率论和数理统计的分析方法,本节将进一步讨论确定数列的分析方法。

众所周知,在概率论和数理统计中,"小概率原理"是统计分析推断的一个基本原理。在统计分析时,需要预先确定一个小概率的数值 $\alpha>0$,将由样本数据计算出的概率与 $\alpha$ 进行比较后再作出统计推断。与此类似,在分析确定数列的伪随机性时,也可引入一个小频率数值 $\alpha>0$。通常可将小频率 $\alpha$ 取为 0.05 或 0.01 或 0.001等,特殊情况下也可取 $\alpha=0$。

另一方面,将理论分析结果应用于实际之中时往往不可避免地存在一定的误差,实际应用中往往也容许理论值和实际值之间有一定的偏差。一般情况下,这种误差可能来自于"模型误差"、"系统误差"或"舍入误差"等。因此,还需要引入一个小数值 $\varepsilon > 0$ 来控制这种"误差"的大小。通常可将小误差 $\varepsilon$ 取为 0.1 或 0.01 或 0.001 或 0.0001 等等,特殊时也可取 $\varepsilon = 0$。

### 14.1.1　几个新概念

设 $X = \{x_n\}_{n=1}^{\infty}$ 是一个数列,其均值 $M(X) = M(T^k(X))$(或 $m(X)$)存在,其中,$T^k(X)$ 是 $X$ 的 $k$ 步平移数列,$k \in \mathbf{Z}$。由第 7 章,如果对任意 $k \in \mathbf{Z}$,$c_k = M[(X - M(X))(T^k(X) - M(T^k(X)))]$ 存在,则将 $C(X) = \{c_n\}_{n=-\infty}^{\infty}$ 称为 $X$ 的(频率)自协方差数列。如果对任意 $k \in \mathbf{Z}$,$r_k = M(XT^k(X))$ 都存在,则将 $R(X) = \{r_n\}_{n=-\infty}^{\infty}$ 称为 $X$ 的自相关数列。此外,如果 $X$ 的方差 $D(X) > 0$ 存在,则将
$$S(X) = C(X)/D(X) = \{s_n = c_n/D(X)\}_{n=-\infty}^{\infty}$$
称为 $X$ 的(自)相关系数数列。可类似定义期望(自)相关系数数列,仍记为 $S(X)$。

类似地,设两个数列 $X = \{x_n\}_{n=1}^{\infty}$ 和 $Y = \{y_n\}_{n=1}^{\infty}$ 的均值 $M(X)$ 和 $M(Y)$、方差 $D(X)$ 和 $D(Y)$ 都存在,如果对任意 $k \in \mathbf{Z}$,$u_k = M[(X - M(X))(T^k(Y) - M(T^k(Y)))]$ 都存在,则 $X$ 和 $Y$ 的互相关数列 $U = U(X, Y) = \{u_n\}_{n=-\infty}^{\infty}$ 存在。将
$$H(X, Y) = U/\sqrt{D(X)D(Y)} = \{s_n = u_n/\sqrt{D(X)D(Y)}\}_{n=-\infty}^{\infty}$$
称为 $X$ 和 $Y$ 的(互)相关系数数列。可类似定义期望互相关系数数列,仍记为 $H(X, Y)$。

对数列 $X = \{x_n\}_{n=1}^{\infty}$,如果 $D(X) = 0$,则将 $X$ 称为平凡数列。否则将 $X$ 称为非平凡数列。显然,平凡数列 $X$ 的自相关系数数列不存在。另外,$D(X) = 0$ 当且仅当 $f\lim_{n \to \infty} x_n$ 存在。

对任意数列 $X = \{x_n\}_{n=1}^{\infty}$ 和任意整数 $k > 0$,可定义一个周期数列
$$Y = \{y_n\}_{n=1}^{\infty} = \overbrace{x_1 x_2 \cdots x_k}^{k\text{位}} \overbrace{x_1 x_2 \cdots x_k}^{k\text{位}} \overbrace{x_1 x_2 \cdots x_k}^{k\text{位}} \cdots,$$
将数列 $Y$ 称为 $X$ 的(周期为 $k$ 的)样本数列。将 $W = \{w_n = x_{kn+m}\}_{n=1}^{\infty}$ 称为 $X$ 的(步长或间隔为 $k$、平移量为 $m$ 的)抽样(子)数列,$k \in \mathbf{N}$ 和 $m = 0, 1, \cdots, k-1$。

下面给出几个描述确定数列伪随机性的新概念。

**定义 14.1**　设 $\alpha > 0$ 和 $\varepsilon > 0$ 分别是小频率和小误差,且非平凡数列 $X = \{x_n\}_{n=1}^{\infty}$ 的自相关系数数列 $S(X) = \{s_n\}_{n=-\infty}^{\infty}$ 存在。如果 $\mu^*\{n \in Z[0, \infty) \| s_n | \geqslant \varepsilon\} < \alpha$,则称 $X$(在给定的参数 $\alpha$ 和 $\varepsilon$ 下)具有良好的(自)不相关性或自相关性是可接受的。

特别地,如果对任意 $\varepsilon > 0$,都有 $\mu\{n \in Z[0, \infty) \| s_n | \geqslant \varepsilon\} = 0$(即 $f\lim_{n \to \infty} s_n = 0$),则称 $X$ 具有理想自不相关性。将完全自不相关的数列称为具有完全自不相关性。

显然,完全自不相关数列一定具有理想自不相关性。

**定义 14.2** 设 $\alpha>0$ 是给定的小频率,且非平凡数列 $X=\{x_n\}_{n=1}^\infty$ 和 $Y=\{y_n\}_{n=1}^\infty$ 的自相关系数数列 $S(X)=\{s_{1n}\}_{n=-\infty}^\infty$ 和 $S(Y)=\{s_{2n}\}_{n=-\infty}^\infty$ 都存在。如果

$$\mu^*\{n\in Z[0,\infty)\mid |s_{1n}|>|s_{2n}|\}\leqslant\alpha, \tag{14-2}$$

则称 $X$ 比 $Y$(在给定的参数 $\alpha$ 下)具有更好的(自)不相关性或在自相关性上是更易接受的。

特别地,如果对一切 $n\in\mathbf{Z}$,$|s_{1n}|=|s_{2n}|$(或 $\mu\{n\in Z[0,\infty)\mid |s_{1n}|=|s_{2n}|\}=1$),则称 $X$ 和 $Y$ 在自不相关性上(或依频率 1)是等价的。

类似于定义 14.1,还可定义数列 $X$ 和 $Y$ 的互相关性能。

**定义 14.3** 设 $\alpha>0$ 和 $\varepsilon>0$ 分别是小频率和小方差,非平凡数列 $X=\{x_n\}_{n=1}^\infty$ 和 $Y=\{y_n\}_{n=1}^\infty$ 的互相关系数数列 $H(X,Y)=\{h_n\}_{n=-\infty}^\infty$ 存在。如果 $\mu^*\{n\in Z[0,\infty)\mid |h_n|\geqslant\varepsilon\}<\alpha$,则称 $X$ 和 $Y$(在给定的参数 $\alpha$ 和 $\varepsilon$ 下)具有良好的互不相关性或在互相关性上是可接受的。特别地,如果对任意充分小的 $\varepsilon>0$,都有 $\mu\{n\in Z[0,\infty)\mid |h_n|\geqslant\varepsilon\}=0$,则称 $X$ 和 $Y$ 具有理想的互不相关性。此外,也将完全互不相关的数列 $X$ 和 $Y$ 称为具有完全互不相关性。

**例 14.1** 设 $X=\{x_n\}_{n=1}^\infty$ 是完全等分布的 Franklin 数列,则 $M(X)=0.5$ 和 $D(X)=1/12$,并且它的自相关系数数列 $S(X)=\{s_n\}_{n=-\infty}^\infty$ 满足:$s_0=1,s_n=0$,对一切 $n\neq0$。因此,$X$ 是完全自不相关的数列,且对任意充分小的数 $\varepsilon>0$,有 $\mu\{n\in Z[0,\infty)\mid |s_n|\geqslant\varepsilon\}=0$。由定义 14.1,$X$ 具有完全自不相关性,也具有理想的自不相关性。

### 14.1.2 $m$ 数列的不相关性分析

在信号分析和密码学中,由线性反馈移位寄存器产生的(二元)$m$ 数列具有重要的应用。下面简要介绍和分析 $m$ 数列的自不相关性能[35,38]。

(二元)线性反馈移位寄存器数列是由如下含时滞离散系统产生的:

$$a_{k+n}=c_1a_{k+n-1}+c_2a_{k+n-2}+\cdots+c_na_k\bmod(2), \quad k,n\in\mathbf{N}, \tag{14-3}$$

其中,$a_i\in GF(2)=\{0,1\}$,对 $i\in\mathbf{N}$,$c_1,c_2,\cdots,c_n\in GF(2)$ 是一列常数,mod 表示模运算。系统(14-3)也称为 $n$ 级线性反馈移位寄存器,其中,$c_n\neq0$。

特别地,如下两个线性反馈移位寄存器是系统(14-3)的特殊情形:

$$a_{k+5}=a_{k+3}+a_k\bmod(2), \quad a_k\in GF(2), \quad k\in\mathbf{N}, \tag{14-4}$$

和

$$a_{k+4}=a_{k+3}+a_k\bmod(2), \quad a_k\in GF(2), \quad k\in\mathbf{N}, \tag{14-5}$$

显然,对任意 $n\in\mathbf{N}$ 和给定的初始值 $a_1,a_2,\cdots,a_n\in GF(2)$,系统(14-3)的解数列 $A=\{a_k\}_{k=1}^\infty$ 是最终周期的,周期 $p\leqslant2^n-1$,即存在整数 $p\in\{1,2,\cdots,2^n-1\}$ 和 $m\in\mathbf{N}$,使得 $a_{k+m}=a_{p+m+k}$,对任意 $k=1,2,\cdots$。设系统(14-3)的级数为 $n\in\mathbf{N}$,如果

系统(14-3)存在一个最小正周期为 $2^n-1$ 的周期解 $A=\{a_k\}_{k=1}^{\infty}$,则将 $A=\{a_k\}_{k=1}^{\infty}$ 称为 $m$ 数列。

例如,在系统(14-4)中,取初始值为 $a_1=a_4=a_5=1$ 和 $a_2=a_3=0$,并在系统 (14-5)中,取初始值为 $a_1=a_4=1$ 和 $a_2=a_3=0$,则分别得到系统(14-4)和(14-5) 的两个解:

$$A=\underbrace{1001101001000010101110110001111}_{31位}\underbrace{1001101001000010101110110001111}_{31位}\cdots$$

和

$$B=\underbrace{100100011110101}_{15位}\underbrace{100100011110101}_{15位}\underbrace{100100011110101}_{15位}\cdots。\tag{14-6}$$

显然,$A$ 是最小正周期为 $2^5-1=31$ 的周期数列,$B$ 是最小正周期为 $2^4-1=15$ 的周期数列。因此,$A$ 和 $B$ 都是 $m$ 数列。

根据现有的文献,在分析线性反馈移位寄存器数列的"伪随机"性能时,为了方便,对系统(14-3)的解 $A=\{a_n\}_{n=1}^{\infty}$ 往往会作如下的变换[35,38,39]:

$$x_k=(-1)^{a_k}=\begin{cases}-1,a_k=1\\1\quad,a_k=0\end{cases},k=1,2,\cdots。\tag{14-7}$$

为了方便,如果系统(14-3)的解数列 $A=\{a_n\}_{n=1}^{\infty}$ 是 $m$ 数列,则将 $A$ 由式(14-7)变换所得到的数列 $X=\{x_n\}_{n=1}^{\infty}$ 也称为(由 $A$ 所导出的)$m$ 数列。

关于 $m$ 数列,有如下常见的结论。

**引理 14.1**　对任意整数 $n>1$ 和任意(由 $m$ 数列导出)的 $m$ 数列 $X=\{x_s\}_{s=1}^{\infty}$, 如下结论成立:

① $\mu(X=1)=(2^{n-1}-1)/(2^n-1)$ 和 $\mu(X=-1)=2^{n-1}/(2^n-1)$。

② 自相关数列 $R(X)=\{r_k=E[XT^k(X)]\}_{k=-\infty}^{\infty}$ 为

$$r_k=\begin{cases}1\quad\quad\quad,k=i(2^n-1)\\-\dfrac{1}{2^n-1},k=i(2^n-1)+j,\ j=1,2,\cdots,2^n-2\end{cases},i\in\mathbf{Z}。$$

由引理 14.1,对任意(由 $m$ 数列导出的)$m$ 数列 $X=\{x_n\}_{n=1}^{\infty}$,有

$$E(X)=-1\times\mu(X=-1)+1\times\mu(X=1)=-\frac{1}{2^n-1},$$

$$V(X)=E(X^2)-(E(X))^2=1-\frac{1}{(2^n-1)^2}=\frac{2^{2n}-2^{n+1}}{(2^n-1)^2}$$

和

$$c_k=E[(X-E(X))(T^k(X)-E(X))]=r_k-E^2(X)=\begin{cases}\dfrac{2^{2n}-2^{n+1}}{(2^n-1)^2}\quad,k=i(2^n-1)\\-\dfrac{2^n}{(2^n-1)^2},k\neq i(2^n-1)\end{cases},$$

$$s_k = \frac{E[(X-E(X))(T^k(X)-E(X))]}{V(X)} = \begin{cases} 1 & ,k=i(2^n-1) \\ -\dfrac{1}{2^n-2} & ,k\neq i(2^n-1) \end{cases}。$$

因此,对任意小频率 $\alpha>0$ 和任意小误差 $\varepsilon>0$,都存在整数 $U=U(\alpha,\varepsilon)>0$,使得

$$\mu\{k\in \mathbf{N} \parallel s_k \mid \geqslant \varepsilon\} < \alpha, \quad \text{对一切整数 } n>U,$$

即对所有充分大的级数 $n>0$,任意 $m$ 数列 $X=\{x_s\}_{s=1}^{\infty}$ 都具有良好的自不相关性。

**注 14.1**　根据 $m$ 数列的性质,随着线性反馈移位寄存器的级数 $n\to\infty$,任意 $m$ 数列 $X=\{x_s\}_{s=1}^{\infty}$ 都"渐近"具有理想的自不相关性。

**例 14.2**　比较由式(14-6)定义的数列 $A=\{a_n\}_{n=1}^{\infty}$ 和 $B=\{b_n\}_{n=1}^{\infty}$ 的自不相关的性能。

显然

$$E(A)=\frac{16}{31},\ D(A)=\frac{240}{961},\ E(B)=\frac{8}{15},\ D(B)=\frac{56}{225},$$

$$r_A(31i)=E[AT^{31i}(A)]=r_A(0)=\frac{16}{31},\ r_A(31i+k)=\frac{8}{31},\ i\in\mathbf{Z},\ k=1,2,\cdots,30$$

和

$$r_B(15i)=E[BT^{15i}(B)]=r_B(0)=\frac{8}{15},\ r_B(15i+k)=\frac{4}{15},\ i\in\mathbf{Z},\ k=1,2,\cdots,14。$$

因此

$$s_A(k)=\frac{E[(A-E(A))(T^k(A)-E(A))]}{D(A)}=\begin{cases}1 & ,k=31i \\ -\dfrac{8}{961} & ,k\neq 31i\end{cases},\ i\in\mathbf{Z},$$

$$s_B(k)=\frac{E[(B-E(B))(T^k(B)-E(B))]}{D(B)}=\begin{cases}1 & ,k=15i \\ -\dfrac{4}{225} & ,k\neq 15i\end{cases},\ i\in\mathbf{Z}。$$

因 $8/961<4/225<1$,故有

$$\mu\{k\in\mathbf{N}\parallel s_A(k)\mid>\mid s_B(k)\mid\}\leqslant\frac{1}{31},$$

其中,$S(A)=\{s_A(k)\}_{k=-\infty}^{\infty}$ 和 $S(B)=\{s_B(k)\}_{k=-\infty}^{\infty}$ 分别是数列 $A$ 和 $B$ 的自相关系数数列。因此,在任意参数 $\alpha\geqslant 1/31$ 下,$A$ 比 $B$ 具有更好的自不相关性。

此外,对于由 $A=\{a_n\}_{n=1}^{\infty}$ 和 $B=\{b_n\}_{n=1}^{\infty}$ 所导出的 $X=\{x_n=(-1)^{a_n}\}_{n=1}^{\infty}$ 和 $Y=\{y_n=(-1)^{b_n}\}_{n=1}^{\infty}$,不难计算出

$$s_X(k)=\begin{cases}1 & ,k=31i \\ -\dfrac{1}{30} & ,k\neq 31i\end{cases},\ s_Y(k)=\begin{cases}1 & ,k=15i \\ -\dfrac{1}{14} & ,k\neq 15i\end{cases},\ i\in\mathbf{Z}。$$

因此,在任意参数 $\alpha\geqslant 1/31$ 下,$X$ 比 $Y$ 具有更好的自不相关性。

**注 14.2**　由引理 14.1 可知,对于每个 $n$ 级的 $m$ 序列和正整数 $k$,相关系数 $s_k$

关于级数 $n$ 是单调不增的,即级数 $n$ 越高的 $m$ 数列的自不相关性要更好。以上计算结果与这个理论结果是吻合的。

### 14.1.3　离散数列的独立性能

除了定义数列的(自)不相关性能外,还可给出如下的定义。

**定义 14.4**　设标准离散数列 $X=\{x_n\}_{n=1}^{\infty}$ 的分布律为 $Q=\{q_k=\mu(X=a_k)\mid k=1,2,\cdots,L\}$,其中 $L\in Z[1,\infty]$ 和 $a_k\in\mathbf{R}$。对预先给定的小频率 $\alpha\geqslant0$ 和小误差 $\varepsilon>0$,如果对任意非 0 的整数 $k\in\mathbf{Z}$,$(X,T^k(X))$ 都是标准离散向量数列,且

$$\mu^*\{k\in\mathbf{N}\mid\exists\,i,j=1,2,\cdots,L,$$
$$|\mu(X=a_i,T^k(X)=a_j)-\mu(X=a_i)\mu(T^k(X)=a_j)|\geqslant\varepsilon\}\leqslant\alpha,$$

则称 $X$(在给定的参数 $\alpha$ 和 $\varepsilon$ 下)具有良好的自独立性或在自独立性上是可接受的。

特别地,如果对任意充分小的 $\varepsilon>0$,都有

$$\mu\{k\in\mathbf{N}\mid\exists\,i,j=1,2,\cdots,L,$$
$$|\mu(X=a_i,T^k(X)=a_j)-\mu(X=a_i)\mu(T^k(X)=a_j)|\geqslant\varepsilon\}=0,$$

则称 $X$ 具有理想的自独立性。另外,完全自独立数列 $X$ 也称为具有完全自独立性。

一般地,设正则可测数列 $X=\{x_n\}_{n=1}^{\infty}$ 的分布函数为 $F(x)$,如果对任意非 0 的整数 $k\in\mathbf{Z}$,$(X,T^k(X))$ 都是正则可测的向量数列,其联合分布为 $F_k(x,y),x,y\in\mathbf{R}$,且

$$\mu^*\{k\in\mathbf{N}\mid\exists\,x,y\in\mathbf{R},|F_k(x,y)-F(x)F(y)|\geqslant\varepsilon\}\leqslant\alpha,$$

则称 $X$(在给定的参数 $\alpha$ 和 $\varepsilon$ 下)具有良好的自独立性或在自独立性上是可接受的。

**定义 14.5**　设标准离散数列 $X=\{x_n\}_{n=1}^{\infty}$ 和 $Y=\{y_n\}_{n=1}^{\infty}$ 的分布律分别为

$$P=\{p_k=\mu(X=a_k)\mid k=1,2,\cdots,L\},\quad Q=\{q_k=\mu(Y=b_k)\mid k=1,2,\cdots,L\},$$

其中,$L\in Z[1,\infty]$ 和 $a_k,b_k\in\mathbf{R}$。不妨设 $p_1\geqslant p_2\geqslant\cdots\geqslant p_L$ 和 $q_1\geqslant q_2\geqslant\cdots\geqslant q_L$;否则可通过重新排序来实现。如果对给定的小频率 $\alpha\geqslant0$ 和任意整数 $k\in\mathbf{Z}$,$(X,T^k(Y))$ 都是标准离散向量数列,且

$$\mu^*\{k\in Z[0,\infty)\mid\exists\,i,j=1,2,\cdots,L,|\mu(X=a_i,T^k(X)=a_j)-\mu(X=a_i)$$
$$\mu(T^k(X)=a_j)|>|\mu(Y=b_i,T^k(Y)=b_j)-\mu(Y=b_i)\mu(T^k(Y)=b_j)|\}\leqslant\alpha,$$

则称 $X$ 比 $Y$(在给定的参数 $\alpha$ 下)具有更好的自独立性或在自独立性上更易接受的。

特别地,当 $L$ 和 $M$ 都是正整数时,还可以给出如下更严格的定义:设 $X=\{x_n\}_{n=1}^{\infty}$ 和 $Y=\{y_n\}_{n=1}^{\infty}$ 的分布律分别为

$$P=\{p_k=\mu(X=a_k)>0\mid k=1,2,\cdots,L\},\quad Q=\{q_j=\mu(Y=b_j)>0\mid j=1,2,\cdots,M\},$$

其中，$a_k,b_j \in \mathbf{R}$ 和 $L,M \in \mathbf{N}$。如果对给定的小频率 $\alpha \geq 0$ 和任意整数 $k \in \mathbf{Z},(X,T^*(Y))$ 都是标准离散向量数列，且

$$\mu^*\{k \in Z[0,\infty) \,|\, \max_{i,j}\{|\mu(X=a_i,T^*(X)=a_j)-\mu(X=a_i)\mu(T^*(X)=a_j)|\}$$
$$> \min_{s,t}\{|\mu(Y=b_s,T^*(Y)=b_t)-\mu(Y=b_s)\mu(T^*(Y)=b_t)|\}\} \leq \alpha,$$

则称 $X$ 比 $Y$（在给定的参数 $\alpha$ 下）具有更好的自独立性或在自独立性上更易接受。此外，还可定义 $X$ 和 $Y$ 在自独立性上是等价的，等等。

类似地，还可定义离散数列 $X$ 和 $Y$ 的互独立性能。

**定义 14.6**　设标准离散数列 $X=\{x_n\}_{n=1}^{\infty}$ 和 $Y=\{y_n\}_{n=1}^{\infty}$ 的分布律为

$$P=\{p_k=\mu(X=a_k)\,|\,k=1,2,\cdots,L\}, \quad Q=\{q_j=\mu(Y=b_j)\,|\,j=1,2,\cdots,M\},$$

其中，$L,M \in Z[1,\infty]$ 和 $a_k,b_j \in \mathbf{R}$。对给定的小频率 $\alpha \geq 0$ 和小误差 $\varepsilon > 0$，如果对任意 $k \in \mathbf{Z},(X,T^k(Y))$ 都是标准离散向量数列，且

$$\mu^*\{k \,|\, \exists (i,j) \in \{1,\cdots,L\} \times \{1,\cdots,M\},$$
$$|\mu(X=a_i,T^*(Y)=b_j)-\mu(X=a_i)\mu(Y=b_j)| \geq \varepsilon\} \leq \alpha,$$

则称 $X$ 和 $Y$（在给定的参数 $\alpha$ 和 $\varepsilon$ 下）具有良好的互独立性或在互独立性上是可接受的。特别地，如果对一切充分小的 $\varepsilon > 0$，有

$$\mu\{k \in N_0 \,|\, \exists (i,j) \in \{1,\cdots,L\} \times \{1,\cdots,M\},$$
$$|\mu(X=a_i,T^*(Y)=b_j)-\mu(X=a_i)\mu(Y=b_j)| \geq \varepsilon\} = 0,$$

其中，$N_0=Z[0,\infty)$，则称 $X$ 和 $Y$ 具有理想的互独立性。

显然，如果 $X$ 和 $Y$ 是完全互独立的，则 $X$ 和 $Y$ 具有理想的互独立性。

**例 14.3**　比较由式(14-6)定义的数列 $A$ 和 $B$ 的自独立性能。

容易计算出

$$\mu(A=0)=\frac{15}{31}, \ \mu(A=1)=\frac{16}{31},$$

$$\mu(B=0)=\frac{7}{15}, \ \mu(B=1)=\frac{8}{15},$$

$$\mu(A=0)\mu(A=0)=\frac{225}{961}, \ \mu(A=0)\mu(A=1)=\frac{240}{961},$$

$$\mu(A=1)\mu(A=0)=\frac{240}{961}, \ \mu(A=1)\mu(A=1)=\frac{256}{961},$$

$$\mu(B=0)\mu(B=0)=\frac{49}{225}, \ \mu(B=0)\mu(B=1)=\frac{56}{225},$$

$$\mu(B=1)\mu(B=0)=\frac{56}{225}, \ \mu(B=1)\mu(B=1)=\frac{64}{225},$$

$$\mu(A=0,T^*(A)=0)=\begin{cases}\dfrac{15}{31}, & k=31i \\[2mm] \dfrac{7}{31}, & k\neq 31i,\end{cases} \quad \mu(A=1,T^*(A)=1)=\begin{cases}\dfrac{16}{31}, & k=31i \\[2mm] \dfrac{8}{31}, & k\neq 31i,\end{cases}$$

$$\mu(A=0,T^*(A)=1)=\begin{cases}0&,k=31i\\\dfrac{8}{31}&,k\neq31i\end{cases},\ \mu(A=1,T^*(A)=0)=\begin{cases}0&,k=31i\\\dfrac{8}{31}&,k\neq31i\end{cases}$$

和

$$\mu(B=0,T^*(B)=0)=\begin{cases}\dfrac{7}{15}&,k=15i\\\dfrac{3}{15}&,k\neq15i\end{cases},\ \mu(B=1,T^*(B)=1)=\begin{cases}\dfrac{8}{15}&,k=15i\\\dfrac{4}{15}&,k\neq15i\end{cases},$$

$$\mu(B=0,T^*(B)=1)=\begin{cases}0&,k=15i\\\dfrac{4}{15}&,k\neq15i\end{cases},\ \mu(B=1,T^*(B)=0)=\begin{cases}0&,k=15i\\\dfrac{4}{15}&,k\neq15i\end{cases}\circ$$

设 $a_1=0$ 和 $a_2=1$，则进一步计算，可得

$$\max_{i,j=1,2}\{|\mu(A=a_i,T^*(A)=a_j)-\mu(A=a_i)\mu(T^*(A)=a_j)|\}$$

$$=\begin{cases}240/961,k=31s\\8/961\quad,k\neq31s\end{cases},\ s=1,2,\cdots,$$

$$\min_{i,j=1,2}\{|\mu(B=a_i,T^*(B)=a_j)-\mu(B=a_i)\mu(T^*(B)=a_j)|\}$$

$$=\begin{cases}56/225,k=15s\\4/225\quad,k\neq15s\end{cases},\ s=1,2,\cdots\circ$$

由于 $8/961<4/225<56/225<240/961$，因此，对任意正数 $\alpha\geqslant1/31$，有

$$\mu\{k\in Z[0,\infty)\,|\,\max_{i,j=1,2}\{|\mu(A=a_i,T^*(A)=a_j)-\mu(A=a_i)\mu(T^*(A)=a_j)|\}$$

$$>\min_{s,t=1,2}\{|\mu(B=a_s,T^*(B)=a_t)-\mu(B=a_s)\mu(T^*(B)=a_t)|\}\}\leqslant\alpha\circ$$

由定义 14.5，在给定的参数 $\alpha\geqslant1/31$ 下，$A$ 比 $B$ 具有更好的自独立性。

**注 14.3**　关于数列的伪随机性能，应该还可利用信息的概念给出几个定义。在此不赘述了。

## 14.2　随机样本数列的统计分析

　　除了确定的离散系统可产生（确定）数列外，对随机现象进行抽样也可以得到（随机样本）数列。下面研究随机样本数列的"伪统计性质"。

　　由概率论和数理统计可知，随机变量 $\xi$ 可用于描述随机现象，将 $\xi$ 称为（抽样）总体，其概率分布为 $F(x)$。设从总体 $\xi$ 抽取的简单随机样本为 $\xi_1,\xi_2,\cdots,\xi_n,\cdots$，则 $\xi_1,\xi_2,\cdots,\xi_n,\cdots$ 相互独立，且具有相同的分布 $F(x)$，即 $\xi_1,\xi_2,\cdots,\xi_n,\cdots$ 是独立同分布样本，记为 i.i.d 样本。将从总体 $\xi$ 中独立随机地抽取出的具体样本值 $x_1,x_2,\cdots,x_n,\cdots$ 称为简单随机样本值，也简称为简单样本。

　　下面的引理是概率论中的一个著名结果，称为 Kolmogorov 强大数定律，可参

见文献[32]。

**引理 14.2** 设 $\xi_1, \xi_2, \cdots, \xi_n, \cdots$ 是一列独立、同分布的随机变量,其共同的分布为 $F(x)$,则

$$P\left\{\lim_{n\to\infty}\frac{1}{n}\sum_{i=1}^{n}\xi_i=a\right\}=P\left\{\bigcap_{m=1}^{\infty}\bigcap_{k=1}^{\infty}\bigcap_{n=k}^{\infty}\left(\mid S_n-a\mid<\frac{1}{m}\right)\right\}=1$$

当且仅当 $E(\xi_i)=a$ 存在,对任意 $i\in\mathbf{N}$,其中,$S_n$ 是 $\xi_1, \xi_2, \cdots, \xi_n$ 的算术平均值:

$$S_n=\frac{\xi_1+\xi_2+\cdots+\xi_n}{n}, n=1,2,\cdots。 \tag{14-8}$$

由引理 14.2,并利用依概率 1 收敛和依概率收敛之间的关系,容易得到如下两个结果。

**推论 14.1** 设 $\xi_1, \xi_2, \cdots, \xi_n, \cdots$ 是一列独立、同分布的随机变量,其共同的分布为 $F(x)$,并设 $S_1, S_2, \cdots, S_n, \cdots$ 是由式(14-8)所定义的一列随机变量。如果 $E(\xi_i)=a$ 存在,则对任意充分小的 $\varepsilon>0$ 和 $\eta>0$,有

$$\mu\{n\in\mathbf{N}\mid P(\mid S_n-a\mid\geqslant\varepsilon)<\eta\}=1。$$

**推论 14.2** 设 $X=(\xi_1, \xi_2, \cdots, \xi_n, \cdots)$ 是由一列独立、同分布的随机变量所构成的(随)数列,且 $\xi_i$ 的分布为 $F(x)$,并设 $S_1, S_2, \cdots, S_n, \cdots$ 是由式(14-8)定义的一列随机变量。如果 $E(\xi_i)=a$ 存在,则随机数列 $X$ 的算术平均值(或样本极限均值)

$$m(X)=\lim_{n\to\infty}\frac{\xi_1+\xi_2+\cdots+\xi_n}{n}$$

依概率 1 存在,且 $P\{m(X)=a\}=1$。

**注 14.4** 在推论 14.2 的条件下,是否有 $P\{M(X)=a\}=P\{E(X)=a\}=1$?本书将不再讨论这个问题了。

**定理 14.1** 设总体 $\xi$ 的概率分布为 $F(x)$,期望 $a=E(\xi)<\infty$ 存在,并设 $\xi_1, \xi_2, \cdots, \xi_n, \cdots$ 是从该总体 $\xi$ 中抽取的简单随机样本,$S_n$ 是由式(14-8)定义的随机变量,则对任意充分小的 $\varepsilon>0$,

$$P\{\mu(n\in\mathbf{N}\|\,S_n-a\mid<\varepsilon)=1\}$$
$$=P\{\omega\in\Omega^{\infty}\mid\mu(n\in\mathbf{N}\mid\mid S_n(\omega)-a\mid<\varepsilon)=1\}=1, \tag{14-9}$$

其中,$\Omega$ 是随机变量 $\xi$ 的样本空间,$\Omega^{\infty}=\Omega\times\Omega\times\cdots$,且

$$S_n(\omega)=\frac{\xi_1(\omega_1)+\xi_2(\omega_2)+\cdots+\xi_n(\omega_n)}{n}, \omega=(\omega_1, \omega_2, \cdots, \omega_n, \cdots), \omega_i\in\Omega, i\in\mathbf{N}。$$

证明:由已知条件和引理 14.2,对任意 $\varepsilon>0$,有

$$\lim_{k\to\infty}P\left\{\bigcap_{n=k}^{\infty}(\mid S_n-a\mid<\varepsilon)\right\}=1。$$

设 $\Gamma_k=\bigcap_{n=k}^{\infty}(\mid S_n(\omega)-a\mid<\varepsilon), k\in\mathbf{N}$,则对任意 $\eta>0$,存在整数 $L>0$,使得 $P(\Gamma_k)\geqslant1-\eta$,对任意 $k\geqslant L$。显然,$\Gamma_1\subseteq\Gamma_2\subseteq\cdots$。因此,对所有的 $\omega\in\Gamma_L$ 和 $n\geqslant L$,

有 $|S_n(\omega)-a|<\varepsilon$。故对任意 $\omega\in\Gamma_L$,有
$$\mu(n\in\mathbf{N}\parallel S_n(\omega)-a|<\varepsilon)=1,$$
即
$$\Gamma_L\subseteq\{\omega\in\Omega^\infty\mid\mu(n\in\mathbf{N}\parallel S_n(\omega)-a|<\varepsilon)=1\}。$$
于是
$$1\geqslant P\{\mu(n\in\mathbf{N}\parallel S_n(\omega)-a|<\varepsilon)=1\}\geqslant P(\Gamma_L)\geqslant 1-\eta。$$
因此,式(14-9)成立。证毕!

**注 14.5** 由定理 14.1 可知,从期望为 $a\in\mathbf{R}$ 的总体 $\xi$ 中抽取的简单随机样本依概率 1 有
$$\mu(n\in\mathbf{N}\parallel S_n(\omega)-a|<\varepsilon)=1,对任意 \varepsilon>0。$$
这说明对任意 $\varepsilon>0$ 和几乎所有的 $n\in\mathbf{N}$,周期为 $n$ 的(随机)样本数列 $W=(\xi_1,\cdots,\xi_n,\xi_1,\cdots,\xi_n,\cdots)$ 依概率 1 有 $|m(W)-a|<\varepsilon$,即 $P\{|m(W)-a|<\varepsilon\}=1$,对任意 $\varepsilon>0$。因此,每次从总体 $\xi$ 中抽取的有限简单样本值 $x_1,x_2,\cdots,x_n$ 几乎必然满足
$$\bar{x}=(x_1+x_2+\cdots+x_n)/n\approx E(\xi)。$$
这一结论与概率论和数理统计中的常用结论是基本吻合的:所有大样本的样本值数列的"时间平均值 $\bar{x}$"近似等于总体的"空间平均值 $E(\xi)$"。

**定理 14.2** 设总体 $\xi$ 的概率分布为 $F(x)$,期望 $a=E(\xi)<\infty$ 存在,并设 $X_1,X_2,\cdots,X_n,\cdots$ 和 $Y_1,Y_2,\cdots,Y_n,\cdots$ 都是从同一个总体 $\xi$ 相互独立地抽取的两个简单随机样本,则对任意给定的整数 $k\geqslant 1$ 和充分小的 $\varepsilon>0$,
$$P\left\{\mu\left(n\in\mathbf{N}\left\|\frac{X_1Y_k+X_2Y_{k+1}+\cdots+X_nY_{k+n-1}}{n}-E^2(\xi)\right|<\varepsilon\right)=1\right\}=1。 \tag{14-10}$$
证明:由给定的条件,对任意给定的整数 $k\geqslant 1$,$X_1Y_k,X_2Y_{k+1},\cdots$ 是相互独立、同分布的随机变量,其期望都为 $E^2(\xi)$。因此,由定理 14.1,该定理的结论成立。证毕!

由引理 14.2,可得到如下结果。

**推论 14.3** 设总体 $\xi$ 的概率分布为 $F(x)$,期望 $a=E(\xi)<\infty$ 存在,并设 $X=(X_1,X_2,\cdots,X_n,\cdots)$ 和 $Y=(Y_1,Y_2,\cdots,Y_n,\cdots)$ 都是从同一总体 $\xi$ 相互独立地抽取的两个简单随机样本,则对任意的整数 $k\geqslant 0$,
$$P\left\{m(XT^k(Y))=\lim_{n\to\infty}\frac{1}{n}\sum_{i=1}^n X_iY_{k+i}=E^2(\xi)=a^2\right\}=1。$$
**定理 14.3** 设总体 $\xi$ 的分布为 $F(x)$,期望 $a=E(\xi)<\infty$ 和方差 $\sigma^2=D(\xi)<\infty$ 都存在,并设 $X_1,X_2,\cdots,X_n,\cdots$ 是从总体 $\xi$ 中抽取的一个简单随机样本,则对任意给定的整数 $k\geqslant 1$ 和充分小的 $\varepsilon>0$,以及任意 $\eta>0$,都存在 $L\in\mathbf{N}$,使得对一切 $n\geqslant L$,都有
$$P\left\{\left|\frac{X_1X_{k+1}+X_2X_{k+2}+\cdots+X_nX_{k+n}}{n}-a^2\right|<\varepsilon\right\}\geqslant 1-\eta。 \tag{14-11}$$

因而,对每个整数 $k \geq 1$,任意 $\varepsilon > 0$ 和任意 $\eta > 0$,都有

$$\mu \left\{ n \in \mathbf{N} \middle| P \left\{ \left| \frac{X_1 X_{k+1} + X_2 X_{k+2} + \cdots + X_n X_{k+n}}{n} - a^2 \right| < \varepsilon \right\} \geq 1 - \eta \right\} = 1.$$

证明:对 $k \geq 1$,设 $Y_m = X_m X_{m+k}$,对任意 $m = 1, 2, \cdots$,则 $E(Y_m) = E(X_m X_{m+k})$ $= a^2 = m_Y$ 是与 $m$ 和 $k$ 无关的常数,且 $Y_1, Y_2, \cdots$ 的自相关函数

$$R_Y(m, m+n) = E(Y_m Y_{m+n}) = E(X_m X_{m+k} X_{m+n} X_{m+n+k}) = \begin{cases} a^2(\sigma^2 + a^2), & n = \pm k \\ (\sigma^2 + a^2)^2, & n = 0 \\ a^4, & n \neq 0, \pm k \end{cases}$$

与 $m$ 无关。因此,$Y_1, Y_2, \cdots$ 是平稳时间序列或宽平稳随机过程。另外,对任意给定的整数 $k \geq 1$ 和任意的 $m \in \mathbf{N}$,显然有

$$\lim_{n \to \infty} R_Y(m, m+n) = \lim_{n \to \infty} R_Y(n) = \lim_{n \to \infty} E(X_m X_{m+k} X_{m+n} X_{m+n+k}) = a^4 = m_Y^2.$$

因此,$Y_1, Y_2, \cdots$ 具有数学期望 $E(Y_m) = m_Y$ 的各态历经性,故有

$$P\{W = m_Y\} = P\{W = a^2\} = 1,$$

其中,随机变量 $W$ 是 $S_1, S_2, \cdots$ 的均方极限(一定存在),$S_n$ 是 $Y_1, Y_2, \cdots, Y_n$ 的算术平均值,即

$$\lim_{n \to \infty} E\left( \frac{1}{n} \sum_{j=1}^{n} Y_j - W \right)^2 = \lim_{n \to \infty} E(|S_n - W|^2) = 0.$$

由于 $S_n$ 均方收敛于 $W$ 和 $P\{W = a^2\} = 1$,故 $S_n$ 依概率收敛于 $a^2$。于是,对任意 $\varepsilon > 0$ 和任意 $\eta > 0$,存在整数 $L > 0$,使得对所有 $n \geq L$,有 $P\{|S_n - a^2| < \varepsilon\} \geq 1 - \eta$,即式(14-11)成立。证毕!

由引理 14.2,还可得到如下结果。

**推论 14.4** 设总体 $\xi$ 的分布为 $F(x)$,期望 $a = E(\xi) < \infty$ 存在,并设 $X = (X_1, X_2, \cdots, X_n, \cdots)$ 是从总体 $\xi$ 中抽取的一个简单随机样本,则对任意给定的整数 $k \geq 1$,有

$$P\left\{ m(XT^k(X)) = \lim_{n \to \infty} \frac{1}{n} \sum_{i=1}^{n} X_i X_{i+k} \right.$$
$$\left. = \lim_{n \to \infty} \frac{X_1 X_{k+1} + X_2 X_{k+2} + \cdots + X_n X_{k+n}}{n} = a^2 \right\} = 1.$$

证明:由已知条件,对任意给定的整数 $k \geq 1$ 和任一 $i = 1, 2, \cdots, k, k+1$,如下的随机变量序列

$$X_i X_{i+k}, X_{i+k+1} X_{i+2k+1}, X_{i+2k+2} X_{i+3k+2}, \cdots, X_{i+nk+n} X_{i+(n+1)k+n}, \cdots$$

是独立同分布的。因此,由引理 14.2,对任一 $i = 1, 2, \cdots, k, k+1$,有

$$P\left\{ \lim_{n \to \infty} \frac{X_i X_{i+k} + X_{i+k+1} X_{i+2k+1} + \cdots + X_{i+(n-1)k+n-1} X_{i+nk+n-1}}{n} = E(X_i X_{i+k}) = a^2 \right\} = 1.$$

因此

$$P\left\{\lim_{m\to\infty}\frac{1}{m}\sum_{i=1}^{m}X_{i}X_{i+k}=\lim_{n\to\infty}\frac{1}{(k+1)n}\sum_{j=1}^{k+1}\sum_{i=1}^{n}X_{j+(i-1)k+i-1}X_{j+ik+i-1}=a^{2}\right\}=1。$$

**注 14.6** 推论 14.3 的结论说明了从有限期望的总体 $\xi$ 中独立抽取的两个简单随机样本(值)数列 $X=(x_1,x_2,x_3,\cdots)$ 和 $Y=(y_1,y_2,y_3,\cdots)$ 几乎必然是频率完全互不相关的。推论 14.4 的结论说明了从有限期望的总体 $\xi$ 中取出的简单随机样本(值)数列 $x_1,x_2,x_3,\cdots$ 几乎必然是完全自不相关的。

**定理 14.4** 设总体 $\xi$ 的概率分布为 $F(x)$，并设 $X=(X_1,\cdots,X_n,\cdots)$ 和 $Y=(Y_1,\cdots,Y_n,\cdots)$ 是从总体 $\xi$ 中独立地抽取的两个简单随机样本数列，则对任意实数 $x,y\in\mathbf{R}$，有

$$P\{\mu(X<x,Y<y)=\mu(X<x)\mu(Y<y)\}=1,$$

其中，$\Omega$ 是随机变量 $\xi$ 的样本空间，对任意 $\omega=((\omega_{11},\omega_{21}),\cdots,(\omega_{n1},\omega_{n2}),\cdots)$，$\omega_{n1}$，$\omega_{n2}\in\Omega,n\in\mathbf{N}$，

$$\mu(X<x)=\mu(X(\omega)<x)=\mu(n\in\mathbf{N}\,|\,X_n(\omega_{n1})<x),\mu(Y<y)$$
$$=\mu(n\in\mathbf{N}\,|\,Y_n(\omega_{n2})<y),$$
$$\mu(X<x,Y<y)=\mu\{n\in\mathbf{N}\,|\,X_n(\omega_{n1})<x,Y_n(\omega_{n2})<y\}。$$

证明：对任意两个固定的数 $x,y\in\mathbf{R}$，记 $\alpha=P\{\xi<x\}$ 和 $\beta=P\{\xi<y\}$，并对任意给定的样本点 $\omega=(\omega_1,\omega_2,\cdots,\omega_n,\cdots)$，$\omega_i\in\Omega,i\in\mathbf{N}$，令 $\alpha_m=\alpha_m(\omega)$ 表示 $X_1(\omega_1)$，$X_2(\omega_2),\cdots,X_m(\omega_m)$ 中小于 $x$ 的个数，$\beta_n=\beta_n(\omega)$ 表示 $Y_1(\omega_1),Y_2(\omega_2),\cdots,Y_n(\omega_n)$ 中小于 $y$ 的个数，即

$$\alpha_m=|\langle X<x\rangle^{(m)}|=|\{i\in\mathbf{N}\,|\,X_i<x\}^{(m)}|,\quad\beta_n=|\langle Y<y\rangle^{(n)}|=|\{j\in\mathbf{N}\,|\,Y_j<y\}^{(n)}|。$$

显然，$\alpha_m$ 和 $\beta_n$ 都是随机变量。由已知条件和概率论中的 Borel 强大数定律，有

$$P\left\{\lim_{m\to\infty}\frac{\alpha_m}{m}=\alpha=\mu(X<x)\right\}=1,\quad P\left\{\lim_{n\to\infty}\frac{\beta_n}{n}=\beta=\mu(Y<y)\right\}=1。\tag{14.12}$$

另一方面，由已知条件，$(X_1,Y_1),(X_2,Y_2),(X_3,Y_3),\cdots(X_n,Y_n),\cdots$ 也是一列独立同分布的(二维)随机变量，其分布函数为 $G(x,y)=F(x)F(y)$，这列随机变量可看成是从总体 $(\xi,\eta)$ 中抽取的简单随机样本，样本空间为 $\Omega^2=\Omega\times\Omega$，其中，$\xi$ 和 $\eta$ 相互独立，且 $\xi$ 与 $\eta$ 具有相同的样本空间 $\Omega$ 和概率分布函数 $F(x)$。对给定的 $x,y\in\mathbf{R}$，设 $A=\{\xi<x,\eta<y\}$，则 $A$ 是一个随机事件，且

$$\gamma=P\{A\}=P\{\xi<x\}P\{\eta<y\}=\alpha\beta。$$

对任意给定的样本点 $\omega=(\omega_1,\omega_2,\cdots,\omega_n,\cdots)\in(\Omega\times\Omega)^{\infty}$，其中，$\omega_n=(\omega_{n1},\omega_{n2})$，对任意 $n\in\mathbf{N}$，用 $\gamma_n=\gamma_n(\omega)$ 表示前 $n$ 次抽样 $(X_1(\omega_{11}),Y_1(\omega_{12}))$，$(X_2(\omega_{21}),Y_2(\omega_{22})),\cdots,(X_n(\omega_{n1}),Y_n(\omega_{n2}))$ 中事件 $A$ 发生的次数，即

$$\gamma_n=|\{j\in\mathbf{N}\,|\,X_j<x,Y_j<y\}^{(n)}|=|\{j\in\{1,2,\cdots,n\}\,|\,X_j(\omega_{j1})<x,Y_j(\omega_{j2})<y\}|,$$

则 $\gamma_n/n$ 表示前 $n$ 次抽样中事件 $A$ 发生的频率。由 Borel 强大数定律，有

$$P\left\{\lim_{n\to\infty}\frac{\gamma_n}{n}=\gamma=\alpha\beta=\lim_{m\to\infty}\frac{\alpha_m}{m}\lim_{n\to\infty}\frac{\beta_n}{n}\right\}=1。\tag{14-13}$$

由式(14-12)和(14-13),可得

$$P\{\mu(X<x,Y<y)=\mu(X<x)\mu(Y<y)\}=1,\ x,y\in\mathbf{R}.$$

因此,该定理结论成立。证毕!

一般地,可将定理 14.4 推广到任意有限个样本情形。

**定理 14.5**　设总体 $\xi$ 的分布为 $F(x)$,并设 $X_1=(\xi_{11},\cdots,\xi_{1n},\cdots),\cdots,X_k=(\xi_{k1},\cdots,\xi_{kn},\cdots)$ 是从总体 $\xi$ 中相互独立地抽取的 $k$ 个简单随机样本,$k\in\mathbf{N}$,则对任意的实数 $x_1,x_2,\cdots,x_k\in\mathbf{R}$,有

$$P\{\mu(X_1<x_1,X_2<x_2,\cdots,X_k<x_k)=\mu(X_1<x_1)\mu(X_2<x_2)\cdots\mu(X_k<x_k)\}=1.$$

类似于定理 14.4 的证明,还可得到如下结果。

**定理 14.6**　设总体 $\xi$ 的概率分布为 $F(x)$,$X=(X_1,\cdots,X_n,\cdots)$ 是从总体 $\xi$ 中抽取的一个简单随机样本数列,则 $X$ 依概率 1 是强可测的数列,且它的频率分布 $G(x)=\mu(X<x)=\mu\{n\in\mathbf{N}\,|\,X_n<x\}$ 几乎必然存在,$x\in\mathbf{R}$,且

$$P\{G(x)=F(x)\}=P\{\mu\{X<x\}=F(x)\}=1,x\in\mathbf{R}.$$

证明:对任意给定的 $x\in\mathbf{R}$,记 $\alpha=P\{\xi<x\}=F(x)$,且用 $\alpha_m$ 表示 $X_1,X_2,\cdots,X_m$ 中小于 $x$ 的个数,即 $\alpha_m=|\{i\in\mathbf{N}\,|\,X_i<x\}^{(m)}|=|\{X<x\}^{(m)}|$,则 $\alpha_m$ 是随机变量。由已知条件和 Borel 强大数定律,显然有

$$P\left\{\lim_{m\to\infty}\frac{\alpha_m}{m}=\alpha\right\}=1=P\{\mu\{X<x\}=F(x)\}.$$

因此,$\{X<x\}$ 依概率 1 是频率可测的。可以类似地证明:$\{X=x\}$ 依概率 1 也是频率可测的。而且,由上面的证明过程和概率的性质可知:等式 $\lim\limits_{x\to-\infty}\mu\{X<x\}=0$ 和 $\lim\limits_{x\to\infty}\mu\{X<x\}=1$ 依概率 1 成立。证毕!

**注 14.7**　定理 14.5 说明了从任意总体中独立地抽取的有限个简单随机样本依概率 1 是相互频率独立的。因此,每次抽取的任意有限个简单随机样本值数列几乎一定是相互频率独立的。一个问题:参照定理 14.5,从任意总体中抽取的简单随机样本数列是否依概率(或接近于 1 的概率)具有完全自独立性? 定理 14.6 说明了从任意分布的总体中抽取的简单随机样本(值)几乎必然是正则可测数列,且它的频率分布依概率 1 等于该总体的概率分布。应该还可讨论将定理 14.6 推广到多维分布上,在此不再赘述了。

# 参 考 文 献

[1] Tian C J, Xie S L, Cheng S S. Measures for oscillatory sequences. Computers and Mathematics with Applications, 1998, 36(10~12): 149~161

[2] Besicovitch A S. On the density of certain sequences of integers. Maththematische Annalen, 1934, 110: 336~341

[3] Erdos P. On the asymptotic density of the sum of two sequences. Annals of Mathematics, 1942, 43: 65~68

[4] Schoenberg I J. On asymptotic distribution of arithmetical functions. Transactions of the American Mathematical Society, 1936, 39:315~330

[5] Kuipers L, Niederreiter H. Uniform distribution of sequences. A Wiley-Interscience Publication, 1974

[6] Weyl H. Uber die Gibbssche Erscheinung und verwandte Konvergenzphanomene. Rendiconti del Circolo Matematico di Palermo, 1910, 30:377~407

[7] Weyl H. Uberein Problem aus dem Gebiete der diophantischen appoximationen, Nachrichten von der Gesellschaft der Wissenschaften zu Gottingen. Mathathematisch-physikalische Klasse, 1914:234~244

[8] Weyl H, Uber die Gleichverteilung von Zahlen mod. Eins, Maththematische Annalen, 1916, 77: 313~352

[9] Tian C J, Cheng S S. Frequent convergence and applications, dynamics of continuous, discrete and impulsive systems series A. Mathematical Analysis, 2006,13:653~668

[10] Tian C J, Zhang B G. Frequent oscillation of a class of partial difference equations. Journal of Analysis and its Applications, 1999, 18(1): 111~130

[11] Tian C J. New concepts for sequences and discrete systems (I), dynamics of continuous, discrete and impulsive systems series A. Mathematical Analysis, 2008, 15(5):671~710

[12] Franklin J N. Deterministic simulation of random processes. Mathematics of Computation, 1963, 17: 28~59

[13] Knuth D E. Construction of a random sequence. BIT Numerical Mathematics, 1965, 5:246~250

[14] Fridy J A. On statistical convergence. Analysis, 1985, 5:301~313

[15] Miller H I. A measure theoretical subsequence characterization of statistical convergence. Transactions of the American Mathematical Society, 1995, 347:1811~1819

[16] Fast H. Sur la convergence statistique (in French). Colloquium Mathematicum, 1951, 2:241~244

[17] Steinhaus H. Sur la convergence ordinarie et la convergence asymptotique (in French). Colloquium Mathematicum, 1951, 2:73~74

[18] Connor J, Fridy J, Kline J. Statistically Pre-Cauchy sequences. Analysis, 1994, 14:311~317

[19] Gurdal M. Statistically Pre-Cauchy sequences and bounded moduli. Acta et Commentations Universitatis Tartuensis de Mathematica, 2003, 7: 3~7

[20] Fridy J A, Orhan C. Statistical limit superior and limit inferior. Proceedings of the American Mathematical Society, 1997, 125(12):3625~3631

[21] Fridy J A. Statistical limit points. Proceedings of the American Mathematical Society, 1993, 118(4): 1187~1192

［22］Connor J，Kline J. On statistical limit points and the consistency of statistical convergence. Journal of Mathematical Analysis and Applications，1996，197：392～399

［23］Cheng S S. Partial Difference Equations. New York：Taylor，2003

［24］Erbe L H，Zhang B G. Oscillation of discrete analogues of delay equations. Differential and Integral Equations，1989，2：300～309

［25］Devaney R L. An Introduction to Chaotic dynamical systems(Second Edition). New York：Addison-Wesley Publishing Company，1989

［26］Zhang B G，Liu S T，Cheng S S. Oscillation of a class of delay partial difference equations. Journal of Difference Equations and Applicationa，1995，1：215～226

［27］Yang J，Zhang Y J，Cheng S S. Frequent oscillation in a nonlinear partial difference equation. Central European Journal of Mathematics，2007，5(3)：607～618

［28］Yang J，Zhang Y J. Frequent oscillatory solutions of a nonlinear partial difference equation. Journal of Computational and Applied Mathematics，2009，224(2)：492～499

［29］Zhu Z Q，Cheng S S. Frequently stable difference systems. International Journal of Modern Mathematics，2008，3(2)：153～166

［30］章照止，林须端. 信息论与最优编码. 上海：上海科学技术出版社，1993

［31］姜丹，钱玉美. 信息理论与编码. 合肥：中国科学技术大学出版社，1992

［32］复旦大学. 概率论第一册：概率论基础. 北京：人民教育出版社，1982

［33］Li T Y，Yorke J A. Period three implies chaos. American Mathematical Monthly，1975，82(10)：985～992

［34］Elaydi S N. Discrete Chaos. New York：Chapman & Hall/CRC，2000

［35］肖国镇，梁传甲，王育民. 伪随机序列及其应用. 北京：国防工业出版社，1985

［36］复旦大学编. 概率论第三册：随机过程. 北京：人民教育出版社，1982

［37］Vellekoop M，Berglund R. On intervals，transitivity chaos. American Mathematical Monthly，1994，101(4)：353～355

［38］杨波. 现代密码学. 北京：清华大学出版社，2003

［39］沈世镒. 近代密码学. 桂林：广西师范大学出版社，1998